· A New System of Chemical Philosophy ·

　　原子论是当代最伟大的科学成就，道尔顿在这方面的功绩可与开普勒在天文学方面的功绩媲美。

——英国皇家学会会长、著名化学家 戴维

（H. Davy, 1778—1829）

　　原子论的思想起源于古希腊，但是，直到牛顿的原子论都仍然属于自然哲学思辨的范畴。1808年，道尔顿的代表作《化学哲学新体系》问世，全面系统地阐述了科学原子论，奠定了物质结构理论的基础。他开创了科学中的新时代，使19世纪的化学家们能有计划的向未知领域前进。

本书列入"十四五"国家重点图书出版规划

科学元典丛书

The Series of the Great Classics in Science

主　　编　　任定成

执行主编　　周雁翎

策　　划　　周雁翎

丛书主持　　陈　静

　　科学元典是科学史和人类文明史上划时代的丰碑，是人类文化的优秀遗产，是历经时间考验的不朽之作。它们不仅是伟大的科学创造的结晶，而且是科学精神、科学思想和科学方法的载体，具有永恒的意义和价值。

科学元典丛书

化学哲学新体系

A New System of Chemical Philosophy

[英] 道尔顿 著 李家玉 盛根玉 译

北京大学出版社
PEKING UNIVERSITY PRESS

图书在版编目(CIP)数据

化学哲学新体系/（英）道尔顿著;李家玉，盛根玉译. —北京： 北京大学出版社，2006.7
（科学元典丛书）
ISBN 978-7-301-09555-3

Ⅰ.化… Ⅱ.①道…②盛… Ⅲ.①科学普及②化学哲学 Ⅳ.06-05

中国版本图书馆 CIP 数据核字 （2005） 第 096668 号

A NEW SYSTEM OF CHEMICAL PHILOSOPHY

By John Dalton

Part Ⅰ: Printed by S. Russell, 1808

Part Ⅱ: Printed by Russell & Allen, 1810

Part First of Vol. Ⅱ: Printed by the Executors of S.Russell, 1827

书　　　名	化学哲学新体系
	HUAXUE ZHEXUE XINTIXI
著作责任者	〔英〕道尔顿 著 李家玉 盛根玉 译
丛 书 策 划	周雁翎
丛 书 主 持	陈 静
责 任 编 辑	陈 静
标 准 书 号	ISBN 978-7-301-09555-3
出 版 发 行	北京大学出版社
地　　　址	北京市海淀区成府路 205 号　100871
网　　　址	http://www.pup.cn　　　新浪微博：@北京大学出版社
微信公众号	通识书苑（微信号：sartspku）　科学元典（微信号：kexueyuandian）
电 子 邮 箱	编辑部 jyzx@ pup.cn　　　总编室 zpup@ pup.cn
电　　　话	邮购部 010-62752015　发行部 010-62750672　编辑部 010-62707542
印 刷 者	北京中科印刷有限公司
经 销 者	新华书店
	787 毫米×1092 毫米　16 开本　21 印张　彩插 8　490 千字
	2006 年 7 月第 1 版　2024 年 6 月第 10 次印刷
定　　　价	69.00 元

弁　言

　　这套丛书中收入的著作，是自古希腊以来，主要是自文艺复兴时期现代科学诞生以来，经过足够长的历史检验的科学经典。为了区别于时下被广泛使用的"经典"一词，我们称之为"科学元典"。

　　我们这里所说的"经典"，不同于歌迷们所说的"经典"，也不同于表演艺术家们朗诵的"科学经典名篇"。受歌迷欢迎的流行歌曲属于"当代经典"，实际上是时尚的东西，其含义与我们所说的代表传统的经典恰恰相反。表演艺术家们朗诵的"科学经典名篇"多是表现科学家们的情感和生活态度的散文，甚至反映科学家生活的话剧台词，它们可能脍炙人口，是否属于人文领域里的经典姑且不论，但基本上没有科学内容。并非著名科学大师的一切言论或者是广为流传的作品都是科学经典。

　　这里所谓的科学元典，是指科学经典中最基本、最重要的著作，是在人类智识史和人类文明史上划时代的丰碑，是理性精神的载体，具有永恒的价值。

一

　　科学元典或者是一场深刻的科学革命的丰碑，或者是一个严密的科学体系的构架，或者是一个生机勃勃的科学领域的基石，或者是一座传播科学文明的灯塔。它们既是昔日科学成就的创造性总结，又是未来科学探索的理性依托。

　　哥白尼的《天体运行论》是人类历史上最具革命性的震撼心灵的著作，它向统治西方思想千余年的地心说发出了挑战，动摇了"正统宗教"学说的天文学基础。伽利略《关于托勒密和哥白尼两大世界体系的对话》以确凿的证据进一步论证了哥白尼学说，更直接地动摇了教会所庇护的托勒密学说。哈维的《心血运动论》以对人类躯体和心灵的双重关怀，满怀真挚的宗教情感，阐述了血液循环理论，推翻了同样统治西方思想千余年、被"正统宗教"所庇护的盖伦学说。笛卡儿的《几何》不仅创立了为后来诞生的微积分提供了工具的解析几何，而且折射出影响万世的思想方法论。牛顿的《自然哲学之数学原理》标志着 17 世纪科学革命的顶点，为后来的工业革命奠定了科学基础。分别以惠更斯的《光论》与牛顿的《光学》为代表的波动说与微粒说之间展开了长达 200 余年的论战。拉瓦锡在《化学基础论》中详尽论述了氧化理论，推翻了统治化学百余年之久的燃素理论，这一智识壮举被公认为历史上最自觉的科学革命。道尔顿的《化学哲学新体系》奠定了物质结构理论的基础，开创了科学中的新时代，使 19 世纪的化学家们有计划地向未知领域前进。傅立叶的《热的解析理论》以其对热传导问题的精湛处理，突破了牛顿的《自然哲学之数学原理》所规定的理论力学范围，开创了数学物理学的崭新领域。达尔文《物种起源》中的进化论思想不仅在生物学发展到分子水平的今天仍然是科学家们阐释的对象，而且 100 多年来几乎在科学、社会和人文的所有领域都在施展它有形和无形的影响。《基因论》揭示了孟德尔式遗传性状传递机理的物质基础，把生命科学推进到基因水平。爱因斯坦的《狭义与广义相对论浅说》和薛定谔的《关于波动力学的四次演讲》分别阐述了物质世界在高速和微观领域的运动规律，完全改变了自牛顿以来的世界观。魏格纳的《海陆的起源》提出了大陆漂移的猜想，为当代地球科学提供了新的发展基点。维纳的《控制论》揭示了控制系统的反馈过程，普里戈金的《从存在到演化》发现了系统可能从原来无序向新的有序态转化的机制，二者的思想在今天的影响已经远远超越了自然科学领域，影响到经济学、社会学、政治学等领域。

科学元典的永恒魅力令后人特别是后来的思想家为之倾倒。欧几里得的《几何原本》以手抄本形式流传了 1800 余年，又以印刷本用各种文字出了 1000 版以上。阿基米德写了大量的科学著作，达·芬奇把他当作偶像崇拜，热切搜求他的手稿。伽利略以他的继承人自居。莱布尼兹则说，了解他的人对后代杰出人物的成就就不会那么赞赏了。为捍卫《天体运行论》中的学说，布鲁诺被教会处以火刑。伽利略因为其《关于托勒密和哥白尼两大世界体系的对话》一书，遭教会的终身监禁，备受折磨。伽利略说吉尔伯特的《论磁》一书伟大得令人嫉妒。拉普拉斯说，牛顿的《自然哲学之数学原理》揭示了宇宙的最伟大定律，它将永远成为深邃智慧的纪念碑。拉瓦锡在他的《化学基础论》出版后 5 年被法国革命法庭处死，传说拉格朗日悲愤地说，砍掉这颗头颅只要一瞬间，再长出这样的头颅 100 年也不够。《化学哲学新体系》的作者道尔顿应邀访法，当他走进法国科学院会议厅时，院长和全体院士起立致敬，得到拿破仑未曾享有的殊荣。傅立叶在《热的解析理论》中阐述的强有力的数学工具深深影响了整个现代物理学，推动数学分析的发展达一个多世纪，麦克斯韦称赞该书是"一首美妙的诗"。当人们咒骂《物种起源》是"魔鬼的经典""禽兽的哲学"的时候，赫胥黎甘做"达尔文的斗犬"，挺身捍卫进化论，撰写了《进化论与伦理学》和《人类在自然界的位置》，阐发达尔文的学说。经过严复的译述，赫胥黎的著作成为维新领袖、辛亥精英、"五四"斗士改造中国的思想武器。爱因斯坦说法拉第在《电学实验研究》中论证的磁场和电场的思想是自牛顿以来物理学基础所经历的最深刻变化。

在科学元典里，有讲述不完的传奇故事，有颠覆思想的心智波涛，有激动人心的理性思考，有万世不竭的精神甘泉。

二

按照科学计量学先驱普赖斯等人的研究，现代科学文献在多数时间里呈指数增长趋势。现代科学界，相当多的科学文献发表之后，并没有任何人引用。就是一时被引用过的科学文献，很多没过多久就被新的文献所淹没了。科学注重的是创造出新的实在知识。从这个意义上说，科学是向前看的。但是，我们也可以看到，这么多文献被淹没，也表明划时代的科学文献数量是很少的。大多数科学元典不被现代科学文献所引用，那是因为其中的知识早已成为科学中无须证明的常识了。即使这样，科学经典也会因为其中思想的恒久意义，而像人文领域里的经典一样，具有永恒的阅读价值。于是，科学经典就被一编再编、一印再印。

早期诺贝尔奖得主奥斯特瓦尔德编的物理学和化学经典丛书"精密自然科学经典"从 1889 年开始出版，后来以"奥斯特瓦尔德经典著作"为名一直在编辑出版，有资料说目前已经出版了 250 余卷。祖德霍夫编辑的"医学经典"丛书从 1910 年就开始陆续出版了。也是这一年，蒸馏器俱乐部编辑出版了 20 卷"蒸馏器俱乐部再版本"丛书，丛书中全是化学经典，这个版本甚至被化学家在 20 世纪的科学刊物上发表的论文所引用。一般把 1789 年拉瓦锡的化学革命当作现代化学诞生的标志，把 1914 年爆发的第一次世界大战称为化学家之战。奈特把反映这个时期化学的重大进展的文章编成一卷，把这个时期的其他 9 部总结性化学著作各编为一卷，辑为 10 卷"1789—1914 年的化学发展"丛书，于 1998 年出版。像这样的某一科学领域的经典丛书还有很多很多。

科学领域里的经典，与人文领域里的经典一样，是经得起反复咀嚼的。两个领域里的经典一起，就可以勾勒出人类智识的发展轨迹。正因为如此，在发达国家出版的很多经典丛书中，就包含了这两个领域的重要著作。1924 年起，沃尔科特开始主编一套包括人文与科学两个领域的原始文献丛书。这个计划先后得到了美国哲学协会、美国科学促进会、美国科学史学会、美国人类学协会、美国数学协会、美国数学学会以及美国天文学学会的支持。1925 年，这套丛书中的《天文学原始文献》和《数学原始文献》出版，这两本书出版后的 25 年内市场情况一直很好。1950 年，沃尔科特把这套丛书中的科学经典部分发展成为"科学史原始文献"丛书出版。其中有《希腊科学原始文献》《中世纪科学原始文献》和《20 世纪（1900—1950 年）科学原始文献》，文艺复兴至 19 世纪则按科学学科（天文学、数学、物理学、地质学、动物生物学以及化学诸卷）编辑出版。约翰逊、米利肯和威瑟斯庞三人主编的"大师杰作丛书"中，包括了小尼德勒编的 3 卷"科学大师杰作"，后者于 1947 年初版，后来多次重印。

在综合性的经典丛书中，影响最为广泛的当推哈钦斯和艾德勒 1943 年开始主持编译的"西方世界伟大著作丛书"。这套书耗资 200 万美元，于 1952 年完成。丛书根据独创性、文献价值、历史地位和现存意义等标准，选择出 74 位西方历史文化巨人的 443 部作品，加上丛书导言和综合索引，辑为 54 卷，篇幅 2 500 万单词，共 32 000 页。丛书中收入不少科学著作。购买丛书的不仅有"大款"和学者，而且还有屠夫、面包师和烛台匠。迄1965 年，丛书已重印 30 次左右，此后还多次重印，任何国家稍微像样的大学图书馆都将其列入必藏图书之列。这套丛书是 20 世纪上半叶在美国大学兴起而后扩展到全社会的经典著作研读运动的产物。这个时期，美国一些大学的寓所、校园和酒吧里都能听到学生讨论古典佳作的声音。有的大学要求学生必须深研 100 多部名著，甚至在教学中不得使用最新的实验设备，而是借助历史上的科学大师所使用的方法和仪器复制品去再现划时代的著名实验。至 20 世纪 40 年代末，美国举办古典名著学习班的城市达 300 个，学员 50 000 余众。

相比之下，国人眼中的经典，往往多指人文而少有科学。一部公元前 300 年左右古希腊人写就的《几何原本》，从 1592 年到 1605 年的 13 年间先后 3 次汉译而未果，经 17世纪初和 19 世纪 50 年代的两次努力才分别译刊出全书来。近几百年来移译的西学典籍中，成系统者甚多，但皆系人文领域。汉译科学著作，多为应景之需，所见典籍寥若晨星。借 20 世纪 70 年代末举国欢庆"科学春天"到来之良机，有好尚者发出组译出版"自然科学世界名著丛书"的呼声，但最终结果却是好尚者抱憾而终。20 世纪 90 年代初出版的"科学名著文库"，虽使科学元典的汉译初见系统，但以 10 卷之小的容量投放于偌大的中国读书界，与具有悠久文化传统的泱泱大国实不相称。

我们不得不问：一个民族只重视人文经典而忽视科学经典，何以自立于当代世界民族之林呢？

三

科学元典是科学进一步发展的灯塔和坐标。它们标识的重大突破，往往导致的是常规科学的快速发展。在常规科学时期，人们发现的多数现象和提出的多数理论，都要用科学元典中的思想来解释。而在常规科学中发现的旧范型中看似不能得到解释的现象，其重要性往往也要通过与科学元典中的思想的比较显示出来。

在常规科学时期，不仅有专注于狭窄领域常规研究的科学家，也有一些从事着常规研究但又关注着科学基础、科学思想以及科学划时代变化的科学家。随着科学发展中发现的新现象，这些科学家的头脑里自然而然地就会浮现历史上相应的划时代成就。他们会对科学元典中的相应思想，重新加以诠释，以期从中得出对新现象的说明，并有可能产生新的理念。百余年来，达尔文在《物种起源》中提出的思想，被不同的人解读出不同的信息。古脊椎动物学、古人类学、进化生物学、遗传学、动物行为学、社会生物学等领域的几乎所有重大发现，都要拿出来与《物种起源》中的思想进行比较和说明。玻尔在揭示氢光谱的结构时，提出的原子结构就类似于哥白尼等人的太阳系模型。现代量子力学揭示的微观物质的波粒二象性，就是对光的波粒二象性的拓展，而爱因斯坦揭示的光的波粒二象性就是在光的波动说和微粒说的基础上，针对光电效应，提出的全新理论。而正是与光的波动说和微粒说二者的困难的比较，我们才可以看出光的波粒二象性学说的意义。可以说，科学元典是时读时新的。

除了具体的科学思想之外，科学元典还以其方法学上的创造性而彪炳史册。这些方法学思想，永远值得后人学习和研究。当代诸多研究人的创造性的前沿领域，如认知心理学、科学哲学、人工智能、认知科学等，都涉及对科学大师的研究方法的研究。一些科学史学家以科学元典为基点，把触角延伸到科学家的信件、实验室记录、所属机构的档案等原始材料中去，揭示出许多新的历史现象。近二十多年兴起的机器发现，首先就是对科学史学家提供的材料，编制程序，在机器中重新做出历史上的伟大发现。借助于人工智能手段，人们已经在机器上重新发现了波义耳定律、开普勒行星运动第三定律，提出了燃素理论。萨伽德甚至用机器研究科学理论的竞争与接受，系统研究了拉瓦锡氧化理论、达尔文进化学说、魏格纳大陆漂移说、哥白尼日心说、牛顿力学、爱因斯坦相对论、量子论以及心理学中的行为主义和认知主义形成的革命过程和接受过程。

除了这些对于科学元典标识的重大科学成就中的创造力的研究之外，人们还曾经大规模地把这些成就的创造过程运用于基础教育之中。美国几十年前兴起的发现法教学，就是在这方面的尝试。近二十多年来，兴起了基础教育改革的全球浪潮，其目标就是提高学生的科学素养，改变片面灌输科学知识的状况。其中的一个重要举措，就是在教学中加强科学探究过程的理解和训练。因为，单就科学本身而言，它不仅外化为工艺、流程、技术及其产物等器物形态，直接表现为概念、定律和理论等知识形态，更深蕴于其特有的思想、观念和方法等精神形态之中。没有人怀疑，我们通过阅读今天的教科书就可以方便地学到科学元典著作中的科学知识，而且由于科学的进步，我们从现代教科书上所学的知识甚至比经典著作中的更完善。但是，教科书所提供的只是结晶状态的凝固知识，而科学本是历史的、创造的、流动的，在这历史、创造和流动过程之中，一些东西蒸发了，另一些东西积淀了，只有科学思想、科学观念和科学方法保持着永恒的活力。

然而，遗憾的是，我们的基础教育课本和科普读物中讲的许多科学史故事不少都是误讹相传的东西。比如，把血液循环的发现归于哈维，指责道尔顿提出二元化合物的元素原子数最简比是当时的错误，讲伽利略在比萨斜塔上做过落体实验，宣称牛顿提出了牛顿定律的诸数学表达式，等等。好像科学史就像网络上传播的八卦那样简单和耸人听闻。为避免这样的误讹，我们不妨读一读科学元典，看看历史上的伟人当时到底是如何思考的。

现在，我们的大学正处在席卷全球的通识教育浪潮之中。就我的理解，通识教育固然要对理工农医专业的学生开设一些人文社会科学的导论性课程，要对人文社会科学专业的学生开设一些理工农医的导论性课程，但是，我们也可以考虑适当跳出专与博、文与理的关系的思考路数，对所有专业的学生开设一些真正通而识之的综合性课程，或者倡导这样的阅读活动、讨论活动、交流活动甚至跨学科的研究活动，发掘文化遗产、分享古典智慧、继承高雅传统，把经典与前沿、传统与现代、创造与继承、现实与永恒等事关全民素质、民族命运和世界使命的问题联合起来进行思索。

我们面对不朽的理性群碑，也就是面对永恒的科学灵魂。在这些灵魂面前，我们不是要顶礼膜拜，而是要认真研习解读，读出历史的价值，读出时代的精神，把握科学的灵魂。我们要不断吸取深蕴其中的科学精神、科学思想和科学方法，并使之成为推动我们前进的伟大精神力量。

任定成

2005 年 8 月 6 日

北京大学承泽园迪吉轩

John Dalton

约翰·道尔顿（John Dalton, 1766—1844），英国化学家、物理学家，最重要的贡献是创立了科学的原子论。

银河系

人类对于物质世界的认识尺度一般分为宇观、宏观、微观三个层次。从浩瀚的宇宙到我们周围的世界，再到分子、原子、电子、夸克……

海洋与陆地

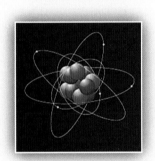

碳原子模型

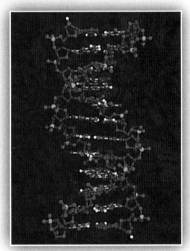

DNA 分子模型

夸克模型

化学滴定操作

化学是在分子原子层次上研究物质（单质和化合物）的组成、结构、性质及其变化规律的科学。

科学原子论的建立明确了化学的研究对象和方法，对于化学作为一门理论科学具有重要的意义。

蓝铜矿石

赤铁矿石

蓝铜矿的化学成分是碱式碳酸铜，赤铁矿的化学成分是三氧化二铁。1949年人类测出了青霉素的结构式，为人工合成青霉素铺平了道路。

这些认识都建立在科学原子论的基础之上。

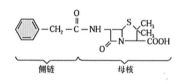

青霉素的结构式

放大 400 倍的青霉菌群落

生产乙烯的大型化工厂 乙烯是最简单的烯烃，也是有机合成的一种基本原料。

现在绝大多数有机物如橡胶、树脂、纤维、染料、药物等都可通过合成方法得到。

留基伯

原子论的思想起源于古希腊。由留基伯（Leucippos，约前500—约前400）提出、德谟克里特（Democritos，约前400—约前370）完成的古代原子论认为，原子在无限的虚空中和各个方向上运动。它们的结合或分离以及次序、位置和形状的多样性导致事物存在形式的多样性。伊壁鸠鲁（Epicuros，前341—前270）则进一步认为原子还在重量上存在差异。

德谟克里特

伊壁鸠鲁

亚里士多德

原子论在古希腊后期逐渐衰落，亚里士多德（Aristotle，前384—前322）的批驳是一个重要原因。因为亚里士多德反对虚空的存在，而古代原子论要求原子在虚空中运动。

古希腊特尔斐阿波罗神庙遗址

原子论衰落的另一个原因在于它属于一种哲学层面上的思辨，当时的科学技术还远未能达到对原子进行实证研究的高度。

早期化学知识的积累大致分为两个方面，一是矿冶、印染、制陶等生产实践，二是中国的炼丹术和西方的炼金术研究。这两方面互相促进。

油画《炼金术士》（绘于1661年）

《论金属》插图"翻砂工序"

德国矿学家和医生阿格里科拉（Georgius Agricola，1494—1555）著有《论金属》一书。这部著作总结了当时采矿工人的实践知识，记述了当时已知的采矿和冶金方法。书中配有大量精致的插图。

炼金术士们用来表示各种物质的符号

同一物质，在不同的炼金术士那里可能用不同的符号表示。

明代科学家宋应星著《天工开物》（初刊于1637年）对我国古代生产技术进行了较系统的总结。其中，记载了大量和化学相关的知识，如采炼石灰、燔石、五金开采及冶炼、火药制造等。

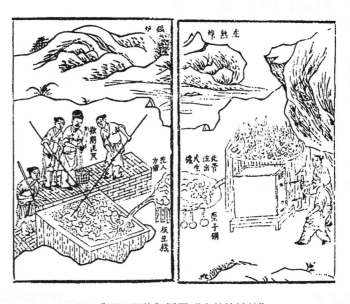

《天工开物》插图"生熟炼铁炉"

炼金术的实用化导致了医药化学和矿物学的发展。实用化学知识的增长最终促成了化学作为一门理论科学的诞生。波义耳、普里斯特利和拉瓦锡等人对于气体研究的深入和对于元素认识的增长，促进了古代原子论的复兴，为科学原子论的诞生做好了准备。

17 世纪初，英国化学家波义耳（R. Boyle，1627—1691）首先给元素下了一个明确的定义。1661 年波义耳出版了《怀疑的化学家》，此书标志着近代化学从炼金术中脱胎而出。

波义耳像

油画《牛顿发现光的折射》

在牛顿（Isaac Newton，1643—1727）看来，世界上一切物质都是由原子组成的。以此为出发点，牛顿提出了光的"粒子说"，并建立了以"质点"为基础的完整经典力学体系。但牛顿的原子论仍属于自然哲学思辨的范畴。

普里斯特利的实验室

英国化学家普里斯特利（Joseph Priestley，1733—1804）发现了氨、氯化氢、一氧化碳、二氧化碳、氧化亚氮、氧化氮和氧等。氧的发现（1774 年）是化学史上一项重要贡献。

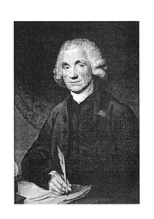

普里斯特利像

18世纪70年代，拉瓦锡（A. L. Lavoisier，1743—1794）使用天平定量分析研究燃烧的实质，以氧化理论推翻了燃素说，开创了定量化学时代。

拉瓦锡夫妇像

1808年，道尔顿的代表作《化学哲学新体系》问世。该书全面而系统地阐述了他的科学原子论。《化学哲学新体系》奠定了物质结构理论的基础，开创了科学中的新时代，使19世纪的化学家们能够有计划地向未知领域前进。

道尔顿像

A

NEW SYSTEM

OF

CHEMICAL PHILOSOPHY.

PART I.

BY

JOHN DALTON.

Manchester:

Printed by S. Russell, 125, Deansgate,
FOR
R. BICKERSTAFF, STRAND, LONDON.
1808.

1808 年《化学哲学新体系》第一部分扉页

目　录

第二部分

第二卷第一部分

导　　读

盛根玉

（华东师范大学　教授）

• Introduction to Chinese Version •

　　科学的原子论不仅引导化学走出了杂乱的、反映不出内在联系的、纯属描述自然现象的阶段，进入了近代化学的新时代，而且，它为整个自然科学的发展提供了一个重要的基础。此后，人们对物质结构的认识无论在广度上还是在深度上都取得了迅猛的发展。

1962 年,英国曼彻斯特市的市民们怀着极为敬仰的心情,把已有一百多年历史的化学家约翰·道尔顿(John Dalton)的雕像从市政大厅迁往约翰·道尔顿工学院新落成的现代化主楼前。一个多世纪以来,英国人民和全世界热爱科学、从事化学研究的人们一直怀念着这位伟大的科学家。

正是他把臆测的原子假说变成了科学的原子论。科学的原子论不仅引导化学走出了杂乱的、反映不出内在联系的、纯属描述自然现象的阶段,进入了近代化学的新时代,而且,它为整个自然科学的发展提供了一个重要的基础。此后,人们对物质结构的认识无论在广度上还是在深度上都取得了迅猛的发展。

英国皇家学会会长、著名化学家戴维(H. Davy,1778—1829)说过:"原子论是当代最伟大的科学成就,道尔顿在这方面的功绩可与开普勒在天文学方面的功绩媲美……可以预料,我们的后代一定会根据他的许多发现而肯定这一点,人们将把他作为榜样去追求有用的知识和真正的荣誉。"

从气象观测入门

约翰·道尔顿于 1766 年 9 月 6 日诞生在英格兰北部一个名叫伊格尔斯菲尔德(Eaglesfield)的穷乡僻壤。他的父亲是个农民兼织毛呢的手工业者,母亲除做家务外,还帮助父亲种田。由于收入微薄又要养活子女六人,家庭经济相当拮据。尽管家境贫困,道尔顿 6 岁时,父母还是想方设法让他上了当地教友会办的农村小学。道尔顿的学习成绩并不突出,但他好学多思,有股韧劲,解不出难题决不罢休。对此,他的启蒙老师弗莱彻(Fletcher)称赞说:"在教友会的孩子中,就思想的成熟而论,谁也比不上约翰。"

由于交不起学费,道尔顿被迫中途辍学,并从 12 岁开始就办私塾教书。同时,他受雇干农活,过早地挑起了生活的重担。身处逆境,他仍坚持自学,毫不松懈。当地一位有学问的教友会绅士伊莱休·鲁宾逊(Elihn Robinson)是个自然科学爱好者,他十分欣赏这个宁静、谦逊、勤奋的孩子,宁愿放弃休息,也要在晚上给道尔顿教授数学、物理等知识。

鲁宾逊爱好观测气象,自制了各种精巧仪器。在鲁宾逊的热心指导下,道尔顿开始进行气象观测,兴趣盎然。少年道尔顿的心弦被大自然的美妙景象深深拨动了。探索大气压力、温度、空气湿度、风力、降水量(雨或雪)等地理现象之间的微妙关系——这些不仅本身引人入胜,而且对于人们的生活实践有着重要的意义。道尔顿久久地观察着气压计,陷入了沉思。他想,如果能够发现支配这些现象的复杂规律,不就可以预报天气了吗? 这会给农民和海员们带来很大的方便。当然,这时的道尔顿还不可能想到,气象观测工作是他整个科学生涯的开始,气象观测的研究工作对于他今后建立科学原子论有着非常深远的意义。

◀ **古希腊特尔斐阿波罗神庙遗址**/起源于古希腊的古代原子论属于一种哲学思辨。

　　1781 年,15 岁的道尔顿外出谋生,来到肯代尔镇(Kendal),这是他命运的转折点。他在表兄办的寄宿学校(相当于初级中学)里担任助理教员,一直在那里工作了 12 年。他工作之余在藏书比较丰富的学校图书馆发愤读书,无论是数学、自然科学,还是哲学、文学,都广泛涉猎。比如,从德谟克利特的原子论到伽桑狄的复兴原子论,以及从波义耳到牛顿对原子论的见解和化学、物理方面的理论等,道尔顿都作了详细的历史考察。他在这 12 年中所读的书,比他以后 50 年中所读的书还要多。他那种勤奋自学的劲头始终旺盛,毫不减退。

　　在博览群书的同时,道尔顿并没有放弃对气象观测工作的热爱。他把鲁宾逊先生临别赠送的礼物——气压计挂在墙上,在校园里安装了雨量计。他的桌子上摆满了各式各样的玻璃仪器,有的是买的,但大多是他自己制作的。博览群书和气象观测使道尔顿深深感到自然之谜何其多啊!但是,从何处入手呢?从物理学、医学、化学,还是从气象学?他需要志同道合的朋友和老师,因为他自己毕竟还太年轻啊!

　　在肯代尔镇,就像在伊格尔斯菲尔德一样,道尔顿幸运地找到了一位同他爱好和性格都相似的朋友和导师,这就是盲人学者约翰·豪夫(Johann Hauf,1752—1825)。道尔顿曾对豪夫的才智作过这样生动的介绍:"豪夫大约在 2 岁时因患天花失明,或许可以说他是在被夺去最宝贵的感觉器官以后,创造了一个把天才与毅力结合起来的极其令人惊讶的实例。他会拉丁文、希腊文和法文,通晓数学的各个分支,精通天文、化学、医学……特别令人惊奇的是,他能仅仅依靠头脑解决困难而深奥的问题,他用触觉、味觉和嗅觉几乎能分辨出在他居住地周围 20 英里范围内的每一种植物。……如果我对科学有什么新的或者是重要的贡献,那首先是由于我能得到他的指导和他在哲学研究方面的榜样作用。"

　　正是在这样一位盲人学者的辅导与鼓励之下,道尔顿不仅学到了数学、哲学、自然科学以及拉丁文、希腊文、法文等方面的许多知识,而且还学会了记气象日记,开始对自然界进行系统的科学观察。道尔顿从 1787 年起坚持写气象日记 57 年,从未间断,一直坚持到他去世的前一天,全部观测记录超过 20 万条。

　　1787 年 3 月 24 日揭开了道尔顿气象日记的第一页,上面记载着他对北极光所进行的观察和思考。他说:"由于我在前进过程中常因轻信别人的结果而被引入歧途,我决心尽量少写一些,除非我能够用我自己的实验加以证实。"可以说,道尔顿的科学研究工作是从 1787 年对大气的观察和研究开始的。

　　1793 年,道尔顿出版了他的第一部学术专著《气象观测论文集》(*Meteorological Observations and Essays*),初步总结了他的观测结果,对当时还是很薄弱的一门科学——气象学的发展,起了一定的启蒙作用。在这部著作中,道尔顿分析了云的形成、蒸发过程和大气降水量的分布等,从中可以找到道尔顿后来许多发现的原始构思。从此,这位年仅 27 岁的青年教师引起了科学界的关注。

　　就在这一年,道尔顿受聘于曼彻斯特文哲学会创办的新学院(New College)担任讲师,讲授数学和自然科学。当道尔顿从肯代尔迁往曼彻斯特时,他开始迈入了一个更加广阔和严谨的科学领域。1794 年 10 月 17 日,道尔顿当选为曼彻斯特文哲学会会员。那时该学会正处于上升时期,它为道尔顿提供了学术活动的宽广舞台,同时,道尔顿亦为其发展作出了重要贡献。道尔顿在学会上宣读了他的第一篇重要论文——《关于颜色视觉异常事实的观察研究》。论文在系统观察的基础上,提出了对色盲症的解释。道尔顿及其兄长都患有此种疾病。通过对大量此类病人的调研,道尔顿认为患者之所以看不到红色,是由于其眼球内含水介质的蓝色特性(即能够吸收红色光线)。道尔顿拒不接受后来托马斯·杨(Thomas Yong)所做的另一种解释,他甚至提出在他死后可以解剖其眼睛以证实自己的观点。后人的确做了切片实验,但得出了相反的结论。对色盲症的这种理论解释现在看起来是有相当缺陷的,但道尔顿对一种重要而被忽视的现象仔细观察取证、大胆理论推测的研究风格,足以使其晋身到曼彻斯特自然哲学家的优秀群体中,且变成为其中的佼佼者。颇有意思的是,在英国相当长时间内,人们曾称色盲症为"道尔顿症",以缅怀道尔顿对色盲症的先驱性的探究。

曼彻斯特当时是英国的纺织业中心,交通便利、文化发达,道尔顿深感满意。但是教学负担繁重,实验室缺乏,使他颇费精力,不堪重负。不久,道尔顿清楚地意识到,过重的教师工作已妨碍他对自然科学进行深入的探索。6年之后,道尔顿下决心辞退了讲师职务,而花少量时间私人授课,以过清贫生活为满足。他把大部分时间用于做试验和参加讲演会、宣读论文等学术活动。"午夜方眠,黎明即起"是道尔顿治学的座右铭。他正是以这种强烈的事业心在科学探索的道路上走了整整 26 年,从而迎来了他才华横溢的鼎盛时期。

探索科学原子论的历程

道尔顿在科学研究方法上既重视观察实验,又擅长理论思维,具有把观察与思考、实验的积累和丰富的想象、新颖的理论构思相结合的特点。他正是凭借这一特点,从观测气象开始,进而研究空气的组成、性质和混合气体的扩散与压力,总结出气体分压定律,推论出空气是由不同种类、不同重量的微粒混合构成,基本确认了原子的客观存在。再由此出发,通过化学实验测出了原子的相对重量,从气象学、物理学转入化学领域,将原子概念与理论从定性阶段发展到定量阶段,并经严格的逻辑推导逐步建立起了科学的原子论体系。

道尔顿在回顾这一实验研究和理论探索过程时,很有感触地说:"由于长期做气象记录,思考大气(或空气)组分的性质,我常常感到奇怪,为什么复合的大气、两种或更多的弹性流体(即指气体和蒸汽)的混合物,竟能在外观上构成一种均匀体,在所有力学关系上都同简单的大气一样?"

为了解开混合气体的组成和性质之谜,道尔顿日益重视气体和气体混合的研究。1801 年 10 月,道尔顿宣读了一组论文共四篇:《混合气体的组成》《论水蒸气的力》《论蒸发》和《论气体受热膨胀》。这组论文指出,各地的大气是都由氧、氮、二氧化碳和水蒸气四种主要成分的无数微粒或终极质点混合而成的。

那么,混合又是怎么发生的呢?不久,道尔顿在另一篇论文《弹性流体彼此相互扩散的趋势》中指出:气体混合的形成是因为气体彼此扩散的缘故,而"气体的扩散是由于相同微粒之间的排斥"。这种混合气体又有什么特性呢？道尔顿为此设计了实验,着手研究混合气体中各组分气体的压力,以探索它们之间是否存在某种联系。实验的结果颇有意思。道尔顿发现,装在具有一定容量的容器中的某种气体的压力是不变的。接着,他往容器里引进第二种气体。这种混合气体的压力增加,正好等于该两种组分气体压力之和,而每种气体单独的压力并没有变化。他由此得出结论:混合气体的压力等于各组分气体在同样条件下单独占有该容器时的压力的总和。这就是著名的道尔顿分压定律。

面对这个新发现的分压定律,道尔顿开始思索,这个定律表明某种气体在容器里存在的状态与其他气体的存在无关。这一点又怎么来解释呢？若用气体具有微粒的结构加以解释是简单又明了的,因为一种气体的微粒(或称终极质点)均匀地分布在另一种气体的微粒之间,所以这种气体的微粒所表现出来的性状就如同在容器中根本没有另一种气体一样。由此,道尔顿推论:"物质的微粒结构即终极质点的存在是不容怀疑的 。这些质点可能太小,即使显微镜改进后也未必能看见。"同时,他还选择了古希腊哲学中的"原子"一词来称呼这种微粒,并把大气中各种组分的气体原子用不同的图形加以标志,第一次明确地描绘了原子的存在。

道尔顿又想,迄今为止,我们对原子的认识已前进了一步,但相比于古希腊的原子说和波义耳、牛顿的原子论来说,实质上又有多大差别？如果原子确实存在,那么就应该根据原子理论来解释物质的基本性质和各种规律,就需要把对原子的认识从定性推进到定量的阶段。于是,道尔顿把研究的领域从气象学、物理学扩展到化学,又开始了新的探索。

1802 年 11 月 12 日,道尔顿宣读了他的首篇化学论文《关于构成大气的几种气体或弹性流体的比例的实验研究》。论文的一个重要内容是从氧和亚硝气(氧化氮)的结合去探讨原子之间是怎样相互化合的,并从中发现了这种原子间的化学结合存在着某种量的关系。接着,道尔顿又分析了沼气(甲烷 CH_4)和成油气(乙烯 $CH_2＝CH_2$)两种不同气体的组成,发现它们都含碳、氢两种元素,并注意到,如果这两种气体中碳含量定为一份的话,沼气的氢含量刚好是成油气的氢含量的 2 倍。类似的情况相当普遍,如碳与氧以 3∶4 的比例结合成一氧化碳(CO),以 3∶8 的比例结合成碳酸气(CO_2),后者含氧量又正好是前者的倍数。于是,一个重要的化学定律——倍比定律,被道尔顿发现了。

倍比定律指明:如果甲乙两种元素能相互化合而生成几种不同的化合物,则在这些化合物中,跟一定重量的甲元素相化合的乙元素的重量互成简单的整数比。道尔顿敏锐地意识到,只有原子的观点才能解释倍比定律。因为从原子的观点来看,如果某一元素的一个原子不仅可以与另一元素的一个原子结合形成一种化合物,而且也可以与它的两个或三个原子结合而形成不同的化合物,那么与一定重量的某一元素相化合的另一元素重量就必然成简单的整数比:1∶2、1∶3 或 2∶3 等。这样,在原子观点的启迪下,道尔顿发现并解释了倍比定律,同时倍比定律的发现又成为他确立原子论的重要基石。

对新思想着了谜的道尔顿继续把研究工作推向前进。为了确立科学的原子论观点,需要攻克下列目标,即:所有原子是不是都一样重,一样大小呢？原子数目极大而原子体积极小,显微镜下看不见,又有什么办法可以确定他们的重量与大小？道尔顿充分利用他在气象学研究方面特别是大气性质方面的成果得出结论:不同元素的原子的重量、大小是各不相同的。然而测定原子的重量又谈何容易，这需要构思新的实验方法。

道尔顿这样思考着："如果我们想知道大气中质点（或原子）的数目，那就好像想知道宇宙中星星的数目那样会被弄糊涂。但若缩小范围，只取一定体积的某种气体，并把这体积分割到最小，那我们可以相信，质点（或原子）的数目是有限的，正如在宇宙中一定范围内星球的数目不会是无限的一样。"对这种有限数目的原子又怎么来测定其重量呢？当然，直接称重单个原子是不可能的，也就是说，原子绝对重量难以测定。那么是否可以设法测定其相对重量呢？道尔顿联想到了倍比定律以及德国化学家里希特发现的当量定律。既然原子是按一定的简单比例关系相化合的，那么若对一些复杂的化合物进行分析，再将其中最轻的元素的重量百分数同其他元素的重量百分数比较一下，不是可以得到一种元素的原子相对于最轻元素的原子的重量倍数了吗？道尔顿终于找到测定原子相对重量的科学方法：从物质的相对重量，推出物体的终极质点或原子的相对重量。他认定："我们的目的就是测定在一定体积内原子的大小和重量以及它们的相对数目。"

道尔顿以极大的热情投入到实验工作中，测算各种不同元素原子的相对重量，而且还考察了其他化学家的大量实验数据。1803 年 9 月 6 日，在实验工作日记上，道尔顿写下了第一张原子相对重量表，并指出：最轻的元素就是氢，把氢的原子重量相对地定为 1 是较为合理的。

1803 年 10 月 21 日，在曼彻斯特文哲学会上，道尔顿作了题为《关于水及其他液体对气体的吸收作用》的报告。在报告中第一次阐明了他的科学原子论，并宣读了他的第一张原子量表。道尔顿抑制住内心的激动，指出他从没声称自己是第一个提出原子论的人。德谟克利特、牛顿他们早就提出过，但是以往的原子论有着一个共同点，即认为原子乃是一些大小不同而本质相同的微粒，并且纯属臆测。而他主张：相同元素的原子形状和大小都一样，不同元素的原子则不同；每种元素的原子重量都是固定的、不变的，原子的相对重量是可以测量的；每一元素的原子都以其原子量为基本特征。最后，道尔顿郑重宣布："探索物质的终极质点即原子的相对重量，到现在为止还是一个全新的问题，我近来从事这方面的研究，并获得相当成功。"

道尔顿这一新思想引起了科学界尤其是化学界的广泛重视。尽管他测定的原子量与现在通用的原子量相比，数值上误差很大，因为他把有些原子的当量当成了原子量，但是毕竟从此开始，人们把对物质结构的一个基本层次——原子的认识真正建立在科学的基础之上了。正由于道尔顿首次把原子量的发现引入化学，才使化学真正走上定量的发展阶段。道尔顿的实验技术并不高超，他的不少自制仪器也比较粗糙，所以实验数据并不是很精确，而且他又有"色盲"的生理缺陷，然而，这一切都没能阻挡住道尔顿对真理的探索。

开辟了化学新时代

1803 年 12 月至 1804 年 1 月，道尔顿应邀赴伦敦，在英国皇家学会作了关于原子相对重量的讲演，引起了与会者的浓厚兴趣和普遍赞赏。几周后，他一回到曼彻斯特，就投入到测定原子量的工作中去。道尔顿深知在他前进的道路上还有许多事情要做。比如，运用原子论观点解释气体和气体混合物的性质，阐明物质三态相互转化的规律，他在这些方面已取得极大的成功。现在他要把重点转移到化学领域。因为他清楚地看到，原子量的发现及其测定工作，必然要引导到对气体的化合以及参加化合的原子数目的研究。而当时的化学领域相当杂乱，材料的堆积多于材料的整理，作为化学基本定律的质量守恒定律、当量定律和定比定律虽已发现，但还没有用一个统一的理论来阐明。道尔顿决心用原子论的观点去构造整个化学的新体系。他认为，化学分解和化学结合是化学科学研究的中心课题，并进一步认为"化学分解和化学结合不过是把终极质点或原子彼此分开，又把它们联合起来而已。在化学作用范围内，物质既不能创造也不能消灭。要创造一个氢原子或消灭一个氢原子，犹如向太阳系引进一颗新的或消灭一颗原有的行星一样不可能。我们所能进行的一切化学变化无非是把处于化合状态的原子分开和把分离的原子联合起来。"

道尔顿还进一步指出："在一切化学研究中，人们都正确地认为，弄清化合物中简单成分的相对重量，是一个重要的目标。但不幸的是，过去的化学研究就停止在这里。人们本来可以从物质的相对重量，推导出物体的终极质点或原子的相对重量，从而再导出在各种其他化合物中原子的数目与重量，以帮助和指导我们未来的研究和校正研究的结果。"道尔顿意识到，将原子量引入化学，把在化学实验基础上发现的全部规律和认为物质是由原子构成的观念联系起来，并从物质结构的深度去揭示这些化学运动规律性的本质，已成为当代化学家面临的科学使命。他毅然肩负起这一历史性的重任。

从 1808 年开始，道尔顿的思想、决心和行动有了新的结果。他的代表作《化学哲学新体系》问世。该书全面而系统地阐述了他的化学原子论，充分显示出道尔顿肩负科学的使命而攀登到了光辉的顶点。

《化学哲学新体系》全书分两卷共三部分。第一卷分为两部分：第一部分出版于 1808 年，着重论述物体的构造，阐明了科学原子论观点及其由来；第二部分出版于 1810 年，其基本内容是结合丰富的化学实验事实，运用原子理论阐述基本元素和二元素化合物的组成和性质。基本元素主要是氧、氢、氮、碳、硫、磷和金属；二元素化合物主要有氧的化合物和氢的化合物等。第二卷第一部分在 1827 年出版，重点论述金属的氧化物、硫化物、磷化物以及合金的性质的规律性，对原子论思想作了进一步阐发。在系统论述以上内容的过程中，道尔顿除介绍自己的实验和理论成果外，还引证同时代许多化学大师的大量实验资料，进行分析比较，并对他们的见解作出评述。这对人们了解当时化学进展的状况以及化学家们科学研究方法的特点及其演变，都有重要的参考价值。

依照道尔顿原来的计划，在出版第二卷第一部分后，还准备增添这一卷的第二部分，从而完成这部著作。该部分拟包含较为复杂的化合物，诸如盐类、酸类、植物领域里的其他产物等内容。尽管当时道尔顿在这些问题上已取得了不少实验积累，但在这个领域尚没有取得新颖的探究之前，他是不会感到满意的。治学一贯严谨的道尔顿也许正是出于这个原因，最终使得他在有生之年放弃了这个计划，而把它留给后人在条件成熟时予以完成。

有人说，"原子论"是古老的，这是事实。但是在道尔顿之前，却没有一个人运用原子的理论来揭示化学变化的奥秘。道尔顿对此直言不讳，他说："有些人总是把我的原子论叫做假说，不过，请相信我，我的原子论是真理。我得到的全部实验结果，使我对这一点深信不疑。"

事实证明，如果没有科学原子论，化学将仍旧是一堆杂乱无章的观察材料和实验的配料记录。道尔顿的原子论使得化学从收集材料走上整理材料的道路，它为化学开辟了一个新时代。正如恩格斯曾高度评价的那样，在化学中，特别是由于道尔顿发现了原子量，现已达到的各种结果都具有秩序和相对的可靠性，已经能够有系统地、差不多是有计划地向还没有被征服的领域进攻，就像计划周密地围攻一个堡垒一样。

在元素发现史上，1700 年到 1750 年间仅发现钴和铂 2 种元素，1751 年到 1800 年间发现了镍、氮、氧、钨、铬等 15 种元素。随着原子论的建立、原子量测定工作和元素概念的进一步发展，大大地加速了人们对新元素的发现。从 1801 年到 1850 年的 50 年间就发现了铌、钽、钾、钠、镁、钍、铀等 26 种元素，在相同时间间隔内比以往增长了近一倍。大量元素的发现，有关元素及其化合物性质的知识积累，为俄国化学家门捷列夫发现元素周期律（1869 年）提供了重要的实验基础。

同时，有机化学在原子论学说的基础上得到了蓬勃的发展。道尔顿根据大量实验，首次尝试测定甲烷和乙炔的分子式。尽管道尔顿所采用的原子量和得出的结构图式后来被否定，但它却给人们以启示：原子在化合物中的排列能够用图式来表示，以指示出化合物的实际结构。此后，化学家们开始从事有机化合物组成的分析及分子式的确定工作，对有机物分子结构进行探索研究。19 世纪 60 年代，建立了近代有机结构理论，并迎来了有机合成的蓬勃发展，以致近代化学家能够声称：无论什么物体，只要知道它的化学结构，就可以按它的成分把它构造出来。

这一切表明，只有道尔顿才真正有资格获得科学原子论创立者的荣誉，他确实无愧于恩格斯所赞誉的"近代化学之父"的光荣称号！

一座伟大雕像的产生

1808 年 5 月，曼彻斯特文哲学会一致推选道尔顿为学会副会长。1809 年底，英国皇家学会再次邀请道尔顿去讲学。他会见了著名的英国化学家戴维，并对戴维在发现新元素钾和钠方面的贡献大加赞赏，而说到自己的成就时仅寥寥数语。戴维激动地说："您对化学的贡献也不小啊，道尔顿先生。倍比定律的发现比一种元素的发现，意义要大得多，更不用说像原子论这样的成就了。"戴维还热诚地建议道尔顿申请当皇家学会会员的候选人。根据当时惯例，加入皇家学会者都要由自己申请，否则学会是不会屈尊选他做会员的。道尔顿婉言谢绝了，他真诚地说："对科学来说，一个科学家摆在哪儿是无关紧要的，重要的是他要对科学作出贡献。"

道尔顿的原子论不仅在英国，而且在整个欧洲科学界，都引起了兴趣、重视和推崇。1816 年，道尔顿被选为法国科学院通讯院士。1817 年又被选为曼彻斯特文哲学会会长，一直任职到逝世时为止。他在学会一共作了 119 次学术报告。当时，不仅英国的科学家,就连法国、德国、意大利、瑞典以及俄国的科学家也都在关注着道尔顿的成就。但大家感到奇怪的是,在全世界享有崇高声誉的道尔顿竟然不是皇家学会的会员,皇家学会受到了巨大的压力。尽管没有征得道尔顿的同意,戴维仍然决定提议他为会员。1822年,道尔顿终于成为皇家学会的会员。1826年,英国政府在伦敦皇家学会一次隆重集会上授予道尔顿金质勋章,以表彰他在化学和物理学方面的成就,尤其是他创立科学原子论的卓越贡献。

其后的几年里,道尔顿先后被选为柏林科学院名誉院士、莫斯科自然科学爱好者协会名誉会员、慕尼黑科学院名誉院士。从1830年起,道尔顿继戴维成为"名誉委员会"成员。这个委员经法国科学院推举,由欧洲11位最著名的科学家组成,以表彰他们的杰出成就。1832年,牛津大学授予道尔顿法学博士学位,这是牛津大学的最高褒奖。在那时的自然科学家中,只有著名物理学家法拉第获得过这种荣誉。

享有盛誉的道尔顿,这时又是怎样想的呢? 他的挚友威廉·亨利(William Henry)博士作了这样的描述:"道尔顿先生从来没有,也从来不希望从政府方面得到任何报酬或奖励。我敢断言,他从来没有追求这些。""他一点都不自大和傲慢,他清楚地了解自己的力量,正确地评价自己的成就。至于自己的名声如何则留给世人去评说——这种评说虽然有时是缓慢的,但经常是公正的。"

道尔顿性情比较孤独,沉默寡言,然而他对科学,对原子论却是一往情深,倾注了他毕生心血和满腔热情。道尔顿终生过着独身生活,没有结婚。他曾对朋友说:"没有时间交女友,谈爱情。"他在对科学的热烈追求中感到无穷的乐趣,从发现新的实验事实和推导出重要定律中获得异常的欢乐。早在1788年,当道尔顿还在从事气象学研究时就说过:"如果我们能预测天气状况,从而给农民、海员以及整个人类带来巨大的利益,那么,一个为了实现这个目标而作出贡献的人,不管用什么方式,都不能算是枉费精力或虚度一生。"

道尔顿一生清贫、俭朴,除科学真理外别无追求和崇拜。幼年的道尔顿就过着独立谋生的穷困生活,负有盛名的道尔顿经济状况仍不宽裕。1818年,英国政府用重金聘请道尔顿担任由罗斯爵士率领的北极地带考察队的科学专家,答应只要工作三四个月就付给一年的工资。一年的报酬大约400到500英镑。但是,道尔顿感到测定原子量的工作仍在继续进行,他离不开自己的实验室,他不愿分散精力,因而谢绝了这一聘请。当道尔顿的成就在国外获得普遍颂扬,许多和他同时代的著名学者,如英国的戴维、法拉第、布朗,法国的拉普拉斯、毕奥,德国的歌德等,都和他通信或联系。这些学者大都对道尔顿住处的简陋和生活的俭朴感到意外。一直到1833年,由于科学界的呼吁,英国政府才不得不关心道尔顿的生活,发给他年俸为150英镑的菲薄的养老金。同年,曼彻斯特市政委员会通过决议,为表达曼彻斯特全体市民对道尔顿的感激和敬意,要在市政大厅竖立道尔顿的半身雕像。道尔顿闻讯后坦率地表示:"如果我不是由于担心我的拒绝将会得罪曼彻斯特的公民的话,我就一定不能接受此事。"

道尔顿对热衷名利、追求享受是那样的格格不入,而对追求科学真理又是那样的锲而不舍。他记气象观察日记几十年如一日,他的日常生活和科研活动就像时钟一样有规律地进行着。一位住在道尔顿实验室对面的妇女,常怀着惊奇的神情对人说:"每当看到道尔顿博士打开他的窗户读他的温度表时，我就会知道那是几点钟，简直一分钟都不差。"

　　曾有人问起道尔顿成功的秘诀在哪里，他这样回答："如果说我比周围的人获得更多成就的话，那主要——不，我可以说，几乎完全是由于不懈的努力。……"诚然，要完成最伟大的事业，仅仅靠努力还不够，还需要一些别的什么。科学家一定要有灵感，想象力要活跃，从而在自然的秘密一旦露出微弱的闪光时能够立即抓住。至于道尔顿这种"灵感"有多少，看法不尽相同。有些人认为他只是个迟钝的实验工作者，另一些人则把道尔顿看做伟大的科学预言家。科学史家罗斯科（Roscoe）中肯地指出："实际情况可能介于两个极端之间。不管怎样，有一点大家都会同意：没有坚持不懈的努力，天才也很少会有成就，而道尔顿正是具有这种锲而不舍精神的人。"

　　1844 年 7 月 26 日，道尔顿生命垂危，但他坚持作了最后一次气象记录。他在自己的笔记本上记下了这天早晨的气压计和温度计的读数，并写上"微雨"两字。只不过在这两字的末尾留下了一大滴墨水渍——道尔顿极其虚弱的手已经无法握紧他的笔了。次日即 7 月 27 日清晨，道尔顿与世长辞了。

　　道尔顿逝世的噩耗震动了整个曼彻斯特市。在市民们的强烈要求下，市政委员会通过决议，授予道尔顿以该市公葬市民的荣誉。1844 年 8 月 12 日，一百辆马车护送着道尔顿的灵柩，长长的送葬队伍在庄重肃穆的哀乐声中缓慢地向阿尔德维克墓地移动。曼彻斯特市民们聚集在人行道、阳台上和窗户前，向道尔顿告别致哀。不仅他的祖国，还有全世界热爱科学的人们都在深切地悼念这位伟大的科学家。……

化学哲学新体系

第一部分

约翰·道尔顿

· Part I ·

谨将本书献给对作者于 1807 年在爱丁堡和格拉斯哥所发表的关于热与化学元素的演讲给予了关注和鼓励的这两个城市的大学教授及其他居民，并献给始终如一地促进作者的各项研究的曼彻斯特文哲学会的会员们。——作者

TO

HUMPHRY DAVY, Esq. Sec. R. S.

PROFESSOR OF CHEMISTRY IN THE ROYAL INSTITUTION, &c. &

AND TO

WILLIAM HENRY, M. D. F. R. S.

VICE PRESIDENT OF THE LITERARY AND PHILOSOPHICAL
SOCIETY, MANCHESTER, &c. &c.

THE SECOND PART

OF

THIS WORK IS RESPECTFULLY INSCRIBED,

AS A TESTIMONY TO THEIR DISTINGUISHED MERIT IN THE
PROMOTION OF CHEMICAL SCIENCE,

AND

AS AN ACKNOWLEDGMENT OF

THEIR FRIENDLY COMMUNICATIONS AND ASSISTANCE,

BY THE

AUTHOR.

序　言

在这部著作付印时,作者原拟把它作为一本书出版,现在却把它分两部分出版。向读者谈谈改变计划的理由,或许是适当的。

作者许多论文曾在曼彻斯特文哲学会宣读过,主要是关于热和弹性流体,登载在1802年该会会刊第5卷里。人们认为这些论文所陈述的观点是新颖而且重要的。这些论文在几种哲学期刊中转载,不久便被译成法文和德文,经由外国的期刊在国外流传。作者同时还采用这些论文所讲述的原理,不倦地继续进行研究。在1803年,作者逐渐从研究的结果引导出一些基本定律,这些定律在关于热和化学结合方面似乎是得到公认的。这部书的目的就是展示和解释这些定律。1804年冬天,我在伦敦的皇家学院讲授自然哲学课程,便把这些定律的主要内容首次作了公开的讲演,并把讲稿留下来准备登载在学院的期刊上,但后来却未接到通知,不知是否已被登载。在这以后,作者曾不时地受到几位哲学界朋友的催促,要求早日把研究结果公之于众。他们认为再延迟下去就会损害科学的利益和作者自己的声誉。1807年春天,作者应邀赴外埠作学术讲演,讲述这部书里所含的各种新原理,在爱丁堡讲了两次,又在格拉斯哥讲了一次。在这些场合中作者荣幸地受到由于科学成就而被人们一致公认为最受尊敬的先生们的关注。他们中大多数希望早日出版这些新学说,愈早愈好。作者回故乡曼彻斯特后,便开始准备出版工作。有几个实验需要重新做,还要进行其他新的实验。由于差不多整个体系无论在内容和方法方面都是新的,需要很多时间进行材料组织和内容安排,再加上我职业上的日常工作,因而使出版工作延迟了一年。根据过去的经验,或许还需要一年才能完成出版。同时,由于热的原理和化学结合的一般原理同以后各个细节关系较少,先把已经准备好的这些内容出版,让公众审阅,对作者既没有多大妨碍,对读者也无不便之处。

1808 年 5 月

《化学哲学新体系》第一部分作者献词/译文见第 1 页。

第 1 章

论热或热质

关于热质(caloric)本质的最流行的想法是说它是一种极微妙的弹性流体,其粒子彼此互相推斥,但受其他一切物体的吸引。

当全部周围的物体在同一温度时,它们所附的热是在静止状态。在这种情况下,不论重量相等或体积相等的两物体里的热的绝对量都是不相等的。每一种物质对于热有其特殊的亲和力,它如果在某一温度下和其他物体处于平衡状态,就需要有某一定量的流体(即热)。如果相等重量或相等体积的各个物体在任一温度下所含全部的热量已正确测定了,甚至是相对的量已测定了,那么就可以列出一个比热表,好像比重表那样,这将是科学的一个重要收获。这类实验的尝试已取得了极大的成功。

物体的比热,如果能在某一温度下测得,在物体形态没起变化时,是否就是在其他任一温度下的比热,这是一个相当重要的探究。从已做过的实验而论,情况大体上是这样,这似乎是无疑的。但从体积相等的物体导出比热的数值,似乎比从重量相等情况下导出来的更加正确。因为不同的物体在升高同一温度差值时的体积膨胀各不相同,用这两种不同方法所得的比热值当然是不同的。但是在这个问题没研讨之前,我们应当首先确定温度这一名词的意义。

第一节 论温度和测量温度的仪器

物体的比热和温度的概念可用一组直径不同的圆筒来很好地表现它。这些圆筒由各个底部的小管联通起来,并由一个小圆管连在一起,这些圆筒和小管都能容纳水或其他液体,被放在和水平面垂直的位置(参看图版 1 图 1)。各个粗细不同的圆筒代表物体的不同比热,小圆管刻有均等分布的线代表温度计或温度的数量。如果把水注进一个圆筒,那么全部其他圆筒里和温度计里的水也达到同一平面。如果把等量的水先后注进,那么圆筒和小圆管里的水平面将以等量上升,这水显然是代表热或热质。依照这样的说法,则任一物体中受到等量的热,显然相当于温度的等量升高。

这样的观点必定导致下列的结论,即如果取两个温度相同的物体,把它们升高到任意其他温度,它们所接受的添加的热量必定各和它们当时所已经含有的热量成正比。这个结论,一般说来是和事实近似地符合,但当然不是严格正确的。众所周知,对弹性流体(气体)来说,尽管它的重量和温度保持不变,如果体积增大了,比热也跟着增大。固体和液体也很可能有类似情况,即受热而体积增大时,其接受热量的本领,即比热也跟着增大。如果一切物体在受热时所增高的比例一样,这就不影响上述结论,但事实不是如此,因而上述结论应该受到非难。如果假定一个温度计应该表示等量的名叫热质的流体加到要测量温度的物体里去,又假定这个物体是某一定量的空气或弹性流体,我们要问:这空气是否因温度升高而可以使体积增大,或是在温度升高的同时,它的体积受到容器的限制而毫不增大。依我看来,在理论上当一物体接受热量时,如果要测定该物体对热的标准接受能力,最好是使它的体积保持恒定不变。设 m 等于在体积不变的情况下提高弹性流体的温度 $10°$ 所需的热量①;则 $m+d$ 等于同一流体,在体积同时膨胀的情况下,提高温度 $10°$ 所需的热量,d 是两种不同情况下的热量差值。令 $1/10m$ 等于在第一种情况下增高 $1°$ 所需的热量,而 $1/10(m+d)$ 却不会等于在第二种情况下所需的热量,在温度较低时,这个量将比这小,而温度较高时将比这大。如果承认了这些原理,那么它们就可同时应用到液体和固体。例如水,除非是用一种特殊的或者极大的力把它限制在同一容积里面,在一般情况下受到等量的热,将不会获得温度的等量升高。如果让水的体积自由膨胀,那就不是等量的而是渐增的热量,使它的温度均匀地上升。如果有足够大的力加于液体或固体,使它们密度提高,无疑将会有热量放出,就像弹性流体那样。

人们也许还有下列的想法:在浓缩的或稀薄的空气中热的差值是太小,以致对其本身的受热本领或热的亲和力没有显著的影响。通过类比,液体和固体的情况可能也是这样;这类热的差值的效应不过是升高或降低几度温度,而全部的热量将相当于 $2000°$ 或 $3000°$;假定某一定容积的空气在温度 $2005°$ 时由于变稀薄而降到 $2000°$,即降低 $5°$。在这两种情况下,仍旧可以认为空气的比热,即接受热的能力不变,如果实验数据是这样,那么上列的想法当然是可以允许的。但是空气由于压缩或变稀而产生的温度变化从未经由实验测定过。在曼彻斯特学会会刊第 5 卷第二部分里,我曾叙述过我的实验,在把空气纳入真空容器时或放出被压缩的空气时,里面温度计受到的影响就像是它的周围介质的温度提高了或下降了 $50°$;但如果突然间把空气的密度升高两倍,或者突然使真空充满空气,其效果怎样,则是很难从我所熟悉的这些事实或其他事实推断出来的。也许可能使温度上升一百度或更多。放气枪的时候所产生的大量热,证明枪膛里空气热容的巨大变化。总的说来,可以得出结论,同一物体由于温度的改变而产生体积的变化可能对其受热的本领产生重要的影响,但还没有实验的数据,足以确定在弹性流体里这些变化的确切情况,在液体和固体,更少知道。德·卢克(De Luc)先生发现,同重量的冰点 $32°$ 的水和沸点 $212°$ 的水混合起来,混合物的温度约为华氏汞温度计的 $119°$,但两个温度的平均值为 $122°$。如果把同体积的 $32°$ 和 $212°$ 的水混合,结果所得温度约为 $115°$。在这两种情况下,从实验所得平均温度,也许是太高了一些。把这两种温度的水混合起来,总体积

---

① 此处所用的温标为华氏温标(以"°"标记)。——译者注。

约减小 1/90;这种体积的减小(或者是由于水质点聚合的亲和力增大了,或者是由于外加机械性压力的影响)必定排出一定的热量,使温度较真正的平均温度略高。32°和212°的真正平均温度很可能低到华氏温度约 110°。

人们一般都认为任意两个相同重量而不同温度的液体混合之后,混合液的温度必定是真正的平均温度,而与这相应的仪器必定是一个测温的精确温度计。但如果上述的观察是正确的,我们可以提问,当任意两个液体如上述的条件混合之后,是否可得出同一的平均温度。

在目前不能完善地测定温度的情况下,我们采用了汞的平均膨胀作为温度测量的标度。由于下述两项理由,这种办法不能说是正确的。第一,用汞温度计测量两个不同的温度的水混合物的温度总是低于平均温度,例如 32°水和 212°水混合,汞温度计测得结果温度为 119°;但如上文所述,这个混合物的温度应该高于平均温度 122°。第二,从最近的实验得知,汞的体积膨胀规律和水的膨胀规律是相同的,即从最大密度的温度算起,体积的膨胀是和温度的平方成正比的。我们说汞的均匀膨胀(体积膨胀和温度成正比),不过是一种表观的。这是由于只取膨胀标度的一小部分,而且这一部分与液体的凝固点又有一段距离。

从上文所述看来,我们还没有一种简易的办法,来确定两个不同温度的平均温度究竟是什么,例如,沸腾的水和结冰的水这两个温度的平均温度。也还没有任何一种温度计,可近似地测出正确的温度。

热在自然界是一种重要的媒介物,起了如此活跃作用的东西必定受某些一般定律的支配,这是毫无疑义的。如果热的种种现象还不能用某些定律来解释,那只是因为我们对这些现象还未曾彻底了解。哲学家们曾想找到一种物体,接受某一定增量的热时,能发生体积的均匀膨胀,或依等差数列而膨胀,但终于未曾找到。曾试用过各种液体,它们的膨胀都是不均匀的,在较高温度膨胀多一些,在较低温度膨胀较少,而且没有两种液体是彼此一致的。汞的膨胀似乎变化最小,即和均匀膨胀最接近,由于这一点和其他理由,在制造温度计时,一般都喜欢用汞。水则被摒弃不用,因为在各种液体中,它的膨胀是最不均匀的。关于我所做过的弹性流体受热膨胀的实验结果,曾在期刊上发表过;紧接着,盖-吕萨克(Gay-Lussac)也曾发表过他的实验;都是说明全部的永久弹性流体有同样的均匀膨胀;有些人就认为气体是均匀膨胀的,但这未曾为其他来源的实验所证实。

在不久以前,我认为水和汞虽然外表很不类似,但很可能它们的体积膨胀是服从同一定律,而且是和各自凝固点算起的温度的平方成正比的。依照现行的温度标度,水的膨胀是很近似地符合这个定律的。如果有什么小的偏差,也可以说正是由于汞柱刻度的略微不均匀而引起的。在进行这个研究中,我发现,依据这个定律而刻画出来的水柱和汞柱标度竟是完全地一致,以至可以互相比较。我认为这个定律也许适用于一切纯液体,但不适用于不纯的化合物,例如,盐类的溶液。

如果液体膨胀的定律如以上所述,很自然地可以设想热的其他现象也将适合相同的定律。在曼彻斯特学会会刊第 5 卷第二部分里,我曾发表了关于"水蒸气的力"的论文,说和水面接触的水蒸气的弹性力或张力是和普通汞温度计所测量的等温度增量近似地按等比数列增加的。这种发现当时并没有使我惊异。而且我认为如果所指出的温度不是完全正确地符合这个级数值,这只能是因为所用的温度计的刻度不是十分准确。但克劳福德(Crawford)似乎不容怀疑地证明温度计所引入的误差不会超过 1°或 2°。由于被克劳福德的权威所慑,对流体受热膨胀论文里误差可能为三或四度的结论,我不敢贸然不予置疑。承认在假定的平均值里误差达到 12°是毫无根据的。可是现在看来,和水面接触的水蒸气的力是准确地随等量温度增加作几何级数增加,假定这些增加是用水或汞温度计测量的,其刻度是依照上述的定律刻画的。

既已发现水蒸气的力是依照上述的定律而变化,很自然地就可设想空气也有同样的情况,因为空气(指任何一种永久的弹性流体①)和水蒸气基本上是相同后,只有某些变化彼此不同。因此,在试验之后,发现空气体积的膨胀是和等量增加的温度以等比数列而增大。盖-吕萨克曾发现,如果水蒸气不和水面接触,即蒸汽量不增也不减,它的体积膨胀量是和永久的弹性流体的膨胀量相等的。我曾经猜想过,空气体积的膨胀是和从绝对丧失热算起的温度(the temperature from absolute privation)的立方成正比的。这在上面提及的那篇论文里曾暗示过,现在我不得不放弃这种猜想。

许多有利于上述关于温度的假说的类推结合起来已差不多足以证实这一学说。但从物体受热与冷却的实验可得出温度的另一特点,它和所用的温度计标度不尽符合,但却引起特别注意,这一特点是:一物体在冷却过程中所失去的热量是和它的温度超过冷却介质的温度的差值成正比的。也就是说,在等距时间内温度以等比数列而下降。例如,有一物体的温度高于冷却介质 1000°,从 1000°冷却到 100°,从 100°降到 10°,从 10°到 1°所需的时间应该是相同的。如果用通常的温度计,这点虽然近似,却不完全准确,这是已经知道的。在低温部分所需的时间发现比高温部分略长些;但如果用新的温度计刻度,把低温部分的两个刻度之间的汞柱距离缩短一些,同时在高温部分的刻度距离加长一些,这就可使温度的变化恰恰符合上述关于热的定律了。

温度于是将发现有四条重要的类推来支持它。

第一,一切纯净的均匀流体,例如,水与汞,从它们的凝固点,或最大密度算起,它们体积的膨胀总是和温度的平方成正比。

第二,当温度以等差数列增加时,纯净液体如水、乙醚等的蒸汽的力以等比数列增加。

第三,永久弹性流体的体积膨胀,在温度以等量增加时,按等比数列增加。

第四,物体的冷却,在时间作等量增加时,是按等比数列冷却的。

以这些原理为根据所刻的汞温度计和通常所用的等差量的温度计是不同的,它在低温部分刻度距离较小,在高温部分刻度距离较大。在这个新标度上,初沸腾的水和将开始凝固的水的平均温度是 122°,而在旧式温度计上为 110°。下表表现出上列各条规律的算值计算过程。

---

① 当时的人们认为有些气体,如氮气、氧气,是不能液化的,故称为"永久气体"。——译者注

新温度表

一	二	汞			水	空气	蒸气		
		三	四	五	六	七	八	九	十
温度的真正相等间隔	根值。温度间隔公差等于0.4105	平方值。从汞的凝固点起的汞温度计的温度测量	与第三栏同，-40°或华氏温标	通用的华氏温标，或第四栏各值用玻璃的膨胀加以校正	水的膨胀与温度平方成正比	依等比数列膨胀的空气公比等于1.0179	水蒸气等比数列公比等于1.321英寸汞柱	以脱蒸气（醚）等比数列公比等于1.2278英寸汞柱	酒精蒸气不规则比重0.8英寸汞柱
—175°	0—	0—	—40°	—	—	692—			
—68°	4.3803	18.88	—21.12			837.6	0.012	0.73	
—58	4.7908	22.94	—17.06			852.5	0.016	0.96	
—48	5.2013	27.04	—12.96			867.7	0.022	1.19	
—38	5.6118	3158	—8.52			883.3	0.028	1.45	
—28	6.0023	3624	—3.76			899.—	0.088	1.37	
—18	6.4328	41.34	1.34			915.2	0.050	2.17	0.47
—8	6.8433	46.78	6,78			931.5	0.066	2.68	0.52
2	7.2538	52.63	12.63		16	948.2	0.087	3.30	0.58
12	7.6643	58.74	18.74		9	965.2	0.115	4.05	0.64
22	8.0748	65.21	25.21		4	982.4	0.151	4.07	0.72
32	8.4853	72.—	32.—	32°	1	1000	0.200	6.1	0.80
42	8.8958	79.1	39.1	39.3	0	1017.9	0.264	7.57	0.93
52	9.3063	86.6	46.6	47.—	1	1036.1	0.348	9.16	1.08
62	9.7108	94.44	54.44	55—	4	1054.7	0.461	11.22	1.3
72	10.1273	102.55	62.55	63.3	9	1073.5	0.609	13.77	1.6
82	10.5378	111.04	71.04	72.—	16	1092.7	0.804	16.85	2.1
92	10.9483	119.84	79.84	81	25	1112.3	1.061	20.65	2.8
102	11.3588	129.02	89.02	90.4	36	1132.2	1.40	25.30	3.6
112	11.7693	138.49	98.49	100.1	49	1152.4	1.85	31.—	4.7
122	12.1798	148.3	108.3	110.—	64	1173.1	2.45	37.98	6.3
132	12.5903	158.5	118.5	120.1	81	1194.—	3.24	46.54	8.2
142	13.0008	169—	129—	1304	100	1215.4	4.27	57.03	10.2
152	13.4113	179.9	139.9	141.1	121	1237.1	5.65	69.88	13.9
162	13.8218	191.—	151—	152—	144	1259.2	7.47	85.62	17.9
172	14.2323	202.4—	162.4	163.2	169	1281.8	9.87	104.91	22.4
182	14.6428	214.4	174.4	175—	196	1304.7	13.02	128.5	29.3
192	15.0533	226.5	186.5		225	1328	17.19	157.5	
202	15.4638	239	199.—	186.9	256	1351.8	22.70	193.—	
212	15.8743	252	212	212.—	289	1376.—	30.00	236.5	
312	19.9793	399.1	359.1			1643	485.—		
412	24.0843	579.8	539.8			1962			
512	28.1893	794.7	754.7			2342			
612	32.2943	1043.—	1000.			2797			
712	33.6399	1325.—	1285			3339			

对上表的说明

第一栏温度值，依照华氏温标把水的凝固点和沸点之间分为180度。从上文已说过的许多类似例子和实验，可知这些温度是由等值增加的热或热质而产生的。但是这只适用于具有均匀体积和均匀受热能力的物体，例如限制在一已知容积里的空气。如果是水受热，经过各个等量增加的温度，如这一栏的刻度所表示，则必须加入不同的热量。因为水的热容，随着温度增高而增高。第一栏的数值－175°是汞的凝固点，迄今写为－40°。从－68°至212°，每隔10°计算一次；在212°以上，每隔100°计算一次。试将第一栏和第五栏比较，就可看出新刻度（第一栏）和通用刻度（第五栏）的不同。在32°和212°之间的最大差别处是在新刻度的122°，正和旧刻度的110°相合，相差12°。在32°以下，或在212°以上，两者的差别更大。

第二、第三两栏是两套数值，其一是平方根，另一个是它们的平方。这两栏的各个数字是从下述的手续计算出来的：和第一栏的32°相对，在第三栏写下72°，这是汞的凝固点和水的凝固点之间的华氏度数差值。与第一栏的212°相对，在第三栏写下252°＝212°＋40°，这是汞的凝固点和水的沸点之间华氏温标度数的差值。算出72°与252°两数的平方根，放在第二栏的对应位置。数值8.4853表示汞凝固点和水凝固点之间实际温度的相对量。数值15.8743表示汞凝固点和水沸点之间实际温度的相对量。两者之差7.3890表示水的凝固点和水的沸点之间的相对量，7.3890÷18＝0.4105相当于每隔10°的数量。用0.4105作为等差数列的公差，从8.4583起，每隔10°，加上或减去0.4105，就得出第二栏的全部数值。这些数值当然是一连串的等差数列。把第二栏的各数自乘，写到第三栏的相对位置上去，即得出第三栏的数值。第三栏每隔10°的差值是不等的，这说明按照理论，随着温度的等量增加，汞的膨胀是不均匀的。为了避免把表格拉得太长，从－68°到汞的凝固点，不再按每隔10°算出第二栏和第三栏的各个数值。汞的凝固点已知为－175°。

第四栏和第三栏一样，仅有一个40°的差值，使其符合于通常用的华氏温标。

第五栏是第四栏各值的校正结果，是由于玻璃的不均匀膨胀所引起的。由于玻璃本身的膨胀，在玻璃管内汞的表观膨胀是小于它的实际膨胀的。但这不影响液体膨胀的规律，只要玻璃是均匀地膨胀，那么无论液体的表观膨胀或是它的实际膨胀，都符合这同一个规律。下文将对此有所说明。但德·卢克普证实玻璃在较低温度的下一半标度处它的膨胀较小于较高温度的上一半标度处，这就使汞在下半部的表观膨胀比液体膨胀定律所要求的要多。我用德·卢克的实验数据进行计算，发现在温度计的中点，即122°处汞面因为下半部表面膨胀较多而近似地提高了3°。为了不要过分估计这种效应，我只取1.7°，使第四栏里的108.3°改正为第五栏的110°。第五栏的其他数值是从相应的改正而得到的。由于水的沸点以上和凝固点以下的玻璃膨胀情况未曾实验过，因此第五栏的数值仅仅限于从32°到212°这一部分。如果把第五栏和第一行对比起来看，旧的通用华氏温度计标度的误差可以看出来。旧刻度上的任意一个温度可以把它转化为第一栏的相应的真正温度。

第六栏含有自然整数1，2，3……的平方值，表示等量温度增值的水的膨胀量。例如一定量的水，原来在42°，如果升到沸点即212°时，它的膨胀量可用289来表示，那么在52°，它的膨胀量将是1，在62°它的膨胀量将是4，以此类推。在凝固点之下，水因失去热量而结成冰，体积还是膨胀。在下文讨论物体的绝对膨胀时，将再谈到。水的表观最大密度不在旧标度的39.3°，但大约在42°，而水的实际最大密度接近36°。

第七栏含有一串成为等比数列的数值，表示空气或弹性流体的膨胀。在 32°的空气容积作为 1000，根据盖-吕萨克的实验和我自己的实验，在 212°时，它的容积膨胀到 1376。至于中间部分的膨胀，罗依将军（General Roi）使膨胀到一半的温度为旧温标 116.5°；根据我从前的实验（曼彻斯特学会会刊第 5 卷第二部分，第 599 页），这个温度可估计在 119.5°，当时我手边没有 32°的空气。但最近的实验使我深信，干燥的空气从 32°到 117°或 118°的膨胀量和从 117°或 118°到达 212°的膨胀量是相等的。依照上表的理论，在 117°的空气容积将是 1188，即膨胀量 188 恰好占全部膨胀量 376 的一半，既然在温度间隔 32°到 212°的中部（117°），理论和实验是如此吻合，那么就不能在间隔的其他温度处认为理论和实验不吻合。也就是说，第七栏从理论算出的等比数列各数值是符合实际的。

第八栏表明和水面接触的水蒸气的力在各个温度的数值，用若干英寸的汞柱来表示力的大小。这一串数值组成一个等比数列。和 32°与 212°相对照的数值是 0.200 与 30.0，这两个数值是从实验得出的（同上，第 559 页）。其他数值则是从理论计算出来的。这些数值和刚才提到的表里从实验取得的结果虽不是完全符合，但误差总是小于 2°，这么小的误差在同样的两支温度计之间也可能存在着。这一点是应该引起人们的重视的。

第九栏表示和硫醚液体接触的硫醚蒸气的力。这一串数值也组成一个等比数列，其比值比水的比值小。在我写就那篇关于"水蒸气的力"的论文之后，我就能对论文里的一个结论给予更正，错误的来源是我对通用的汞温度计的准确性过分信任了。从实验可知，212°左右的水蒸气的力随温度改变而起变化，这种力的变化和 100°左右醚蒸气的力的变化是近似地相同的。因此，我曾导出一种一般性的定律，即"一切液体蒸气的力对于相同的温度变化而起的相应的力的变化是相同的，不管各个不同蒸汽的力是多少"。但是现在我发现，在通常温度计中下半部的 30°温度增量要比上半部的 30°温度增量多得多。因此，醚蒸气和水蒸气对于同一温度的增量，它们的力的变化是不相同的。真实的情况是，各种不同液体的蒸气的力是随着温度的上升而以等比数列增大的，但不同的液体有不同的公比值。从大量生产中所得的醚似乎是一种极均匀的液体。我在先后不同时期，分别在伦敦、爱丁堡、格拉斯哥和曼彻斯特各地购进相同质量的醚，即把它的蒸气输入气压计，在 68°时，将使汞柱面下降 15 英寸。这样的效应可保持很久。我现在有一个气压计，在汞面上有几滴醚液，八九年后还可准确使用。第九栏里 20°和 80°之间的各数值是多年来我用上述的气压计反复观察的结果；在这间隔之上或之下的各数值，即从 0°到 212°的范围内，是从直接实验得来的。较低的温度是用人造冷却混合物对气压计的真空部分起作用；较高的温度用我从前发表过的论文里所述的办法取得。只是在最大的力方面，比我从前实验的数据大得多，这是由于气压计放了较多的醚液之故。从前发现在 212°时，液体已将耗尽。如果想取得最大的效应，必须始终使蒸汽和一部分的液体面接触。

第十栏表示酒精蒸气的力，测定的方法和测定水蒸气的方法相同。这一组数值不是一个等比数列，也许是由于液体不纯净和不均匀。我猜想这里的弹性流体可能是水蒸气和酒精蒸气的混合物。

第二节　论热引起的膨胀

　　热的一个重要效应是使一切物体膨胀。固体膨胀最少,液体较多,弹性流体的膨胀最多。在许多实例中,体积的膨胀量已经测定;但部分的原因在于缺少适当的温度计,从各个特殊实验里,很少导出一般性的结论。抵抗膨胀所需的力,除在弹性流体之外,尚未测定,但这种力一定是极大的。一切永久弹性流体的膨胀定律和膨胀量已在上文叙述了。因而只剩下液体和固体需要研究。

　　为了对于液体的膨胀有所理解,先提出以下各项看法是有利的:

　　第一,假想有玻璃或金属之类的测温度用的容器,其中注入任一液体到容器筒面的某一刻度,又假想对于温度的同量变化,容器和液体的膨胀量是相同的。那么,不必多加思索,便可得出显然的结论,即不问温度的变化如何,容器筒里的液面必定停留在同一刻度处。

　　第二,如上,液体与容器,都依温度的升高而均匀膨胀,但液体的膨胀率大于容器的膨胀率,当温度上升时,液面必以均匀速度从原来刻度的平面上升,上升的体积等于液体和容器的绝对膨胀量的差值。

　　第三,如上,但液体的膨胀率小于容器的膨胀率,当温度上升时,液面将以均匀速度下降,下降的体积等于液体与容器的绝对膨胀量的差值。

　　第四,如上,但容器始终以均匀速度膨胀,而液体是从静止处,即零速度起以均匀加速度膨胀。如果温度等量上升,液面将依渐慢的速度而下降,到某一平面处静止,再继续以渐快的速度上升,下降时的负加速度和上升时的正加速度有同一的绝对值。因为液体的膨胀速度是从零起均匀增加,到了某一时刻,它的膨胀速度将与容器的膨胀速度相同,此时液面好像静止不动;在此时刻之前,依照第三种情况,液面将上升;和第二、第三两种情况有不同之处,是在这里的下降或上升都不是匀速的。设在两者有同一的膨胀速度的时刻,液体的膨胀所得绝对容积为1,同时容器的膨胀容积量必定是2。这是因为一个均匀加速度的力所取得的速度必定在同一时间里使物体移动两倍的距离。因此液面必定下降1,这就是容器膨胀量大于液体膨胀量的差值。设使温度再度增加和上文同一的量,那么,从始点算起,液体的绝对膨胀量将是4,而容器的膨胀量也是4。液面又回到原处,可见在第二次温度增高时,液面必定上升1。进行第三次加热,使温度作第三次增高,液体的总膨胀量为9,或即膨胀量增加5,减去容器的膨胀量2,即得第三次的液体膨胀量为3。同理,第四次提高温度,使液体膨胀5,第五次升温使液体膨胀7,等等,恰是奇整数的级数1,3,4,7,等等,但液体的总膨胀量为1,4,9,16,25……恰是整数平方的级数,这是人们所熟悉的。因此,表观膨胀和实际膨胀是依照同一的定律进行的,不过表观膨胀仅仅从一个较高的温度开始罢了。如果从最大密度点算起,不问是温度的增或减,即不问是热或冷,液体的膨胀定律使它产生了同样的膨胀,那么表观膨胀仍旧和实际膨胀一样,依照同一的定律进行。如果液体是在温度计的最低点时,取去一部分热量,它上升到1,即在最大密度的情况下,开始时没有膨胀。如果取去另一部分热量,依假定,它将膨胀1,但容器将缩小2,使得液体的表观膨胀为3;再取去另一部分热量,它将为5,再取另一部分,将为 7,等等。

上述的第四种说法,也可说明如下:

设以 $1,4,9,16,25$ 等等表示液体的绝对膨胀,$p,2p,3p,4p,5p$ 等等表示温度等量升高时等容器的绝对膨胀,那么 $1-p,4-2p,9-3p,16-4p,25-5p$ 等等将代表液体的表观膨胀;上述各值的差值 $3-p,5-p,7-p,9-p$ 等等构成一个等差数列,公差是 2。但代数学家已经证明,一个等差数列各项的平方级数的各项差值构成另一个等差数列,它的公差等于各根差的平方的两倍。因此,由于 2 等于 1 的平方的两倍,得出等差数列 $3-p,5-p$,等等,等于各平方值级数之差,各个根所成级数的公差为 1。

现在应用这些原理:固体通常在一般通用的温度间隔里均匀地膨胀,膨胀量无论如何较液体(例如水)的膨胀小得多,尽管不是绝对均匀性膨胀,误差可以不计。水的膨胀,从最大密度点起,是和温度升高的平方成正比的。可从此引出下列结论:

结论 1 均匀加速度运动的定律是和水的膨胀定律相同的,不问是绝对膨胀或是表观膨胀,运动的时间表明膨胀的温度,运动所经过的空间就是膨胀量。设 $t=$ 时间或温度,$v=$ 速度,$s=$ 空间或膨胀量,那么:

$$t^2 \text{ 或 } tv, \text{ 或 } v^2 \text{ 与 } s \text{ 成正比}$$

$$\frac{1}{2}tv = s$$

$$v \text{ 与 } t \text{ 成正比}$$

$$\dot{s} \text{ 与 } 2\dot{t}t \text{ 成正比}$$

$$\dot{s} \text{ 与 } t \text{ 成正比},\dot{t} \text{ 假定是常数,等等。}$$

结论 2 水从最大密度点起温度升高到任何度数时,其实际膨胀量是与在任何容器中从表观最大密度点起升高到同样刻度数时的表观膨胀量相同的。例如,倘水在玻璃容器内于 42°处显示出最大密度,或者体积降到最小,并从这点起升到 212°显示出膨胀量为开始时体积的 1/25,这样就可得出水从最大密度起升高 170°时的实际膨胀量是其体积的 1/25;于是水的绝对膨胀量就可以用这样的方法来测定,不需要知道在什么温度下它的密度最大,也不需要知道盛水容器的膨胀量。

结论 3 如果能够得到任何容器的膨胀量,则具有最大密度的水的温度也就可以得到;反之亦然。这给我们提供一个确定所有盛水容器的固态物体的相对膨胀量和绝对膨胀量的极好方法。

结论 4 如果水从最大密度点起温度升高 180°的表观膨胀量等同于一均匀膨胀的物体,则其速度一定等于水在 90°或中途时的速度。又如果任何固态物体与水从最大密度点起升高 10°时具有相同的膨胀量,则其升高 180°时的膨胀量一定是水的膨胀量的 1/9,等等。因为在水中 v 与 t 成正比,等等。

把几个玻璃温度计管子刻上度数,装好水,放在不同的温度内,并把结果进行比较,我得到了分别按照通常的或旧的标度(今后我就这样叫它)和新的标度每升高 10°时水在玻璃中的表观膨胀量如下。

从最大密度点起计算,水升高 180°时的总的膨胀量,从第二表看来是 1/21.5,或 21.5 份变为 22.5。

水的膨胀

旧标度		新标度	
		5°	100227
12°	100236	15	100129
22	100090	25	100057
32	100022	35	100014
42	100000	45	100000
52	100021	55	100014＋
62	100083	65	100057
72	100180	75	100129
82	100312	85	100227
92	100477	95	100359
102	100672	105	100517
112	100880	115	100704
122	101116	125	100919
132	101367	135	101163
142	101638	145	101436
152	101934	155	101738
162	102245	165	102068
172	102575	175	102426
182	102916	185	102814
192	103265	195	103231
202	103634	205	103676
212	104012	215	104150
		225	104658

在 1804 年爱丁堡哲学学报上，霍普博士（Dr. Hope）曾经写过一篇关于水在低温时加热收缩的论文，参阅《尼科尔森杂志》（*Nicholson's Journal*）第 12 卷。在这篇论文中，我们看到有关这个物理学中重要问题的事实和见解的极好历史，还有原始的实验。关于在什么温度下水具有最大密度，这里有两种见解：一种是说在冰点，或 32°；另一种是说在 40°。在上述论文发表以前，我曾主张在 32°，主要是根据即将讲到的一些实验。霍普博士根据自己的实验为另一种意见辩护。于是我的注意力又重新转到这个问题，在重新观察事实以后，我发现它们都一致支持最大密度点在温度 36°，或过去所假定的两点的当中，在《尼科尔森杂志》第 13 卷和 14 卷刊登的两封信中，我尽力指出，霍普博士的实验仅是支持这个结论的。现在我将指出，我自己关于在不同容器中水的表观膨胀的实验也和它们一致地证实这相同的结论。

我的实验结果（没有这些推论）曾在《尼科尔森杂志》第 10 卷上发表，以后曾经作过少量的增补和改正。这里用的是用不同材料做成的能盛 1 盎司或 2 盎司的容器，当盛满水时玻璃管能够胶合在这些容器中，使其与通常的温度计作用相似。观察资料如下：

		静止的水(°)	相应的膨胀点(°)
1	棕色陶器	在 38°	在 32°与 44°
2	普通白陶器与石器	40	32 与 48+
3	燧石玻璃	42	32 与 52.5
4	铁	42+	32 与 53-
5	铜	45+	32 与 59
6	黄铜	45.5	32 与 60-
7	白镴	46	32 与 60.5
8	锌	48	32 与 64+
9	铅	49	32 与 67

由于陶器加热时的膨胀从未确定过,我们不能应用第一个和第二个实验来求最大密度的温度;从这些实验我们所能知道的是,这点一定是在 38°以下。

根据斯米顿(Smeaton),玻璃在升高 180°温度时,长度伸长 1/1200;因而体积膨胀 1/400。但是水膨胀 1/21.5,或比前者 18 倍多一些;因此,水膨胀的平均速度(这是在 90°,或半途时)为玻璃的 18 倍多,这个膨胀量等于水在 42°时的膨胀量;这时水的膨胀量一定是水的平均量的 1/18;因而 42°的水是已经越过了温度的 1/18 才到达平均值的,即比最大密度高出 90°的 1/18 等于新标度 5°,或旧标度 4°。然而这个结果不可能是正确的;因为从上节看到该温度一定要在 38°以下。我认为错误的产生无疑是由于斯米顿把玻璃的膨胀估计得过低,这并不是由于他的任何过失,而是由于玻璃的特殊性质。玻棒和玻管经过适当退火的是很少的;因此它们处于具有强烈能量的状态,常常会自动地或用锉刀轻轻地刮一下就碎掉;玻管比玻棒膨胀得多,可以预料,薄的玻璃球还要膨胀得多,因为它们是不需要退火的,所以薄的玻璃也具有大的强度,没有那样脆,而且更能经受温度突变的影响。从以上实验看来,由玻璃引起的膨胀,如通常温度计的玻璃球,似乎比铁所引起的略小些。

铁在加热升高 180°时长度伸长约 1/800,或体积膨胀约 1/265;这约为水的膨胀量的 1/12;因此 90 除以 12 等于真正平均温度的 7.5°,等于通常标度的 6°;从 42°减去这个度数,剩下普通标度的 36°,这就是水具有最大密度的温度。

铜与铁在膨胀方面之比是 3:2,因此,如果令铁为 6°,则铜一定是 9°;于是同前面一样,所求温度为 45°-9°=36°。

黄铜约比铜的膨胀多 1/20,因此,同上面一样所求温度为 45.5°-9.5°=36°。

根据斯米顿,细的白镴与铁的膨胀之比等于 11:6,因此,从白镴容器得到的温度,46°-11°=35°。但是由于这是一种混合的金属,它并不太可靠。

如果我们信赖斯米顿的话,锌在温度升高 180°时体积膨胀 1/113,于是水的膨胀为锌的 5.25 倍,而 90 除以 51.25,等于新标度的 17°,等于旧标度的 13.5°;于是 48°减去 13.5°为从锌得出的温度。看来在这种情况下,该容器的膨胀很可能估计得过高了;它曾被发现比铅的膨胀小,而斯米顿却以为比铅大。该容器是用霍德森(Hodson)和西尔威斯特(Sylvester)专利的可锻锌制造的,发生误差的原因可能是因为它含有一部分锡。

铅在温度升高 180°时体积膨胀 1/116,因此,水的膨胀约为其 5.5 倍;和前面一样,得出 90 除以 5.5 等于新标度 16.5°,等于旧标度 13°;从而 49°—13°＝36°。

从这些实验似乎足以表明,水的最大密度是在或接近旧标度 36°,新标度的 37°或 38°;还表明,薄玻璃的膨胀约与铁相同,而石制品的膨胀为铁的 2/3,棕色陶器为铁的 1/3。

我发现当水银温度升高 180°时,在温度计玻璃中的表观膨胀每一份中为 0.0163 份。薄玻璃的表观膨胀为 0.0037 等于 1/270,这比铁的表观膨胀 1/265,要略小一些。所以,水银从 32°到 212°的实际膨胀为这些数值之和等于 0.02 或 1/50。德·卢克说它是 0.01836,而大部分其他作者认为还要小些;因为他们都过低地估计了玻璃的膨胀。因此,我们近似地得到这个比例,0.0163∶180°∷①0.0037∶41°,这表示玻璃膨胀对水银温度计的影响。就是说,如果玻璃不发生膨胀,则水银在水沸腾温度上面还要在标度上多上升 41°。德·卢克认为玻管从 32°到 212°在长度方面的膨胀量等于 0.00083,而从 32°到 122°只不过是 0.00035,这种不均衡现象我认为至少是部分地由于玻管最初固定下来时未达到平衡,玻管外侧硬而内侧软。

液体如果在加热或冷却时不被分解,我们就可以把它们叫作纯的。盐类在水中的溶液不能认为是纯的,因为它们的组成受温度的影响。例如,如果把硫酸苏打的水溶液冷却,则一部分盐析出,留下的液体所含盐分就比原先的少;而水与水银,当部分冻结时,却留下与原先相同的液体。大多数酸溶液在这点上是与盐溶液相似的。我们通常使用的酒精,是纯酒精在较多或较少部分水中的溶液,可能像其他溶液一样会受到冻结的影响。醚是除水与水银以外的最纯液体。油,不管是固定的还是挥发的,按照我们所使用的意义来说,可能大多数都是不纯的。尽管这样,这些液体同我们在水和水银中所观察到的膨胀的定律接近到怎样的程度,还是值得注意的。很少作者曾经做过有关这些课题的实验;而在有些例子中,他们的结果是不正确的,我自己的研究主要是针对水和水银的,但是就我们所研究过的其他液体来说,我的这些结果可能也是合适的。

酒精从 —8°到 172°上升 180°时,其体积约膨胀 1/9。这种液体从 32°到 212°的相对膨胀量曾由德·卢克给出,但我的实验结果似乎和他的不一致。根据他的数据,酒精在第一个 90°膨胀 35 份,在第二个 90°膨胀 45 份。他的酒精的浓度要足以点燃火药,但这是一个不确定的试验。根据我的实验,我判定它一定是很淡的。我发现,在普通水银标度上 50°温度时 1000 份比重为 0.817 的酒精,在温度为 170°时变为 1079;在 110°时为 1039,或比实际平均值低半格。当比重为 0.86 时,我发现 50°时的 1000 份变为 170°时的 1072 份;在 110°时其体积为 1035＋,该标度两部分的不相称程度在这种情况下不多于 35∶37。当比重为 0.937 时,我发现 1000 份在 170°变为 1062 份,在 110°时变为 1029.5 份;因此膨胀的比率为 29.5 比 32.5。当比重为 0.967 时,相应于含 75％的水,它在 50°时的 1000 份变为在 170°时的 1040 份,和在 110°时的 1017.5 份,得出 35∶45 的比率,这与德·卢克所给予酒精的数值相同。的确,他所取的温度间隔是 180°,而我所取的只是 120°,但是仍然不可能使我们的结果一致起来。因为酒精从 172°到 212°的膨胀一定是猜测出来的,或许他把它估计过高了。在报道这些结果时,我不曾考虑到玻璃容器的膨胀,

---

① 此处符号∷相当于现代符号∽。——译者注

它是一个大的温度计球,约盛 750 格令(grain)①的水,有着相应宽阔的管子,因而实际膨胀比以上所述的一定是考虑得多了些而不是少些。由于容器的刻度是经过反复检查的,而这些刻度又是和用以测定水的膨胀相同的,我是能够相信这些结果的。在这些实验中特别注意把球和柄都浸在所测温度的水内。

由于比重 0.817 的酒精至少含有 8% 的水,可以从以上合理地推出,一个纯酒精的温度计在从 50°到 170°范围温度内将和水银温度计没有明显程度的差异。但是当我们考虑到在这范围内玻璃、水银和酒精的相对膨胀分别为 1、5.5 和 22,一定就会明显看到,玻璃在标度的较高和较低部分膨胀的不均衡性虽然倾向于使水银的表观膨胀相等,但对酒精却影响很少,因为相比较而言玻璃的膨胀是不重要的。因此可以假定一个酒精温度计在均匀膨胀的容器中其各个划分区域将会比水银温度计更加均匀些。这根据理论是应该如此的,因为酒精的最大密度点或冻结温度是在水银以下。

水在 36°时最密,而酒精则远在这个温度以下,可以预料它们的混合物将会在中间温度时最密,当水愈占优势时这些温度就愈高;因而我们发现,在水的膨胀中所看到的不均衡性当混合物接近于纯水时,就变得越来越大。

饱和食盐水膨胀如下:32°时的 1000 份在 212°时变为 1050 份;在 122°时差不多为 1023 份,这对水银对应的相等诸间隔给出 23：27 的比值,这个数值和德·卢克的 36.3：43.7 的比值大致相同。该溶液据说在 −7°冻结,并可能从该点起近似地按温度的平方而膨胀。它在通过温度而膨胀这方面是与大多数其他盐的溶液不同的。

橄榄油和亚麻仁油在升高 180°时约膨胀 8%;德·卢克发现橄榄油的膨胀大致与水银一致。我认为它比水银更加不匀称,大致与饱和了的盐水一致。

松节油在升高 180°时约膨胀 7%;它在标度较高部分要比在较低部分膨胀得更多,正如它应该表现的那样,其凝固点是在 14°或 16°。比值大约为 3：5。有几位作者说,松节油在 560°沸腾;我不明白这个错误是如何产生的,松节油同其余香料油一样,在 212°以下的温度就沸腾了。

硫酸(比重 1.85)从 32°到 212°约膨胀 6%。它在标度的每一部分都与水银极其近似。汤姆森博士(Dr. Thomson)说,这个浓度的酸的凝固点是 −36°或更低些;由此,它是同水和水银一样符合于相同的定律的。我发现,即使是冰硫酸,或比重为 1.78 的硫酸,在 45°仍维持冻结状态,当它在液态时,也均匀地膨胀,或近似地和其他酸一样。

硝酸(比重 1.40)从 32°到 212°约膨胀 11%,其膨胀的比率与水银大致相同,不匀称性不多于 27：28 左右。这样强度的酸的冰点与水银的冰点相近。

盐酸(比重 1.137)从 32°到 212°约膨胀 6%;它比硝酸更加不匀称,这从它大量被水稀释来看是可以预料的。其比率约为 6：7。

硫醚在升高 180°温度时,其膨胀的比率为 7%。我只是从 60°到 90°把这种液体的膨胀同水银作过比较。在这个温度的间隔内,它和水银是这样近似地一致,以致我不能在它们的比率方面察觉出明显的区别。据说它在 −46°冻结。

① "格令"是英制最小的重量单位,或根据它的含义译为"谷",其来源是指一颗小麦的重量,等于 64.8 毫克,现已很少使用。——译者注

　　根据观察过的事实可以看到,水比大多数其他液体都膨胀得少些,可是它却应该被认为实际上具有最大的膨胀比率。酒精和硝酸虽然显示出膨胀得很多,但是如果从最大密度的温度计来估计它们的膨胀,并在相同条件下把它和水进行比较,它们并没有超过,甚至比不上水。这是因为我们在高于它们最大密点 110° 或 200° 才开始使用它们,然后观察再升高 180° 时它们的膨胀量,所以它们才显示出膨胀这样多。水,如果它继续保持液态,其在第二个 180° 间隔内的膨胀量将是从 36° 算起的第一个间隔的三倍。

固体的膨胀

　　到目前为止还不曾发现有关固体膨胀的普遍定律,但是由于弹性流体和液体在这点上都显示出服从于它们各自的定律,我们可以自信地预料固体也将是这样。由于可以假定,固体在取出热量时不发生形状的改变,所以很可能不管这定律是怎样,它对温度起始点,也就是说,对所谓绝对寒冷点将是不会违背的。研究这一点低到怎样,不是我们现在的事情,但是可以看到,每一种现象都表明这点很低,比我们通常所能理解的要低得多,或许今后会证明,从华氏 32° 到 212° 只构成从绝对寒冷点①起这段间隔的 1/10,1/15,或 1/20。根据类比法判断,我们可以猜想,固体的膨胀随着温度而累进地增加;但是不管它像弹性流体一样是按几何级数增加,像液体一样按温度的平方而增加,还是按温度的三次或任何次方增加,如果它是从绝对寒冷点算起,那么在像结冰水与沸腾水之间那样微小的温度间隔内,它一定仍然表现为近乎均匀,或对温度成等差数列。这个意见的真实性将从下面计算看出:让我们假定所说的间隔是 1/15;那么从绝对寒冷点算起,结冰的水的真正温度将为 2520°,其到达沸腾的中途为 2610°,而沸腾的水的真正温度将为 2700°。

差　　　　　　　　差

$$14^2 = 196 \qquad\qquad 14^3 = 2744$$

$$\underline{}14\,\tfrac{1}{14} \qquad\qquad \underline{}304\,\tfrac{5}{8}$$

$$\left(14\,\tfrac{1}{2}\right)^2 = 210\,\tfrac{1}{4} \qquad\qquad \left(14\,\tfrac{1}{2}\right)^3 = 3048\,\tfrac{5}{8}$$

$$\underline{}14\,\tfrac{3}{4} \qquad\qquad \underline{}326\,\tfrac{1}{4}$$

$$15^2 = 225 \qquad\qquad 15^3 = 3375$$

　　以上这些差额代表温度上升 90° 时膨胀的比率,它们在前一情况下约为 57∶59,在后一情况下约为 14∶15,但是该温度假定是用新标度测量的,其平均值约为旧标度的 110°;因此,从旧标度 32° 到 110° 固体膨胀应为 57 或 14,从 110° 到 212° 应为 59 或 15。如果这

---

① 本书中所谓绝对寒冷点,温度起始点,温度的自然零度或热的完全丧失,都是一个意思。——译者注。

些猜想是正确的,则在旧标度较低部分固体的膨胀量应稍大些,而在较高部分应略小些。按目前的经验,我们还不能解决这个问题。为了一切实际的目的,我们可以采用固体平均膨胀的看法。我们发现只有玻璃随温度的增加而加快地膨胀,这可能是由已经注意到的它的特殊结构所引起的。

已经发明各种高温计,或测量固体膨胀的仪器,关于它们的记载见于自然哲学的书籍。它们的目的在于确定任何提出物体长度的膨胀量。只要求得纵向的膨胀,体积的膨胀就可以从它得出,即比它大 3 倍。例如,如果一根长 1000 的棒在升高一定温度时膨胀到 1001,那么,1000 立方英寸的同样材料,在升高同样温度时,将变为 1003。

下表表示迄今为止所测定的主要物体在温度升高 180°,即从华氏 32°至 212°量的膨胀时,物体在 32°英寸的体积和长度表示为 1。

（固体）	膨胀量	
	体积	长度
棕色陶器	$0.0012 = \dfrac{1}{800}$	$\dfrac{1}{2400}$
石制器皿	$0.0025 = \dfrac{1}{400}$	$\dfrac{1}{1200}$
玻璃——棒和管	$0.0025 = \dfrac{1}{400}$	$\dfrac{1}{1200}$ *
——球（薄）	$0.0037 = \dfrac{1}{270}$	$\dfrac{1}{810}$
铂	$0.0026 = \dfrac{1}{385}$	$\dfrac{1}{1155}$ * * *
钢	$0.0034 = \dfrac{1}{294}$	$\dfrac{1}{882}$ *
铁	$0.0038 = \dfrac{1}{263}$	$\dfrac{1}{790}$ *
金	$0.0042 = \dfrac{1}{238}$	$\dfrac{1}{714}$ **
铋	$0.0042 = \dfrac{1}{238}$	$\dfrac{1}{714}$ *
铜	$0.0051 = \dfrac{1}{196}$	$\dfrac{1}{588}$ *
黄铜	$0.0056 = \dfrac{1}{178}$	$\dfrac{1}{533}$
银	$0.0060 = \dfrac{1}{160}$	$\dfrac{1}{480}$ **
细白镴	$0.0068 = \dfrac{1}{149}$	$\dfrac{1}{440}$ *
锡	$0.0074 = \dfrac{1}{133}$	$\dfrac{1}{400}$ *
铅	$0.0086 = \dfrac{1}{115}$	$\dfrac{1}{348}$ *
锌	$0.0093 = \dfrac{1}{108}$	$\dfrac{1}{322}$ *

（液体）	膨胀量	
	体积	长度
水银	$0.0200 = \dfrac{1}{50}$	
水	$0.0466 = \dfrac{1}{21.5}$	
用盐饱和的水	$0.0500 = \dfrac{1}{20}$	
硫酸	$0.0600 = \dfrac{1}{17}$	
盐酸	$0.0600 = \dfrac{1}{17}$	
松节油	$0.0700 = \dfrac{1}{14}$	
乙醚	$0.0700 = \dfrac{1}{14}$	
固定油类	$0.0800 = \dfrac{1}{12.5}$	
酒精	$0.0110 = \dfrac{1}{9}$	
硝酸	$0.0110 = \dfrac{1}{9}$	
（弹性流体）		
各种气体	$0.376 = \dfrac{3}{8}$	

＊斯米顿（Smeaton），＊＊埃利科特（Ellicott），＊＊＊博尔达（Borda）。

韦奇伍德温度计

　　酒精温度计用来量度我们所熟悉的最低温度，而水银温度计则量度沸水以上 400°（按旧标度）或大约 250°（按新标度）的温度，在这个温度水银就沸腾了。这个温度还没有达到红热，它离我们能够达到的最高温度还很远。一种量度高温的仪器是很需要的。韦奇伍德（Wedgwood）先生的仪器仍是我们所有当中最好的，但是仍有很大改进的余地。把组成大致与陶制器皿相仿的小圆筒状黏土片略微烘一下，就做成了量温片。同时拿一片放在坩埚里把它暴露于需要量度的热源，冷却后，发现它收缩了，其收缩的程度是和它先前经受的热成正比例的；量度收缩的量就指示出温度有多高。该温度计的全区域划分为 240 个相等的度数，每度等于华氏 130°。最低的温度，或 0°，大约是华氏 1077°（假定普通温标延长到沸腾的水银以上），而最高的为 32277°。根据前面各页中温度的新见解，有理由认为这些数字实在太大了。

　　下表是按照我们知识的现状表示出整个区域内一些比较显著的温度。

	（韦氏）
韦奇伍德温度计的极限 …………………………………………………………	240°
铸铁、钴与镍，熔化从 130°到 ……………………………………………………	150
熔铁炉的最高温度 …………………………………………………………………	125
生产玻璃与陶器的炉子，从 40 到 ……………………………………………	124

金熔化	32
燧石玻璃	29
银熔化	28
铜熔化	27
黄铜熔化	21
金刚石燃烧	14
在白天中可见的红热	0

（华氏旧标度）

氢与木炭燃烧800°到	1000°
锑熔化	809
锌	700
铅	612
水银沸腾	600
亚麻仁油沸腾	600
硫酸沸腾	590
铋	476
锡	442
硫磺和缓燃烧	303
硝酸沸腾	240
水和香料油沸腾	212
铋5份,锡3份和铅2份,熔化	210

（华氏）

酒精沸腾	174°
蜂蜡熔化	142
乙醚沸腾	98
血的温度96°至	98
在这里气候中夏天温度75°到	80
冻结硫酸(1.78)开始熔化的温度	45
冰和水的混合物	32
牛奶结冰	30
醋结冰	28
强烈的酒结冰约在	20
雪3份,盐2份	−7
1791年在肯达尔(Kendal)观察到雪上的寒冷	−10
1780年在格拉斯哥观察到雪上的寒冷	−23
水银凝固	−39
观察到的最大的人造寒冷	−90

第三节 论物体的比热

如果一定温度下某一容量的水中热的总量用 1 来表示,则相同容量的水银很近似地用 0.5 来表示,于是等体积的水和水银的比热分别用 1 和 0.5 表示。

如果取这两个等重量液体的比热,则它们近似地为 1 和 0.04,因为我们必须把 0.5 除以水银的比重 13.6。

各种不同的物体的比热相差很大,这可从以下事实显示出来。

1. 如果一容量 212°的水银和一容量 32°的水混合,则混合物温度将远在平均温度以下。

2. 如果一容量 32°的水银和一容量 212°的水混合,则混合物温度将远在平均温度以上。

3. 如果两个大小相同的同样容器,一个装满热水,另一个装满水银,则后者将在大约前者一半的时间就冷却了。

4. 如果一容量硫酸与一容量相同温度的水混合,则混合物温度将升高 240°。

以上这些事实说明,各种物体具有对热不同的亲和力,对热具有最强吸引力或亲和力的物体在相同条件下具有的热亦最多;换句话说,它们具有最大的热容量,或最大的比热。还曾发现,同一物体在改变形状时,其热容量也发生改变,显然对热呈新的亲和力。这无疑是由于最小质点的重新安排或配置,从而影响了它们热的气氛:例如固态物体,像冰,当其变成液态时,尽管它的体积减小了,却获得较大的热容量;液体,如水,在变成弹性流体时,也获得较大的热容量;后面这种热容量的增加,我们可以想象,仅仅是由体积增加所引起,因为每个液体原子在气态情况下比原先占有较大的领域。

一个重要的研究问题是,同一物体在同一状态时改变其温度,它的热容量是否改变。举例说,水在 32°时是否与在 212°,以及经过所有中间的度数时都具有相同的热容量? 克劳福德博士和他以后大多数作者主张,在这样的情况下,物体的热容量是几乎不变的,这作为一种学说的大概轮廓是可以接受的;但是,如果可能的话,必须确定,由温度而引起热容量微小变化是使热容量增加呢,还是使它减少? 还有,这种增加或减少是均匀的呢,还是不均匀的? 在这个问题解决以前,把 32°和 212°混在一起企图得到真正的平均温度是不大有什么用处的。

水在增加温度时增加其热容量,我认为,可从下述理由予以证明:1. 当一温度的水与另一温度的水混合在一起时,其混合物的温度比二者小。现在不管这种缩小是像硫酸与水混合时化学作用的影响,还是像弹性流体一样由于机械压力的影响,体积缩小无疑是容量减小与温度增加的标志。2. 当同一物体由于形状改变而突然改变其热容量时,它在温度上升时总是由小变大;例如,冰、水和蒸汽。3. 克劳福德博士根据他自己的经验认为,稀硫酸以及他所试验过的大多数其他液体的热容量都随着温度的增加而增加。

如果承认这些论据的说服力,则当 32°和 212°的水混合,并在普通温度计上指出 119°时,我们一定会得出结论说,真正的平均温度是在这个度数以下某处。我已经陈述了我为什么把平均温度放在 110° 的理由。

关于水的热容量是均匀地变化还是不均匀地变化这个问题，我倾向于认为它的增加是与体积增加大致成比例的，因而在 212° 时将为在平均温度时的 4 倍。很可能，用来表达体积的式子可以适用于热容量；如果是这样的话，则在新标度 32°、122° 和 212° 时热容量的比率可以用 22、22.25 与 23 来表示。可是我倒是期望，这些比率更加接近于相等，200、201 和 204 可能更接近于实际情况[①]。

克劳福德博士在研究普通温度计的准确度时发觉，如果把等量的不同温度的水混在一起，温度计总是指示平均温度，这并不是它的准确性的可靠证明。他认为，如果水具有递增的热容量，水银随着温度的增加而递增地膨胀着，这样就可能形成一种均衡而使我们受骗。这在某种程度上确是这样，可是看来他已经受骗了。水所增加的容量决不足以抵消水银增加的膨胀，正如以下实验所示那样。

我取一个镀锡的铁容器，其容量等于 2 盎司水；在这容器中加入 58 盎司水，使其总和等于 60 盎司水，然后把整个容器加热到任何指定的温度，再加入 2 盎司冰使其融化，观察其温度如下：

> 60 盎司 212°水＋2 盎司 32°冰，给出 200.5°
> 60 盎司 130°水＋2 盎司 32°冰，给出 122°
> 60 盎司 50°水＋2 盎司 32°冰，给出 45.3°

从上面第一个例子看出，30 份水每份失去 11.5° 或 345°，而一份 32° 水获得 168.25°；其差值 345°－168.5°＝176.5°，这表示进入 32° 冰使其变为 32° 水的温度度数（在旧标度中发现介于 200 与 212 之间）。对另外两个作相似的计算，我们发现第二个是 150°，第三个是 128°。这三个数值之比近似地为 5、6、7。因此，在旧标度的较低部把水升高 5° 所需之热，就等于在较高部把它升高 7°，以及在中部升高 6° 所需之热。[②]

求物体比热的方法

确定那些对水没有化学亲和力的物体比热的最普通方法，是把重量相等但温度不同的已知温度的水和检验的物体混在一起，并记下混合后的温度。例如，如果把一磅 32° 的水和一磅 212° 的水银混在一起，并使其达到共同温度，则水将升高 m 度，水银将降低 n 度，而它们的热容量或比热将和这些数值成反比；或者，$n : m :: $ 水的比热：水银的比热。

---

① 1807 年春在爱丁堡和格拉斯哥的讲演中，发表过我的意见，即水在 32° 时的热容量与其在 212° 时热容量的比近似地为 5：6。该意见是建立在我不久前观察的事实上的，这就是，一个温度为 32° 的小水银温度计，当投入沸水中，在 15 秒内就上升到 212°；但温度为 212° 的同一温度计当投入冰冷的水中时却需要 18 秒才下降到 42°；如果估计热容量是与冷却的时间成反比，则得 5：6 的比率。但经过更成熟的考虑，我相信这个差别更多地是由不同程度的流动性所引起，而不是由于热容量的差别。212° 的水比 32° 的水更容易流动，散布温度更便利些。后来我用水银做实验，虽然水银的热容量只有水的一半，我却发现它冷却温度计的速度是水的两倍；因此，温度计在流体内冷却的时间不能用来检验流体的比热。

② 以上结果多半可以说明作者们关于水中潜热（这样叫法是不适当的）数量方面的分歧，关于在潜热方面布莱克（Black）的学说，可参阅莱斯利（Leslie）的出色的摘记（《探索》第 529 页）。

布莱克、欧文（Irvine）、克劳福德和威尔基（Wilcke）等就是用这样的方法求出各种不同物体热容量的近似值的。对水有亲和力的物体，可以被封闭在一已知容量的容器中投到水里，使其加热或冷却，和前面一样。

用这个方法业已得到的结果容易遭到两种反对：第一，这些作者们假定物体的容量在其形状不变时是固定的。这就是说，比热的增加正好与温度成正比；第二，普通水银温度计是温度的真正检验标准。但是业已证明，这两个论点没有一种是可靠的。

拉瓦锡（Lavoisier）和拉普拉斯（Laplace）的量热器是用于研究比热的一种巧妙装置，它适合于指出任何物体在加热到一定温度时所能融化的冰的数量。因此，它就避免了上述第二种反对。可惜这个仪器在实践中似乎并不那么合适。

迈耶（Meyer）企图通过观察已知的相等体积的干燥过的柴冷却所需时间来求它们的热容量。他认为这些时间是与各个体积的热容量成比例的，把时间除以比重，其商就代表相等重量的热容量（《化学年鉴》Annal. de Chemie，第30卷）。莱斯利后来曾经介绍过用于液体的类似方法，并且向我们介绍他对其中五种液体所做的实验结果。根据自己的经验，我倾向于采取这个方法，认为它可以有很大的精确性。在相同条件下，物体冷却的时间似乎可以用这样方法极其准确地予以测定，而且由于它们大多数都相差很大，很小的误差是无关紧要的。我发现用这种方法所求出的结果，也都和用混合方法所得到的一致，它们具有不受温度计标度的任何误差所影响的优点。

表示物体比热的公式最好是从想象中具有不相等底部的圆锥形容器来设想（参阅图版1图1）。假定用各个容器中液体的量代表热，用容器中液体的高度代表温度，底部表示零或热完全丧失，则在任何给定温度 x 下物体的比热，将用底部的面积乘以高度或温度 x。这些比热仍然和底部，或和需要产生相等温度变化的热的增量成正比。

设 w 和 $W =$ 两个冷的和热的物体的重量；c 和 C 为在相同温度（或圆筒的底部）下它们的热容量；$d =$ 两物体在混合以前温度的差值，用度数计算；$m =$ 较冷物体在混合后温度的升高，而 $n =$ 较热物体在混合后温度的降低（假定它们间没有化学作用）；于是我们得到以下的等式：

$$1. \quad m + n = d$$

$$2. \quad m = \frac{WCd}{wc + WC}$$

$$3. \quad C = \frac{wcm}{Wn}$$

$$4. \quad c = \frac{WCn}{wm}$$

如果 $C = c$，则

$$5. \quad m = \frac{Wd}{W + w}$$

如果 $W = w$，则

$$6. \quad C = \frac{cm}{n}$$

从同一物体中热容量变化的观测来求零点，或完全被剥夺温度之点（point of absolute privation of temperature）。设 C 为较小的容量，而 c 为较大的热容量，m 为较小热容量所需要的度数以产生在相等重量中的变化，n 为较大热容量的度数，x 为温度降到零

的总度数;于是

$$7. \quad Cx - cx = Cn = cm$$

$$8. \quad x = \frac{Cn}{C-c} = \frac{cm}{C-c}$$

把发生化学作用,并产生温度变化的两个具有相同温度的物体混在一起来求零度。设 w,W,c,C 和 x 同前面一样,令 $M=$ 混合物的热容量,$n=$ 所产生热或冷的度数,于是在两物体中的热量 $=(cw+CW)x=(w+W)Mx \pm (w+W)Mn$。

$$9. \quad x = \frac{(w+W)Mn}{(cw+CW) \backsim (w+W)M}$$

令人遗憾的是,最近 15 年来在这个科学部门内获得的进步是极其微小的。一些最早的和最不正确的结果仍然被强加给学生,虽然它们的错误只要稍加思考就是显而易见的。为了扩大,但特别是为了纠正比热表,我曾经做过大量实验。在这里介绍一些细节可能是合适的。对液体我使用一个卵形薄玻璃容器,能盛八盎司水;在这个容器上装一个软木塞,有一个小孔,足以通过一个纤细的温度计的柄,这个温度计用锉刀做两个记号,一个是在 92°,另一个是在 82°,两个都在塞子以上;当软木塞装在瓶颈里时,温度计的球位于内部容积的当中。做实验时把瓶装满检验的液体,并加热到 92°以上;然后把它悬挂在房子当中,准确地记下温度计在 92°时的时间,再记下 82°时的时间,同时另外一个温度计指示室内空气的温度。玻璃容器的容量等于 2/3 盎司的水。几次实验的平均结果如下:

室内空气 52°	分钟
水从 92°冷却到 82°	29
牛奶(1.026)	29
草碱的碳酸盐溶液(1.30)	28.5
碳酸氨溶液(1.035)	28.5
氨溶液(0.948)	28.5
普通的醋(1.02)	28.5
食盐的溶液,88 份水+32 份盐(1.197)	27
软糖的溶液,6 份水+4 份糖(1.17)	26.25
硝酸(1.20)	26.5
硝酸(1.30)	25.5
硝酸(1.36)	25
硫酸(1.844)与水,等体积(1.535)	23.5
盐酸(1.153)	21
从醋酸铜得来的醋酸(1.056)	21
硫酸(1.844)	19.5
酒精(0.85)	19.5
酒精(0.817)	17.5
硫酸醚(0.76)	15.5
鲸脑油(0.87)	14

这些时间将精确地表示以容积计算的几种物体的比热,如果玻璃容器的热不予考虑的话。但是由于玻璃容器的热已被证明等于 2/3 盎司的水,或 4/3 盎司容量的油。很明显,我们必须认为,在第一个实验中释放出来的热是来自 26/3 盎司的水,而在最后一个实验中是来自 28/3 盎司容量的油。因为这个缘故,在 29 以下的数字,在它们能够用来代表相等容积各种液体的冷却时间以前,要作少量的减小;在最后一个实验中这种减小为一分钟,而在所有前面的实验中都减小少些。

还可以注意到,以上这些结果不是只依靠几种物品的一次试验,大多数实验都重复过几次,得出的冷却时间相差不多于半分钟。的确,总的说来,没有显著的差别。如果在任何情况下,室内的空气稍高或稍低于 52°,应作适当的扣除。

在比以上容器较小的容器中把水银与水混合,到冷却时,我发现等容积的水银与水的比热之比为 0.55 : 1。

我仿照威尔基和克劳福德的方式求出金属和其他固体的比热:先物色到一个具有小柄的薄玻璃杯,求出它的热容量,然后加水进去,使水同折合成水的玻璃的值加在一起等于固体的重量。把固体升高到 212°,突然地投到水中,相等重量的固体和水的比热,根据第六个公式,被推断为与它们所经历的温度变化成反比。鉴于在这场合所用普通温度计的误差,我曾注意作些纠正。我试验过的固体是铁、铜、铅、锡、锌、锑、镍、玻璃、矿煤等。结果与威尔基和克劳福德的相差很小;因此,他们的数字在没有能够获得更精确的数字以前可以采用,不致发生显著的错误。在下表中我不使小数超过两位,因为目前的经验还不能保证作更远的伸延:小数第一位,我相信,是可以信赖为准确的,第二位大致是这样,但是在有几个例子中,多半有一两个是错误的;除这些观察资料外,克劳福德的气体比热,我将进一步评述。

比 热 表

	等重量	等容量
(气体)		
氢	21.40*	0.002
氧	4.75*	0.006
普通空气	1.79*	0.002
碳酸	1.05*	0.002
硝酸	0.79*	0.001
水蒸气	1.55*	0.001
(液体)		
水	1.00	1.00
动脉血	1.03*	
牛奶(1.026)	0.98	1.00
碳酸氨(1.035)	0.95	0.98
草碱碳酸盐(1.30)	0.75	0.98
氨溶液(0.948)	1.03	0.98
普通醋(1.02)	0.92	0.94
静脉血	0.89*	
食盐溶液(1.197)	0.78	0.93

续　表

	等重量	等容量
（液体）		
糖溶液(1.17)	0.77	0.90
硝酸(1.20)	0.76	0.96
硝酸(1.30)	0.68	0.88
硝酸(1.36)	0.63	0.85
硝酸石灰(1.40)	0.62	0.87
硫酸与水,等体积	0.52	0.80
盐酸(1.153)	0.60	0.70
醋酸(1.056)	0.66	0.70
硫酸(1.844)	0.35	0.65
酒精(0.85)	0.76	0.65
酒精(0.817)	0.70	0.57
硫酸醚(0.76)	0.66	0.50
鲸脑油(0.87)	0.52	0.45
水银	0.04	0.55
（固体）		
冰	0.90?	0.83
干柴与其他植物性物质,从 0.45 到	0.65	
生石灰	0.30	
坑煤(1.27)	0.28	0.36
木炭	0.26*	
白垩	0.27	0.67
石灰水化物	0.25	
燧石玻璃(2.87)	0.19	0.55
盐酸苏打	0.23	
硫磺	0.19	
铁	0.13	1.00
黄铜	0.11	0.97
铜	0.11	0.98
镍	0.10	0.78
锌	0.10	0.69
银	0.08	0.84
锡	0.07	0.51
锑	0.06	0.40
金	0.05	0.97
铅	0.04	0.45
铋	0.04	0.40

（根据克劳福德,金属氧化物要超过
金属本身。）

关于表的评论

做有记号 * 的物品,摘自克劳福德的数据。尽管他在弹性流体的实验方面表现出才能与熟练,但有理由相信,他的结果并不是很接近于真实情况的。在冗长而复杂的过程之后,我们决不能指望靠 1/10、1/5 度的温度的观测而得到准确的结果,但是他做这种尝试无疑是有巨大功绩的。动脉血和静脉血的差异(在这上面他建立了美妙的动物热体系)是值得注意和进一步研究的。

从观察到的水、氨溶液及易燃物等含有氢的物质的热容量,以及氢的很小的比重,我们不能不相信,这个元素具有很高的比热。氧气、氮气也一样,无疑是地位很高,像水和氨所指出的那样,但是这两个元素的化合物叫作硝酸,比起它们和氢的化合物水和氨来却很低。我们必须得出结论,水和氨的优势主要是由于它们所含的氢。木炭和硫磺等元素则是显著地很低,并把它们的这种性质带到它们的化合物里去,如油、硫酸等。

无论是用相同容量,还是用相同重量比较,水似乎在已知的纯液体中是具有最大热容量的。的确,可以怀疑,是不是还有任何固体或液体比同温度的等容量的水含有更多的热。水的巨大热容量起因于氢和氧这两种元素都对热有强烈的亲和力。因此,在给定体积中盐类在水中的溶液比纯水一般含有较少的热:因为与增加水的比重一样,盐也增加了水的体积;而盐类大多数只有很小的热容量,它们扩大水的体积胜过它们按比例提供的热。

纯氨似乎具有高的比热,这从它的水溶液可以判断出来,水溶液只含有大约 10% 的氨。如果它能呈纯液态,它或许在这方面能超过水。

氢和碳的化合物,像油、醚、酒精和木材,都远在刚才提到的两个化合物下面,其原因似乎在于木炭是一种低比热的元素。

酸类在它们的比热方面形成有趣的一类。拉瓦锡在有关硝酸的比热方面是唯一近乎正确的,他求出 1.3 硝酸的比热为 0.66,这个结果以及他的一些其他结果我认为略低一些。值得注意的是,这样强度的酸里的水是 63%,应该在该化合物中含有近似地这样多的热。从这里看来似乎是,酸在与水化合时失去其主要部分的热。更明显的是盐酸,它含有 80% 的水,其比热仅为 0.60;这里不但酸气的热,而且水的一部分热在结合时也被赶出去了,这说明这种酸气在与水结合时产生了大量的热。

硫酸的比热曾由几个人相当近似地求出,加多林(Gadolin)和莱斯利求出是 0.34,拉瓦锡是 0.33+,克劳福德求出是 0.43,但是他很可能是用稀的酸。

普通的醋,是含有 4% 或 5% 的酸的水,其比热与水并没有显著的差别,它曾经被说成 0.39 和 0.10,但是这样结果也不用责怪。我所用的醋酸含有 33% 纯酸,因此,这个酸在与水化合时放出许多热。

生石灰由拉瓦锡和克劳福德测定为 0.22,我想他们是低估了它:我发现生石灰当其封入容器并投入水中,或当其与油混合时,跟碳酸石灰放出同样多或更多的热。石灰水化物(3 份生石灰和 1 份水,即干的消石灰)由加多林定为 0.28,根据我的第一次实验是 0.25,但在以后我发现我低估了它。这问题在下节将要谈到。

第四节　论弹性流体的比热理论

自从上节付印以来,我曾经花费相当多时间考虑弹性流体结构与热的关系,业已得到的结果是不能够信赖的,可是要想出和进行一些实验比克劳福德的更少受到非难却是很困难的。然而获得弹性流体的准确比热却非常重要。

在说到克劳福德的弹性流体比热的结果不够牢靠时,一定要看到,并不是所有这些结果都是同样不能信赖。在对氢燃烧时放出的热多次做过的实验中,曾发现 11 容量混合气体当用电火花点火时,平均把 20.5 容量水加热 2.4°。这个实验被认为是相当准确的,是可以信得过的。大气与水相比较的热(比近乎 0.25 度的温度的观测作为依据)可能与实际情况相差并不太远;但是由等体积的氧、氢、碳酸、氮气与普通空气所传递的热的微小差别,以及这些差别在计算中的巨大重要性,致使所得结果很难确定。他说得很对,如果我们假定等容量这些气体所给予的热是相等的,这将不影响他的学说。他这种想法必然引导他在同相等重量的碳酸和水蒸气,以及氮气或燃素化空气(当时对氮气的叫法,意义与氧气或去燃素空气相反)等比较时,把氧气的热估计过高。的确,他的关于氮气的推断是和他的实验不一致的;因为他没有利用适用于这个目的的唯一直接实验——实验 12 和 13,而是从氧气与普通空气所观测到的差别推出氮气的热。该结果使得它比普通空气的热的一半还少,可是从第 13 实验却几乎发觉不出它们之间有任何显著的差别。他极其可能是大大地低估了氮气的热,但是在这方面不管他的错误是怎样,这些都不会影响他的体系。

当我们考虑到,所有弹性流体在温度升高时作相等的膨胀,而固体和液体则不是这样时,似乎有关弹性流体对热亲和作用的普遍规律比之液体或固体应该更加容易推出而且更简单些。关于弹性流体有三个假定是值得讨论的。

1. 等重量的弹性流体在相同温度与压力的条件下可以有相同量的热。

这个假定的真实性为以下几个事实所否定:氧与氢在化合时放出大量热,虽然它们形成的水蒸气也是弹性流体,其重量与组成它的元素的重量一样。亚硝气与氧气也在相似的条件下化合。碳酸是由低比热的木炭与氧形成的,有大量热放出,这些热一定是主要从氧得到的。如果炭含热很少,而与它化合的氧又减少了热,则碳酸一定要比等重量的氧气含的热少得多。

2. 等容量的弹性流体在同压力与同温度下可以有同量的热。

这个假设看来似乎合理得多。当氧与氢的混合物转变为蒸汽时,其体积的减小可能是由成比例的绝对热的减少所引起的。亚硝气与氧气的混合物也可以同样看待。克劳福德所观测的微小差别可能是由于他的实验的复杂性所引起的误差。但是考虑到另外一些事项,这个假设看来又极不可靠,即使不是完全否定的话。碳酸含有与其自身相等容量的氧,因此,在其形成时所放出的热,根据这个假设,一定正好等于以前在炭中所含的总热。但是燃烧一磅炭所放出的热似乎至少要等于足够产生一磅水的氢的燃烧热,而这个燃烧热是等于或多于水所保留的热的,因为蒸汽的密度差不多是生成它的弹性混合物的两倍。因此,我们可以说,炭应该和水具有相同的比热,然而它只是它的 1/4。如果这个假设是真实的,则等重量弹性流体的比热应该与它们的比重成反比。那么如果水蒸气的比热用 1 来表示,氧就应该是 0.64,氢是 8.4,氮是 0.72,碳酸是 0.46。但是这个假定是站不住脚的。

3. 属于所有弹性流体最小质点的热量,在同压力同温度下,一定是相同的。

显然,在一给定重量或体积内,一种气体最小质点或分子的数目同另一种气体是不相等的。因为,如果等容量的氮气和氧气被混合在一起,并能立即发生化学结合,它们将形成两容量亚硝气,并具有与原来两容量相等的重量,但是最小质点的数目最多只能有化合前的一半。因此,很可能不管是在相同体积还是相同重量中没有两种弹性流体有着相同数目的质点数。现在假设一给定体积任何弹性流体由每个被热气氛所环绕的质点所组成,这些质点通过这些气氛的媒介而相互排斥,并在恒定的力的压迫下处于平衡状态,像地球的大气一样,而且温度与周围物体的温度一样。再假设,通过某一突然变化每个空气分子被赋予对热的较强的亲和力,那么,根据这后一假设的结果将会发生怎样的变化呢? 唯一能够作出的回答,在我看来,将是这样:这些质点将使它们各自的热气氛凝聚,这样它们的相互排斥将被减少,因而外部压力将使空气体积发生相应凝聚。围绕每个分子,或围绕全部分子的热量既未发生增加也未发生减少。这样,该假设,或者现在可以叫作定理,就被证明了。

结论:1. 等重量的任何两种弹性流体的比热,与它们的原子或分子的重量成反比。

2. 等容量的弹性流体的比热,与它们的比重成正比,而与它们原子的重量成反比。

3. 弹性流体,凡含有最凝聚的原子,对热具有最强的吸引力。这较大的吸引力是用于在给定空间或体积内积累较多的热,但并不增加任何单独原子周围的热量。

4. 当两个弹性原子由化学亲和力结合成一个弹性原子,它们热的一半被释放掉。当 3 个原子化合时,那么它们热的 2/3 被释放掉,等等。因而总的说来,当 m 个弹性质点由化学结合成为 n 个,则放出的热与保留的热之比为 $m-n$ 比 n。

排除对这个命题的一个异议也许是适当的。人们将会说,各个原子在特有的吸引力方面的增加,一定同外部压力增加时对体系产生相同的影响。现在已经知道,后者是压出或放出绝对热的量。因此,前者也一定是这样。这个结论一定要予以承认,而且它有助于证实前面命题的真实性。把任何弹性流体的密度增加一倍所放出的热,根据我以前的实验,大约相当于 50°,这样数量的热还抵不上全体的 1%,这将在以后指出。因此它不会显著地影响比热,它似乎只是空气的小球形分子空隙间的热,很难说是属于这些分子的。因为它在真空或没有空气的空间内同样可以发现,这可以通过把空气引入真空而使温度增加来证明。

在我们能够应用这个学说来求弹性流体的比热以前,我们一定要首先确定它们最小质点的相对重量。现在先设想(以后将予以证明),如果一个氢原子的重量为 1,一个氧原子的重量将为 7,氮为 5,亚硝气为 12,氧化亚氮为 17,碳酸为 19,氨气为 6,碳化氢为 7,油生气为 6,硝酸为 19,氧化碳为 12,硫化氢为 16,盐酸为 22,水蒸气为 8,醚蒸气为 11,而酒精为 16。我们将在下表中列出几种弹性流体的比热。为了把它们与水的比热进行比较,我们还设想水的比热和蒸气比热之比为 6:7,或 1:1.166。

弹性流体的比热表

氢	9.382	油生气	1.555
氮	1.866	硝酸	0.491
氧	1.333	氧化碳	0.777
大空气	1.759	硫化氢	0.583
亚硝气	0.777	盐酸	0.424
氧化亚氮	0.549	水蒸气	1.166
碳酸	0.491	醚蒸气	0.848
氨气	1.555	酒精蒸气	0.586
碳化氢	1.333	水	1.000

现在让我们看看这些结果与实际经验符合到何种程度。值得注意的是,普通空气的热与克劳福德由实验所求得的大致相同。此外,氢也和他所测定的一样,超过所有其他气体。但是氧要低得多,而氮要高得多。可是克劳福德的动物热和燃烧学说的原理一点也没有受到这种变化的影响。除掉业已说过的认为氮被估得太低的理由以外,我们从第25页的表中看到,氨(一个氢和氮的化合物)比水(一个类似的氢和氧的化合物)具有较高的比热。

总的说来,在关于物体的比热方面,不管是弹性流体还是液体,据我所知,还没有任何确定的事实是与上表相矛盾的。希望能有些原理类似于这里所采用的可以很快地推广到固体和液体。

第五节　论燃烧放出的热量

当某些物体与氧化合时,这化合过程就叫作燃烧,通常伴随着热的放出,其结果是减少了产物的热容量。拉瓦锡和拉普拉斯在寻求各种不同种类燃烧中所放热量的精巧的尝试,不曾受到应有的注意。这可能是由于认为一定要使用以上哲学家们的量热计,还认为这些结果不一定都是可靠的。可是在这个课题上是可以使用很简单的仪器来获得许多重要数据的,这种仪器如以下所述:

我使用一个球胆,其容积在充以空气时,等于30000格令的水。把它充满任何可燃气体,配好一根管子和一个活塞:准备好能容30000格令水的镀锡的容器,先求出它的容量,再加入水,使水与容器的容量加起来等于30000格令水的容量。把气体点燃,用火焰尖端加热镀锡容器底部凹面,直至气体全部用完为止。然后小心地记下水温度的增加,从而确定在通常压力与温度下,一给定体积的气体在升高等体积水的温度时的燃烧效果,只是由于辐射等原因发生很小量的热的损失,而这是这种方法所不可避免的,多半不超过总热的1/9或1/10。

各种不同气体几次试验的平均结果陈述如下:如果这些实验是按适当的要求来完成的话,对同种类的气体是不会在结果方面有任何显著差别的。火焰的尖端应该正好与容器底接触。

氢,燃烧时升高等体积的水	4.5°
煤气或碳化氧	10.—
油生气	14.
氧化碳	4.5

油、酒精和醚,在灯内燃烧,观察到的结果发现如下:

油、鲸脑油,燃烧 10 格令时升高 30000 格令水	5°
松节油(大量未燃烧的烟)	3
酒精(0.817)	2.9
醚,硫的	3.1
牛脂和蜡	5.2
加热 30000 格令水的磷——10 格令	3
炭	2
硫	1
樟脑	3.5
橡皮	2.1

后面五种物品是放在近便的架子上,并在盛水的容器下面燃烧。只有炭是先把它烧着,然后称好重量,用吹管和缓吹风以维持其燃烧,尽可能把热引到容器底部上。这个操作完成后,再把炭称一下,确定其损失。对每 10 格令炭来说,结果从没达到 2°,但通常很接近它。

为了把这些比较的结果表示得更清楚,将这些物品化为普通重量,并将与它们化合的已知的氧的数量与它们放在一起或许是适当的。给出的热量可以满意地用它所能融化的冰的磅数来表示,并理所当然地认为需要融化冰的热量等于把水升高新标度150°时所需热量。这些结果可由下表看出。

1 磅氢需	7 磅氧	产物　8 磅水	融化 320 磅冰
——碳化氢	4——	——　5 磅水与碳酸	85——
——油生气	3.5——	——　4.5——	88——
——氧化碳	0.58——	——　1.58　碳酸	25——
——油、蜡、牛脂	3.5——	——　4.5 磅水与碳酸	104——
——松节油	——	——	60——
——酒精	——	——	58——
——醚	3——	——　4	62——
——磷	1.5——	——　2.5　磷酸	60——
——炭	2.8——	——　3.8　碳酸	40——
——硫	——	——　硫酸	20——
——樟脑	——	——　水和碳酸	70——
——橡皮	——	——	42——

拉瓦锡给我们留下类似的表,是用量热计从氢、磷、炭、油和蜡等实验得来的;而克劳

福德则是用另一种仪器从氢、炭、油和蜡的燃烧得来的。把克劳福德的结果化为拉瓦锡的相应的标度,则它们分别如以下所示:

	按拉瓦锡	按克劳福德
1 磅氢在燃烧时融化	295 磅冰	480 磅冰
——磷——	100—	—— ——
——炭—	96.5—	69—
——蜡—	133—	97—
——油—	148—	89—

氢. 拉瓦锡的结果近似地和我的结果一致,这是有利于说明它们正确的一个论据。克劳福德,我想,一定是把产生的热估计得过高了。他的测定方法是用电把气体引爆,为了尽可能做得精确,应该多做几遍。实际情况可能是介于二者之间。

磷. 拉瓦锡的结果比我的要高得多。我想,他的结果一定是太高了。我猜想,可以公正地把它推断为 66。

炭. 我的结果比克劳福德的低,这是可以预料到的。我的结果一定是低了一些。但是拉瓦锡在炭以及所有其他物品中,除掉氢,无疑都太高了。我想,克劳福德的也太高。他的关于动物呼吸所产生的热的实验是支持这个设想的。

蜡和油. 克劳福德的结果略低于我的,而这是不应该的,而且无疑是低于真实情况。拉瓦锡的结果肯定是不能得到支持的。这位伟大的哲学家也熟知他的结果不可靠,并且自己这样地表示过。他似乎对氢气的热没有足够的认识,没有认识到它在燃烧时释放出这么多热量。他把燃烧蜡等物品放出的热与在各自状态下燃烧相等重量的氢和炭放出的热进行比较,指望得到一个方程式。但这是指望不到的,因为氢和炭在化合状态下比其在单独存在时都一定含较少的热,这是与化合时放热的普遍规律相符合的。实际上,克劳福德和拉瓦锡在一定程度上都盲目相信这样的概念,即氧气是燃烧时所产生的光和热的唯一的或主要的来源。特别是克劳福德更为显著,在他已经证明了氢气(一种最常见和最丰富的可燃物)所含的热差不多是同重量氧气的 5 倍以后。氮气,另一种可燃物,具有和氧一样高或者可能更高的比热。假设比热表是包括各种物体的话,油、蜡、牛脂、酒精等在这个表中是一定不会低的。只有炭和硫在表中列在后面。因此,总的说来,我们不能采用克劳福德的话:"易燃物体含有很少绝对热","燃烧时所生成的热是从空气得来,而不是从可燃物体得来的"。这些话在应用于炭和坑煤的通常燃烧时差不多是正确的,但是在普遍地应用于燃烧物体时就不是这样了。

在作出这些论述以后,大概已经很清楚,燃烧时所发出的热(光或许也如此)是一定要理解为从氧气和易燃物质双方面得来的,而且每个物体所作贡献无例外地与燃烧前它的比热成比例。对硫与金属化合时所产生的热以及各种放热的化学化合都可以提出同样的看法。

在我们结束这节以前,对那些对节约用煤特别有兴趣的人可以说一句,燃烧 1 磅炭(矿煤可能也是一样)足以(如果没有损失的话)把 45 或 50 磅水的温度从冰点升高到沸点,或者把 7 磅或 8 磅的水变为水蒸气。如果使用的煤多于这个分量,则有相应的热量损失掉。如果可能,这当然是应该设法避免的。

第六节　论温度的自然零度或热的绝对丧失

如果我们假设一个物体,在通常温度下含有给定分量的热,就像一个容器含有给定分量的水,显然,当陆续地把少量相等部分的水取出,该物体最后将完全失去所有流体。测定一个物体在丧失其全部热,或变为绝对寒冷以前,普通温标一定要降低多少度数,这在热的学说中是一个头等重要的课题。我们没有办法通过直接实验来达到这个目的,但是我们能够为演算获得数据,从而相当准确地得出近似的零点。

该演算所需要的数据是所用的一些物体的精确的比热,以及物体在发生或不发生化学结合的情况下,释放或吸收的热。这些数据不是极其当心和慎重是不能获得的。因此,迄今为止,在这个困难的研究中所获得的结果相差很大。有一些人把零度估计为普通温度下面900°,而另一些人差不多把它估计在普通温度下面8000°,这是两个极端。还发现有各种中间数值。

理论上最简单的情况要算水和冰了。假定该两物体在温度32°时的热容量为9∶10,已知把32°的冰变为32°的水,或者把它熔化所需之热足以把水升高150°。因此,按第24页第8个公式,32°的水一定含有10倍于此的热,或1500°。这就是说,零度一定要放在水的冰点以下1500°。可是不幸,冰的热容量还不曾足够精确地测定,部分地因为冰是传导能力很差的固体,但主要是由于极其错误地把普通温度计冰点以下的标度刻为等份。

除冰和水以外,在这项研究中曾经用过的主要有:1. 硫酸和水的混合物;2. 石灰和水的混合物;3. 硝酸和石灰的混合物或化合物;4. 氢、磷和炭的燃烧。现在将详细介绍它们。

硫酸和水的混合物

根据拉瓦锡和拉普拉斯关于量热计的实验,用重量比为4∶3的硫酸与水的混合物测定零度是在水的冰点以下华氏7292°。但是用4份酸和5份水的混合物测定零度是在水冰点下华氏2630°。

加多林做过几个硫酸与水的实验,其结果的准确性正如在这类论文中第一篇所预期的那样。他不曾从他的实验测定零度,而是在假定冰与水的容量为9∶10之比这个基础上,想当然地认为零度是在冰点以下1400°,然后,把通过实验所得的混合物的热容量,和通过前面假定计算出来的热容量加以比较,来了解他的实验是否能证实这点,因此他的结果在其应用方面受到了限制。但是由于他曾经给予我们从每一个实验来计算零度的足够的数据,看看这些数据同拉瓦锡或其他人的一致到怎样的程度将是合适的。

把水的比热定为1,加多林通过直接实验发现,浓硫酸的比热为0.339(参阅克劳福德《论热》第465页)。然后他按各种比例把酸与水混合,观察温度的增加,再求出混合物的热容量。于是我们有了数据,从第24页式9求出零度。在列出他的数值的时候,我把它的标度从摄氏换为华氏。

酸	水	放出的热	混合物的容量	零点温度
4	+1	194°	0.442	2936°
2	+1	203	0.500	1710
1	+1	161	0.605	1510
1	+2	108	0.749	2637
1	+5	51	0.876	3230
1	+10	28	0.925	1740

　　这些数值的平均值是 2300°，它比加多林从冰和水的相对热容量推断出来的零度要高得多，加多林试图使这些实验适合于他所假定的零度。

　　由于硫酸和水在混合时放出的热相当多，还由于所有这三种物品都是液体，因而他们的当量可以比较准确地确定。长期以来，我曾不时地用它们做实验来探寻零度。最强的 1.855 硫酸，我发现其比热为 0.33，还有：

酸	水	比重	放出的热	混合物容量	零度
5.77	+1	(1.78)	160°	0.420	6400°
1.6	+1	(1.520)	260	0.553	4150
1	+2	(1.250)	100	0.764	6000

　　我把所有放出的热低于 100° 的混合物都摒弃掉，因为这时观察到的混合物的热容量与平均容量的相差太小，很难精确地测定。这些结果与加多林的相差很显著。我相信，它们是与实际情况更加接近的。当两种液体按大致相等重量混合时，结果所得到的零度要比按其他比例时离得更近些。加多林和我两个人都是这种情况，我还不曾找出其原因，可能是该混合物的热容量比在其他情况下随温度而增加得更多些。

石 灰 和 水

　　生石灰，即新烧的石灰，对水有强烈的亲和力。当生石灰与水以适当比例混合时即产生强烈的热。这时石灰块坍塌，成为消石灰，可以叫作石灰水化物。如果加入的水刚好足够把它消化，或者说把它变为粉末，则三份重量石灰正好形成四份水化物，它是一种完全干燥的粉末，其中所含水分在红热时也赶不出来。如果加入更多的水，则混合物形成泥灰，一种糊状化合物，其中多余的水可以通过加热至沸腾而赶掉，留下干的粉末状水化物。当石灰水化物与水混合时，没有热发生。因此，这两种物质仅形成一种混合物，而不是化合物。所以在把石灰消化时所放出的热归因于三份石灰与一份水的化学结合，或者说，归因于水化物的形成，而任何过量的水都会使这察觉到的热减少。在这些事实能够被用来测定零度以前，有必要测定干的水化物的比热。为此，把已知重量的石灰用过量的水消化，接着一定要把过量的水赶掉，直至水化物比石灰重 1/3。然后把一定重量的这种粉末与相同重量，或任何其他重量的不同温度的水混合，并测定其比热。通过用这种方法做过的各种实验,并作出各种变动,我求出石灰水化物的比热约为 0.40,而不是像第 26 页表上的 0.25。对于石灰本身,我求出是 0.30 左右。克劳福德低估了石灰,他把冷石灰与热酒精混合。石灰对酒精并不发生充分的作用,因为它含有水。如果把冷酒精倒到热石灰上面,我相信将会得到不同的比热。在形成石灰水化物时放出的热可按下面方法来求:如果把 1 盎司石灰加到 4 盎司水中,混合物的温度将上升 100°,在这种情况下生成了 4/3 盎司水化物,放出的热把它与 11/3 盎司水一起升高 100°,但是 11/3 水含有 7 倍于 4/3 石灰水化物所含的热。因此,放出的热足够把 8 倍水化物升高 100°,或者说,把一份水化物升高 800°。由此可知,把 3 份石灰与 1 份水混合时所释放的热,足够把新的化合物升高 800°。于是应用第 23 页理论,我们获得的零度为普通温度以下 4260°。

硝酸与石灰

根据拉瓦锡和拉普拉斯的实验,比重为 1.3 的硝酸的比热为 0.661,石灰的比热为 0.217,而 28/3 硝酸和 1 份石灰的化合物的比热为 0.619。但是如果假定化合时没有热容量的变化,则这个化合物应该只有热容量 0.618,而事实上混合物大约温度增高 180°,所以求出的热容量应该减少,或者说在 0.618 以下。假定这个事实能够成立,则将出现一个无法解释的现象,除非在同一物体中采用自由热质与化合热质(free caloric and combined caloric)的概念,或者更恰当地说,一种热质在化合时仍保持其所有特性,而另一种则在化合时丧失其全部特性。这种说法在关于石灰的热容量方面,已经有一个错误被指出来。如果我们采用 0.30 为石灰的比热,并把该理论用于求零度,则从上面这样更正过的数据来推断,我们将求出零度在普通温度以下 15770°。

我采用一个比重为 1.2 的硝酸的样品,并试验多次,发现其比热按重量计算为 0.76。在一个薄的烧瓶中,把 657 格令石灰逐渐地投入 4000 格令温度为 35° 的酸内,把该混合物适度地摇动,在一两分钟内,1/3 到 1/4 石灰加入并溶解以后,温度差不多升高到 212°,这时混合物开始沸腾。当剩余的石灰加入时,混合物温度先下降 20°,再重新上升到沸点,有大约 15 格令不溶的残渣留下。把这些残渣取出,代之以 15 格令新鲜石灰,溶解后,留下的是接近饱和的澄清液体,其比重为 1.334。该液体的比热被发现为 0.069。假定温度增加是 200°,石灰的比热是 0.30,我们求出零点将在冰点下 11000°。曾采用过不同强度的酸,和多种比例的石灰把实验加以改变,但结果所得到的零度,比前面两个方法中任何一个还要离得更远。理由可能是石灰仍然被低估了。

氢 的 燃 烧

拉瓦锡发现燃烧 1 磅氢可熔化 295 磅冰。我的实验结果是 320 磅,而克劳福德的结果是 480 磅。在能够更精确地确定这个数据以前,我们可以认为 400 磅是接近实际情况的。或者说,燃烧 1 磅氢需 7 磅氧,其放出的热将把 8 磅的水升高 7500°。采用克劳福德的氢和氧的热容量,并应用第 23 页的理论,我们求出零点与普通温度相距为 1290°。但是如果我们采用前面弹性流体比热的理论,并应用第 29 页的结论 4,我们一定得到这样的结论,即在水蒸气的形成中,两个元素全部热量的一半被释放出来,8磅水蒸气转化为水所放出的热将足够熔化56磅冰,所以1磅氢和7磅氧加在一起时全部热的一半,或者说,1磅氢,或7磅氧各自的全部的热将熔化344磅冰。现在如果我们从688减掉400,剩下的288即为8磅水在普通温度下所能熔化冰的磅数,或者说,1磅水中的热能够熔化36磅冰,所以零度将在水的冰点以下5400°。

磷 的 燃 烧

一磅磷需3/2磅氧,并熔化66磅冰。磷的比热还不知道,但用类比法可以假定它与油、蜡、牛脂等有同样多的热,差不多是水的一半。从水来看,似乎在每磅氧中全部的热足够熔化50磅冰。由此,在燃烧以前,磷和水中全部的热足够熔化93磅冰。从这个数值减去66,剩下27,即为2.5磅磷酸中的热所应该熔化的磅数。这将得到该酸的比热为0.30,这个假定不是完全不可能的。于是磷的燃烧结果似乎证实了从氢得到的结果。

炭 的 燃 烧

克劳福德的数值是,炭的比热为0.26,氧4.749,碳酸1.0454,而燃烧1磅炭放出的热等于69磅冰,等于10350°。1磅炭转变为碳酸需2.6磅氧,这是不容怀疑的。从这些数据,根据第23页的理论,我们推断出零度等于4400°。但是克劳福德自己却不曾注意到这个推断。如果我们采用比热的理论,以及建立在这个理论基础上的表,并与设想零度为普通温度下6000°这个假定结合起来,我们将从一般公式得到这个方程。

$$\frac{(1+2.6)\times 0.491\times h}{1\times 0.26+2.6\times 1.333-3.6\times 0.491}=6000°$$

式中h表示燃烧1磅炭提高其产物,或3.6磅碳酸的度数。从这个式子,求出h等于6650°。但是这热量将升高3.6磅水等于6650×0.491,等于3265°。或者将使1磅水升高11750°,或者熔化78磅冰。拉瓦锡求出的结果等于96磅,而克劳福德求出的结果等于69。所以就理论而言,零度的假定距离是被炭燃烧实验所支持的。

油、蜡和牛脂的燃烧

这些化合物的精确组成我们还不知道,也不知道它们燃烧时所需氧的数量。但是从拉瓦锡的实验,以及我自己的一些尝试,我倾向于认为,它们大约是由5份重量炭和一份氢所组成。燃烧时,每6份需21份氧,生成19份碳酸和8份水。假设零度在水的冰点下面6900°,或32°水中的热足够熔化46磅冰,则水蒸气中的热将足够熔化53磅。应用第29页结论1,我们将求出氧气中的热为60.5磅,而碳酸中的热为22.3磅。1磅油中的热等于水里面热的一半,等于23磅,把它加上211.7,即3.5磅氧中的热,得出234.7磅的冰,这是1磅油与3.5磅油与氧中全部的热所能熔化的,但是燃烧的产物是1.3磅水与3.2磅碳酸。它们总共含的热将能熔化131.2磅冰,减去234.7,剩下103.5即为燃烧一磅油、蜡或牛脂时放出的热所能熔化的冰,这与实验是一致的。于是该结论支持这个假定,即零度是在水的冰点以下 6900°。

醚等的燃烧

我曾相当精确地测定,1 磅醚在同 3 磅氧化合得到的燃烧产物是 1.75 磅水和 2.25 磅碳酸。通过类似下面的计算,但是假定零度在水的冰点下面 6000°,我求出醚在燃烧时放出的热应该能熔化 67 磅冰,而观察到的则为 62,其差额完全可以归于我的观察方法中不可避免的损失。

我在这里还可以就它们对当前问题所发生的影响,了解第 31 页表中提到的其他物品的燃烧结果。但是,我认为上面提到的这些物品是最可靠的。从油生气的结果,我们可以知道,一个在气体状态下燃烧的物体所放出的热并不比在液态时放出的多多少。因为油与油生气的组分肯定相差不大,人们可以预料,油生气由于维持其弹性状态所需的热,它在燃烧时比同重量的油将能产生更多的热,但是把液体变为弹性流体所需之热似乎只是全部热的一小部分,这个结论显然是为前面各页中实验和观察所支持的。

现在,把我在本节中报告过的实验结果汇为一种观点也许是合适的。

	(零度在华氏 32°以下)
从 5.77 份硫酸与 1 份水的混合	6400°
从 1.6 份硫酸与 1 份水的混合	4150
从 1 份硫酸与 2 份水的混合	6000
从 3 份石灰与 1 份水的混合	4260
从 7 份硝酸与 1 份石灰的混合	11000
从氢的燃烧	5400
从磷的燃烧	5400
从炭的燃烧	6000
从油、蜡与牛脂的燃烧	6900
从醚的燃烧	6000

所有这些数值的平均值为 6150°。在更加具有决定性的某种数据出现以前,我们有理由认为,按华氏温标,温度的自然零度大约在水的冰点以下 6000°,而以上这些结果的差额,除掉第二项与第五项,都可以归之于实验不够精确。我相信,要使第二项与第五项一致起来是不可能的,除非假定在混合物内一种或两种组分的热容量随温度变化而变化。这值得进一步研究。

由撞击或摩擦而产生的热

固态物体由撞击或摩擦而产生的热归因于同一种原因,即体积的凝缩,以及随之而来的物体的热容量的减小。正像空气凝缩时产生的热一样。大家都知道,铁和其他金属,在被锤打时会发热,同时体积凝缩,而如果不曾观察到容量的减小,那只是因为这种减小很少,我们还未能足够准确地研究过。当考虑到,一块铁经过这样锤打一次,在它被放到火中加热并逐渐冷却下来以前,就不能重复这种效应,我们就不用怀疑,容量变化是肯定发生的。伦福德伯爵(Count Rumford)为我们提供一些关于摩擦热的重要事实。他发现,在炮上镗孔 30 分钟,温度升高 70°,炮损失掉 837 格令粉末和铁屑,为圆柱体的 1/948。假定全部热都由这些铁屑给出,他算出它们一定丧失了 66360°的温度。而在这同时,他发现它们的比热却不曾显著地减少。可是,这种假定显然是错误的,这种激发出来的热不仅仅是产生于铁屑的,否则,锤打怎么会使一个物体红热而不丧失一点铁屑呢?事实是,在镗孔的猛烈作用下,整个金属块多少有些被压缩,而 70°或 100°温度的上升由于太小,还不足以产生热容量的明显减小。伦福德伯爵是不是假定,如果在这种情况下用于试验的金属的量是 1 磅,并且产生的粉末同以上一样,放出的热的总量也是一样多呢?

可见,由摩擦或撞击所产生的热的现象足以指明,不能像有些哲学家那样,把温度的零点放在普通温度以下 1000°或 1500°这样小的距离内。

第七节　论由温度的不平衡引起的热的运动和传导

由于来自各种不同的来源,物体温度容易发生不停的波动。所以,测定在同一物体中热运动的性质,以及由不停地倾向于平衡而引起的从一个物体到另一个物体的迁移,就变得很重要了。

把一根棒在一端加热,并暴露在空气中,热就一部分在空气中散失,一部分则沿棒传导,从冷端到热端显示出温度的逐渐变化。这种导热能力按不同物质的性质变化很大,一般说来,金属和善于导电的那些物体,也同样善于导热;反之亦然。

当一种流体在其表面上加热时,热就逐渐而缓慢地下降,像沿着固态物体一样。但是如果在盛有流体的容器底部加热,情况就大不相同:流体的热质点,由于比重减小,形成一种上升的水流,升到表面上,在其上升过程中把一部分热传给邻近的质点,不过仍保持着一种温度优势,所以在这种物质中首先看到表面上温度增加,而且直至液体沸腾以前,这里温度增加一直保持最大。沸腾时温度才变得均匀了。所以流体的传导能力来自两个不同的来源;一个是同固体一样,即热从一个质点到另一个质点的逐渐前进,不包括这些质点本身的任何运动;另一个则来自流体质点的内部运动,冷热两种质点不断接触,这样使热迅速扩散。这后一种来源要比前一种有效得多,以致有些人怀疑前者是否存在,或者说,他们怀疑流体传热是否会同固体一样,虽然他们提不出充分的理由。

在流体中热的传导除掉像在固体中一样由质点到质点的传递来完成,并没有出现别的什么。流体中扩散迅速应归因于流体静力学的定律。但是还有热在空中以及在弹性流体中传播的另一种方法,需要我们特别注意。我们获得太阳的热就是通过这种方式;在房间里,我们获得普通火炉的热也是通过这种方法。这叫作热的辐射,而这样行进的热叫作辐射热。

直到最近,我们还习惯于认为太阳的光和热是一回事。但是赫谢尔博士(Dr. Herschel)曾指出有热的射线从太阳发出,这些射线可用三棱镜把一束光分开,它们像光一样容易反射;在受到折射时,程度上要比光差一些,这就是它们与光可分的原因。辐射热的速度还不知道,但是在发现某些相反的事情以前,我们可以假定它与光一样。一个通常的火炉,红热的炭,或者实际上任何加热的物体都辐射热,并能把热反射到一个焦点,就像太阳的光和热一样。但是看来它没有足够能量穿过玻璃或者其他透明物体,从而被折射到一个有效的焦点上。

若干关于热辐射的新的重要事实最近曾由莱斯利教授确定下来,并发表在他的《热的研究》一书中。由于他发明了一个巧妙而精致的空气温度计,他能够在大量的各种情况与环境下,比过去更加精确地标志出辐射的效果,现在把被他发现或证明的一些关于热辐射的主要事实提一下,将是合适的。

1. 如果一个容器被装满水,则从容器辐射的热量主要依赖于容器外表面的性质。因之,如果容器是一个镀锡的铁罐子,从它辐射出某一定的热量,则当这个容器用黑漆、黑纸、黑玻璃等覆盖住时,它在同样条件下将辐射出 8 倍于这个数量的热。

2. 如果温度计的球用锡箔包起来,则辐射热的效果只有在玻璃表面上的 1/5。

3. 一个金属的镜子从通常的火炉,或其他任何受热的物体反射出的热为一个类似的玻璃镜子所反射的 10 倍。后者被发现是从其外表面,而不是从水银表面反射,而水银表面在反射太阳的光与热中则是最基本的。因而太阳的热与烹饪用的热有着显著的差别。

从这些事实可以看出,金属和其他物体,凡突出地倾向于反射辐射热者,则很少吸收辐射热;而黑漆、黑纸、黑玻璃等,凡倾向于吸收辐射热者,其结果将是在适当条件下又重新把热辐射出来。

4. 业已证明,把用玻璃、纸、锡箔等做成的隔板放在辐射物体和反射物之间,辐射热就完全被截断,但它们本身则为直接辐射热所加热,终于使温度计受到它们辐射的影响。所以由热水辐射出的热似乎不能像太阳的热一样通过玻璃。

5. 辐射热在其通过空气时并不遭受明显的损失。辐射物体不管大小,只要它以同一个角度对着反射物,就会产生同样的效果,和光一样。

6. 反射热的强度随着距离的增加而减小,而对光来说,则在所有距离都是一样的。热的焦点也和光不同,它离开反射器更近,加热的效应在向外移动时迅速减少,但在对着反射器向内移动时只是缓慢地减少。这似乎表示辐射热缺乏完全弹性。

7. 一个充满热水四英寸直径中空的锡球,在 156 分钟内从摄氏 35°冷到摄氏 25°,另一个涂上灯黑在 81 分钟内从摄氏 35°冷到摄氏 25°,室内空气温度为摄氏 15°。

8. 当一个加热过的物体在空气中转动时,其增加的冷却效应与速度成正比。

9. 在空气中,一个充满热水的中空玻璃球的冷却速度,与用锡箔包裹的同样玻璃球的冷却速度并不是在所有温度下都是不变的。这种不均衡性在低温时尤其大,而在高温时则较小。因而在此情况下,莱斯利先生发现,玻璃的可变比率为 $105+h$,锡为 $50+h$,这里 h 代表温度升高的度数。根据这种关系,玻璃表面的冷却速度在很高温度时差不多与金属的一样;但当 h 很小时,差不多为 $105:50$。在水中没有观察到它们在冷却速度方面的差别。

10. 经过长期复杂而巧妙的研究,莱斯利先生发现,空气对 6 英寸直径,充满开水的空心球的冷却能力如下:即在每分钟内,流体通过下述三个不同的冷却方式丧失其超过的温度的份数分别为：

通过外展（abduction），即空气的固有传导能力，1/524。

通过退离（recession），即由受热物体所引起的空气的垂直气流，$1/h \times 21715$。

通过脉动（pulsation）或辐射，在金属表面上为 1/2533，在纸的表面上为 1/317，8 倍于上面的数值（应该注意到，莱斯利先生坚持空气在热的辐射中起作用，这是与公认的观点相反的）。

11. 一物体在稀薄空气中比在通常密度的空气中冷却慢，不同种类的空气各自的冷却能力都不同。普通空气与氢气显示出显著的区别。根据莱斯利先生的意见，如果普通空气对玻璃质表面的冷却能力被指定为 1，则氢将为 2.2587，其对金属表面的比率为 0.5：1.7857。在普通空气中，通过辐射而从玻璃质表面的损失为 0.57，而通过其他两个原因则为 0.43；从金属表面上则为 0.07 与 0.43。在氢气中，其通过辐射而从玻璃质表面的损失为 0.57，而通过其他两个原因则为 1.71；从金属表面上则为 0.07 与 1.71。他发现，在这两种气体中辐射是一样的，而且在变稀薄时也减小很少，但是其他冷却能力的效果则随密度的降低而迅速减小。

人们如果希望知道这些重要结论由之得到的实验及其论证，那就一定要求助于莱斯利先生的著作。但是由于有些事实和观点从我的经验来看是有问题的，现在我将着手叙述我对这些问题的一些想法。我没有理由不同意前面 8 条，但对后 3 条却不是同样满意的。

在详细叙述这些实验以前，先指出新温标在较高部分与旧温标的对应度数将是适当的，这在第 8 页表上只是简单地介绍过。

温度计标度的对应度数

旧标度	新标度	旧标度	新标度
212°	212°	409°.8	342°
225	222	427.3	352
238.6	232	445.3	362
252.6	242	463.6	372
266.8	252	482.2	382
281.2	262	501	392
296.2	272	520.3	402
311.5	282	539.7	412
327	292	559.8	422
342.7	302	580.1	432
359.2	312	600.7	442
375.8	322	621.6	452
392.7	332	642	462

实　验　1

把一个具有直径为半英寸的水银球和从汞的冰点到沸点大约长 8 英寸的温度计加热到新标度 442°，并在 42°空气中让它在水平位置冷却。在该温度计及任何其他温度计中球都位于标度下几英寸。从 442°到 242°，从 242°到 142°，以及从 142°到 92°的冷却时间都是相同的，即都是 2 分 20 秒。这个实验曾重复做过，冷却时间与上面相差总是在四五秒钟之内,而在这些连续的间隔内,如果发生一些差异,总是在标度上面各部分观察到的时间比较少些,而在较低的各部分比较多些。

从这个实验看来,该温度计被升高到空气温度上面 400°,或升到旧温标的 600°,它在第一个时间的间隔内丧失 200°温度,在第二个间隔内 100°,而在第三个间隔内 50°。这个结果有助于证实第 7 页上所说过的原理,即按照新的刻度,温度下降是与时间的相等增额成几何级数的。

实 验 2

根据莱斯利先生,同一个冷却的定律在金属表面上发生的同在玻璃质表面上发生的不一样。这一直使我非常惊讶,因而对于这个事实我急于把它更详细地搞清楚。带着这个目的,我采用另一个水银球直径为 0.7 英寸,刻度尺为 12 英寸的温度计,上面有从 0 到 300°范围的旧标度,并附有相应的新标度。把表加热,并重复地记下经过新标度每连续 10 度的冷却时间;然后把球用锡箔包裹,用糨糊粘在上面,把表面尽可能弄光滑;接着把温度计加热,并像前面一样重复地记下冷却的时间。其平均结果如下所示;其中对数差值那一栏是表示温度高过周围空气度数的差值,周围温度为 40°。温度计的温度上升到表上 275°,即高过空气 235°。很明显,把空气温度当做零度来计算是最方便的了;在这种情况下,19 代表 235 与 225 对数的差额。

温度计		球不用东西包	球用锡箔包	对数差额
从 235°冷到 225°		在 11 秒内	在 17 秒内	19
225	215	12	18	20
215	205	13	18	21
205	195	14	19	22
195	185	15	20	23
185	175	16	22	24
175	165	17	24	25
165	155	19	26	27
155	145	20	28	29
145	135	21	30	31
135	125	22	31	33
125	115	24	33	36
115	105	27	36	39
105	95	30	40	43
95	85	34	48	48
85	75	39	54	54
75	65	45	62	62
65	55	52	73	73
55	45	62	88	87
45	35	73	110	109
35	25	120	165	146
25	15	160	244	222
		851	1206	1193

通过查阅这个表发现,当球没有用什么包裹时,冷却全部时间是 851 秒,而当用锡箔包裹时为 1206 秒,这两个数值之比约为 17∶24。但是从 175°到 165°的冷却时间分别为 17 与 24 秒,而从 95°到 85°的冷却时间分别为 34 与 48 秒,全部时间的比率都正好相等;查阅任何两个相应的时间,都发现它们差不多为 17∶24。从这里可以看出,同一个逐渐冷却的定律是同样适用于金属表面和玻璃质表面的,这是与莱斯利先生实验的结果相反的。可是一定不要认为这两种表面的比率是完全正确的,尽管温度计的球很小心地用锡箔包裹,其表面必然增大,这就使即使金属表面同玻璃质表面一样大的话,它也冷却得更快。

这些对数的差额在大小方面偶然地发现与金属表面的冷却时间非常近似地一致,以致不需要减小,因而我们有机会看到冷却中几何级数定律是如何为这个实验所证实的。看来对最高 4 个或 5 个温度间隔来说,冷却时间比定律所要求的要小些,而对后两个来说,则要大些。

实 验 3

由于莱斯利先生发现金属表面的冷却时间显著地被增大,特别是在温度适当提高时,我于是采用另一个具有较小的球,在刻度尺上每 10 度为一英寸的温度计,并按上面的方法来做,其结果如下:

温度计		球不用东西包	球用锡箔包	对数差额
从 75°冷到 65°		在 38 秒内	46 秒	46
65	55	46	55	54
55	45	54	64	65
45	35	65	78	81
35	25	86	103	109
25	15	130	156	165
15	5	310	370	355
		729	874	875

这里玻璃质表面与金属表面的冷却全部时间,以及其中几个数据差不多正好是 10 与 12 之比。它们与对数的差额也差不多一致。金属表面的效果与玻璃质表面的相差比前面实验的要小些;因为球较小,它在用锡箔包裹时面积按比例增加更多,铝箔是做成小条粘在球上面,因而在许多地方是双重的。

这些结果足以使我们相信,物体的表面并不违背它们冷冻的定律,虽然它们明显地影响着时间,但是由于莱斯利先生实验大体上精确,特别是因为上面所说的理由,我的方法没有得出相等面积的真正的冷却速率,我迫切希望用他自己的方法来确证这些结果。

实 验 4

我取两个圆柱-圆锥形新锡罐,如通常放茶叶的罐,每个能盛 15 盎司水。一个罐的表面用棕色纸贴在上面;每个配上 1½ 英寸直径的塞子代替常用的盖子,并通过塞子中心的孔,插入一个精致的温度计的管子。新刻度的标尺位于塞子上面;把两个罐子充满水,用一根细绳子把它们吊着。温度计的球放在这两个罐子当中,陆续地把它们充满开水,挂在温度为40°的房间当中,每经过连续10度的冷却时间记录如下。

水		用纸包裹的罐子	裸露的罐子	对数差额
从205°冷到195°		在6.5分钟内	10分钟内	11
195	185	7	10.5	12
185	175	7.5	11+	13
175	165	8+	12	13
165	155	9	13.5	14
155	145	10	15	16
145	135	11.5	17	17
135	125	13	19	19
125	115	14.5	21.5	22
115	105	16	24	25
105	95	20	30	29
95	85	25	38	35
85	75	31	46	44
75	65	40	60	60
		219	327.5	330

这里所有结果都同样令人满意而且是重要的;不仅冷却时间在整个范围内都符合2∶3的相同比率,而且它们几乎恰好与对数差额一致,表示出冷却中的几何级数。由于这一类实验任何人都能重复而不需要借助于任何昂贵的仪器或特殊的熟练技巧,我们没有必要坚持上述实验的准确性。冷却范围可认为是从新标度205°到65°,空气为40°,或在该范围末端下面25°,与旧标度57°相当。

现在研究一下由于表面改变而引起冷却时间差别的原因将是适当的。莱斯利先生曾指出,当浸没在水里时表面对冷却时间没有影响;于是表面在热的损耗方面的差别似乎只是由于它们不同的辐射能力;的确,莱斯利曾经直接通过实验证明,从玻璃质或纸的表面上辐射的热为金属表面上的8倍。如果我们同意这点,则能容易地求出由辐射所分散的热,以及由大气所传导的热的各个部分。令"1"表示由大气在任何一小段时间内从玻璃质或金属表面传导出来的热,"x"为在相同时间内由金属表面辐射的热量,则$8x$将为在该时间内从玻璃质表面辐射的量;从以上实验的结果,我们得到,$2∶3∷1+x∶1+8x$;或$2+16x=3+x$,$x=1/13$;这就得出由金属放出的全部的热为14/13,而在相同时间内由玻璃放出的热为21/13。这里"1"表示传导的热,而分数则是辐射的热。

这就是说,在一定时间内13份热是从金属表面上由空气传导出去的,而1份是辐射出去的;另外从玻璃质表面上13份是传导出去的,8份是辐射出去的。

因此,从最合适的表面辐射出去的热量可能不多于全部的0.4,而由空气传导出去的不少于0.6。可是莱斯利先生推断前者为0.57,而后者为0.43;这是因为在标度的较低部分他所求出的玻璃质和金属表面上冷却时间的不均衡现象比我所求出的大。

这个学说在实际意义方面的明显后果是:

1. 在需要尽可能把热保存长久的情况下,容器就应该用有着光亮清洁的表面的金属。

2. 任何时候如果需要把热尽快地放出，而这时容器如果是金属的，就应该油漆过，用纸、炭或者某些动物性或植物性物质覆盖起来；在这种情况下放出的热与从金属表面上放出的热将为 3 与 2 之比。

在各种弹性流体内物体的冷冻

物体在某些弹性流体内冷却时间是不同的。我相信，莱斯利先生是第一个注意到这个事实的；他曾经向我们介绍他所做的普通空气和氢气的实验结果，包括通常密度和各种不同程度稀薄的气体。我做过一些实验，目的是测定各种气体的相对冷却能力，现在把这些结果写出来可能是适当的。我的仪器是一个结实的管形瓶，容量约为 15 或 20 立方英寸，配上带有温度计柄的穿孔塞子，使其不漏气；在温度计的管子上面用锉刀做好包括 15°或 20°的间隔的两个标记，在血液的温度附近。把瓶充满任何建议的气体，在其到达周围空气的温度以后，把塞子拿掉，并立即把加热过的温度计连塞子插进去；当水银从上面记号降到下面记号时，记下所需秒数如下。周围空气温度不变。

温度计浸在碳酸气中	在 112 秒内冷却
温度计浸在硫化氢、氧化亚氮、油田气内	100＋
温度计浸在普通空气、氮气的氧气中	100
温度计浸在亚硝气中	90
温度计浸在碳化氢或煤气中	70
温度计浸在氢气中	40

氢气的冷冻效果确是值得注意的；我先后在一个氢气瓶中把温度计冷却 10 次；每次实验都把表拿出，塞上塞子，直至恢复到原来温度；这样，每次都逃掉一部分氢气，而进入相等部分的普通空气；冷却时间有规律地增加如下：即分别为 40、43、46、48、51、53、56、58、60 和 62 秒；这时观察混合物，发现其为一半氢与一半普通空气。然后把相等容量的氢气和普通空气混合在一起，并放到瓶里，发现加热过的温度计从上面记号冷却到下面记号同前面一样是 62 秒。

压缩空气对物体的冷却比通常密度的空气要快得多；而稀薄的空气则要慢得多，不管是哪一种空气。关于普通空气我自己的实验结果如下：

一个氢气的小容器，如果它在 40 秒钟内把氢气冷却，那么在氢气被稀释 7 或 8 倍时，就需要 70 秒钟来冷却它。但是关于氢气及其他气体的精确的稀释效果还不曾测定过。

从莱斯利先生那里我们知道，在氢气中玻璃质和金属表面冷却时间差别很小，前者为 2.28，而后者为

空气密度	温度计冷却秒数
2	85
1	100
$\frac{1}{2}$	116
$\frac{1}{4}$	128
$\frac{1}{8}$	140
$\frac{1}{16}$	160
$\frac{1}{32}$	170

1.78，他从这个现象正确地推断，"这种效果（在大气和氢气之间）的不相等证明其影响主要地，如果不是全部地，是被用于增加外展的部分"。

在氢气中由辐射而损耗的热与在大气中相同，我们因而可以推断，在其他各种气体中也都相同；所以不管是什么气体，不管是在真空中还是在空气中都一样进行。的确，莱斯利先生自己承认，由于稀释而引起的效果的减少是极其微小的，这种减少，如果是空气作为辐射介质，简直是不能察觉的。

如果认为辐射的效果不变，则可以研究并求出空气密度的效果，我相信，它将近似地或准确地按密度的立方根变化着。为了把这个假说同观测进行比较，令100等于在大气中冷却时间，密度为1；则从以上所述，0.4将代表玻璃质表面通过辐射所丧失的热，而0.6为通过介质的传导能力所丧失的。令 t 等于在密度 d 的空气中冷却的时间；那么 $100 : 0.4 :: t : 004$，t 等于由辐射丧失的热；但是传导出去的热，按假说，时间×密度的立方根 $= 0.006t\sqrt[3]{d}$；由此，$0.004t + 0.006t\sqrt[3]{d} = 1$，和 $t = \dfrac{1}{0.004 + 0.006\sqrt[3]{d}}$。

根据这个公式计算，我们求出在几种密度的普通空气中冷却的时间如右。

这个表与前一个由实际观测结果得到的表几乎是一致的。同样，可以在前面公式中，用 0.0007 代替 0.004，0.0093 代替 0.006 求出在稀薄空气中金属表面的冷却时间。

与辐射无关的氢气冷却能力可以这样来求出：如果 $100'' : 0.4 :: 40'' : 0.16$ 等于在 40 秒内在该气体中由辐射损失的热，则 0.84 等于在 $40''$ 内由空气传导出去的热，或每秒为 0.021；但是在普通空气中每秒由外展所损失的热仅为 0.006；由此看来，氢气的冷冻能力为普通空气的 3.5 倍。

人们可能会问，不同气体，特别是在假定每个不同种类的原子具有相同热量的条件下，会具有这样不同的冷却效果，其原因何在？对此，我们可以回答，各种气体在两个基本点上是彼此不同的。一个是一定体积内原子的数目，另一个是它们各自原子的重量或惯性。而数目和惯性都倾向于阻止气流的运动，这就是说，如果两种气体

空气的密度	冷却的时间
2	85.5 秒
1	100
$\frac{1}{2}$	114
$\frac{1}{4}$	129
$\frac{1}{8}$	143
$\frac{1}{16}$	157
$\frac{1}{32}$	170
$\frac{1}{64}$	182
$\frac{1}{128}$	193
无穷大	250

在一定体积内具有相同数目的质点，显然具有最小原子重量的气体，其散热也最快；而如果另外两种气体具有相同重量的质点，则在一定体积内数目最少的散热最多；这是因为在类似的条件下，阻力是随被移动的质点数目变化的。在相同体积内含有差不多相同数目的质点的气体为氢、碳化氢、硫化氢、氧化亚氮和碳酸气。这些气体导热的顺序一如刚才所写的，氢气最好而碳酸气最差；它们最小质点的重量也是按这个次序的（参阅 29页）。在这些气体中氧气和碳化氢的原子重量相同，而在一定体积内数目不同：后者具有较大的冷却能力，并在一定体积内含有较少的质点。

第八节　论大气的温度

一个值得注意,但我相信一直不曾被满意地说明的事实是,在所有地方和季节里空气都被发现温度随着我们的登高而下降,差不多成等差数列。有时事实可能不是这样,即在地面上空气比上面冷,特别是在开冻的时候,这我曾注意到;但是这显然是受到大气中巨大的扰动的影响,最多也只是一个很短的时间。那么什么是登高时温度下降的原因呢? 在解决这个问题以前,先考虑一下普通解答的欠缺之处,可能是适当的。空气,据说,不被太阳的直接射线所加热,后者通过空气就像通过透明的介质一样,在到达地面以前,是不产生任何热效应的。只有在地面被加热后,才把一部分热交给邻近大气,而上层空气按比例来说由于它们离开地面较远,因而受到的热也较少,形成了温度的渐变,就像一根铁棒在一端被加热时所发生的那样。

以上解答的第一部分可能是正确的:空气对热的关系似乎是独特的,它的辐射状态的热既不吸收也不放出;这样,热在空气中的传播一定是通过它的传导能力而实现,就像在水里那样。现在我们知道,在一个水柱下面加热,这时热就通过受热质点极其迅速地向上传播;受热的空气上升,这也是同样确定无疑的。根据这些观测,把上面提出的理由直接应用于大气垂直圆柱中的温度渐变,将会得出与事实相反的结论;即上升越高或离地面越远,温度就应该越高。

不管这个论证是正确,还是错误,我想,大家一定承认,该事实迄今还不曾得到满意的解释。我设想它包含着一种新的热原理;这种原理,我认为,没有其他自然现象向我们提供过,而且现在还不是这样认识的。我在后面将尽力说明这个见解。

该原理是这样的:在同一个垂直的空气圆柱内每个原子含有相同热量时,大气中才达到热平衡;因而,在随着上升而温度逐渐下降时,大气中达到热平衡。

当我们考虑到空气对热的容量通过稀薄作用而增加的时候,应该承认这是一个正确的结论;在热量是给定或受到限制时,温度就一定受到密度的控制。

任何在地面上的物体,在不均匀受热时,总是趋向于温度相等,这是一个确定的原理;而上面提出的新原理似乎对这个定律提出一个例外。但是如果进行仔细观察,就很难持这种看法。热的相等和温度相等这两种说法,在其应用到相同状态下的相同物体时,是如此一致地联系在一起,以致我们在它们之间很难作出任何区别。没有人会反对把这个通常观察到的定律用下面这些话来表示:当任何物体在不均匀加热时,只有在物体每个质点含有相同热量的情况下,才能发现平衡得到恢复。现在我理解这样表示的定律是一个真正的普遍定律,对大气和其他物体都适用。自然界是倾向于使热恢复相等,而不是使温度恢复相等。

的确,大气在对热的关系上给我们提供出一个明显的特点:我们看到,在空气的垂直圆柱内,一个没有改变任何形状的物体缓慢而逐渐地从较小的热容量改变为较大的;而所有其他物体则整个保持均匀的热容量。

如果有人问,为什么热的平衡取决于热量而不取决于温度,我只好回答我不知道,但是我是以上升到大气中观察到的温度不相等这个事实作为证明的根据的。如果大气的自然倾向是使温度相等,我认为没有理由解释为什么上层区域至少不是同下层的一样暖。

为了试图建立新的原理,我们所提出的诸论点已被以下事实有力地证明:根据布格(Bouguer)、索热尔(Saure)和盖-吕萨克的观测,我们发现,空气在升高到其重量为在地面上重量 0.5 时,其温度要比在地面上低华氏 50°;根据我的实验(《曼彻斯特学会纪要》第 5 卷,第 525 页),似乎把空气突然从 2 稀释为 1 时,发生 50°的冷却。由此我们可以推断,把地面上一容量空气,保持其原来温度送到上述高度,然后让它膨胀,这时空气将会变为两容量,并降低到与周围空气相同的温度;反之亦然,如果两容量空气在所说的高度下被压缩为一容量,它们的温度将上升 50°,而它们比重和温度将与地面上同样体积的空气一样。同样我们可以推断,如果把一体积空气从地面上提高到大气的顶端,再把它压缩,放到地面上水平位置,它的密度与温度将与周围空气一样,一点也没有吸收或放出热。

另一个支持这里所提学说的重要论点可以从一种蒸汽大气的想象而得到。假定现在大气不存在,代之以蒸汽或水蒸气;再进而假定,这种大气在地面上每个地方温度都是 212°,其重量等于 30 英寸汞柱。现在在大约 6 英里高处,其重量将为 15 英寸或在下面时重量的 0.5,在 12 英里处,其重量将为 7.5 英寸或地面上重量的 0.25 等等。温度在每个间隔可能会减少 25°度。它不会减少更多;因为我们曾看到(第 8 页),温度减少 25°使蒸汽的力降低一半;因此,如果温度减少再多些,压在上面大气的重量将把一部分蒸汽凝结为水,这样将使总的平衡由于上面区域的凝结而不断受到破坏。但是另一方面,如果我们假定,在每一个这些间隔内温度减少小于 25°,则上面区域就能够容纳更多蒸汽而不发生凝结;但是这一定是在地面上发生,因为在 212°时不能支持大于 30 英寸汞柱的重量。

这三个假设的水蒸气大气情况可以用另一种方式陈述如下:

1. 假定蒸汽在地面上的比重为大气的 0.6 倍,蒸汽大气的重量等于 30 英寸汞柱,则其在地面上的温度将为 212°;在 6 英里高处,为 187°;在 12 英里高处,为 162°;在 18 英里高处,为 137°;在 24 英里高处,为 112°,等等。在此情况下,密度,不但在地面上,而且在每个地方都将是最大值,或者说是在当时温度下可能的最大密度;所以一下就达到了完全平衡。不管在任何区域都既不会凝结,也不会蒸发。每升高 400 码温度计将降低 1°。

2. 如果大气的组成与上面的一样,只是现在温度比每 6 英里 25°的比率减少得更快,则较高区域的温度就不足以支持其重量,这时就一定发生凝结,于是重量就会减少,但是由于地面温度总是假定保持在 212°,蒸发一定在那里继续进行以保持压力在 30 英寸,于是在新近上升的蒸汽和下降的凝结的两点之间存在着不断的斗争。一个远比上面更加不可能的见解。

3. 情况假定同前面一样,但是现在温度降低比每 6 英里 25°的比率慢:在这种情况下,蒸汽在地面上的密度将是在该温度下的最大值,而在别处则不然;所以如果把一些水拿到高处,它就会蒸发;但是大气增加的重量将会在地面上使蒸汽凝结为水,于是在此情况下就不会有我们在第一种情况下所见到的那种平衡,而这平衡是更符合于自然法则中所能观察到的规律性和简单性的。①

蒸汽的大气实际上是围绕着地球,它不依赖于其他大气而存在,却又与它们极其密切地混合在一起,这个事实,我认为,是能够证明的。我在《曼彻斯特学会纪要》和《尼科尔森杂志》中几篇文章里曾力图加以说明,这些我一定要提到。任何弹性流体,不管其重量为 30 英寸汞柱,还是二分之一英寸汞柱,都一定遵守相同的普遍法则;但是看来蒸汽大气在升高时其温度的变化没有空气快。因此,类似于第二种情况中指出的某些结果在我们的混合大气中是应该遵守的;即在较高区域蒸汽凝结,而在下面则同时进行蒸发。这实际上几乎每天在发生;空气的云层经常在上面,而在下面区域则比较干燥。

第九节　论水的冻结现象

水结冰时伴随着不少值得注意的现象,其中一些同我们根据类比推算出来的大不相同,我相信,还没有按照力学哲学原理来试图解释所有这些现象。而这个试图正是这篇论文的目的。现在先叙述一些主要事实。

1. 冰的比重比水的比重小,其比率为 92：100。

2. 当把水放在吊起来的大坛子里让它在 20°或 30°静止空气中冷却时,它可以冷到冰点以下 2°或 3°而不结冰;但是,如果发生任何激烈振荡,则会立即出现大量闪光的六角形小穗状花,在水中漂浮着,慢慢地升到水面上。

3. 冰在冻结一开始及其早期,其分支总是互成 60°或 120°的角。

4. 结冰时放出的热足够把水的温度升高新标度 150°。而冰在融化时则需吸入同样多的热。这个数量是 32°水所含全部热的 1/40。

5. 水在旧标度 36°或新标度 38°时密度最大;从这点起不管是加热还是冷却,它都按照我们经常提到的温度平方定律而慢慢地膨胀。

6. 如果把水暴露在空气中,并加以振荡,它不可能冷却到 32°以下,继续冷却就会使一部分水结冰,冰与水的混合物只能在 32°时存在。

---

① 我从尤尔特先生(Mr. Ewart)那里得到关于弹性流体的初步启示,在本节中我已经尽力加以发展;不久以前,他曾向我建议,任何低温,例如 32°下最大密度的蒸汽所含绝对热的量可能与等重量最大密度的 212°蒸汽所含有的一样;因此,如果能够把它加压而一点热也不损失,就是说,如果容器与它同样速度增加温度,则决不会有蒸汽凝结为水,而是始终保持其弹性。

事实上,蒸汽凝结为水时放出的热(1000°)只是压缩的热;水分子对热的亲和力并没有发生变化;热的放出只是由分子接近所引起,不管这种接近是由外部压缩,还是由内部吸引所引起,其结果完全是一样的。的确,如果我们通过连续地把蒸汽密度加倍,并像前面一样,假定每次都升高 25°,这样来估计用机械压力把蒸汽从 2048 体积压缩到 1 体积时所升高的温度,则可求出,12 次这样的连续操作就把体积减小到 1,并且只升高 300°。但是认为在每一次凝结时都升高相同数量的温度却是不对的,虽然对它们大多数来说可能是近似地这样:在靠近结尾时,固态原子或质点所占空间对这些质点及其气氛所占的整个空间来说,将占有相当大的比例。在第一次压缩时,热的气氛可以说是减小到一半空间;但是到最后,减少要大得多,因而放出的热也就比理论所要求的多。

在写完上述内容以后,尤尔特先生告诉我,我从他那里得到的有关蒸汽的概念原来是瓦特先生(Mr. Watt)的。在《布莱克讲演集》第 1 卷,第 190 页,该作者在提到瓦特在低温下关于蒸汽的实验时说,"我发现,蒸汽的潜热的增加至少同可察觉的热的减少一样多"。奇怪的是,这样值得注意的事实竟这样长久为人所知而这样不受重视。

7. 如果把水保持静止,而冷却不厉害,大量的水可冷却到 25°或更低的温度而不结冰;如果把水限制在一个温度计的球里,则用任何冷却混合物都很难使它在旧标度 15°以上结冰;但是要使水冷却到这个温度许多度以下而不结冰也同样是困难的。我曾经得到 7°或 8°这样的低温,并重新慢慢地把它加热,一点水也不曾结冰。

8. 在可以称为强迫冷却的上述情况下,膨胀定律仍同上述一样地适用。

9. 当水在温度计小球内冷却到 15°或更低时,它保持着极好的透明度;但是如果它偶然地结冰,则冻结将在瞬间完成,小球立即变为不透明,像雪一样白,并且延伸到温度计的柄上。

10. 当水被冷却到冰点以下,冻结突然地发生时,温度立刻上升到 32°。

为了解释这些现象,让我们想象,水的最小质点都是球状的,大小都一样;让这些原子排列为图版 3 中图 1 所示的正方形,每个原子在同一水平上与其他四个原子接触。再想象第二层质点按同样正方形序列位于它们上面,只是每个小球落到第一层四个小球的凹处,因而搁在四个点上,在这些小球中心的上面被抬起 45°。这个球的垂直断面,如图 3 所示,位于正方形两个对角线小球之上。再设想第三层以同样方式位于第二层上面,等等。整个就像一个正方形的弹子堆。这上面的结构我们设想用来表示在最大密度的温度下的水。

计算在一个立方容器中小球数目,容器的边业已给定;设 n 等于在立方体一行或一边中质点数目,则 n^2 为任何一个水平层的质点数目;又因为连接两个不同层次中相邻质点的线与水平成 45°,在一定高度内层次的数目将为 $n \div \sin 45° = n \div \frac{1}{2}\sqrt{2} = n^3\sqrt{2}$。

现在假定把正方形画为菱形(图 2),那么每个水平层将仍同前面一样含有相同数目的质点,只是压缩得更紧密些,每个质点现在与六个其他质点接触。但是为了抵制这种压缩,几个连续的层次比以前被抬得更高了,所以这个堆的高度是增加的。于是产生了这样的问题,一个给定容量的容器是按这样配置容纳更多数目的质点呢,还是按前一种配置? 必须注意,在后一种情况下,上层的质点只是放在下层的两个点上,因而如图 4 所示被抬高正弦 60°。两个堆的底为 1: $\sqrt{3/4}$ 之比,而它们的高为 $\sqrt{1/2}$: $\sqrt{3/4}$,但是容量为底与高的乘积,或者如 $\sqrt{1/2}$: 3/4;即近似地为 0.707: 0.750;或 94: 100。因而在给定空间内,第一种排列所含有的质点看来比第二种要多出 6%。

后一种或菱形排列被设想为水的质点在冻结时所采取的方式。因而,冰与水的比重应为 94: 100 之比。但是应该记住,水经常含有 2% 容积的大气,而该空气在冻结时是被释放出来的,并通常在冰里面增加冰容积而不显著地增加其重量。这使冰的比重又减少 2%,或者使它成为 92,这与观察到的结果正好一致。于是第一个事实被解释清楚。

菱形的角为 60°,其补角为 120°;因此,如果在冻结时显示出任何特殊角度的话,我们是应该预料到的,这和第二、第三个现象是一致的。

不管什么时候只要在任何物体的内部结构中发生显著的变化,无论是由于新质点的进入和结合,还是由于原先存在在里面的质点的重新排列,显然在热的气氛方面都一定要发生某些改变;然而要估计其数量,有时甚至连估计像在目前情况下所发生的变化的种类还很困难。因此,到目前为止我们所提出的理论是与第四个现象一致的。

为了解释其他现象,有必要更加详细地考虑物体受热膨胀的方式。膨胀是不是仅仅由组成质点每个个别气氛的膨胀所引起的呢？对弹性流体来说情况确是这样，对固体也可能是这样，但对液体则肯定不是。水怎么可能在一个温度下加一定数量的热其膨胀部分用 1 表示，在另一个温度下加相同数量的热膨胀部分却用 340 来表示，而这时两个温度都远离绝对零度，一个可能是 6000°，另一个可能是 6170° 呢？ 该事实除用组分质点排列改变来解释以外，不能作任何其他解释；而热的加入或取出都很可能实现正方形排列向菱形的逐渐改变。我们假定可能的最大密度的水其质点排列成正方形形式；但是如果加入或取出一定数量的热，这些质点就开始向菱形变化，于是整个体积发生膨胀，不管在这点以上或以下，在温度变化相同时，其膨胀程度也是相同的。

如果把热从 38° 的水中取走，其后果将是水的膨胀，以及诸质点对菱形的一定倾向，但是当水受到颤动从而减轻由摩擦而引起的阻碍的时候，这种过程只进行到很小的程度。通过某些亲和力的能量的作用，新的形式瞬间完成，并有一部分冰形成，放出热，阻碍冰的继续形成，直到最后，水全部冻结，这就是普通的结冰过程。但是如果水在冷却时，完全保持静止的状态，则趋向菱形的过程就会长得多，膨胀按照通常方式继续下去，质点的微小摩擦或黏着就足以抑制能量间的平衡而有利于新的形式的形成，直到某种偶然的颤动导致平衡的重新调节。我们可以表演一个类似的操作：把一块铁放在台子上，拿一块磁石慢慢地向它接近，要使它们靠得很近而又不接触，防止台子的任何颤动是大有帮助的。其他现象也可做这样的解释。

第 2 章

论物体的构造

　　物体可分为三类，或三态，哲学化学家对于这点特别注意。这三态是：气体、液体和固体。水是我们所熟悉的一个例子，例如，水是这样一个物体，在某些条件下，能够以三态存在。水蒸气是一种气体或完全弹性流体，水是一种液体，而冰则是一种完全固体。由这些现象可不言而喻地得到一个普遍承认的结论：一切具有可感觉到大小的物体，不管是液体还是固体，都是由极大数目的极其微小的物质质点或原子所构成。它们借一种吸引力相互结合在一起，随着条件不同，这些力有强有弱。由于其作用是倾向于阻止原子的分离，所以这种力可称之为结合吸引力（attraction of cohesion）；但是由于这种力是把原子从分离状态聚拢起来（例如从水蒸气聚集成水），它也可称之为聚集吸引力（attraction of aggregation），或更简单地称之为亲和力（affinity）。不管人们采用什么名称，它们都是表示一种同样的力。我的企图不是对这个结论提出问题，这个结论是完全满意的，而是在于指出，直到现在，我们还没有用到它，由于忽略了这一点，使得人们对化学功能的观点变得非常模糊。随着人们试图对它提出新的见解，这种模糊反而日益加剧了。

　　我特别要提到的是伯索累（Berthollet）关于化学亲和力定律的见解；例如，他认为化学功能是与质量成正比，并认为在所有化合物中，组成元素逐渐变化的层次是难以察觉的。我认为，任何对现象有恰当见解的人都不会不认为这些见解是和理论与观察不符合的。

　　一个物体，例如水，它的终极质点（ultimate particles）是否都是一样，即是说，是否都具有同样的形状、重量等等，这是一个重要的问题。从已知的事实看来，我们没有理由认为这些质点是各不相同的。如果在水中有这种不同质点存在，则这种情况在组成水的元素，即氢和氧中必定也同样地存在着。可是人们很难想象，彼此不相同的集合体会是这样地均匀。如果水中有些质点比其他质点重，那么当一部分液体由于任何偶然的原因而主要地由较重的质点组成，人们一定会设想，这对水的密度会有影响，而这种情况我们并未遇到过。其他物质也应有类似的情况。因此，我们可以得出结论，所有均匀物体的终极质点在重量、形状等方面是完全相同的。换句话说，水的每一个质点都是相同的，氧的每一个质点也都是相同的，等等。

　　具有重量的物体除去普遍具有的这种或那种吸引力外，我们发现，在我们认识的各种物质中还有一种力作用着，这种力也是同样普遍的，这是一种排斥力。现在人们普遍认为，这种排斥力是热的功能，我认为这是合适的。这种精微的热的气氛包围着所有的物体的原子，阻止它们被吸引到实际发生接触的程度。一个物体，当减少一些热量时，能够发生收缩，这个事实可以满意地证明这一点。但从上节所述可知，体积的加大或减小或许在更大的程度上由终极质点的排列情况来决定，其次才是质点的大小。如果情况真是这样，由上节所述有关热的原理，特别是有关温度的自然零度那节，我们不能不推想，固态物质，例如冰，其所含的热是其在弹性状态下，例如水蒸气，所含的大部分，或许 4/5。

我们现在就来考虑，这两种巨大的相互对立的吸引和排斥的力量是怎样调节使得三种不同的状态，弹性流体、液体和固体能够出现的。我们将这个题目分成四节来叙述。第一，关于纯弹性流体的组成；第二，关于混合弹性流体的组成；第三，关于液体的组成；第四，关于固体的组成。

第一节 论纯弹性流体的构造

一个纯弹性流体或完全弹性流体是这样一种流体，它的质点的结构都是相同的，即无法区别的。水蒸气、氢气、氮气[①]等都是这种东西。这些流体是由具有弥漫的热的气氛的质点所组成，这些热的气氛的容量或体积常常比液体或固体中质点所占有的大 1000 或 2000 倍。因此，抽象地说，坚硬的原子形状怎样，当它们被这样一种气氛包围以后，它们必定是球形的；但是由于任何微小体积中的球体都承受同样的压力，它们的容积必定是相同的。所以，它们可能像一堆弹丸那样排列成很多水平的层。无论何时，只要除去压力，气体的体积都要发生膨胀。这可证明，在任何情况下，排斥都是胜过吸引。对于弹性流体质点间的绝对吸引和排斥，我们是无法估计的，虽然这两种同时存在的力无疑是巨大的；但是排斥能量超过吸引能量那部分却能够估计出来，而且增强和减弱的规律在很多情况下可以确定。例如水汽的密度可认为是水的 1/1728，因此每一个水汽的质点的直径是水的质点的直径的十二倍，而每一个水汽的质点必定是压在水表面的 144 个质点上面；但是每一个水的质点所受到的压力都相当于 34 英尺水柱的压力，所以每一个水汽质点中的弹性力等于 $34 \times 144 = 4896$ 英尺水质点柱的重量。而且这种弹性力是随着质点间距离的增大而减小。因此，对水汽和其他弹性流体来说，结合力已完全被排斥力所抵消，能够有效地使质点运动的力只是排斥超过吸引的那部分。例如，设吸引力是 10，排斥是 12，有效的排斥力就是 2。于是一个弹性流体不但不需要任何力使其质点分离，而且还一直需要力使其保持在原来的位置，即阻止它们分离。

一个充满任何纯弹性流体的容器可设想为类似一个充满小弹丸的容器。各个球体都具有相同的大小；但是流体的质点与弹丸的质点有所不同，其区别在于，流体质点是由一种极小的坚硬物质的中心原子所构成，其周围被一种热的气氛包围着，在紧靠原子处气氛的密度较大，但随着与原子距离的加大，气氛就逐渐变得稀薄，稀薄程度与距离的某

---

① 初学者将会知道，在讨论它们的历史与特性之前还需要介绍若干化学问题。

种方次成比例;而弹丸质点则是整体一样坚硬的球体,包围它们的热的气氛与之相比,其大小可以不计。

由经验可知,一定质量的弹性流体的力是与其密度成正比。由此可推导出已经提到过的定义:每一质点的排斥能力是与其直径成反比。这就是表观排斥力,如果我们能够这样说的话;因为如果我们对吸引力不了解,我们就不知道真正的或绝对的排斥力。当我们使弹性流体作任何体积膨胀时,它的质点就增大了,而它们热的量并不发生任何重大变化;因此可得结论,热的气氛的密度必定是随着压力而增减。例如,设想一定量空气体积膨胀 8 倍,那么,由于弹性质点的直径是与空间的立方根成正比,质点间的距离将变成膨胀前的两倍,而弹性流体所占空间将为原来的 8 倍,并具有几乎同量的热。由此可知,这些气氛密度减小的比例必定与弹性流体密度减小的比例大致相同。

有些弹性流体,例如氢、氧等,可以抵抗迄今为止对它们施加的任何压力。在这种情况下,热的排斥力胜过质点间亲和力与外界压力之和。这种情况将继续到什么程度,我们是无法说出的;但通过类比,我们可以推想,更大的压力将能使吸引力占优势,这时弹性流体就会变成液体或固体。对其他一些弹性流体例如水汽来说,当施加压力到一定程度时,弹性明显地完全停止,质点聚集成小的液滴而下落。这种现象还需要解释。

在凝结时,水汽的体积由 1700 突然变成 1,压力并没有显著的变化。这种突然转变使人们倾向于设想,蒸汽的凝结是由于弹簧的断裂,而不是弹簧被压抑。然而我却相信后者是事实。凝结是由于亲和力的作用比热的作用占优势而发生的,这时热的作用是被克服了,但不是被削弱了。当质点相互接近时,由于热的聚集,它们的排斥增强,但它们的亲和力也增强,看来还增加更多,一直到质点相互靠近到这样一种程度,使这两种力量相互平衡了,于是液体,水就形成了。由第 48 页所述,可知这是真正的解释;在第 48 页指出,蒸汽凝结时放出的热,多半不会比永久弹性流体被机械地压缩到同样体积时放出的多,并且这时放出的热仅是原来结合的热的一小部分。因此,只要热与这种现象有关,情况总是一样,不管质点是由于亲和力而相互接近的,还是由于机械力而相互接近的。

因此,对于一种液体,例如水的结构,必定要想象为由质点集合而形成的。这些质点有着极强的吸引力和排斥力,但程度上几乎是相等的。下面将进一步加以论述。

第二节　论混合弹性流体的构造

当把两种或多种不互相化合的弹性流体混合在一起,每种各一个体积,它们将占有两体积的空间。但它们将均匀地相互扩散,不管它们的比重如何,总是保持这种情况。这一事实是毋庸置疑的,但却有几种不同的解释,可是没有一种是完全令人满意的。由于这个问题对形成化学原理的体系具有头等重要性,我们应该完全地予以讨论。

普里斯特利博士(Dr. Priestley)最早就惊奇地注意到下列事实:当两个明显地相互间不具有任何亲和力的弹性流体放在一起时,它们竟不像液体那样,按比重大小分开。虽然他发现,当弹性流体一经充分混合后,它们就不会彼此分开。然而他却认为,如果两种这样的流体能够不加搅动地互相接触,一个比重较大的流体会停留在较低的位置上。

他甚至没有提示过这些气体是由于亲和力的作用而处于混合状态的。按照他的建议,将两种气体小心地互相接触,不加搅动,我做了一系列的实验,企图明确地解决这个问题,其结果载于《曼彻斯特学会纪要》新系列第 1 卷。根据这些实验似乎可以确定,即使让这些气体非常小心地接触,它们也总是相互混合并逐步互相扩散。如果接触面积很小,就需要相当长的时间才可实现完全混合,所需时间可以从一分钟到一天或更长,由气体的量和交换的自由度决定。

认为混合气体是由化学亲和力聚拢在一起这种见解最先是在什么时候和由什么人传播的,我不知道;但是水溶解于空气这种想法似乎可能引导人们想到空气是能溶解在空气中的。哲学家们曾发现水逐渐消失或蒸发到空气中去,并使空气的弹性增大;但人们已知,在低温时,水汽是不能克服空气的阻力的,因此,就有必要用亲和力的功能来说明这个效应。诚然,在永久弹性流体中似乎并不那样要求有这种亲和力,因为它们都能够支持它们自己;但是相互扩散这个事实却是不能以任何其他方式轻易地解决的。关于水在空气中的溶解,人们自然地会假设,不,人们几乎不用做实验就会相信,不同气体对于水应有不同的亲和力。而在相同条件下,水溶解于气体中的量应随气体的不同而异。然而索热尔曾发现,碳酸、氢气及普通空气的溶解能力在这点上是没有区别的。人们可能会推测,至少,气体的密度应对其溶解能力有某些影响,如果空气的密度减半,溶解的水也应减半。或者说,溶解水的量是与密度成比例地减小;但这里我们又会感到失望,不管空气如何稀薄,只要有水存在,蒸汽总会产生同样的弹性。而湿度计最后总会停留在最大的湿度上;这与在相同条件下普通密度空气中的情况一样。这些事实已经足够使空气和水之间任何亲和力或结合力如何起作用的想法发生极大困难。在一定空间内与一个质点结合的蒸汽的量,竟然和在同一空间内与一千个质点结合的一样多,这的确使人感到惊讶。但奇怪的事情还不止此,在托里拆利真空中也能溶解水;并且在所有温度下,蒸汽的存在都与空气无关;更使人惊奇的是,在这种真空中,蒸汽的量和强度都正好同在同样体积带有最大湿度的任何空气中的一样。

我在几年以前所做的这些以及其他的一些考虑,足够使我有理由完全放弃空气溶解水的假设,而用其他方式解释这些现象,否则就要承认这些是不可解释的。1801 年秋,我突然产生一种想法,似乎正好用来解释蒸汽的现象;这种想法使我做了很多实验,并在这些实验的基础上写出了一系列文章,在曼彻斯特文哲学会上宣读过,发表在该学会纪要第 5 卷(1802 年)。

新理论的特点是,一种弹性流体的质点对另一种气体质点来说是非弹性的或非排斥的,而仅对相同的质点才是弹性的或排斥的。因此,当容器内有两种弹性流体时,每一种都独立地以其自身的特有的排斥作用于容器,就像另一种气体不存在一样,而在两种流体之间看不到相互作用。这种观点最能有效地说明在任何温度下,在大气中总是有蒸汽存在,因为蒸汽只需要支持它自己的重量。而为什么在最大湿度的空气中的水汽与同温度真空中的相比既不多也不少一点,也就变得十分清楚了。这样,理论的重大目的就已经达到了。根据这个方案,在冷却时,大气中蒸汽凝结的规律与纯蒸汽显然相同,并且可以用实验证明这个结论在任何温度下都是正确的。为了完全确立大气中蒸汽的独立存在,唯一需要的是:其他液体在蒸汽的扩散和凝结方面也与水相一致。已经发现,有几种液体是这样的,特别是硫酸醚,由于在常温下它的蒸汽的可膨胀性有很大的变化,如果它有什么反常现象,就可能表现出来。这样,我们就说明了大气中蒸汽的存在及其有时发生的凝结;但是另一个问题还存在着,蒸汽是怎样从承受大气压力的水的表面上升的呢?在上面提到的论文中没有考虑这个问题,可以认为,如果其他两点可由任何理论推出来,那么也可接着把这第三点推出来。

由于理论和实验的新颖,而且,如果正确的话,它们都很重要,所以这些论文立即在国内外得到传播。这些新的事实和实验得到高度的评价,有些实验被人重复做过,证明是正确的。就我所知,没有任何人对这些结果提出反驳;但是理论却几乎受到普遍的误解,因而受到指责。这至少部分地是由于我叙述得过于简略,而且表达不够清晰。

就我所知,汤姆森博士是第一个公开地对理论提出指责的;这位先生是由于他的卓越的《化学体系》而著名的。他在那部著作的第一版中说,这理论不能说明气体的均匀分布,并说,就算承认一种气体既不能吸引也不能排斥其他气体的假说,两种气体仍然要按照它们的比重排列。但是对理论的最普遍的反对意见则是完全另外一种。人们同意这理论可以用来说明气体的极其均匀和永久的扩散,但强调指出,如果一种气体对另外一种气体说来犹如一个真空,那么,如果把一体积任何气体加入一体积另一气体中,这两体积气体应该只占一体积空间。在发现我对这个问题的见解这样地被人误解以后,我曾写过一篇论文说明,载于《尼科尔森杂志》第3卷(1802年11月)。在那篇论文中,我力图按照我的假说更详尽地指出混合气体的条件,特别提到该理论的特点,那就是:设有任何气体A的两个质点,按大家知道的规律相互排斥着。如果有另外气体B一个或多个质点在一条直线上插入这两个质点中间,这些B质点对两个A质点的相互作用没有任何影响,或者说,如果B的任何质点偶然地与一个A质点相接触,并对它施加压力,这种压力并不妨碍所有周围的A质点同时对这个与B相接触的A质点的作用。从这点看来,相同气体质点间的相互作用可比喻为像磁石间的作用;此种作用不因任何非弹性物质的插入而受到干扰。

鉴于这个问题受到一些作者的指责,这些指责多少是值得注意的,我认为指出下面打算讨论的次序是恰当的。首先,我将考虑这些作者们对这个新理论的反对意见,以及他们自己对这个问题的看法;然后根据后来的实验和看法,对理论作出修改。这些作者是伯索累、汤姆森博士、默里先生(Mr. Murray)、亨利博士(Dr. Henry)和高夫先生(Mr. Gough)。

伯索累在他的《化学静力学》(1804年)中有一章讨论大气的组成,对这种新理论开展大量的讨论。这位有名的化学家把德·卢克、索热尔、伏特(Volta)、拉瓦锡、瓦特(Watt)等人的实验结果和盖-吕萨克的以及他自己的实验结果相比较,并对下列事实完全表示同意:即每种蒸汽都同样地增加各类气体的弹性,其数值和该蒸汽在真空中的力恰好相等;不仅如此,而且在所有情况下,在空气中蒸汽的比重和在真空中是相同的。因此,他采用了下列公式求出一定体积空气所能溶解蒸汽的量,这一公式我已经提出过,即

$$s = \frac{p}{p - s}$$

式中 p 表示在一定体积(1)的干燥空气上的压力,以水银柱高英寸数为单位;f 等于在此温度下在真空中蒸汽的力,以水银柱高英寸数为单位;s 等于在给定压力 p 下饱和后空气和蒸汽混合物所占的空间。就此范围来说,我们完全同意;但是他却反对我企图用以解释这些现象的理论,并以他自己的另一种理论来代替。

我注意到,第一个反对意见清楚地表示出伯索累不是不懂得,便是不能正确地应用他所反对的理论。他说:"如果一种气体占据另一种气体的间隙,就像这些间隙是真空一样,那么当水或醚蒸汽与空气结合时体积就不应有所增加,然而事实上却有所增加,同加进去蒸汽的量成比例。湿度应该是使空气的比重增加,但它却使空气明显地变得更轻,正像牛顿(Newton)已经注意到的那样。"这是人们常常提到的反对意见。高夫先生甚至用几乎相同的词句表达这种反对意见(《尼科尔森杂志》第 9 卷,第 162 页),如果我的理解是正确的话。然而这位先生对流体的机械作用是非常熟悉的。把一个盛有干燥空气的高玻璃筒倒置于水银上面,用虹吸抽出一部分空气直到内外压力达到平衡为止,然后把少量水、醚等放入;这时蒸汽就上升占据空气的间隙,如同占据真空一样。但其明显的后果是什么呢?那就是,现在干燥空气和新升起的蒸汽都要对水银面施加压力,筒内水银面所受压力要比筒外大,为要再度达到平衡,就不可避免地要使空气体积加大。再有,在室外,设想地球周围没有水的大气,仅有一个氮的大气为 23 英寸汞柱高,以及一个氧的大气为 6 英寸。这样空气是完全干燥的,蒸发将以很大的速度开始。先形成的蒸汽不断被下面的推向上升,并不断地受到空气的阻碍,所以这先形成的蒸汽起初必然会使其他两种大气膨胀(因为上升蒸汽的力加到那两种气体的向上的弹性上,同时部分地减轻它们的压力,所以膨胀是其必然的结果)。最后,当温度所容许的全部蒸汽都上升完毕,水的大气就达到平衡,它不再对其他两个气体施加压力,只是对地球施加压力,两个其他气体就完全恢复到原来的密度和压力。的确,在这种情况下,如果水汽是与空气化合,体积就不应有所增加,湿度将使这种结合起来的大气的重量增加。但在一定压力下,将使其比重减小。大概有人会认为,用我的假说解决这个现象是太清楚不过了,任何人只要稍对气体化学有所了解,都不会看不到这一点。诚然,伯索累问过:"把大气的同一压力这样地加以分割,在任何已知的物理性质中有没有相似的情况?人们能够设想,有这样一种弹性物质存在,它的体积与另一个弹性物质的体积是相加的,而它的膨胀力却对它没有作用吗?"当然,我们不仅能这样设想,而且能举出例子,说明这是可能的。两个磁石互相排斥,即相互之间以一种膨胀力作用着,但它们并不以同样的方式作用于其他物体,只是同非弹性体一样。如果把磁石缩小到原子,情况无疑是应该相同的。因此,同一种空气的两个质点是可以弹性地相互作用的,而对其他物体却是非弹性的,因而除非相互接触,它们是完全没有作用的。

伯索累说:"在某种条件下氢气和氧气形成水,氮气和氧气也能产生硝酸,但是不能把决定化合的相互作用看做只是在其表现出来的那一瞬间才开始出现的一种力,这在产生结果以前这种相互作用必然已经存在,并逐渐增加直到它占优势为止。"无疑,吸引和排斥这相互对立的力量在同一瞬间是经常地或许一直是强有力的,但是在那些情况下所产生的结果则是由这两种力量的差额所引起的。如果在不同气体中排斥力量只是很小地或微不足道地超过吸引力量,这就构成一种可以称之为中性的特征。这种情况在不表现有任何化合征兆的混合气体中我认为是存在的。不要认为我是否认在混合状态中氢与氧等等之间存在着强有力的亲和力，但是除去现在不必要考虑的情况，热的排斥是足以抵消这种亲和力而有余的。

再有，"在由温度和压力所引起的变化中氮气与氧气完全一致，正像一种气体一样；如果没有明显的理由，是不是有必要去求助于一个假说来迫使我们承认作用有这样大差别呢？"这对不懂得这理论的人可能是一个反对意见，但对任何一个懂得这理论的人就决不会这样。如果有一个气体混合物，例如大气，含有氮和氧，其压力分别等于 24 英寸和 6 英寸汞柱。假使突然地把它浓缩成一半体积，按照我的假说，氮气的压力将明显地等于 48 英寸汞柱，而氧气的压力将等于 12 英寸汞柱，其总和为 60 英寸，与任何简单的气体完全一样。在加热或冷却时每一种气体的弹性变化情况是相似的。伯索累的反对理论能同样地避免这样一种缺陷吗？我们现在就来检查它。

另一种反对意见是由一定分量氢气需要相当长时间才能下降到一定分量碳酸中去这个事实所引起的；如果一种气体对另外一种气体好像是一个真空，那么为什么平衡不是立即达到呢？这个反对意见当然是值得讨论的，我将在后面更加详细地予以考虑。

在谈到大气的压力是使水保持液态的因素的时候（对这一点我是反对的），伯索累采纳了拉瓦锡的观点，"如果没有它（大气压力），分子将要无限地分散开来，并且没有任何因素可以限制它们分开，除非它们自身重量把它们聚拢起来形成一个大气。"对这一点我可以提醒一下，这些话不是在正确概念指导下说出来的。设想我们的大气消失了，地球表面的水立即膨胀成水蒸气，肯定说，重力作用会把分子集拢起来形成一个大气，其结构与我们现有的大气组成相似。但假定蒸发出去的水的全部重量达 30 英寸汞柱，那么在常温下它怎么能够支持自己的重量呢？它将在短时间内仅仅通过自己的重量就凝结成水，留下温度所能支持的一小部分，其重量或许只及半英寸的汞柱，像永久性的大气一样，它将有效地阻止任何更多的蒸汽上升，除非温度有所增加。不是每一个人都知道，水和其他液体仅仅凭它们自身蒸汽的压力就能在低温下存在于托里拆里真空中吗？那么还需要大气阻止过多的蒸发吗？

伯索累在得出"如果没有大气的压力，液体将转变为弹性状态"这个结论以后，就在下一节中进一步说明；如果大气的作用受到抑制，实际存在于大气中蒸汽的量就要多得多。因此他就推想，"由于大气湿度的变化而引起的气压计变化可能比索热尔和德·卢克所相信的要大得多。"我不知道这位作者是怎样把相反的结论调和起来的。

方丹纳（Fontana）在盛有空气的密闭容器中把水和醚进行蒸馏的实验曾被用来证明，蒸汽不能穿过空气而没有阻力。这当然是无疑的，蒸汽在这种条件下绕过漫长而迂回的道路前进不能不需要时间。而如果外界大气使容器保持冷却状态，蒸汽就能被器壁所凝结，有多少蒸汽生成，就有多少蒸汽以液体状态落下，并不曾有显著分量跑到容器末端去。

我们现在就来考虑伯索累用来解释气体混合现象的理论。按照他的理论，有两种程度的亲和力，一种是强的，能使物体的质点彼此靠得更近，一般能够排斥热，这种亲和力的结果可称之为化合；例如使氧逼近氧化亚氮时，二者就化合，放出热，在体积方面有所缩小，并且有些性质与它们原来的不同。另外一种是弱的，它不能使任何混合物的体积发生明显的缩小现象,也不放热,也不使各个成分的性质改变,其结果可称之为溶解或液解。例如,当氧气和氮气以适当的比例混合时,它们构成大气,在大气中它们各自保持其特性。

在有关一种弹性流体溶于另一弹性流体这种假定的溶解方面,我想提出一些看法。我认为,我并没有歪曲作者的思想,这可由下面的引文看出来。[①] "当不同气体混合时,如果这种作用局限于这样一种'溶解',人们就观察不到由于混合而产生的温度或体积的变化。于是人们就能得出结论,这两种气体相互作用不能产生任何凝缩现象,它不能克服弹性力或对热素的亲和力。因此,每一种气体的性质不发生明显的变化。""虽然两种气体的溶解和化合都是化学作用的结果,只是在强度上不同,但它们之间仍然可能有着真正的区别,因为两者的结果有着实质性的差异:两种气体化合总是体积凝缩,并出现新的性质;当溶解时,各气体则共同分担由于压缩和温度所引起的变化,并保持它们的独特的性质,这些性质的减弱仅与把它们维系在一起的微小作用力成比例。"(第198页)"因此,气体间的相互亲和力能够在它们之间产生一种效应,超过它们比重的差额,但这种效应比属于它们每个分子的弹性张力弱。所以,这种作用不能使体积变化;液体在取得弹性状态后,也就同气体行为一样了。"(第218页)"必须把溶解与化合区别开来,不仅是因为溶解时保持每一物质的亲和力很弱,使它可以保持它的容积。"第(219页)还有,"无可置疑的是,弹性流体各部分并不具有结合力,因为被它们溶解的物质要发生均匀的分布,除掉依靠相互间化学吸引,这是不能发生的,这种化学吸引就构成了结合力。"(《对于化学亲和力定律的研究》英译本第51页)。我认为,译者在这里把英语的习惯用语用错了。作者意思是说,弹性流体各部分是具有结合力的;但他只把这一点运用于不同质点之间,他肯定地没有认为均匀弹性流体的质点之间拥有结合力。

牛顿曾经根据压缩和膨胀现象证明弹性流体是由质点所构成,这些质点相互排斥着,其作用力随着它们的中心间距离的减小而成比例地加大。换句话说,在弹性流体的规律继续保持正确的范围内,力与距离成反比这一推论是继续有效的。可是所有企图在弹性流体的结构方面作出推理或建立理论的人,竟没有充分了解这条不可改变的规律。在他们开始任何新的计划的时候经常地把它纳入他们的观点中去,这是多么可惜啊!当我们仔细考虑一种氢氧混合物时,伯索累所设想的是不是按照牛顿的规律互相排斥的质点呢?混合物必然是由这些质点组成的,他应该一开始就告诉我们,在他的溶液中质点的统一体(unity)是由什么构成的。如果他承认每个氧质点保持其统一体,每个氢质点也是这样,那么我们一定会得出结论,两个氧质点间的相互作用同一个氧质点与一个氢质点间的相互作用相同,即按照上述规律产生排斥,这就有效地推翻了溶解是由于化学作用的假说。但是如果我们假定每个质点氢与一个质点氧联结起来,两个质点结合成一个,并由此产生了排斥力,那么这个新弹性流体的行为就可能完全符合牛顿定律,在这种情况下,如果在混合物中氢和氧的质点数是相等的,或最少是成某种简单整数的比例,例如1:2、1:3等等,就可能产生真正的饱和。类似这样的情况,在形成真正化合物时,实

---

① 以下3处引文,作者给出了页码,但没有指明出自哪本著作,从上下文看,似乎是指本书第55页提到的《化学静力学》(1804)。——译者注。

际上是发生的,例如水汽和由氧气与亚硝气形成的硝酸。这里我们得出的是新的气体,其原子按照通常的规律排斥着,有热放出,体积缩小很多,新的流体在化学行为方面不同于它们的组分。现在剩下来的是要确定,在溶解的情况下是否所有这些效应都在"微弱"程度上发生,就是说,它的程度是这样地微小以致不易被察觉。当然这只有高度运用想象力才能予以肯定。

在这个问题上所以会采用各种不同的理论,有一个重要原因是来自水的蒸发现象。水是怎样被提升到大气中并保留在里面呢?有人说,它不可能以蒸汽状态存在,因为压力太大了;所以必定有一个真正的化学溶解过程发生。但是如果我们考虑到水的表面所承受的压力是 30 英寸汞柱,另外,在这些水质点自身间还有明显的亲和力存在,那么大气对水极微的亲和力怎能克服这两种力量呢?我认为这个假说,虽然其首要目的正是为了说明这种现象,是完全不能用来说明问题的。此外,如果一个水的质点依附于一个空气质点,有什么理由认为一个较高的空气质点会使一个较低的质点丧失其性质呢?要知道,每一个质点的能力都是相同的。如果有一份食盐溶解于水,并加入少量盐酸,有什么理由认为加进去的酸会把本来已经和苏打化合的酸取代出来,而蒸发后得到的盐,其中所含盐酸和原来的不完全相同呢?或者如果氧气被水束缚住,有什么理由去设想水中的氢是经常地把氧交出给空气,又从空气获得同量的氧呢?或者有人要说,空气溶解水并不是一个质点对一个质点的作用,而是大量质点对另外一些大量质点的作用;即由于大气中全体原子对水的作用使一个质点升起来的。但是由于所有这些能力都是相互的,水必定对空气有同样的作用,于是水面上大气向下压的力将比它自身重量还要大,而这是与经验相违背的。

如果两体积氢和一体积氧相混合,用电火花点火,全部转变为蒸汽,这时如果压力增强,蒸汽就要转变为水。最可能是两体积氢所含质点数目与一体积氧所含的一样多。那么,如果三体积氢和一体积氧相混合,而这种微小的亲和力照常起作用,那么这种结合将怎样实现呢?按照平均分配原理,每个氧原子应与一个半氢原子相结合,但这是不可能的。于是半数氧原子必定是各与两个氢原子结合,而其他一半则各与一个氢原子结合。但这样一来,后者的比重就应该比前者小,应该存在于溶液的上部,可是这种情况在任何场合下都没有发现过。

还可以用更多的理由说明这种气体互溶学说的荒谬,及其不足以说明任何现象。诚然,如果我不是认为可尊敬的权威对这个学说的信任似乎超过那些从物理原理推导出来的任何其他论据,我也不会花费这许多工夫去讨论它了。

汤姆森博士在他的《化学体系》第三版中讨论了混合气体的问题。他似乎极其敏锐地领会我在这些问题观点上的优点和缺点。他没有像伯索累那样下结论说,按照我的假说,"当水汽和醚蒸气与空气混合时,体积将不会发生任何膨胀",而这正是一个普遍的反对意见。然而这位先生却提出另一个反对意见,这表明他并没有完全懂得我的假说的机理。在第 3 卷第 448 页,他说,根据流体静力学原理,"流体中每一个质点承受着全部压力。我不理解,为什么甚至在假定道尔顿假说很可靠的情况下,这个原理却不能成立了"。对于这一点我认为,在任何混合气体中,平衡一旦达成,气体每一质点所受的压力就像只来自周围与它同类的质点。理论的主要特点正是在于拒绝承认那一条流体静力学原理。大气中最下面的氧原子只承受它上面的氧原子的重量,而不承受其他的重量。因此,气体的每一个质点在任何方向上都受到同样的压力,但是这压力只是来自同一类质点,这就是我相信的一条准则。诚然,当一体积氧与一体积氢放在一起时,在两者表面接触的那一瞬间,每一气体的质点都以其全力压向另一气体的质点;但是这两种气体逐渐混合起来,每个质点所要承受的力就要成比例地减小,直到最后,这种力的大小与原气体体积扩大一倍时一样。这种力的大小是与空间大小的立方根成反比;即是说,膨胀前后力的大小的比值是 $\sqrt[3]{2}:1$,或近似地为 $1.26:1$。在刚才提到的混合物中,普通的假说认为每一质点的压力是 1.26;而我的假说却认为只是 1,但两种气体对容器或任何表面压力之和从两种假说来看都是相同的。

除去上面提到的反对意见外,汤姆森博士所提的其他反对意见则是不能这样轻易地予以排除的。他注意到,正如伯索累所已经注意到的,要使两种气体完全相互扩散是需要相当长一段时间的,他认为这事实与一种气体对另一种气体就像真空一样这个假设不符合。他进而提出反对意见说,如果不同气体的质点相互间是非弹性的,那么当一个氧的质点与一个氢的质点实际上相接触时应能与它化合,而形成一个水的质点;但是,另一方面,他说得对,在有些情况下,例如氧与氧化氮能很容易地化合起来,这是可用来支持这假说的一个论据。汤姆森博士还根据一个成分在初生态形式下很容易形成某些化合物这一事实提出反对意见(初生态是即将取得弹性状态时的状态);他说,这点"似乎与认为气体相互间不是弹性的这个假说不一致"。总体来看,汤姆森博士倾向于伯索累的意见,认为气体具有互相溶解的性质;并承认"尽管初看起来好像成问题,但气体不但互相排斥,同时也互相吸引"。我相信,如果他有充分的时间考虑这一结论,他早就应该和我一样,宣布它是荒谬的。但下面我们还要说到。

至于这样一种反对意见,认为一种气体进入其他气体所受到的阻力要比按照我的假说所设想的更持久,在我思考这一问题时,很早就想到这一点;我曾提出一系列理由来排除这种反对意见,但由于不得不带有数学的性质,我不打算强迫化学哲学家注意它,宁愿等到有人提出要求时再说。在其他条件相同时,任何介质对于一个物质运动的阻力取决于物体的表面,表面愈大,则阻力愈大。一个直径为 1 英寸的铅球在通过空气落下时,要遇到一定大小的阻力;但是如果把这铅球分成 1000 个直径为 $1/10$ 英寸的小铅球,并以同样速度下降,则所受阻力将增大十倍;因为重力是与任何质点直径的三次方成比例,而阻力则仅与直径的平方成比例。因此,如果增大质点在任何介质中运动时所受到的阻力,只要把它们分割即可,如果分割到最大限度,阻力也将达极大值。我们只要设想铅的质点凭自身重量而穿过空气落下,只要设想铅质点是无穷小,我们就可以想象一种气体进入另一种气体的阻力,如果允许我这样表达的话。在这种情况下我们发现有很大阻力存在,但我认为没有一个人会说,空气和铅相互间是有弹性的。

对于汤姆森博士其他两条反对意见现在我暂不考虑。

默里先生最近出版了一本《化学体系》,在这本书中,他很清晰地描述了大气和其他类似的气体的混合物的现象。他认真地讨论了人们就这问题提出的各种不同理论。对我的理论他提出了明确的看法。他认为,这个理论很新颖,能很好地解释某些现象。但总的看来,他对他所采用的各点并不同样感到满意。我的假说认为在任何混合气体中几种气体的弹性是彼此无关的。对于这种机理他是不反对的,但他表示,这现象并不需要一个特别的假说来说明。更突出的是,他不赞成用我的理论解释蒸发现象。

默里先生理论的主要特点,而这点他认为是区别于我的理论的是:"如果混合气体在任一条件下都能化合,那么它们之间必定恒有吸引力作用着。"没有必要去列举各种论据来支持这个结论,因为它是无可辩驳的。默里先生在大气的结构方面宣称他的看法:"在这些气体之间有化学吸引存在,但如果这些气体只是混合在一起,这种化学吸引是不能把这些由于热素排斥力量而分开一定距离的质点紧密结合在一起的。但它仍可起作用阻止它们的分离;或者说,这些质点可以由附着力保持在混合物中,在许多物体表面上产生的附着力以相当大的力使这些质点保持接触。"他详细地用大量观察资料支持这些观点,并且重复了伯索累的某些资料。在前面我们已经看到,伯索累在这个问题上的学说与此几乎相同。

在我们对这些原理进行批评以前,最好先把第一个原理稍加扩充并采用它作为准则:"在纯气体质点之间,由于它们在任何条件下都能够结合,必定始终有一种吸引力存在。"对水蒸气这样一个纯弹性流体的例子来说,默里先生肯定是无法否认这一点的。我们已知水蒸气的质点在一定条件下是能够结合的。可不能说,蒸汽和永久气体不同;因为他刚刚说过"气体和蒸汽之间的区别仅是相对的,仅是由于它们形成时的温度不同所引起,而当它们处在某一状态时,这种状态对每一物质都是完全相同的"。在水汽中是否有质点间的吸引力起作用阻止它们分离呢?没有。它们在气态中所表现的吸引力一点也不比同数目氧质点所表现的多。那么结论是什么呢?那就是:尽管我们必须承认,所有物体,在任何时候,在各种条件下,是互相吸引的;然而在某些条件下,它们同样地被一种排斥的力量作用着;唯一有效的推动力是这两种力的差值。

由于气体在相互混合时不发生任何显著的体积减小的现象,化学亲和力功能论的拥护者认为这是一种"微弱的作用""一种微弱的相互作用";迄今为止,我认为他们是始终是一致的;但是当我们听说,这种亲和力是这样的大,以致能够阻止弹性质点互相分离,我认为不应该说它是弱的。假如这个亲和力对212℃的蒸气起作用,而且吸引力变得和排斥力相等,则任何一个质点所施的力就一定要与4 896英尺水柱高的重量相等(参看第52页)。

多少有些令人惊讶的是,那些有时能够起化合反应的气体,例如氮和氧,和那些从来没有被发现过能够化合的气体,例如氢和碳酸,在相互溶解的时候竟然同样地容易,不,这后一对所发挥的溶解力比前者还更有效;因为氢能够把碳酸从任何容器底部引向顶部,虽然后者的比重是前者的20倍。人们可能会认为蒸汽质点之间的附着力比氢和碳酸混合物的附着力大。但对这些困难进行解释正是采纳气体互溶理论的人们的任务。

在一种每8个氧质点就有一个氢质点的混合物中,可以证明,平均起来,氢质点的距离比氧质点间的距离大一倍。设想相邻的氢质点的中心距离用12表示,请问任何一个氢质点和一个或多个通过微弱化学结合力与它联结的氧质点的中心距离应是多少?如果那些懂得并继续相信化学溶解学说的人们能够说出他们认为这应该是多大,那就好了;这将使那些想要学习的人对该体系得到一个清晰的概念,并使那些不同意它的人能够更精确地指出缺点所在。在上例中最大可能的中心距离是8.5,最小的或许是1。伯索累竭力反对我在这个问题上为了说明我的观点所作的图解,但他却没有给出任何明确的、关于不同质点间排列情况的说明,无论是用文字还是用其他方式,而只是认为,这是由于亲和力很弱,所以流体的混合物保持其容积不变。但是当面对巨大优势的排斥力时,这样微弱的亲和力能够起什么作用呢?

在讨论与蒸汽相混合的气体的学说时,默里先生似乎对在真空中蒸汽的量与空气中一样这个事实的精确度提出问题,虽然他并没有试图去确定在哪一种情况下蒸汽的含量较多。这无疑是机械理论和化学理论的试金石;我认为任何人只要承认这一事实是正确的,一定就不可避免地采取机械理论。然而,伯索累尽管根据他自身的经验确信这一事实是无可辩驳的,可是他却力图把它与对立的化学理论调和起来;这究竟能取得什么成就,只能由别人来评定。默里先生与伯索累一起谴责我所持的见解,即如果大气突然地消失了,地球上的水蒸气的分量也不会比现在的多多少,他们认为这是胡说八道。对于这一点我只想指出,如果他们当中哪一位愿意根据他们的假说计算或者粗略地估计在上述假定下地球周围可能聚集着的水蒸气的分量,我将乐意就这个问题与他们作更详细的讨论。

在1802年,亨利博士公布过一个很奇妙而重要的发现,发表在《哲学会报》上;这就是:水所吸收的气体的量与水表面上该气体的压力成正比。在这以前,我曾研究过大气中所含碳酸的量;我感到诧异的是:石灰水能够很快地证明空气中碳酸的存在,可是无论水暴露在空气中多长时间,一点也不能显示出碳酸的迹象。我曾认为延长时间会弥补亲和力很弱的缺陷。在继续研究这个问题的时候,我发现水所吸收酸的量与水面上混合气体中碳酸的密度大小成比例,因此,我对于水从大气中只吸收这样极微量的碳酸是不再感到诧异了。然而在亨利博士公布他的发现以前,我从来没有怀疑过这个定律可以普遍地适宜于各种气体。紧接着他的发现的公布,我就感到,为了确定一定体积水所能吸收任何气体的量,有必要仔细地考查气体究竟是否完全纯粹,即不混有任何其他气体;否则就不能产生一定压力下最大效果。我向亨利博士提出这个建议,并认为这是正确的;因此感到需要把他有关一定压力下气体吸收量的某些实验重新做过。在适当地考虑了所有这些现象以后,亨利博士相信,我对气体体系所采用的解决办法是最简单、最方便和最容易了解的,即在任何混合物中每一气体都有一特殊的压力,如果其他气体除去,压力仍保持不变。在《尼科尔森杂志》第8卷中可看到他给我的一封信,在这封信中他明确地列举他支持我这个理论的理由。高夫先生在第9卷中发表一封信,提出一些批评,亨利博士随即给以确当的答复。

在《尼科尔森杂志》第8、9、10卷中以及在《曼彻斯特学会纪要》新系列第1卷中高夫先生对我有关混合物气体的学说提出一些批评,同时提出他对同一问题的一些看法。高夫先生认为大气是气体、蒸汽的化合物。他主要是根据对于某些湿度现象的观察相信这一点的,例如他观察到,在某些情况下空气可以从一些物体吸收湿气,而在另外一些情况下却把湿气再还给它们,这表示空气对水表现有亲和力,又可被另一个更为强大的亲和力所克服。默里先生认为这种见解是从哈利博士(Dr. Halley)那里得来的;它得到勒·鲁瓦(Le Roy)、汉密尔顿(Hamilton)及富兰克林(Franklin)的支持。在1783年索热尔发表论测湿法的著名论文,提出水是先变成蒸汽,再以这种状态溶入空气的见解以前,这种见解可以认为是占优势的。索热尔这种两阶段理论虽然指出别的理论不牢靠,但并没有使任何人改变其原来主张而相信它。最后,在1791年,水在溶液中形成化学溶液的理论受到致命的打击。在这一年,皮克特(Picter)发表论火的论文,特别是在1792年,德·卢克在《哲学学报》中发表了论蒸发的论文。他们证明,所有这些一系列的湿度现象在真空中也都能同样地发生,并且,如果要有同量的湿气存在,在真空中只有比在空气中发生更快一些。任何种类或密度的空气所产生的影响只是阻止这个效应;但到最后,结果还是相同的。

高夫先生所提出的唯一的反对意见使我感到困难的,是关于声音的传播:如果大气主要是由两种不同的弹性媒介所组成的,那么势必认为远方声音应能听到两次;这就是说,同一个声音,因为它既可被这一个也可被另一个大气所传播,所以人们就会听到两次。通过计算,我发现,如果在氮的大气中,声音运动的速度是1000英尺/秒,它在其他气体中运动速度应为:

声音在氮气中运动　　1000英尺/秒

声音在氧气中运动　　930英尺/秒

声音在碳酸中运动　　804英尺/秒

声音在水蒸气中运动　1175英尺/秒

按照这个表,如果一个强而高的声音发生在13英里远处,那么,首先人们应该在59秒时听到水蒸气大气所传播的微弱的声音,第二次在68.5秒时所听到最强的声音,由氮气大气所传播。第三次声音弱得多,第四次即最后一次在85秒时听到的则是由碳酸大气所传播的最微弱的声音。现在在这方面的观察虽然并不与理论完全一致,但是它与该理论接近的程度可能并不亚于它与高夫先生所主张的大气是更简单的组成的理论的接近程度。德勒姆(Derham)或许曾对远方声音作过最多次数的精密观察。他注意到,在离他13英里处发射大炮发出的声音在他听来并不是一个简单的声音,而是一个紧接着一个的5到6次的声音。"起先两次爆炸声比第三次高,但最后一次爆炸声比任何次都高。"卡瓦里(cavallo)在他的实验哲学中引用了上述规则,进一步提出:"声音这样地重复着,或许是因为离大炮不远处有山,房屋或其他障碍物把单一声音反射的缘故。但由一般的观测可知,当回声现象没有可能发生时,10或20英里处大炮发出的声音与近处发出的不同。在后一情况下,爆炸声是高的,并且是瞬时的,我们不能估计其高度。而在前一情况下,即是说,在远距离,声音是沉重的,可与确定的音乐的音调相比;它不是瞬时的,开始时,它是柔和的,逐渐升高到最高音,然后在轰鸣中消逝。雷鸣时可观测到几乎相同的情况,其他声音也同样地随着距离的增大而改变其音质。"(第2卷,第331页)

现在我要对混合气体问题说明我的最新见解,这与我最初提出的内容有些不同,因为新的经验已发射出新的光芒。在深入探讨弹性流体的性质时,我随即发现,有必要在可能时,确定不同气体的原子或终极质点的大小或体积在同样温度压力的条件下是否相同。我这里所说一个终极质点的大小或体积是指它在纯弹性流体状态时所占有的空间;在这个意义上,一个质点的容积是表示想象中不可穿透的核与包围它的排斥性的热的气氛所共同占有的体积。在我形成混合气体的理论时,我与很多人一样,观点是模糊的。在那时,我认为气体的质点都有同样的大小;一定体积的氧气所含质点数与同体积氮气相同;如果不是这样,我们就没有数据来解决这个问题。但是我相信,不同气体的质点的大小应该不同。下面所述,在某些相反理由出现以前,可以作为准则。这就是:

每种纯气体的质点都是球形的,其大小相同;但在相同的温度和压力下,没有两种气体质点的大小是相同的。

我对另一点曾有所怀疑,热究竟是不是排斥的原因。我曾倾向于把排斥的原因归之为一个类似磁性的力,只对一种物质起作用,对另一种物质不起作用。因为,如果热是排斥的原因,没有理由说明为什么一个氧质点不能用排斥自己一个质点相同的力排斥一个氢质点,特别是如果它们是同样大小的话。经过慎重的考虑,我却找不到充足的理由把公认的将排斥归之于热的见解抛弃掉。并且我认为混合气体的现象仍可用排斥来解释,而不必采用它们的质点相互之间是非弹性的这种假设解释。这样,就可避免前面所提到的我所不曾回答的一些反对意见。

当我们考虑大量纯弹性流体中球状质点是怎样排列的时候,我们认为这种排列一定是和一个方形的弹丸堆相似;这些质点一定是排列成水平层,每四个形成一个正方形,上层每一个质点位于下面质点之上,它与四个质点的接触点在水平面上面45°,该水平面就是通过四个质点中心的一个平面。由于这个原因,在整个气体内部压力是稳定而均匀的。但是如果在任何容器中有一容量某种气体被移向另一种气体,那么一种大小的弹性质点的表面将要在另一种大小的弹性质点的同样大小的表面相接触。在这种情况下,不同质点间的接触一定在40°到90°之间任何角度变化着。由于这种不平均性,必然产生一种内部运动,一种质点必然被推到其他质点中间去。这是两种弹性表面不能保持平衡的原因。这种原因将一直持续下去。由于它们大小不同,一种质点不可能正好适合于另一种质点。因此,在不同质点之间就不能达到平衡。所以内部运动必然会继续下去,直到质点到达容器的对面表面,使这些质点能够稳定地安置在容器表面的任何点上。最后,当每一种气体均匀地扩散到另一种气体中去时,平衡就达到了。在外界大气中,直到质点升高到被其自身的重量所限制,才能在上述情况下达到平衡;这就是说,直到它们形成一种独特的大气。

值得注意的是,虽然相同容量的两种气体这样地相互扩散,并且承受的压力不变,与大气压力一样,而在混合后每一质点所受的压力却比混合前小。这就指出了扩散的主动因素;因为,流体的质点总是倾向于向压力最小的位置移动。这样,在同量氢与氧形成的混合物中,设在混合前每一质点所受的共同压力是1,那么在混合后,气体的密度变为原来的一半时,每一质点所受的压力将为$\sqrt[3]{1/2}$,即0.794。

这种关于混合气体的结构的观点和我以往的观点在下列两个特点上是符合的。这两个特点我认为对任何有关这一问题的理论都是不可缺少的。有了它们,这理论才有可能被认为是正确的。

第一,气体互相扩散是由同类质点间的排斥所引起的;或者说,是由那种恒能使气体发生膨胀的强有力的因素所引起的。

第二,如果任何两种或多种混合气体达到平衡,则每种气体对器壁或任何液面的弹性能力,和只有这种气体存在并且占有全部空间而其他气体都被抽去时完全相同。

在其他方面,我认为后一个观点与现象更加符合,并能排除汤姆森博士所提出的对前一个观点的反对意见;特别是关于这样的疑问：为什么混合气体已知其在某种情况下能化合,而在其他情况下却总是不能化合;为什么任何气体在其初生态中比其已取得弹性形式后更容易化合。它也能清楚地说明一种气体对另一种气体的进入所表现出的这种强大而持久的阻力的原因。

关于蒸汽仍然有一个困难问题存在,这困难是前面哪一个观点都不能完全排除掉的:虽然按照任一个假设,只要温度许可,蒸汽可以在大气中存在下去,并且除由自身质点产生的压力外不承受任何更大的压力,好像其他气体都不存在一样。然而人们仍会这样想,蒸汽是怎样从承受大气压力的水面上升起来的呢? 蒸汽的弹性力只有半英寸汞柱高,它怎样能对抗 30 英寸汞柱的重量而离开水面呢? 这种困难对所有水在空气中溶解的理论几乎都会遇到。所以不管采用什么见解,任何人都要重点设法解决这个困难。化学溶液理论解释得很差;因为空气对于蒸汽的亲和力恒被说成是弱的,可是它却足以克服与大气重量相同的一种强大的压力。我曾在另外场合《曼彻斯特学会纪要》第 1 卷,新系列第 284 页,努力说明我自己对这个问题的看法。我认为任何液体不到 10 个或 12 个质点层次的深度,每一个垂直柱所受的压力就趋于均匀了;在最高层中几个质点实际不是只受到很小的压力。

第三节 论液体的构造及液体和弹性流体间的力学关系

液体或非弹性流体可以定义为一种物体:只要施以很小的影响就可使其流动,其一部分很容易在另一部分上面移动。这个定义作为在流体静力学意义上考虑液体已经是足够的了,但是在化学意义上则不够。严格说来,没有任何东西是非弹性的;如果热是弹性的根源,则所有含热的物体一定都具有弹性,但是我们只把弹性这个词用于压缩性质很显著的液体。水是液体或非弹性流体,但是如果用很大的力去压它,它也会压缩一些。而当压力去掉时,它又会恢复其原来的体积。我们感谢坎顿先生(Mr. Canton)做了一系列实验,阐明了几种液体的压缩性。他发现,水在大气压力下其体积大约减少 1/21740。

当我们考虑到水来源于蒸汽,我们对水的压缩性非常小就没有理由感到惊讶了,如果水没有这种性能倒奇怪了。蒸汽在 212°时的力等于大气压力,当它被压缩一千五百倍或一千八百倍时该有多么巨大的力啊! 我们知道,蒸汽的质点,当其变为水时,仍然保持绝大部分的热。难道这时它对压缩力不应该具有强大的抵抗力吗? 事实是,水和其他液体一样,一定要看作处于吸引与排斥两种最强大的力量的控制之下,这两种力量则处于平衡状态。如果加上任何压力,水的确是压缩了,但是就像一个很强的弹簧在卷绕得差不多最紧时仍然可以压缩一样。当我们企图把一部分液体和另一部分分开时,情况就不同了。这时吸引是对抗的力量,而这种力量是被热的排斥所平衡的,只要用适当的力就足够使它们分开了。但是即使在这里,我们也觉察出吸引力的存在,是作为质点间明显的结合力而存在的。这种情况是出于什么原因呢? 看来似乎是,当两个蒸汽的质点结合形成水时,它们是取适当的位置使两种相反的力达到一种完全平衡;但是如果有任何外力介入,要把这两个分子分开微小的距离,排斥力将比吸引力减少得更快,结果吸引力就占优势,而这就是外力所必须克服的。如果情况不是这样,那么为什么它们在最初,或在形成水时,能从较大的距离转入较小的距离呢?

关于在水或任何其他液体的聚集体内质点的配置和排列,我曾经说过,多半是和空气中的情况不同。看来这种排列不大可能用液体受热膨胀的现象来解释。如果我们规定在所有温度下液体质点的排列都一样,膨胀定律是无法解释的,因为如果情况是这样,我们就无法避免得出这样结论,即随着加热,膨胀将逐渐地进行,像空气一样,这样就不会看到像在某一温度下膨胀停止的现象了。

液体与气体的相互压力

当一种弹性流体被限制在某些材料,如木头、陶器等容器时,将发现它同外界空气只是缓慢地交流,直至完全混合。无疑这是由于这些容器有气孔使流体透过而引起的。其他容器,如金属、玻璃等容器则是最大限度地把空气完全限制在里面,因为它们是不可能有气孔的,或者更确切地说,它们的气孔太小,以致空气不能通过。我相信还没有发现一种容器能透过一种气体而不让另一种气体通过;而这样容器却是实用化学中迫切需要的东西。所有的气体,正如我们预料的那样,似乎都是多孔的,因而它们只能极其短暂地相互限制。液体在这方面是怎样的呢? 它们在限制弹性流体的能力方面是不是类似玻璃、陶器或气体呢? 它们对所有气体都是一样,还是限制一些气体,而让另一些气体透过呢? 这些都是重要的问题,我们将不是一下子就能回答,而是一定要耐心地观察事实。

在我们进行观察以前,如果有可能,必须制定一条规律,用以区别一种液体对一种弹性流体的化学作用和力学作用。我想下面这种说法是不大会有理由反对的:当一种弹性流体与一种液体保持接触时,如果在弹性流体的弹性方面,以及在任何其他性质方面发现有变化,则此相互作用一定要叫作化学的;但是如果在气体的弹性或任何其他性质方面都看不出变化,那么二者的相互作用就一定要叫作完全力学的。

如果把一些石灰放在水里,加以搅动,在静置足够长时间后,石灰就下沉,留下澄清的水;但是水却获得了一小部分石灰,并永远保留着,与比重定律相反。为什么呢? 因为这部分石灰被水溶解了。如果在水里加入一些空气并加以搅动,在静置足够时间后,空气就上升至水的表面,剩下澄清的水;但是水却永远保留一部分空气,与比重定律相反。为什么呢? 因为这小部分空气被水溶解了。到此为止,这两个解释都是同样满意的。但是如果我们把这两份水放在空气泵的接受器下,把空气抽掉,则被水吸收的全部空气将升上来,从接受器逸出。可是石灰却仍旧留在溶液中。如果现在再提出问题,为什么空气会保留在水中呢? 回答一定是,在水表面上有一种弹性力把空气保持住。水在这里看来是不起作用的。但是,水面上的压力在其对空气的亲和力上可能有一些作用,而对石灰却没有。让我们把空气从两份水的表面上抽去,并引入其他种类气体而不减轻压力。这时石灰水不发生变化,而空气却从水中逃出,就像在真空中一样。从这个事实看来,空气与水的关系变得更加复杂了。在第一种情况里,空气似被水的吸引所保持着;在第二种情况里,水似乎不发生关系;在第三种情况里,水好像对空气是排斥的。可是所有这三种情况,都是同样的空气与同样的水作用。根据这些事实,似乎有理由在空气与水相互作用这个问题上保持三种意见：即水吸引空气，水不吸引空气，以及水排斥空气，其中一定有一个是正确的。但是我们一定不要草率决定。普里斯特利博士（Dr. Priestley）一度设想，一个多孔陶甄的黏土，在其红热时，"能够暂时地把在陶甄外面和它接触的任何气态空气消灭掉；这时，空气通过和一部分黏土结合到和另一部分结合而被传递着，直至到达甄的内部"。但是他很快就放弃这样一个不恰当的看法。

从亨利博士和我自己新近的实验中似乎有理由得出结论，一已知体积的水吸引下面几种气体的体积分别如下：

被吸收气体的体积		被吸收气体的体积	
$1=1$	碳酸	$1=1$	硫化氢
$1=1$	氧化亚氮	$\frac{1}{8}=0.125$	油生气
$\frac{1}{27}=0.037$	氧气	$\frac{1}{27}=0.037$	亚硝气
$\frac{1}{27}=0.037$	碳化氢	$\frac{1}{27}=0.037$	氧化碳？
$\frac{1}{64}=0.0156$	氮气	$\frac{1}{64}=0.0156$	氢气
$\frac{1}{64}=0.0156$	氧化碳？		

这些分数为 $\frac{1}{1}$，$\frac{1}{2}$，$\frac{1}{3}$，$\frac{1}{4}$ 的立方，它表示气体质点在水中的距离总是在外面距离的相同倍数。

在两种或更多气体的混合物中，这个规则同它们单独存在时同样适用；这就是说，每种吸收的量就像它单独存在时一样。

由于在给定体积中任何气体的量是随压力和温度的改变而变化的，人们很自然会问，在这些条件下气体的吸收是否会发生变化呢？这点亨利博士的实验已经予以解决了。他确定，如果外面气体压缩或稀薄到什么程度，则吸收的气体也压缩或稀薄到什么程度。所以上面给出的被吸收的比例是无条件的。

一个值得注意的事实我们已经揭示出来，即一种气体不能把另一种气体保持在水中。的确，它不是像在真空中那样立刻逃掉，而是像碳酸那样从通向外面的洞底逐渐地逃到大气中。

现在剩下来的就是决定水与上述气体之间的关系是属于化学性质还是属于力学性质。从刚才所说的事实看来，很明显，碳酸和第一类其他两种气体的弹性是一点不受水的影响的。不管水的存在与否，它都确定地保持相同的力。就我所知，所有这些气体，不管它们单独存在还是同水混在一起，它们的其他性质也都保持不变。因此，如果我们遵照上面制定的定律，我想，我们一定会宣称，这些气体与水的作用是力学的。

当把这三种气体中任何一种的一部分送到水面上直径为 3/10 英寸的量气管上面时，会发生一种奇怪而具有启发性的现象：这时水上升并以相当大的速度吸收气体。如果把一小部分普通空气迅速地送上去，它会上升到另一种气体上面，通常短暂地被一层水的薄膜所分开，一旦这两种空气进入以上位置，水就立即停止上升。但是水膜却以很大速度上升，使下面的空间增大，而上面的空间则相应地减小，直至最后水膜破裂。这种现象似乎表示薄膜是一种滤网，这些气体能够顺利地通过，而普通空气却不能。

在其他气体中非常值得注意的是,它们在水中的密度却正好使质点的距离为外面时的 2、3 或 4 倍。油生气质点在水中的距离正好是外面的两倍,这是从密度为 1/8 推出来的。氧气等的距离为 3 倍,硫化氢等为 4 倍。这的确很奇怪,值得进一步研究。但是现在我们只需要确定这些普遍现象是表示其关系为化学的还是为力学的。不管怎样,看来在任何情况下任何一种气体的弹性都是不受影响的。如果水取得其体积 1/27 的任何气体,被吸收的气体就产生相当于外面气体的弹性的 1/27。当然,在压力取消时,或在引入外来的气体而这种气体又敌不过,它就会从水中逃掉。就我们所知,气体的所有其他性质都继续保持不变。例如,如果使亚硝气进入含有氧气的水中,这两种气体肯定会化合;但在这以后,水仍照原来一样吸收其体积的 1/27 的亚硝气,就像它们不曾化合时一样。于是看来很明显,这种关系是一种力学的关系。[①]

碳酸气在最初用其全力压在水上面;经过短时间后它部分地进入水内,这时进入水中这部分的反作用有助于维持压在上面的大气。最后,气体完全在水中扩散,使得里面的压力同外面的一样。在水中的气体这时只对容器施加压力,并反抗压在上面的气体。于是水不受到无论是来自里面还是来自外面的气体的压力。在油田气中水的表面张力维持着压力的 7/8,在氧气等情况下为 26/27,而在氢气等情况下为 63/64。

当把任何气体限制在气槽中水面上容器内,使其通过水的介质而与大气相通,则该气体一定是不断地由水过滤而进入大气。而大气则反方向地由水过滤而进入容器以填补其地位,从而在适当时间内使容器中空气变成大气,这是许多化学家所已经试验过的。水在这方面就像一个陶制的甑,它同时让气体进出。

很难提出一个理由来说明为什么水能让碳酸等气体这样容易透过,而对其他气体则不然;以及为什么在其他气体中能够观察到这些差别。密度 1/8、1/27 和 1/64 都最明显

---

① 汤姆森博士和默里先生都曾经写过许多东西为这样的观点辩护,即所有气体都同水结合,水对所有气体都有或多或少的化学亲和力,通过亲和力发生了一种真正的结合。这种亲和力被认为属于轻微的一类,或者说,它保持所有气体在溶解状态,一种气体和另一种没有任何区分。与此相反的学说是在我"论水对气体的吸收"(《曼彻斯特学会纪要》,新系列第 1 卷)这篇论文里最先提出的。在这篇论文发表以前,亨利博士根据自己的实验相信气体和水的关系属于一种力学的性质,他在《尼科尔森杂志》的第 8 卷和第 9 卷中写了两篇文章。在这些文章里,他的论点是清楚的,而且,我认为,是无可辩驳地提出来的。我不想过多地讨论这些先生们所采用的论点。汤姆森博士的主要论点似乎是,"水吸收每种气体的量是正好使被吸收质点之间的排斥与水对它们的亲和力达到平衡"。然后他推断出,碳酸对水的亲和力差不多抵消了它的弹性,而油田气对水的亲和力则等于它的弹性的一半,氧的亲和力为 1/3,氮为 1/4,等等。于是,如果一个水的质点用一种类似排斥的力来吸引一个碳酸的质点,它一定是随着距离的减少而增加;如果是这样,这两个质点在任何距离一定都处于平衡,如果把任何其他力加到气体质点上,把它推向水,这两个质点一定结合起来,或者发生最紧密的接触。因此,我就由汤姆森博士的原理推断出,每个水的质点获得一个酸的质点,其结果将是 1 磅水差不多与 2½ 磅碳酸结合。默里先生也提到许多他认为是违反力学假设的情况。举例说,已知一些酸和碱的气体大量被水吸收,无疑是由于亲和力;因此,吸收较少的气体一定也是处于相同影响之下,只是程度上小一些。"要想指出哪里吸收可认为是纯粹力学作用和哪里必须认为亲和力发挥作用的界线将是不可能的。"可是,我认为没有什么比指出这种区别的精确界线再容易的了。凡是发现水能减少或消灭任何气体弹性的地方,它就是化学因素;凡是水不能做到这两点,它就是力学因素。任何人如果他从事于维持气体被水吸收的化学理论,他一开头就应该推翻亨利博士提出的下列论据:"每一种气体被水吸收的量正好遵循压力的比率;而因为从哲理上来看,同一种类的作用,虽然在程度上不同,却是由相同原因产生的,可以完全牢靠地得出结论,在被水吸收状态下每部分,甚至最微细部分的任何气体都完全是由压在上面的压力所保持的。因而在一个力学定律能够完全而满意地解释这些现象的时候,没有必要去求助于化学亲和力的定律。"

地与力学起因有关,而无论怎样也与化学起因无关。如果里边气体的密度不是由这个定律控制,就不可能发生力学平衡;但是为什么气体不完全符合某一种形式,我却想不出任何理由。

总的说来,水好像陶器一样,不能对任何种类空气形成一种完全的障碍,但是有一点它同陶器不同,陶器对所有气体可渗透性都一样,而水却让一些气体比另一些容易渗透得多。其他液体在这方面还不曾充分研究过。

水与大部分酸性气体和碱性气体的相互作用最明显地带有化学的性质,这些将在有关酸和碱的各节予以充分考虑。

第四节　论固体的构造

固体是这样一种物体,它的质点在两种巨大力量——吸引力与排斥力之间处于平衡状态,但是没有相当大的力它们质点间距离是不会发生变化的。如果我们试图用力使质点接近,热就会反抗;如果是分开,吸引力就会反抗。博斯科维奇(Boscovich)的吸引和排斥交替面的看法似乎是不必要的;只是在强迫破坏任何物体的结合时,新露出的表面在其热的大气中才一定发生这样的改变,以致不用巨大的力就不能够使各部分重新结合。

液体和固体间的主要区别可能是:热能使前者终极质点的排列图形不断地逐渐地发生变化,但它们却保持液态;可是在固体的情况下,温度改变可能只是改变其体积大小,并不改变质点的排列。

尽管固体很硬,或者质点相互间移动困难,可是有些固体通过施加适当的力,特别是在加热的情况下却能承受这种运动而不断裂。这里只需要提一下金属的延性和展性。质点在沿着彼此的表面滑动,似乎有些像一块抛光的铁放在磁铁的末端,其中质点的结合一点也没有减弱一样。结合的绝对力,物体的强度就是由其构成的,是一个具有重大实际意义的研究课题,曾经由实验求出,下面几种金属丝每种直径为 1/10 英寸在加上以下重量时正好断裂:

铅	$29\frac{1}{4}$ 磅
锡	$49\frac{1}{4}$ 磅
铜	$299\frac{1}{4}$ 磅
黄铜	360 磅
银	370 磅
铁	450 磅
金	500 磅

一块良好的栎木,一英寸见方,一码长,在中部正好能承担 230 磅。但是这样一块木头在超过以上重量的 1/3 或 1/4 的情况下,任何时候都会出毛病。同样尺寸的铁约比栎树强 10 倍。

　　人们可能会设想，强度与硬度应该是彼此成比例的；但是情况并非如此。玻璃比铁硬，然而后者却比前者强。

　　结晶向我们显示出各种复合物体终极质点的自然排列；但是我们对化学结合和分解还没有足够熟悉，因而还弄不懂这个过程的基本原理。菱形可由 4、6、8 或 9 个球状质点处于适当位置而形成，立方形由 8 个质点，三角形由 3 个、6 个或 10 个质点，六角角柱体由 7 个质点形成，等等。可能在适当时候，我们能够确定组成任何已知复合元素基本质点的数目和顺序，并根据这些来决定它在结晶时所取的图形，反之亦然；但是在我们根据其他原理发现那些原始的元素（它们化合而成一些最常见的复合元素）的数目和顺序以前，就要在这个课题上形成任何理论，似乎还嫌过早。在下章中我将努力指出这样做的方法。

第 3 章

论化学结合

任何物体,当处于气体状态时,其终极质点间的距离较之处于其他任何状态时更大些;每一质点处于一个较大的球体的中心,力图将其余质点拒于相当远处,而这些质点则因重力或其他原因而向它接近。如果我们想知道大气中质点的数目,那就好像想知道宇宙中星星的数目那样而被弄糊涂。但若缩小范围,只取某种气体的一定体积,并让这体积分割到最小,那我们可以相信,质点的数目就会是有限的,正如在宇宙中一定范围内星球的数目不会是无限的一样。

化学分解和化学合成只不过是把质点彼此分开,又把它们联合起来而已。在化学作用范围内,物质既不能创造也不能消灭。要创造一个氢原子或消灭一个氢原子,犹如向太阳系引进一颗行星,或从既有的行星中消灭掉一颗,一样的不可能。我们所能进行的一切变化无非是把处于凝聚或结合状态的质点分开,和把分开相当距离的质点联合起来。

在一切化学研究中,确定组成一种化合物的个体的相对重量,曾经合理地被认为是一个重要的目标。但不幸的是研究工作到此就终止了,而从质量的相对重量却可以导出物体的终极质点或原子的相对重量,从而再导出其他各种化合物中原子的数目和重量以帮助和指导今后的研究并校正它们的结果。

这本书的一个大目标就是要指出单质或化合物中终极质点的相对重量和组成一复合质点的简单基本质点的数目,以及形成一个更复杂的化合质点中较简单的化合质点的数目,并指出重要性和优点。

假设有两倾向于化合的物体 A 和 B,下面就是以最简单形式开始的许多可能发生的化合顺序,即:

1 个 A 原子＋1 个 B 原子＝1 个 C 原子(二元的)。

1 个 A 原子＋2 个 B 原子＝1 个 D 原子(三元的)。

2 个 A 原子＋1 个 B 原子＝1 个 E 原子(三元的)。

1 个 A 原子＋3 个 B 原子＝1 个 F 原子(四元的)。

3 个 A 原子＋1 个 B 原子＝1 个 G 原子(四元的)。

......

在所有关于化学化合的研究中,下列一整套规则可作为指导来应用:

第一,当两物体 A 和 B 只有一种化合物时,必须认为该化合物是二元的,除非某些特殊原因使之不然;

第二,当有两种化合物发现时,必须认为它们一种是二元的,一种是三元的;

第三,当发现有三种化合物时,可以认为一种是二元的,另两种是三元的;

第四,发现有四种化合物时,我们可认为,一种是二元的,两种是三元的,还有一种是四元的,等等。

第五,二元的化合物应该比二种组分的混合物重。

第六,三元的化合物应该比二元化合物和简单物质的混合物重。

第七,当两种化合物如 C 和 D,D 和 E 等化合时,上述规则亦同样适用。

从已知的化学事实出发,按这些规则,可引出下列结论:第一,水是氢和氧的二元化合物,这两种元素的原子的相对重量比接近于 1：7;第二,氨是氢和氮的二元化合物,这两种元素的原了的相对重量比接近于 1：5;第三,亚硝气是氮和氧的二元化合物,它们的原子分别重 5 与 7;硝酸按照它的制法是一种二元的或三元化合物,由一个氮原子和两个氧原子组成,重 17;亚硝酸是硝酸和亚硝气的二元化合物,重 31。氧化硝酸是硝酸和氧的二元化合物,重 26;第四,碳氧化物是二元化合物,由一个碳原子和一个氧原子组成,重 12;碳酸是一种三元(但有时是二元的)化合物,由一个碳原子和两个氧原子组成,重 19;等等。在所有这些情况中,重量是以氢原子的重量为 1 来表示的。

后面,对引出这些结论的事实和实验将详细叙述。此外,还有大量其他事实和实验,许多主要酸类、碱类、土类、金属、金属氧化物和硫化物,以及一系列中性盐类,一句话,所有迄今为止曾获得相当满意的分析的化合物,它们终极质点的组成和重量都是从这些事实和实验中引出的。其中有几种结论将为新颖的实验所支持。

由于这章书里所提到的观点新颖而且重要,我们认为在几种比较简单的情况下用图版来表示化合的方式是方便的。这些图版附在第一部分之后。迄今一直认为是简单物体的元素或原子用带有不同符号的小圆圈表示,化合物则包含有这样两个或更多的并列着的小圆圈。当 3 个或 3 个以上气体的质点结合在一起时,可设想为同样质点彼此相互排斥,从而取得一定的位置。

图版及其说明

> 化学原子论是所有化学理论中最重要的理论。
>
> —— 鲍林(L. C. Pauling,1901—1994),美国化学家,1954 年获得诺贝尔化学奖,1962 年获得诺贝尔和平奖。

> 测定原子量,这恐怕是自古以来人类要实现的一个最勇敢的创举。
>
> —— 山冈望(1892—1978),日本化学史家。

图版1

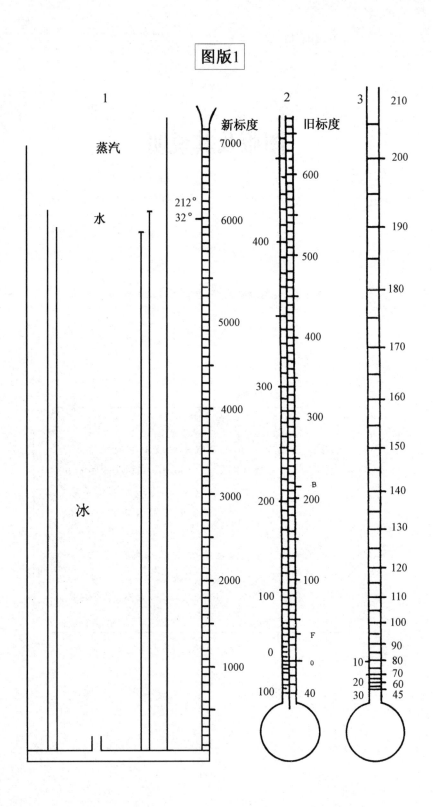

图版2

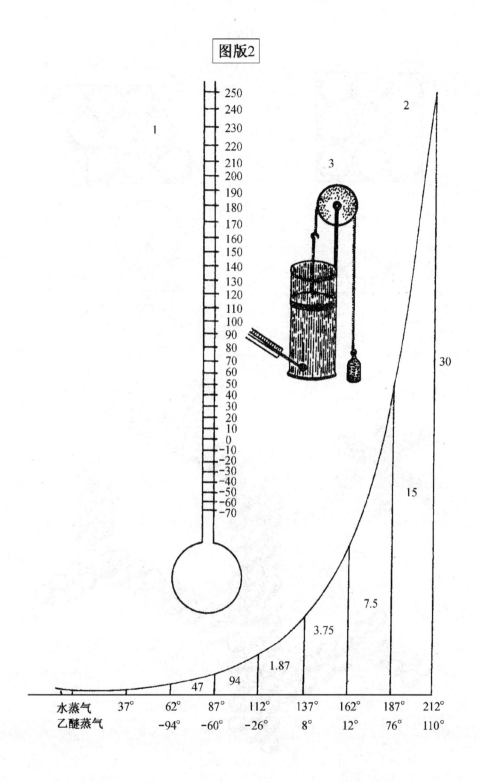

| 水蒸气 | 37° | 62° | 87° | 112° | 137° | 162° | 187° | 212° |
| 乙醚蒸气 | | -94° | -60° | -26° | 8° | 12° | 76° | 110° |

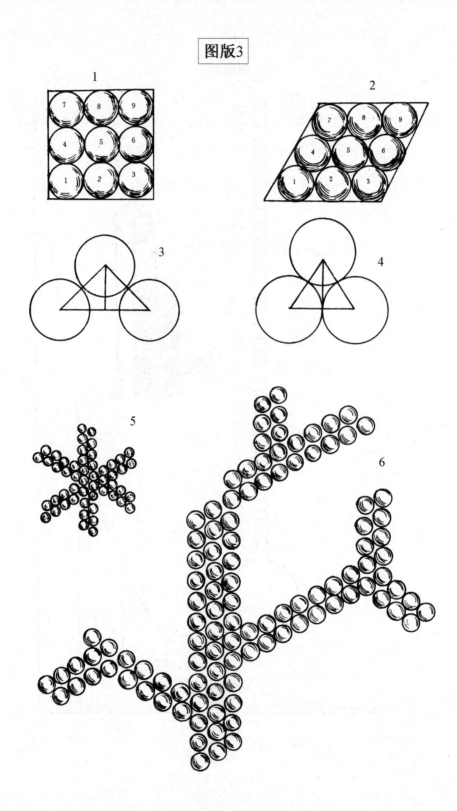

图版3

图版4

元　素

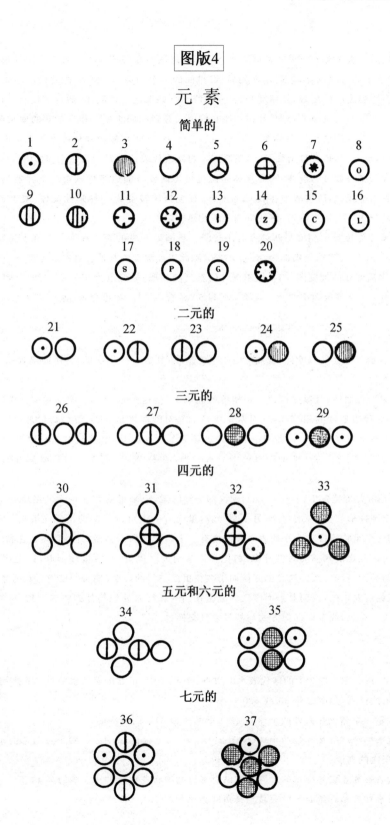

简单的

二元的

三元的

四元的

五元和六元的

七元的

图版 1.

图 1. 试图说明作者关于物体热容量这个问题的想法。参阅第 4 页。有三个圆柱形容器,一个套着一个,除掉它们的边缘以外,它们互不相通;最里面的一个与旁边一个平行的刻度的管子联结起来;假定其表示一个温度表的度数,其标度开始于绝对冷却;如果把一种液体(假定其代表热)倒入管内,它将通过底上的孔眼流入里面的容器,并在容器和管内上升到相同水平。相等的热的增长假定在这种情况下产生相等的温度的增长。当温度达到某一点(假定为 6000°),假设物体改变固态为液态,像从冰变成水,在这种情况下,其热容量增加了,并用第二个容器来代表。在看到第二个容器内液体上升以前,一定要在管里注入相当数量的液体,因为液体是流过最里面容器的边缘进入第二个容器侧面的空处的;最后液体达到水平线,然后接着发生比例的上升,直至物体转变为一种弹性流体,温度计重新静止不动。此时大部分热进入到物体内,使其呈现出新的热容量。

图 2. 水银温度计旧刻度与新刻度的比较图。参阅第 8 页的表。在两个刻度上从结冰到沸腾的水的间隔都是 180°,其两端分别标为 32°与 212°。除此以外温度的其他各点在表上都不一致。

图 3. 水温度计的刻度图,与水银温度计的新刻度相似;最低点为 45°,从 45°向上到 55°、65°、75°、等等诸间隔为 1、4、9 等等数值之比。还有,30°与 60°重合,20°与 70°重合,等等。

图版 2.

图 1. 表示一种空气温度计,或加热时空气的膨胀;其数字是华氏的,各个间隔如第 8 页表上第 7 栏所示。

图 2. 是对数曲线,其纵坐标建立在相等的间隔上,并逐渐地按 0.5 比率减少。横坐标的各个间隔,或曲线的底代表温度的相等间隔(对水蒸气是 25°,对醚蒸气是 34°),纵坐标代表水银的英寸数,其重量等于蒸气在该温度下的力。参阅第 8 页表的第 8、9 栏。因此,水蒸气在新标度 212°,与醚蒸气在 110°时等于 30 英寸水银,在 187°时蒸汽的力只有一半,或 15 英寸,而在 76°时,醚蒸气的力也是 15 英寸,等等。

图 3. 是由尤尔特先生(Mr. Ewart)建议的一种图案,用来说明我在论大气温度一节所表示的想法。它是一个圆柱形容器,一端封闭,另一端开着,里面有一个可以移动的活塞在滑动:假设该容器含有空气,并与一个重物连接作为平衡力。假定也有一个温度计插入容器的侧面,并和它黏结在一起。现在如果我们可以假定活塞移动时没有摩擦,把容器拿到大气里,活塞将慢慢上升,让里面空气膨胀,使各处比重都与外面空气一致。这种膨胀倾向于减少里面空气的温度(倘若容器没有获得热)。这样一种仪器,将如理论所要求的,说明其里面空气的温度在同一纵行内处处与外面空气一致,尽管前者完全没有得到或失去一点热,或者以任何方式与外界空气交换过。

图版 3.

参阅第 76 页。图 1 与 2 中的球代表水的质点:在图 1 中,正方形表示水中质点的排列,图 2 中菱形表示水中质点的排列,角度总是 60°或 120°。

图 3. 表示一个球支在另外两个球(如图 1 中的 4 和 8)上的纵剖面。

图 4. 代表一个球放在其他两个球(像图 2 中 7 和 5)上面的纵剖面。两个三角形的垂直线表示在两种排列中层次的高度。

图 5. 代表在冰点以外冷却的水骤然冻结时形成的穗状花形状的冰。参阅第 49 页。

图 6. 代表在冻结开始时冰的分枝。其角度为 60°与 120°。

图版 4.

这个图版包含臆造的记号用来代表一些化学元素或最小微粒。

1. 氢,其相对重量为 1

2. 氮,其相对重量为 5

3. 碳,其相对重量为 5

4. 氧,其相对重量为 7

5. 磷,其相对重量为 9

6. 硫,其相对重量为 13

7. 苦土,其相对重量为 20

8. 石灰,其相对重量为 23

9. 苏打,其相对重量为 23

10. 草碱,其相对重量为 42

11. 锶土,其相对重量为 46

12. 重土,其相对重量为 68

13. 铁,其相对重量为 38

14. 锌,其相对重量为 56

15. 铜,其相对重量为 56

16. 铅,其相对重量为 95

17. 银,其相对重量为 100

18. 铂,其相对重量为 100

19. 金,其相对重量为 140

20. 汞,其相对重量为 167

21. 水或蒸汽的原子,由一个氧原子和一个氢原子构成,通过强烈的亲和力而保持实际的接触,假定其为一种热的普通气氛所围绕;其相对重量为 8

22. 氨的原子,由 1 个氮和 1 个氢构成,其相对重量为 6

23. 亚硝气原子,由 1 个氮和 1 个氢构成,其相对重量为 12

24. 油田气原子,由 1 个碳和 1 个氢构成,其相对重量为 6

25. 氧化碳原子,由 1 个碳和 1 个氧构成,其相对重量为 12

26. 氧化亚氮原子,2 个氮+1 个氧,其相对重量为 17

27. 硝酸原子,1 个氮+2 个氧,其相对重量为 19

28. 碳酸原子,1 个碳+2 个氧,其相对重量为 19

29. 碳化氢原子,1 个碳+2 个氢,其相对重量为 7

30. 氧硝酸原子,1 个氮+3 个氧,其相对重量为 26

31. 硫酸原子,1 个硫+3 个氧,其相对重量为 34

32. 硫化氢原子,1 个硫+3 个氢,其相对重量为 16

33. 酒精原子,3 个碳+1 个氢,其相对重量为 16

34. 亚硝酸原子,1 个硝酸+1 个亚硝气,其相对重量为 31

35. 醋酸原子,2 个碳+2 个水,其相对重量为 26

36. 硝酸铵原子,1 个硝酸+1 个氨+1 个水,其相对重量为 36

37. 糖原子,1 个酒精+1 个碳酸,其相对重量为 35

上面所列这些图例已经足够说明这种方法了;完全没有必要设计把它们的特性及化合物都展示出

来来查看所研究的全部课题；也没有必要坚持所有这些化合物在数字和重量两方面的精确；该原理将在今后涉及个别结果时再详细讨论，还不清楚标为简单物质的物品按照理论是不是一定这样；它们只是一定具有这样的重量。苏打和草碱从它们与酸的化合物分别求出其重量为 28 和 42；但是根据戴维先生（Mr. Davy）的非常重要的发现，它们是金属的氧化物；因而苏打一定要认为是由相对重量为 21 的一原子金属和相对重量为 7 的一原子氧构成；而草碱由相对重量为 35 的一原子金属和相对重量为 7 的一原子氧构成。或者说，苏打含有 75％的金属和 25％的氧；草碱含 83.3％的金属和 16.7％的氧。特别值得注意的是，根据上述这位先生在《哲学学报》上关于固定碱的分解和组成一文（他曾惠寄我一份）看来，"由这些实验所指出的氧的最大量对草碱来说是 100 份中有 17 份，而苏打是 26 份，最小量是 13 和 19"。

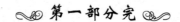

❦ 第一部分完 ❦

化学哲学新体系

第二部分

约翰·道尔顿

· *Part* Ⅱ ·

谨将此书的第二部分献给皇家研究所化学教授和皇家学会秘书汉弗莱·戴维先生及曼彻斯特文哲学会副会长和皇家学会成员威廉·亨利博士,以证明他们在促进化学科学的发展方面所立下的丰功伟绩,并感谢他们的友好联系与帮助。——作者

TO

JOHN SHARPE, Esq. F. R. S.

OF STANMORE, MIDDLESEX,

(Late of Manchester,)

AS A TESTIMONY OF HIS FRIENDLY REGARD, AND OF HIS

LIBERAL ENCOURAGEMENT GIVEN TO THE PROMOTION

OF CHEMICAL SCIENCE:

AND TO

PETER EWART, Esq.

Vice-President of the Literary and Philosophical Society
of Manchester,

ON THE SCORE OF FRIENDSHIP,

BUT MORE ESPECIALLY FOR THE ABLE EXPOSITION AND

EXCELLENT ILLUSTRATIONS OF THE FUNDAMENTAL

PRINCIPLES OF MECHANICS,

IN HIS ESSAY ON THE MEASURE OF MOVING FORCE,†

THIS WORK IS RESPECTFULLY INSCRIBED BY

THE AUTHOR.

序　言

当这部著作的第一部分印出以后，我本来指望在一年略多一点时间内完成全书，现在两年半时间过去了，这部书还没有完成。原因是，我发现有大量实验需要收入书中。过去我总认为别人的结果是正确的，因而在前进中常被引向错误。现在我决定除了我自己的经验证明以外，尽量少写。由于这个缘故，在化学基本要素这部分，原始的事实和实验将比任何其他内容占有更多的篇幅。但我的意思不是说，把我笔记簿的记录抄下来。这样做同没有任何实验的写作是同样应该受到指责的。熟悉实用化学的人们都知道在五个新实验中适宜于向公众报告的不会多于一个，其他实验通过适当的思考就会发现这样或那样的问题，它们的用处只是在于能指出错误的根源和避免错误的方法。

由于发现没有第二卷，我的计划无法完成，因此迫切希望，在现在编辑的这部分内完成第五章关于二元素的化合物的论述。但是因为这部书扩充了很多，而时间又提前很多，我被迫删去两三节重要的内容，特别是金属氧化物和硫化物。而这些化合物我认为是应当受到充分注意的。在这些被去掉以后，第 6 章将讨论 3 个或更多元素的化合物，这将包括不曾介绍的植物性的和其他酸类、硫氢化物、中性盐、可燃化合物等等。

不管我的计划（通过另外增加一卷使这部书略微完整一些）结果怎样，对能够这样大大发展化学结合的理论使我目前感到很大的满足。这种理论我越是进一步思考，就越相信它的真实性。由于已经做过足够的工作，可以使任何人对此作出判断。那些尚未发表的事实和观察只是同已经提出的完全属于同一种类；如果后者不足以说明问题，那么把前者增加上去也将没有什么帮助。同时，我毫不怀疑，人们和我一起采用这个体系，将在所有化学研究的过程中，发现它是有用的指南。

在安排所讨论的项目方面，我力图保持顺序，即先讨论那些根据我们目前的知识认为是简单的物体，然后才是那些二元素的化合物，但是在这点上我并不是一直成功的。因为，在有些例子中，哪些是简单的，哪些是复合的，还不是很清楚，而在另一些中，三元素或更多元素的化合物与二元素的化合物极其紧密地联系在一起，不对前者或多或少地予以描述，就不可能对后者给予满意的报道。

关于命名方面，我一般采用最通行的规则，但在有些例子里，我的独特的观点会引导我离开这条规则。我把那些由一原子碳酸与一原子碱结合组成的盐类叫作碳酸盐，对其他盐类也同样叫法。但是现在有些人把中性盐叫作碳酸盐，把碳酸的盐叫作次碳酸盐，而我却把苏打与草碱的中性碳酸盐，含有两原子酸与一原子碱的，叫作过碳酸盐。普通硝酸盐类，虽然按我的系统一定要按过硝酸盐来考虑，但我仍继续叫它们硝酸盐。我在这方面并不焦急，因为很清楚，如果我着手的体系被采用，其结果将是命名方法的普遍改革，即要参照组成不同复合体的元素种类，也要参照原子的个数。

1810 年 11 月

◀ 《化学哲学新体系》第二部分作者献词/译文见第 81 页。

第 4 章

论基本要素

为了更清楚地介绍有关化学事实和经验的知识，一般认为最好先叙述最简单的元素或物质，接着再叙述那些由两个简单元素化合而成的物质，然后再叙述由三个或更多元素化合而成的物质。这个计划，只要是方便的，将在以下著作中被保持着。我们所说的基本要素（elementary principles），或简单物质，是指那些不曾被分解的，但能与其他物质化合的一些物质。我们不能说，任何一个叫作基本要素的物质是绝对不能分解的；但是在它能够被解析以前，它应该被称为简单物质。主要的简单物质有氧、氢、氮、碳、硫、磷与金属。固定碱与土类不久前还是不可分的，但长期以来就曾设想它们是化合物；戴维先生最近依靠电池作用指出，它们当中有一些含有金属，并具有金属氧化物的所有特征；因此，把所有土类放在金属氧化物同一类中想来是不会有什么不妥的。

在基本或简单物质以后，接着就要考虑由两个元素组成的化合物。这些化合物形成非常有趣的一类，在这类化合物中我们所采用的新原则将能够显示出来，而它们的精确性则能通过直接实验来审查。这类中有几种最重要的化学试剂：即水、硫、酸、硝酸、盐类、碳酸与磷酸、大多数复合气体、碱、土类与金属氧化物。

以后各类中我们将看到含有三四种或更多基本元素的更加复杂的化合物，特别是盐类；但是，在这些情况下，通常发生一个复合原子与一个简单原子结合，或一个复合原子与另一个复合原子或许两个复合原子结合；而不是 4 个或 6 个简单基本原子在同一瞬间结合。因此，化学结合定律看来是简单的，而且总是只限于由少数更简单的元素形成更复杂的元素。

第一节 论 氧

氧被制取的最简单状态是气体状态或弹性流体状态。该气体可用以下方法得到：

1. 不用加热。加 2 盎司红铅（铅丹）到 5 盎司的气瓶内；再加入一盎司最浓的硫酸；接着立即摇动一会以促进混合，配好带有弯管的塞子；马上产生大量的热，白色烟雾充满了瓶子，接着发生大量的气流，通常用小瓶在水面上收集。大约 30 立方英寸气体可指望得到。应该把该气体暴露于石灰和水的混合物上,约有 1/5 的体积(碳酸)被吸收,剩下来的差不多是纯氧气。

2. 需要加热。加 2 盎司软锰矿(普通黑色氧化物)到一个铁瓶内,或适当处理过的枪筒里,配上一个向后弯的管子。然后把它放入火内,烧红;氧气就会出来,可收集如前;它常含有少量的碳酸,可用石灰水除去。这样所得空气为 3 或 4 品脱。

3. 把 2 盎司软锰矿与同样重量的硫酸加入一管形瓶中;把混合物做成糊状,用蜡烛或灯加热,则气体就像前面一样逸出,如果在水面上收集,所得气体差不多是纯的。

4. 如果把 1 盎司硝石加到铁瓶里,并经受强烈的红热,即可得到大量气体(2 或 3 加仑)。它是由大约 3 份氧与 1 份氮混合组成的。

5. 加 100 格令叫作氧盐酸草碱的盐到玻璃或陶制的曲颈甑里;用灯加热,直到甑几乎变红,这时氧气就迅速放出。约可得到 100 立方英寸,不含碳酸,也不含其他杂质。

许多其他方法有时也用来制备这种气体,但主要是上述这些方法;对于经验不足,或者只想得到少量纯气体的人来说,第一种或第二种方法是最方便和最经济的。

氧 的 性 质

列举所有氧的性质,以及氧所形成的化合物所写的论文竟占化学方面论文的一半。在这个标题下,只要指出一些更加显著的特点就足够了。

1. 如果大气的比重指定为 1,则根据戴维的测定,氧的比重将为 1.127,但是有些人曾发现它小一些。100 立方英寸氧气,在温度 55°,与压力 30 英寸水银柱时,重约 35 格令;而同样分量的大气重 31.1 格令。一个氧原子之重被指定为 7,而一个氢原子之重为 1;这是从这些元素相互化合形成水时的相对重量推断出来的。氧质点的直径,当其在弹性状态时,与氢质点直径之比为 0.794:1[①]。

2. 氧与氢、碳、氮、磷以及其他叫作可燃物的物质以不同方式和不同比例结合;当其和氢气以及一些其他弹性流体混合时,通过一个电火花即会发生带有响声的爆炸,对容器发生猛烈的冲击,同时放出大量的热。这叫作爆鸣(detonation)。在其他情况下,氧与物体的结合是比较慢的,但伴随热的发生。这通常叫作燃烧(combustion),如炭的燃烧;当伴有火焰时,则叫作着火(inflammation),如油的燃烧。在另外情况下,这种结合还要更慢,其结果只是略微增加些温度,如金属的生锈,这叫作氧化(oxidation)。

物体在环绕地球的大气或空气中燃烧,是由于其中含有氧气,它占空气 1/5 稍多一些,因此物体在纯氧里燃烧比起我们所看到的通常燃烧要迅速得多而且光亮得多,这是不奇怪的。这种现象很容易通过把点燃物体投入一个盛满氧气的大管形瓶而显示出来;小蜡烛、小铁丝、炭,特别是磷,在这个气体中燃烧时发出难以想象的光辉。至于生成的新化合物的性质,最好在列举其他基本要素的性质以后再考虑。

---

① 因为一个弹性质点的直径为 $\sqrt[3]{(\text{一个原子的重量} \div \text{该流体的比重})}$。由此,指定氢原子之重为 1,而氢气的比重也为 1,则氧原子之重将为 7,而氧气之比重为 14;于是我们有 $\sqrt[3]{1/14}:1$,或 $\sqrt[3]{1/2}:1$,或 0.794:1::氧的原子直径:氢的原子直径。

3. 支持动物生命所必需的那部分大气就是氧气。因此,一个动物在给定分量的纯净氧气里比在同样分量的普通或大气里要生存久些。在呼吸过程中,一部分氧气消失了,产生了相等部分的碳酸;相似的变化也发生在炭的燃烧中;因此,可以推断出来,呼吸是动物热的来源。吸进的大气约含 21％ 的氧气;而呼出的空气,通常约含 17％ 氧,与 4％ 碳酸。但是如果进行深呼吸,并对最后呼出的空气进行检查,将发现它含有 8％ 或 9％ 的碳酸,并损失相等分量的氧气。

4. 氧气在继续通过电火花或电击时不发生显著的影响;也没有发现任何其他方法能使其分解。

第二节　论　氢

氢气可用下法制得:取半两铁屑或锌屑,或小片这些金属,把它们放入一管形瓶内,加上二或三盎司水,再注入 1/4 这样多的硫酸,这时就发生起泡现象,产生大量气体,可按通常方法在水面上收集。

氢的一些显著性质如下:

1. 氢是我们所知道的最轻的气体。以大气的比重为 1,它的比重差不多是 0.0805。这是从不同哲学家们所得结果的近似的平均值。从这里我们得到,100 立方英寸这种气体在平均温度与压力下约重 2.5 格令。可以说是氧的重量的 1/14,氮的重量的 1/12,差不多也是普通空气的这许多分之一。氢原子的重量被指定为 1,作为对其他基本原子比较的标准。氢原子在弹性状态时的直径同样被指定为 1,并被认为是其他弹性流体原子直径的比较标准。

2. 它能扑灭燃烧着的物体,动物吸入氢气会致死。

3. 如果把一个管形瓶充满这种气体,把点着的蜡烛,或红热的铁拿近管口,该气体就着火,并慢慢地燃烧,直到全部烧完为止。火焰通常是红色或黄白色。

4. 当氧气和氢气混在一起时,看不出有什么变化;但是如果把点着的小蜡烛拿近混合物,或者通过一个电火花,即发生猛烈的爆炸。两种气体化合的比例经常不变,并产生了水蒸气,在冷的介质中凝结为水。当 2 容量氢与 1 容量氧混合,并在水面上爆炸时,全部气体都消失了,而容器则充满了水,这是由于水蒸气先形成后来凝结的缘故。

如果 2 容量大气与 1 容量氢混合,并在混合物里通过电火花,随着就发生爆炸,残余气体为 1.75 容量,含有氮和小部分的氢。混合物消失的部分(1.25 除以 3,近似得到 42①),表示在 2 容量大气中的氧气,或 21％。用于这种混合物爆炸的仪器叫作伏特量气管。

5. 氢的另一个性质,虽然不是氢所特有,而是所有在比重方面与大气相差较大的气体在不同程度上共同具有的性质,但也是值得注意的;如果一个直径为 2 英寸或更多一些的圆柱形瓶被充满氢气,把它竖立一会儿,不加盖,则全部氢气都将消失,其原来地位

---

① 应为 0.42。——译者注。

为大气所补充。在这种情况下显然一定是一种气体全部离开了容器,而另一种则同样地进入容器。但是如果氢气瓶的瓶口向下,氢就缓慢地、逐渐地消耗掉,而大气则以同样方式进入;几分钟后瓶内只剩下微量氢气。如果是一个 12 英寸长、0.25 英寸内径的管子,被充满氢气,不管管口向上还是向下都察觉不出多大差别;在两种情况下气体都缓慢地、逐渐地离开,十分钟后留下的氢气将与直径为一英寸或更粗的管子在 2~3 秒后所留下的一样多。如果 3、4 盎司的管形瓶被充满氢气,配好一个软木塞,装上一个 2~3 英寸长0.25 英寸内径的管子,不管管口向上不是向下,在气体散失方面都没有什么显著的差别;气体完全散去需要若干小时。

6. 氢气能经受充电而无变化。

第三节 论 氮

氮气构成大气的较大部分,它可用各种方法从空气中得到:1. 在 100 容量的大气里加 30 容量亚硝气;该混合物在放置片刻以后,一定要通过水两三次,这时仍含有少量氧气;在该剩余气体内再加 5 个多容量亚硝气,进行如前;然后取小部分剩余气体分别用亚硝气和大气空气检验,看有没有发生任何减少;不管哪一个在混合时如果发生减少就指示一个不足而另一个过多了;因而必须适当地加入少量储存的气体。通过几次试验,正确的比例就可以求出来,然后把气体充分洗涤后即可认为是纯氮气了。2. 如果把一些液态的石灰硫化物(一种黄色液体,制法如下,将一盎司含有相等分量的硫磺与石灰的混合物在一夸脱水内煮沸,直至成为一品脱为止)在 2 或 3 倍体积的大气内摇动一些时候,全部氧气就会除去,剩下的是纯氮气。3. 如果在 100 容量大气内加入 42 容量氢气,在混合物内通过电火花,即发生爆炸,剩下 80 容量的氮气等。

该气体的性质为:

1. 在温度 55° 与压力 30 英寸时,以空气的比重为 1,根据戴维,氮气的比重为 0.967。100 立方英寸的重量差不多是 30 格令。一个氮原子的重量被指定为 5,以氢原子的重量为 1;这主要是从一种叫作氨的化合物推断出来的,还可从氮和氧的化合物推断出来,这在后面即将看到。氮质点在其弹性状态时的直径,与氢原子直径之比为 0.747∶1。

2. 像氢一样,它能熄灭着火的物体,并且在用它呼吸时能致动物于死命。

3. 氮气比大部分(如果不是全部)其他气体更不容易化合;它决不会自发地与任何气体化合;但是如果在氮气与氧气的混合物内继续通过电火花一段很长时间,即发生氮气的缓慢燃烧,并有硝酸生成。在其他情况下氮气可以不同的比例与氧化合,这些化合物能够被分解,但要用合成方法来制造就不是那样容易了。

4. 氮气,尽管在其纯净状态时,动物呼吸它会致命,但正如业已说过的那样,它却组成了大气的近 4/5;其他 1/5 为氧气,它只是和氮气混合而扩散在里面,而这个混合物构成了大气的主要部分,它就像我们所知道的那样,既适于呼吸,又适于燃烧。

5. 氮气在反复充电后不发生影响。

第四节 论碳或炭

如果把一片木头放在坩埚里,用砂盖住,把温度慢慢升高至红热,木头就分解了;放出水、一种酸以及几种弹性流体,特别是碳酸、碳化氢与氧化碳。最后在坩埚内剩下一种黑色、脆而多孔的物质,叫作木炭,它在密闭的容器里加热时不发生变化,但在敞开的空气里燃烧转变为一种弹性流体(碳酸)。炭构成了它所得自的木头的 15%~20%。

炭不溶于水;无味无臭,但对制止动物物质的腐败起很大作用。它在空气与水的作用下不像木头那样容易腐烂。在新烧成时,能逐渐地吸收大气中水分,达到其重量的 12%~15%。其中一半可在沸水中持续加热而重新赶走,另外一半则需要更高的温度,并带走一部分炭。我曾取 350 格令炭,这些炭已经在大气中放过很长一段时间了;把它放在沸水中加热一个半小时;在第一个一刻钟内它损失 7 格令,第二个一刻钟内损失 6 格令,最后损失 25 格令。

有些作者主张,炭在烧红以后具有吸收大部分弹性流体的性质,其吸收的分量超过其自身容积好几倍;这种现象我们认为是弹性流体与炭的化学结合。他们在这方面的实验结果极其混且自相矛盾,以致即使对任何这样吸收的事实也很少值得相信。我曾把 1500 格令炭烧到红热,然后把它敲碎,放入带有活塞的长颈烧瓶;接上一个充满碳酸气的膀胱;这个实验要持续一个星期,并不时地通过称量烧瓶及其容纳物质的重量进行观察。最初发现重量增加 6 或 7 格令,这是由于碳酸和烧瓶内比重较小的空气混合的缘故;但是继续的增加不会超过 6 格令,是由于湿气透过膀胱所引起的;因为膀胱继续同开始一样膨胀,而在最后观察时发现除大气外其中什么也没有了。可是碳酸气仍被说成是最容易被炭吸收的。一位之前提到过的作者坚持说,沸水的温度就足够使大部分这样吸收的气体赶出去。这种说法肯定是不对的,这点艾伦(Allen)和佩皮斯(Pepys)已经指出过;大多数实用化学家都知道,在红热以下是不能从潮湿的炭中得到空气的,因此,新制成的炭所获得的重量极可能全部是它从大气中吸收的水分;由于这水被分解,其元素与炭结合,所以在加红热时我们得到这样充足的气体。

若干年以前有一种流行的观点,认为炭是金刚石的一种氧化物;但是坦南特先生(Mr. Tennant)、艾伦先生和佩皮斯先生都曾指出,在燃烧金刚石与燃烧相同重量的炭时所得到碳酸的量却是相等的;因此我们必须推断出,金刚石与炭是同一种元素的不同聚集状态。

伯索累断言炭含有氢;这种说法在《化学年鉴》(*Annales de Chimie*)1807 年 2 月号中为小伯索累(Berthollet, jun)的实验所进一步支持,戴维先生的实验结论似乎也站在他们这一边。但是他们的观察在我看来只能得出这样的结论,即制备和使用完全不含水的炭是极其困难的。氢对于炭并不比空气对于水更必要些。

根据今后将要提到的炭与其他元素的各种化合物,其最小质点的重量被推断为 5,或可能是 5.4,如果把氢的最小质量指定为 1。

炭需要在红热时燃烧,这种红热正好是在白天能够看到,约相当于华氏 1000°。

第五节 论 硫

硫是大家熟知的物质：它是一种分布相当广泛的元素，在多火山的国家以及在某些矿物里最丰富。本国所用的大部硫是从意大利和西西里进口，其余是从铜、铅、铁等矿得来的。

硫在略高于沸水的温度下熔化。通常让它流入圆柱形的模子，冷却后成为卷状硫磺。硫在这种情况下很容易因摩擦而带电；它们非常脆，常常在与温热的手接触时分裂成碎块。它的比重为 1.98 或 1.99。

硫磺在熔化后继续加热即升华，升华物构成了普通的硫华。不同程度的加热对硫的影响多少是值得注意的。它在华氏 226° 或 228° 下熔化成一种很薄的液体，在大约 350° 时开始变厚，颜色变深，并具有黏性，这样一直继续到 600° 或更高的温度，然后冒烟，体积逐渐增大。该黏性物质，如果倒入水中，在冷却后仍保持一定程度的黏性；但是最后变得硬而具有光滑纹理，远不及普通卷状硫磺那样脆。

按目前所确切知道的任何事实来看，硫似乎是一种基本物质。它与许多物体进行化合；从几种化合物的比较，我推断出一个硫原子的重量为氢的 14 倍；很可能要多一些或少一些，但是我认为误差不会超过 2。戴维先生通过电池对硫的实验，似乎断定硫里含有氧；从该基本质点的巨大重量来看，这种情况是有可能的；但是它应该是含有 50% 的氧，或者根本就没有。

小伯索累似乎断定硫里含有氢（《化学年鉴》，1807 年 2 月号）。戴维先生赞同这个意见（《哲学学报》，1807 年）。在硫中可以发现微量氢那是没有多大疑问的。汤姆森博士曾经注意到，要制得不含硫酸的硫是困难的；但是如果硫酸存在，水一定也存在，因而氢也就存在。反对氢一定存在于硫中这种论点的一个有力论据是从考虑到硫的低比热而得来的。如果该物品含有 7% 或 8% 的氢，或 50% 的氧，或这样多的水，那么它就不会有 0.19 这样低的比热。

硫在敞开的空气中 500° 就会燃烧，它与氧、氢、碱类、土类和金属形成为数众多的有趣化合物，这些将在有关地方进行讨论。

第六节 论 磷

磷的外表与坚固性同白蜡极其相似。它通常是用费力而复杂的方法从动物骨头中制得的，骨头中含有磷的一种化合物——磷酸石灰。把骨头放在火中煅烧；在其分散为粉末时，加入用水稀释的硫酸，夺去部分石灰，形成一种不溶解的化合物；把它同溶解于水的过磷酸石灰分离开来。将溶液蒸发，则盐呈冰状析出。把该固体分散为粉末，与其一半重量的炭混合；然后将该混合物放进陶制的甑内，加强热，在红热状态下进行蒸馏，甑的管子浸没在水里，当磷过来时，即被收集在水内。

磷非常容易燃烧,需要保存在水内。它大约在相当于血液的温度下熔化,在密闭的容器内能加热至 550°,这时磷沸腾,当然就蒸馏出来了。当暴露于空气中时能发生缓慢的燃烧,但如果加热到 100°或更高的温度,即着火迅速燃烧,并发出大量的热,伴随着白色的烟雾。它能与氧、氢、硫和其他可燃物体,以及几种金属化合。

磷可溶解在榨出来的和其他油类中,还能溶解在酒精、醚等溶剂中。这些溶液,在和普通空气或氧气摇动以后,在暗处会发出亮光,把一部分油擦到手上,会使手发亮光。

磷的比重差不多是 1.7,其最小质点或原子的重量约为氢的 9 倍,这从它与氧的化合物可以看出。

第七节 论 金 属

目前已知的金属至少有 30 种,它们形成一类物质,与其他物质在某些特性方面有着明显区别,其自身间亦然。

比重. 金属最显著性质之一就是它们的巨大重量或比重。其中最轻的(不包括最近发现的金属钾和钠)至少是水重的 6 倍,而最重的则为水重的 23 倍。假定所有聚集体都是由固态质点或原子所构成的,每个原子环绕以一种热的气氛,那么金属这种较高的比重是由它们个别固态原子的较大比重所引起的呢,还是由于这些固态质点对热有某种特殊关系,或者它们相互间有较大的吸引力,因而在给定体积内聚集着更多数目的质点所引起的呢?这的确是一个新奇而重要的课题。在对金属与氧、硫以及酸类等化合所显示的事实进行考察时,前一种见解看来是合乎事实的:即金属的原子比较重,差不多与它们的比重成相同的比例。于是铅的一个原子比一个水原子重 11 倍或 12 倍,它的比重也是这样。可是必须承认,在金属和其他固体内,就同在气体内一样,它们的比重绝不是正好与它们原子的重量成比例的。更加值得注意的是,尽管相对说来金属的最小质点具有巨大重量,但这些质点并不比氢、氧或水具有更多的热,而常常是更少一些。如果把任何温度下环绕一个水质点的热指定为 1,则环绕一个铅质点的热将被发现仅为 1/2,虽然铅的原子的重量是 12 倍于水的原子。从这种情况出发,人们很可能认为,一个铅原子比一个水原子对热具有较小的吸引力,但是事实不一定是这样,而反过来倒更加可能。因为环绕处于聚集状态的任何一个质点的热的绝对量主要依赖于亲和力,或聚集的吸引力;如果这种力是巨大的,热就部分地被榨出,或挤出;但是如果是小的,热就被保留,虽然质点对热的吸引力是保持不变的。一个水原子可能与一个铅原子具有对热的相同吸引力,但后者可能有较强的聚集吸引力,因此有一些热被排挤出去,结果使该质点的任何聚集物只保留较少的热。

不透明性和光泽. 金属是显著地不透光,或者说缺乏玻璃与一些其他物体所具有的那种透光的性质。当尽可能把它们变成极薄的叶片,如金叶和银叶,它们仍不让光通过。虽然金属的原子,包括它们的热的气氛在内,差不多与水原子及其气氛一样大小,但是看来金属的原子在其从它们的气氛中提取出来时极其可能比在同样条件下水的原子大得多。前者,我想是带有高度压缩气氛的大质点;后者则是带有更加扩散气氛的小质点,因为它们对热的吸引力是较小的。因此,可以假定金属的不透明性及其光泽就是这样引起的,大量的固态物质以及高度压缩的热都有可能阻止光的通过,而把它反射出来。

展性及延性. 金属以这些性质而著名,许多金属这些性质很突出。用榔头可以把它们锤平或延伸而不致失去其内聚力,特别是在辅助以加热的时候。圆柱形金属棒能够拉过直径较小的孔洞,而在长度方面得到伸延,并且这样继续下去,一直变成很细的丝。这些性质使得金属非常有用。金属锤打以后变得更硬而且更致密。

韧性. 金属在韧性或内聚力方面超过大多数其他物体,可是在这点上它们相互之间也差别很大。一根直径为 1/10 英寸的铁丝能够承担五六百磅,而铅的强度只有它的 1/16,还比不上某些种类的木材。

可熔性. 金属在加热时能够熔化,但是它们熔化的温度差别极大。

大多数金属有很大的硬度,有些金属,像铁,有很高的弹性,它们大部分都是热和电的优良导体。

金属同各种不同比例的氧化合,形成金属氧化物;它们还同硫化合,形成硫化物;有些同磷化合,形成磷化物;同碳化合,形成碳化物等,这些都将在各自有关的地方讨论。金属还能相互形成化合物,叫作合金。

金属最小质点的相对重量可以从金属氧化物,金属硫化物,或者金属盐类来进行研究并予以说明,的确,如果几种化合物的比例能够被准确地弄清楚,我相信:对同一金属的基本质点来说,我们将会得到同一的相对重量。根据我们目前的知识,这些结果彼此都十分接近,特别是在这些化合物被仔细观察过,能够信得过的时候;但是在有些金属氧化物、硫化物和盐类中,元素的比例还不曾以任何精确的程度求出来。

金属的数目,包括从固定碱中得到的两个,迄今为止共发现 30 个,其中有一些叫作金属可能是不适当的,因为它们很稀少,不曾像其他金属经受过许多实验。大部分这些金属都在最近这个世纪中发现。汤姆森博士把金属分为四类:1. 可展金属;2. 脆性和易熔金属;3. 脆性和难熔金属;4. 耐火金属。这就是说,它们只被发现以化合状态存在,要想把它们分离出来目前还办不到。它们可被排列如下:

1　可展的

1.金	9.铜
2.铂	10.铁
3.银	11.镍
4.汞	12.锡
5.钯	13.铅
6.铑	14.锌
7.铱	15.钾
8.锇	16.钠

2　性脆易熔

1.铋	3.碲
2.锑	4.砷

 3　性脆难熔
 1.钴　　4.钼
 2.锰　　5.铀
 3.铬　　6.钨

 4　耐火金属
 1.钛　　3.钽
 2.钶　　4.铈

被假定为金属的土类也属于这一类。

下表以绝对观点和比较观点列出金属的主要性质

金属	颜色	硬度	比重	最小质点重量	熔点	韧性
金	黄	6	19.362	140?	32°W	150
铂	白	7.5	23.00	100?	170°+W	274
银	白	7.5	10.511	100	22°W	187
汞	白	0	13.580	167	−39°F	—
钯	白	9	11.871	—	160°+W	—
铑	白	—	11.+	—	160°+W	—
铱	白	—	—	—	160°+W	—
锇	蓝	—	—	—	160°+W	—
铜	红	8	8.878	56	27°W	302
铁	灰	9	7.788	50	158°W	550
镍	白	8	8.666	25? 50?	160°+W	—
锡	白	6	7.300	50	410°F	31
铅	蓝	5	11.352	95	612°F	18
锌	白	6	7.190	56	680°F	18
钾	白	0	0.600	35	80°F	—
钠	白	1	0.935	21	150°F	—
铋	红白	6	9.823	68?	476°F	20
锑	灰白	6.5	6.860	40	810°F	7
碲	蓝白	—	6.342	—	612°+F	—
砷	蓝白	7	8.31	42?	400°+F	—
钴	灰	8	7.811	55?	130°W	—
镁	灰	8	7.000	40?	160°W	—
铬	黄白	—	—	—	170°+W	—
铀	铁灰	—	9.000	60?	170°+W	—
钼	黄白	—	7.500	—	170°+W	—
钨	灰白	9	17.6	56?	170°+W	—
钛	红	—	—	40?	170°+W	—
钶	—	—	—	—	170°+W	—
钽	—	—	—	—	170°+W	—
硒	白	—	—	45?	170°+W	—

金属的比较独特的性质

金. 这个金属从远古时代就为人所知,而且一直受到珍视。

它的稀少,和它的一些性质有助于使它成为适当的交换媒介,这是它的主要用途之一。英国标准金是由 11 份重量纯金和一份铜(或银)熔合而成。这通常称为 22K 纯度,纯金为 24K 纯度。使用铜是为了使合金更硬,因而比纯金更耐用。

金在所有大气情况下能保持其灿烂的黄色与光泽不变。它的比重在纯时,并经过锤打,为 19.3,或更大一些;但同样的金子,在其他条件下可能为 19.2。标准金的比重在 17.1 到 17.9 之间变化着,根据它和铜、铜和银或银熔合,以及其他情况而定。它在展性和延性方面超过所有其他金属,可被打得很薄,重一格令的金叶可覆盖 50 或 60 平方英寸,在这种情况下金叶的厚度只有一英寸的 1/280000,但它在银丝上还可减为该厚度的 1/12。金在韦奇伍德(Wedgwood)高温计 32°时熔化,即在红热时,但比铁匠煅炉所能得到的温度要低得多。在熔化时,它可以在熔融状态下继续几个星期而不丧失任何实质性的重量。有理由相信,金与氧、硫及磷化合,但是这些化合物很难制得。它与大多数金属化合,形成各种各样的合金。

金原子的重量很不容易确定,因为参与形成金化合物元素的比例是不确定的。它大概不小于一个氢原子重量的 140 倍,也不大过 200 倍。

铂. 这个金属只是在南美发现。在其天然状态时,它由具有金属光泽、灰白色扁平的小颗粒所组成,这种矿物被发现为几种金属的合金,其中铂通常是最丰富的。这些颗粒在硝盐酸中,除会有些黑色物质沉淀外,其余都溶解了;将澄清溶液轻轻倒出,滴加硇砂[①]溶液,将有黄色沉淀析出;加热至红热,即可得到差不多纯的铂粉。要得到更纯的,必须将所得的铂再重复处理。当把这些颗粒用薄的铂片包住,加热至红热,小心地锤打,则这些颗粒结合而成固态的可锻金属。

这样得到的铂是白色的,稍次于银。在硬度方面,它略超过银;但在比重方面,它超过迄今已知的所有金属。铂的样品在锤打以后,发现比重为 23 或更高。其延性和展性同金相仿。熔化铂所需的热比大多数金属要大;但当加热至白热时,它可像铁一样被焊接。暴露在空气中或水中一点也不发生变化。通常的加热方法似乎不能够使它在氧气中燃烧或与氧化合。可是它的氧化可用原电池产生的电,或电流,以及把它放在氢和炭在氧气中燃烧所发出的热量来实现。铂已经发现可与磷化合,但不曾与氢、碳或硫化合。它可与大多数金属形成合金。

铂最小质点的重量根据目前所有的数据还不能确定,从它与氧的化合来看,它应该在 100 左右,但是,从它的巨大比重来判断,人们将会认为它一定还要大些。的确,在铂的氧化物中氧的比例不能认为是已经确定了的。

铂主要用于化学方面,由于它的难熔性,以及难以氧化,所以坩埚和其他器皿常用它来做,而不用任何其他金属。铂丝由于同样理由在电和电池研究方面极其有用。

---

① 天然氯化铵。——译者注。

　　银. 该金属以各种化合状态发现于世界各处,但最大数量是从美洲得到的。其用途普遍为人所知。熔化的银比重为 10.476,在锤打以后为 10.511。英国的标准银,含有 1/12 铜,简单地融合在一起,其比重为 10.2。纯银的延性和展性极好,但次于金。它在适度的红热下熔化。暴露在空气中不氧化,但会失去光泽而变暗,这是由流动在空气中的硫蒸气所引起的。它在适度加热时与硫化合;并可通过电流把它氧化;燃烧时呈绿色火焰。银能和磷化合,并与大多数金属形成合金。

　　银原子的相对**重量**,根据某些银化合物,如银的氧化物和硫化物,以及银的盐类的已知比例,可以相当准确地求出其近似值,所有这些化合物都接近一致地确定银原子的重量为氢的 100 倍。

　　汞. 该金属又称水银,很早就被发现和使用。汞白色而发亮,从其表面反射出的光可能比任何其他金属都要多。其比重为 13.58。它在通常的大气温度下呈液态;但当温度降低至华氏 −39° 时就冻结了。冻结时突然收缩,与水所显示的情况相反;当冻结时,汞变得具有展性;但其在固态时的性质是不容易确定的。当在敞开的空气中加热到等差标度温度计 660° 或其附近时,汞就沸腾,并迅速地汽化;可是,像冰一样,它在所有温度下都不同程度地上升为蒸气。纯的液态汞无味无臭;它能与氧、硫和磷等化合;它与大多数金属形成合金,或者按照通常的叫法叫汞齐。

　　汞原子的重量可以从它的氧化物、硫化物以及它与酸形成的各种盐类来测定;把所有这些数值进行比较,它似乎大约为氢重量的 167 倍。根据任何确切知道的事实来看,汞原子比任何其他原子都重;虽然有两、三种金属在比重方面是超过汞的。

　　钯. 该金属是由沃拉斯顿博士(Dr. Wollaston)在几年以前由粗铂中发现的,在 1804 年《哲学学报》中可以看到这方面的报道。它是一种白色金属,表观上很像铂,但要硬得多;它的比重只有铂的一半。要使它熔化需要大量的热,并且不容易氧化。钯与氧和硫化合,并与几种金属形成合金。但是我们还没有足够数据来测定其最小质点的重量。

　　铑. 该金属是比钯更新近地由沃拉斯顿博士在粗铂中发现的。它大约构成粗铂的 1/250。它差不多具有与钯相同的颜色和比重,并在其他特点方面与钯一致;但是在某些方面它们似乎具有本质上不同的性质。该金属的最小质点的重量还不能确定。

　　铱与锇. 这两种金属最近由史密森·坦南特先生发现存在于粗铂中。当粗铂溶解于硝盐酸时,剩下一些黑色发亮的粉末;该粉末含有两种金属,其中一个坦南特先生根据其溶液所显示出的颜色的多样性而称之为铱;另一个根据它氧化物的特殊气味称之为锇。铱是一种白色金属,同铂一样难熔,在酸中不易溶解;它似乎与氧结合,并同一些金属形成合金。锇具有一种暗灰色或蓝色;当在空气中加热时,它与氧化合,氧化物具挥发性,有特征性的气味。在密闭容器中,它能经受任何施加的热;它还能抵制酸的作用,但与草碱化合。它与汞形成汞齐。这两种金属原子的重量都还不知道。

　　铜. 该金属早就为人所知。具有好看的红色;其味道具有收敛性并使人恶心。比重在 8.6 到 8.9 之间变化着。它具有很高的延展性,能拉成像头发一样细的丝,并能敲打成很薄的叶片。它的熔化温度比银高而比金低,约为韦奇伍德温度计 27°。铜可与氧、硫和磷化合,并与其他几种金属形成合金。

　　铜的最小质点的重量可从它与氧、硫和磷化合的比例,以及从它与酸的化合中相当精确地确定。根据这些数值的比较,其重量差不多是氢的 56 倍。

铁. 该金属是我们所熟悉的最有用的金属,早就为人所知。它似乎差不多在每个国家里都存在,并处于各种各样的化合状态。它的矿需要大量的热把杂质赶掉,并把铁熔化,最初得到的是生铁,称为铸铁;在这以后要经受艰苦的操作,其目的是把它可能还含有的碳与氧赶掉,使其具有可锻性。这种操作主要包括锤打加热到几乎熔化的铁。

铁可以高度磨光,它很硬,其比重在 7.6 到 7.8 间变化。它由于具有高度的(的确差不多是唯一的)磁性吸引力而区别于所有其他金属。磁石或极磁铁矿自身主要是带有某些改变的铁。铁的可锻性随着温度的增高而增加,其延性只有少数几种其他金属能超过;铁丝可拉成同人的头发一样细;铁的韧性,这是铁的最可贵的性质之一,是我们所熟悉的任何物体都比不上的。纯的锻铁估计在韦奇伍德温度计 158°熔化,而铸铁约在 130°熔化。

铁以能与氧、碳、硫和磷化合而著称,它可与几种金属形成合金,但是这些并不太重要。

铁原子的重量差不多可从任何它的为数众多的化合物,或者它的氧化物,它的硫化物,或者它和酸形成的盐类来求得;从所有这些化合物差不多得出同样的重量,即氢原子重量的 50 倍。

镍. 提取该金属的矿在德国发现;它常含有几种其他金属,要使提炼出来的镍达到较高的纯度是很困难的。镍,在能够制得的纯净状态时,具有银白色;其比重为 8.279,在锻炼后,为 8.666。不管在热时,还是冷时,镍都具有可锻性,可敲打为 1/100 英寸厚度的叶片。熔化镍需要很大的热。差不多和铁一样,能被磁石所吸引,并且自身可以转变为磁石。它可与氧、硫和磷化合,并能与某些其他金属形成合金。

镍原子的重量,由于缺乏对镍化合物的更精确的知识,还不能测定;可能将被发现其重量大约为 25,要不然,就是该数值的两倍,即 50。

锡. 这个金属虽然相对说来只在很少几个地方发现,可是很早就为人所知了。康沃尔(Cornwall)是大不列颠唯一产这种金属的地方,它的锡矿在欧洲是最有名的。锡是一种白色金属,很像银,其比重大约为 7.3。它具有高度的可锻性,但是在延性和韧性方面不及许多金属。它在华氏 440°低温下就熔化。当暴露在空气中时,它失去光泽,变成灰色;如果是在熔化时,这种变化就更快;它的表面很快就变成灰色,并最后变为黄色。锡可与氧、硫和磷化合,并和大多数金属形成合金。

锡原子的重量可从锡的氧化物、硫化物或磷化物中元素的比例获得;或者从锡的盐类获得。它大概比氢原子重 50 倍。

铅. 该金属似乎在很早时代就被人知道了;它具有蓝白色,当新熔化时很亮,但当其暴露在空气中时很快就失去其光泽;它简直没有任何味道或气味;但当内服时却是致命的毒药;它似乎能麻痹生命机能,摧毁神经的感觉,引起瘫痪,最后引起死亡。铅的比重,不管有没有锤打,都是 11.3 或 11.4 左右;它具有可锻性,可使其成为薄板。它大约在华氏 610°熔化。它可与氧、硫和磷化合,并且与大多数其他金属形成合金。

铅的最小质点,在从其氧化物、硫化物和它形成的盐类进行比较而推断出来,我估计为氢原子重量的 95 倍。

锌．这种金属的矿物并不稀少；但是把该金属从矿中提取为纯净状态，至少在不列颠，比半个世纪前早不了多少。锌是一种光亮的白色金属，带些蓝色。其比重为 6.9 至 7.2。锌直到最近还认为是一种脆金属；但是谢菲尔德（Sheffield）的霍布森（Hobson）和西尔威斯特（Sylvester）两位却发现，在 210°与 300°温度之间，锌可以被锤打碾成薄片、拉丝，等等，并且在这样加工以后，它能继续维持柔软与易弯的性质。它在大约 680°时熔化，并且在这温度以上很容易挥发。锌在空气中很快失去光泽，变成灰色；但在水中变为黑色，并放出氢气。锌可与氧化合，而锌或其氧化物都可与硫和磷化合。它可与大多数金属形成合金，有些还很有用处。

锌原子的重量差不多为氢的 56 倍。

钾．有关这个金属方面的知识主要是归功于戴维先生；钾的氧化物、草碱或固定的植物碱是为大家所知道的；但氧化物的分解则是新近的发现。为了得到该金属，将小片（30 或 40 格令）纯烧碱先放在空气中一些时候，获得少量湿气，足以使其作为电的导体，然后使它受到强有力的电池的作用；通过电池的作用，草碱的氧被赶出，获得了外表像汞一样流动的金属小球。这种金属还由盖-吕萨克和西纳德两人制得过，他们把草碱放到白热的铁锹里，得到一些钾及钾同铁的合金。戴维曾做过一个带有相似结果的实验，并发现有大量氢气同时放出。这个事实似乎指出草碱为钾与水的化合物，而不是钾与氧的化合物；这些法国化学家坚持说，钾是氢与草碱的化合物；但是，正如戴维切当地说过那样，他们的争论就是等于这样说，钾是一个氢和一个未知基的化合物，后者与氧结合形成草碱。这个问题必须留待今后的实验来解决。钾在 32°与温度时是固体而且很脆；其断面呈结晶结构；在 50°时，钾是柔软而有展性的；在 60°时，钾是不完全的流体；在 100°时，则是完全的流体，像汞一样，能形成小球。它在加热接近到红热时可以蒸馏。其比重仅为 0.6；这种情况似乎支持其含有氢的见解。钾可与氧、硫和磷化合，它似乎能与许多金属形成合金。

钾原子的重量从其与氧的化合来看似乎为氢原子的 35 倍。

钠．戴维先生使用蓄电池，用与钾相同的方法，从固定矿物碱，或苏打，制得这种金属。钠，在普通温度下，是一种固态的白色金属，外表很像银；展性极好，比其他金属要柔软得多。其比重略小于水，为 0.9348。钠在 120°时熔化，并在 180°时完全流动。它可与氧、硫和磷化合，并且与金属形成合金。

钠原子的重量，从其与氧的化合推断出为氢重量的 21 倍。

铋．铋作为独立的金属为人所知还不超过一世纪。它的矿物主要发现在德国。铋具有红白色；暴露于空气中会失去其光泽；其比重约为 9.8；它很硬，但在铁锤的猛击之下会破碎；它在大约 480°熔化。当加热到强烈的红热时，铋带着蓝色火焰燃烧，并发出黄烟。它与氧和硫化合，并和大多数金属形成合金。

铋原子的重量可从它的氧化物和硫化物推断出来，它似乎为氢原子重量的 68 倍。

锑．这个金属的有些矿物古代人们早就知道了；但是纯净状态的金属的发现不超过 300 年。锑具有灰白色，并且相当光亮；其比重为 6.7 或 6.8；很脆；在大约华氏 810°熔化；暴露在空气中一些时候就失去其光泽。锑与氧、硫和磷化合；并与大多数其他金属形成合金。

锑原子的重量可从其与氧和硫的化合物测定,它似乎为氢重量的 40 倍。

砷. 砷的某些化合物古代人们就已知道。它以独特的性质为人所知似乎有一个多世纪。砷有蓝灰色和显著的光亮,暴露在空气中时,这种光亮很快就失去;其比重据说为8.3;其熔点,由于它的巨大挥发性,还不曾确定。当加热到 350°时,它就迅速升华,发出一种像大蒜的强烈的气味,这是这种金属的特征。它与氧化合可形成一种最毒的毒药,它还可与氢、硫和磷化合,与大多数金属形成合金。

砷原子的重量,从它的化合物看来,为氢原子重量的 42 倍。

钴. 这种金属的矿物长期被用来使玻璃带有蓝色;但是一直到上世纪才从其中提炼出这种特殊的金属。钴呈红灰色;它有很强的光泽。其比重约为 7.8;很脆;在韦氏 180°时熔化;根据文泽尔(Wenzel),它能为磁石所吸引,并能自身成为磁石。钴与氧、硫和磷化合;并与大多数金属形成合金,但是这些合金都不十分重要。

钴原子的重量根据我们现有的数据还不能准确地得到,大概它是氢原子重量的 50 倍或 60 倍。

锰. 叫作锰的深棕色矿石在玻璃工厂里可能已经知道和使用了一个世纪以上了;但是这个同名的金属却直到大约 40 年以前才被发现;事实上,这个金属由于很不容易制得,而且需要大量的热,我们迄今对它知道得还不多。该金属具有灰白色,和很亮的光泽。其比重为 6.85 或 7;性脆,在韦氏 160°熔化;当变成粉末时,能为磁石所吸引,这被认为是由于铁的存在。锰从空气吸取氧,变为灰色、棕色,最后为黑色。它能与硫和磷化合;并和一些金属形成合金,但人们对这些合金还不曾作很多的研究。

锰原子的重量,当其从氧化物测定时,似乎大约是氢原子的 40 倍。

铬. 这种金属,在与氧化合时能构成一种酸,发现于西伯利亚的红铅矿。制得的纯金属是白中带黄;很脆,熔化它需要大量的热。它与氧化合。这个金属的其他性质还不清楚。它的原子重量约为氢原子的 12 倍。

铀. 这种金属是由克拉普罗思(Klaproth)1789 年在萨克森(Saxony)找到的矿物中发现的,很不容易制取,而且只得到少量,因此它只被少数人研究过。铀的颜色是铁灰色;有很亮的光泽;可以用锉刀锉;根据克拉普罗思的研究,其比重为 8.1,而根据布肖尔茨(Bnchloz)的研究,为 9.0。铀可与氧化合,还可能与硫化合,其合金还不曾确定。

这种金属原子的重量可能约为氢原子的 60 倍。

钼. 制取这种金属的矿物是一种硫化物,叫辉钼矿;但使它还原需要极大的热;该金属迄今只制得细小的粒子。它具有黄白色,根据希尔姆(Hielm)的研究,其比重为 7.4;但根据布肖尔茨的研究,为 8.6;它可与氧、硫和磷化合并和几种金属形成合金。

钼的原子,大概比氢原子重约 60 倍。

钨. 这个金属是新近发现的金属之一。很不容易得到,熔化时需要极高的热。钨具有灰白色和很亮的光泽;其比重为 17.2 或 17.6;很硬,用锉刀锉不出印痕。它可与氧、硫和磷化合并与其他金属形成合金。

我们还没有足够数据来测定钨原子的重量,从它的氧化物来看,其重量一定是氢原子的 55 倍,或更高。

钛. 这个金属是最近发现的。据说它具有暗铜色;很光亮,性脆,并在小幅度内具有相当程度的弹性。非常难熔。暴露在空气中会变暗；能被热所氧化，并带蓝色。它与磷化合，并与铁形成合金。当投入红热的硝石中时发生爆炸。钛原子的重量大概是氢原子的 40 或 50 倍。

钶[①]. 1802 年，哈切特先生（Mr. Hatchett）在美洲一种含铁的矿物里发现一种新的金属的酸。他没有能够把这种酸还原为金属。但是，从它所显示出的现象，不用怀疑它是含有一种特殊金属的，这种金属他称之为钶。

钽. 这种金属最近由瑞典化学家埃克贝格先生（M. Ekeberg）发现。一种从某些矿物中提取出来的白色粉末，看来是这种金属的一种氧化物。当把这种白色粉末和炭一起在坩埚中强热时，即产生金属小球，外表有光泽，但内部黑而没有光泽。加入酸可使它再转变为白色氧化物，加热到红热时其颜色不变。

硒. 这个金属的氧化物是从一种瑞典的矿物中得到的。还没有人能够完全成功地把这个氧化物还原，所以该金属的性质，甚至它的存在，还不清楚。但是土类或假定的氧化物被发现与其他氧化物具有相似的性质。这些当然是属于今后的课题（金属氧化物）。

---

① 铌的旧称。——译者注。

第 5 章

二元素的化合物

为了便于理解,我们打算用什么来表示二元和三元化合物,读者请参阅第 71 页及以后各页。有些人习惯于把其中只能发现有两个元素的化合物叫作二元化合物,例如亚硝气、氧化亚氮、硝酸等,在所有这些化合物里,我们只发现了氮和氧。但是把二元这个词限于表示两个原子,三元这个词限于表示三个原子,等等,不管这些原子是基本的或者不是基本的;这就是说,不管它们是不能分解物体的原子,如氢和氧,或者是复合物体的原子,如水和氨,这才更符合我们的观点。

在以下各节中,我们将考虑一些两个基本的或不能分解的物体的化合物;每节以二元化合物开始,然后继续讲三元化合物,或者至少是那些由三个原子所组成的,虽然根据我们所用词的意义,它们可能是二元的;然后再继续下去讲更加复杂的化合物。

本章将包括在上面一章所不曾考虑过的气态的物体,几种酸、碱、土类,以及金属氧化物、硫化物、碳化物和磷化物等。

在处理这些项目时,我打算为它们采用最普通的名称;但是,很明显,如果其中所包含的学说被确定下来,则化学命名方法的革新在有些情况下将是方便的。

第一节 氧 与 氢

1. 水

这个在自然界一切物质中最有用和最丰富的液体,现在已经通过分析和合成方法知道是氧和氢二元素的化合物了。

坎顿曾证明过,水在一定程度上是可压缩的。热对水的膨胀效应已经被指出。一立方英尺水的重量非常接近于 1000 盎司。这个液体通常用来作为比较物体比重的标准,其自身重量被定为 1。

蒸馏水是最纯的,其次是雨水,然后是江水,最后是泉水。这里所说的纯度是指没有外物溶解在里面,但是关于透明度和可口的味道,泉水一般要超过别种的水。纯水具有我们叫作软的品质；泉水和其他不纯的水则有我们叫作硬的品质。每一个人都知道在这些方面各种水的巨大差别，可是即使是最硬的泉水，也很少溶解有其自身重量的 1/1000 的任何外来物质。溶解的物质通常是石灰的碳酸盐和硫酸盐。

水通常含有其容积 2% 的空气。这空气最初是由大气的压力压进去的，要想把它赶掉，除非把这压力除去，别无其他方法。这可用一个空气泵来做到；或者用把水煮沸的方法把大部分赶去，在水沸腾时，水蒸气代替了水面上的空气，使空气压力不足以抑制水中空气的膨胀，这样空气当然就逃逸了。但是无论用这两种方法中哪一种都很难把所有空气赶掉。从普通泉水赶出的空气在除去 5% 或 10% 的碳酸以后，由 38% 氧和 62% 氮所组成。

水以与其他物质的化合而著称。它同有些物质以小的固定比例结合，构成一种固体化合物；在其同固定碱、石灰以及许多盐类化合时都是这样；化合物不是干的粉末就是晶体。这种化合物叫作水化物。但是当水过多时，似乎发生另一种类的化合，叫作溶液。在这种情况下，化合物呈液态而且透明；就像食盐或糖溶解在水里一样。当任何物体这样地溶于水时，它可以均匀地扩散在任何更多的这种液体中，而且就我们所知，它似乎是一直继续这样，不出现任何沉淀的倾向。

水的合成和分解是在 1781 年确定的：前者是由瓦特和卡文迪许（Cavendish），而后者是由拉瓦锡和穆斯纳（Meusnier）完成的。第一次关于大规模水的合成实验是莫奇（Monge）在 1783 年做的；他通过氢气的燃烧得到 0.25 磅水，并留意氢气和氧气消耗掉的量。第二次实验是由吉欧（Gineau）的利·菲弗（Le Fevre）在 1788 年做的；他用同样方法获得大约 2.5 磅水。第三次实验是由福克罗伊（Fourcroy）、沃奎林（Vauquelin）和西格林（Segnin）在 1790 年做的，他们得到一磅多水。一般的结果是，85 份重量的氧与 15 份重量的氢结合形成 100 份水。用分解水的方法来确定元素的比例的实验是由吉欧的利·菲弗和拉瓦锡做的，他们把水蒸气通过含有细铁丝的红热的管子；水中的氧与铁化合，而氢气被收集起来。用这样方法所得的比例与合成法一样，即 85 份氧和 15 份氢。

荷兰化学家戴曼（Dieman）和特鲁斯特威克（Troostwyk）第一次在 1789 年成功地用电把水分解，这一结果现在很容易用蓄电池来得到。水的分解用伏特量气管（在有关弹性流体的研究中极其重要的一种工具）容易而清楚地指示出来。它由一根坚固的刻度玻管组成，把一根金属丝密封或粘牢在里面；另一根金属丝伸进管内，差不多与前一根相遇，使电火花或电击能经过一部分为水或水银所封闭的气体或气体混合物，从一根金属丝被送到另一根。管的末端浸在液体中，当爆炸发生时，不会发生与外界空气的交换，这样发生的变化就能够被确定下来。

水的组成部分已经被清楚地确定下来，尽可能精确地测定构成水的两个元素的相对重量就变得很重要了。分析法和合成法的平均结果都是 85 份氧和 15 份氢，这是通常被采用的。在这个估计里，我想氢的量是估高了。在 1805 年《化学年鉴》第 53 卷中，亨博尔特（Humbolt）和盖-吕萨克有一篇关于水中氧和氢的比例的出色的研究报告。他们认为，弹性流体通常含有的水蒸气的量将对氢气的重量发生影响，因而把福克罗伊等的 85.7 份氧和 14.3 份氢的比较准确的结果改变为 87.4 份氧和 12.6 份氢。他们的论据在我看来是完全满意的。这两个数值的关系约为 7：1。还有一件事似乎也证明这是不容怀疑的。在伏特量气管内,2 容量的氢正好需要 1 容量的氧来饱和它们。现在,卡文迪许和拉瓦锡的准确实验业已指出,氧的重量约为氢的 14 倍,和以上所得结果完全一致,这是一个有力的肯定。但是,如果任何人选择采用 85∶15 的通常估计,则氧与氢的关系将为 17/3∶1;这就要求氧的重量仅为氢重量的 34/3 倍。

水中氧和氢的绝对重量已被测定,就可对它们原子的相对重量进行研究。由于只有一个氧和氢的化合物是确定地知道的,因而按第 72 页第一条规则,水就应该归结为二元化合物;或者说,一原子氧与一原子氢化合形成一原子水。因此,氧和氢原子的相对重量为 7∶1。

以上结论还被其他一些想法有力地证实。不管氧和氢以什么比例混合,不管是 20 容量氧与 2 容量氢,还是 20 容量氢与 2 容量氧,当通过一个电火花时,水总是由 2 容量氢与 1 容量氧结合而成,而多余的气体是不变的。还有,当水用电或其他方法分解时,除氧和氢以外,没有得到过其他元素。此外,所有这两个元素参加的其他化合物今后也将被发现是支持这个结论的。

最后,一定要承认水有可能是一个三元化合物。在这种情况下,如果是两原子氢与一个原子氧结合,则一个氧原子的重量一定是一个氢原子的 14 倍;而如果是两原子氧与一原子氢结合,则一个氧原子的重量一定是一个氢原子的 3.5 倍。

2. 氟　　酸

氟酸(fluoric acid)得自盛产于德比郡(Derbyshire)的萤石,它是一种盐基还不曾清楚地确定的酸;但是,部分通过理论的推理,部分通过实验,我敢于把它放在氢和氧的化合物之中,并按照它的结构,把它紧列在水的后面,可以认为它是两原子氧和一原子氢的化合物。

谢勒(Scheele)和普里斯特利以研究该酸的性质出名;亨利博士和戴维先生曾试图把它分解。该酸可由捣碎的萤石制得,把它和大约相同重量未冲淡的硫酸放在气瓶内,然后加热,使温度升高到大约水的沸腾温度。该酸是以气态制得的,必须在汞上收集;但是如果想使它在水中凝结,那么可将发生的气体送入底部盛有一些水的容器内,水将迅速地吸收气体,并在比重方面增大。

这个酸的若干性质是:1. 在弹性状态时能灭燃,并危害动物生命;有刺激性气味,有些像盐酸,其窒息性不下于盐酸。它的比重还不曾精确地测定;但根据我所做过的一些实验,当该气体在玻璃容器中制得时,其比重似乎极其重。事实上,在这种情况下得到的是硅石的过氟化物。在一清洁的干烧瓶内,我送入一些氟酸气,过一会后,把这普通空气和酸的混合物塞好,称烧瓶重量:增加了 12 格令。接着把烧瓶倒立在水内,看吸入多少水,把这作为酸气的分量。烧瓶的容量是 26 立方英寸,原来含有 8.2 格令普通空气;引进了 12 格令立方英寸的酸气。据此,如果整个烧瓶被充满气体,它将增加 26 格令;结果是,26 立方英寸酸气将重 34.2 格令,其比重将为普通空气的 4.17 倍。这个实验曾被重复做过,所得结果都与这成比例。烧瓶在操作时被部分地覆上一层薄薄的干燥的硅石氟化物,这无疑都占一些重量;但是根据其他实验,我相信,该气体,当由硅石加重时,比大多数别的气体都重。一个直径为 0.4 英寸、长为 10 英寸的管子,把它充以该酸气,倒立一分钟，管内只保留 35/220 该气体；可是碳酸气却保留 140/220，氧盐酸气则保留 65/220。2. 水能吸收大部分该气体，但吸收分量，像在其他相似情况下一样，受到温度和压力的联合影响。在通常温度与压力下，我曾观测到 2 格令的水吸收 200 倍体积该气体，除普通空气外只留下很少剩余物。很少得到大量这样浓度的溶液；当水吸收相同体积该气体时，它具有酸味及酸的其他一切性质。3. 这个酸特有的性质是能溶解硅石（燧石）。当该酸像平时一样收集在玻璃容器中时，它能腐蚀玻璃，溶解一部分硅石，把它保持在溶液中，当它同水接触，硅石即在水面上以白色硬壳析出，即硅石的氟化物。4. 当该气体与普通空气接触时出现白烟（同盐酸一样）；这是由于它同水蒸气结合，普通空气中总是含有弥散状态的水蒸气的。5. 氟酸与碱类、土类及金属氧化物结合形成的盐类叫作氟化物。

一原子氟酸的重量可以从盐类来研究，在这些盐类中它是以完整的元素进入的。石灰的氟化物在这些盐类中蕴藏量最大，最为人所熟悉。据说谢勒在石灰氟化物中测出 57 份石灰、43 份酸和水。里克特（Richter）测出的是 65 份石灰和 35 份酸。这些就是我所知道的仅有的依据：它们相差很大。为了得到满意的结果，我取 50 格令研得很细的萤石，把它和同样多或更多的浓硫酸混合，慢慢加热到红热，结果得到混合的石灰硫酸盐和氟化石灰的干燥硬壳，再把它与硫酸混合，像前面一样加热。这个操作重复两三次，或直至重量不再增加为止。最后得到 75 格令干燥的白色粉末，这就是纯净的石灰硫酸盐。这个实验重复两三次，总是最后得到 75 格令。因此，50 格令石灰的氟化物所含石灰正好与 75 格令石灰硫酸盐所含的一样多。但是石灰硫酸盐为 34 份酸＋23 份石灰所形成，于是 57：235::5：30，30 就是在 50 石灰氟化物中所含石灰之量。因此，在 100 份石灰氟化物中含有 60 份石灰＋40 份酸；这个结果差不多是前面说过两个结果的平均值。还有，60：40::23：15（近似），15 为与 23 份石灰结合的氟酸的近似重量。但是后来发现 23 是代表一原子石灰的重量的，因此假定石灰氟化物由一原子酸与一原子石灰结合而成，则 15 代表一原子氟酸的重量。

在我们开始对这个酸进行分析研究以前，讨论一下它与水蒸气的关系将是适当的。目前对这个问题还存在很多误解，这些情况对盐酸气和其他一些物质也同样适用，它们将在有关地方介绍。大家知道，水面上普通空气含有一些水蒸气，它们以某种方式结合在一起，或者只是混合，这些水蒸气不影响空气的透明度，但在温度 65°时，其弹性力占空气的 1/50；该蒸汽在力和量方面都以同样的比率随温度而增减。克莱门特（Clement）和德索默斯（Desormes）曾指出，这个蒸汽无论在大气、氧气、氢气、氮气和碳酸气，还是在大多数其他气体中存在的量很可能都是相同的。这种蒸汽能够被任何对水具有吸收力的物质所吸引，例如硫酸、石灰等等。总之，就目前所知，它能够被任何能吸引纯水蒸气的物体所吸引。有些作者认为该蒸汽通过轻度亲和力与空气结合着，另一些作者称之为吸湿亲和力，等等。我对这个问题的观点已经说过了，即与空气混合的蒸汽与纯蒸汽并没有区别，因而服从相同的定律。可是有些弹性流体，它们对水的亲和力是如此强烈，以致不允许水蒸气平静地同它们结合；这些弹性流体是氟酸、盐酸、硫酸和硝酸。这些酸气一与任何含有水蒸气的空气接触，就立即夺取水蒸气，二者结合起来，转变为液体，显出可见的烟雾。烟雾在浮动一会以后就沉下来，或者附着在容器壁上，直至不再有任何水蒸气存在。于是这时该气体便以透明状态占有容器的体积,一个水蒸气的原子也不存在。这些酸气一会儿也不能和水蒸气共存。它们在与水蒸气结合时,便不再是弹性流体,而是液体,液体的粒子浮动着,明显可见,直至像雨一样降落下来。它们不会被再吸收,因为,玻璃容器表面一旦为它们所润湿,这就一直这样保持着。因此,看来好像这些酸气,非但不像通常想象那样顽强地保持它们的蒸汽,而且在通常情况下是根本不能容纳任何蒸汽的。在把这弄清楚以后,我们现在可以着手考虑分析氟酸的实验。

在 1800 年《哲学学报》上,亨利博士曾发表过一组有趣的用电来分解盐酸的实验。在结束时,他对氟酸进行观察:"当在里面涂蜡的玻璃管中通电时,它容积减小,剩下一部分氢气。"现在若承认这个事实是正确的,似乎可以合理地推断,氢是氟酸的一个组成元素,而不是像他所设想那样是从它所含的水中得到的。较近,戴维先生曾确定(参阅 1808 年《哲学学报》),钾在氟酸中燃烧,其结果是钾的氟化物,并放出少量氢气。一个具体的例子是,10.5 格令钾在 19 立方英寸氟酸中燃烧,14 立方英寸的氟酸消失了,形成了钾的氟化物,放出了 2.25 立方英寸氢。很明显,氧和氢在氟酸中都存在,它们一定构成该酸的整体部分,因为在酸中并不存在水蒸气,由此看来,氧和氢都是氟酸所必不可少的,而且极可能在 14 立方英寸气体中纯酸重 6 格令(普通空气为 4.5),而 10.5 格令钾所需氧气将为 2 格令。由此,进入组分的酸约为与钾结合的氧的重量的两倍。

我现在将叙述关于这个酸分解的我自己的实验。

1. 我发现氟酸气可以保存在玻璃管内数小时或数日容积不变;在末尾时同在开头时一样能为水所吸收。曾连续做过两次试验,把大约 30 水格令容量①气体通电,两小时后不发生体积变化。然后把水引入,除 4 格令外全部都被水吸收了;再加入 14 容量氢,和足够分量的氧;然后使其爆炸,观测出减小 23.3,表示有 15.5 氢。于是这里似乎发生了该酸的分解,并形成 1.5 氢。这是后一个实验的结果,前一个实验结果也一样。

2. 氟酸气,在与氢气一起通电时,发生体积的减小,但在氢中这种减小要比在酸中大得多。一个最仔细的实验的结果如下。20 容量氟酸和 13 容量氢的混合物在用浓密的电火花不断地通电 3 小时后,混合物从 33 减小到 19;其中氢发现是 10;酸是 4。这里氢一定可能与该酸的部分氧形成了水。

3. 把氟酸与氧混合,通电一小时,发现有少量氟酸减小,汞的表面变暗。

4. 把氟酸与氧盐酸混合,不发生明显变化。

总的说来,氟酸一原子的重量看来为氢的大约 15 倍,它含有氢和氧,按目前确切知道的材料来看,它不再含有其他任何元素。现在,由于一原子氢和两原子氧的重量正好是氢的 15 倍,我们有足够理由假定这一定就是该酸的组成。此外,用类比法也有力地支持这个结论。一原子其他基本元素,氮、碳、硫或磷,在和两原子氧结合时,每个都形成一种特殊的酸,这些将在后面讲到,那么,为什么一原子氢与两原子氧不能同样形成酸呢?

3. 盐　　酸

为了制取弹性状态的盐酸,可把一些食盐,苏打的氯化物,加到气瓶内,再加上相等

---

① 原文为 water grain measure,是英国过去用过的容量单位,指一格令水所占的容积。——译者注。

重量的浓硫酸,把混合物略微加热,即有气体出来,可在汞表面上显示出来。这就是盐酸气。

盐酸气一些性质如下：1. 它是看不见的弹性流体,有刺激性气味;不适于呼吸,也不能助燃;当其与普通空气混合时,会产生白烟,这是由于它和水蒸气结合,形成无数液态盐酸的微滴。2. 根据我的一些实验,盐酸气的比重约为普通空气的 1.61 倍,但是,根据布里森(Brisson)的研究是 1.43 倍,而根据柯万(Kirwan)的研究,在温度 60°和压力 30 英寸水银柱时是 1.93。在测定盐酸气比重时,显然有两个错误的来源;一是,液体盐酸容易不知不觉地进入,如果容器中水银没有极其小心地干燥过,在这种情况下重量就会太大;这种情况可能就造成柯万的错误;另一个是,有些普通空气可能有酸气混合在一起,在这种情况下其重量就会过小。为了求该气体的比重,我采用与氟酸同样的方法(参阅第 101页)。一个含有 8.2 格令普通空气的烧瓶,当部分地充以盐酸气时(即 27/28),正好得到 3格令,在其他几次试验中,也是相同的比例。从这些实验我求出上述的比重。3. 它具有酸的特性,即,能使植物性蓝色变红,能与碱类化合,等等。4. 它迅速地、大量地被水吸收,在普通温度与压力下水能吸收 400 到 500 倍其自身体积的气体;这就是说,比相等重量略少一些。水与盐酸气的这种结合构成了通常的液体盐酸,或商业上的盐精;但绝不具有以上说的强度。由于溶液中含有一些铁的原子,这种液体盐酸常带黄色。

这个酸的组成是一个长期引起化学家注意的问题。它比大部分其他酸似乎更难分解。电在组成和分解其他酸中虽然是很强的力量,似乎对此亦无能为力。在 1800 年《哲学学报》里,亨利博士曾发表他对这个问题艰苦研究的结果。从这些看来,纯净而干燥的盐酸气是很难受到电的影响的,发现体积减小很少,只有一些痕迹的氢气,他把这氢气归之于该气体所含的水或水蒸气。但是我们已经注意到,盐酸气本来是不含有水蒸气的,或者,即使含有,也一定比其他气体所含的少得多。因此,很可能氢是由一部分酸分解而得到的。这个结论为戴维先生的新近实验所证实,在这些实验里该酸明显地全部发生分解。在他载于 1808 年《哲学学报》的"电化学研究"中,他曾说："当钾在盐酸气中加热,盐酸气是尽可能用普通的化学方法使其干燥的,这时发生激烈化学作用而着火,并且当钾的分量足够时,盐酸气就完全消失,有 1/3 到 1/4 盐酸气体积的氢气放出,并有盐酸钾生成。"这里差不多可以肯定,一部分酸分解了。剩下的氢以及使钾转变为草碱所需的氧是该酸表现出的仅有元素。因此必须推断,盐酸是一个氧和氢的化合物。在同一卷下一篇论文里,戴维先生告诉我们,8 格令钾与 22 立方英寸酸气作用,生成 8 立方英寸氢。可是这个独特的实验一定有些地方不正确;要不然,就是前面的观察不正确;因为它们相互矛盾。22 立方英寸酸气重 11 格令,加上 8 格令钾,得 19 格令;而 8 格令钾只生成 14.6 格令盐酸草碱,加上 0.2 格令 8 立方英寸氢,得到的是 14.8 格令,而不是 19 格令。因此,我宁愿采用被几个实验所证实,而且是完全一致的事实,即当足够分量的钾在盐酸气燃烧时,所有气体都消失了,生成了 1/3 到 1/4 盐酸气体积的氢气,形成盐酸草碱。这是有关盐酸结构的业已被证实的最重要的事实之一。现在,盐酸草碱的元素如下所示：35 格令钾加上 7 格令氧,等于 42 格令草碱;而 42 格令草碱加上 22 格令盐酸,等于 64 格令盐酸草碱。从这里可以看出,盐酸草碱中的氧差不多是酸的重量的 1/3。据此,当钾在盐酸气中燃烧时,差不多全部重量的 1/4(因为氢很轻)用于钾的氧化,剩下的 3/4 则与形成的草碱结合。因此,当 22 立方英寸或 11 格令气体消失时,如刚才提到的特殊实验那样,差不多 2.75 格令一定是从酸中得到的氧,而 8.25 格令的酸则与这样形成的草碱结合。但是 2.75 格令氧等于 8 立方英寸,将需要 16 立方英寸氢以形成水。于是很明显,水不是氧的来源。因为,如果是的话,就一定产生两倍分量的氢。戴维先生曾证实另外一个事实,正好与刚才说过的一般事实类似。即当木炭在盐酸气中通电时,有盐酸汞形成,并产生相当于该气体 1/3 体积的氢气。他由此推断,存在的水足够形成氧化物把酸中和。但是,且不去管我所提出的水与盐酸气不能共存的论断,在此种情况下,形成氧化物所需的氧,同前面的情况一样,如果是得自水的,将至少产生两倍的氢。这是因为在氧化物中的氧与盐酸盐中酸的关系被事实证明在两种情况下是相同的。

戴维先生的确曾努力排除在这些实验中关于氟的来源可能产生的任何异议。他曾发现,由一定体积盐酸气把汞盐溶液沉淀而得到的盐酸汞,其重量与把钾在相同分量气体内燃烧,然后把酸转变为汞所得的盐酸汞是相同的。他说,"在这些结果中并没有显著的差别"。这个推断,我认为一定是错误的。100 立方英寸盐酸气与草碱结合所生成的盐酸草碱一定比钾在同样盐酸气中燃烧所生成的多。物质的重量必然要求它这样,除非发现两种盐酸盐不是同一种盐。

从所有盐酸形成的盐酸盐,或盐类看来(这些盐类将在讨论到它们时指出),一个盐酸的原子的重量为氢的 22 倍。在这个测定作出不久,我偶然想起,氢可能是酸的基;如果是这样,该酸一个原子一定是由一个氢原子和三个氧原子所组成,因为它们的重量正好凑成 22。在 1807 年,这个观点曾在《爱丁堡和格拉斯哥化学讲演》(*Chemical Lecture at Edinburgh and Glasgow*)中发表过,并用适当的图形来描写;但是该酸这种结构只是假设的,直到戴维先生这些实验出来似乎才使它不再被怀疑。这个理论是这样用于实验的:假定盐酸气的比重为 1.67,即可求出 12 容量酸含有 11 容量氢(如果放出来的话)与大约 16.5 容量氧;于是如果有 1/4 的酸分解,将放出差不多 3 容量氢,与 4+ 容量的氧,而这些氧原子将一个对一个地与钾结合,并把草碱提供给剩下的 3/4 酸(因为 1 原子酸含 3 原子氧)。同样的解释也将适用于盐酸汞的形成。这里氢将比酸气体积的 1/4 少一些;但是如果我们采用柯万的盐酸比重 1.93,那么放出的氢将介于酸气体积的 1/3 和 1/4 之间。

因此,我们得出结论:一原子盐酸含有一原子氢与三原子氧,或一原子水与二原子氧,其重量为 22。而且该酸原子的直径将被发现为 1.07,把氢原子的直径作为 1(第 86 页),或者说 12 容量的酸所含原子与 11 容量的氢一样多,或与 5.5 容量的氧一样。

我自己关于盐酸气的实验还不曾有重要成果。我在 30 容量气体内通过 1000 下小电击,体积减小了一容量,在让水通进去时,除一容量外,全部为水所吸收,这一容量看来是氢。我在盐酸气和氢的混合物中通过 700 下电击,没有变化。当把盐酸气和硫化氢的混合物通电,有氢气放出,并有硫析出,但体积没有变化。显然,只有硫化氢是被分解了。当氧和氢的混合物同盐酸气一起燃烧时,有水生成,差不多立即吸收了相当于自身重量的酸气。从这些以及这一类企图分解盐酸的不成功的尝试看来,戴维先生的实验的重要性是很明显的。

现在必须考虑盐酸与水的关系。已经说过,在普通温度和压力下,水能吸收相当于自身体积 400 或更多倍的酸气,即比自身重量稍许少些。现在,三原子水重 24,而一原子酸气重 22。这样似乎很可能,最浓的液体酸是一个酸原子和三原子水的化合物,或者说含有 48% 的酸。出售的酸的浓度很少超过它的一半。柯万先生的不同比重的盐酸的浓度表差不多是正确的。经过一些少量增加和改正,该表如下所述:

100 份液体盐酸中实际酸量的表(温度为 60°)

原　子 酸　水	酸的重量 百分数	酸的容量 百分数	比　重	沸　点
1+1	73.3	——	——	
1+2	57.9	——	——	
1+3	47.8	71.7?	1.500?	60°
1+4	40.7			
1+5	35.5			
1+6	31.4			
1+7	28.2			
1+8	25.6	30.5	1.199	120°?
1+9	23.4	27.5	1.181	145°?
1+10	21.6	25.2	1.166	170°
1+11	20.0	23.1	1.154	190°
1+12	18.8	21.4	1.144	212°
1+13	17.5	19.9	1.136	217°
1+14	16.4	18.5	1.127	222°
1+15	15.5	17.4	1.121	228°
1+20	12.1	13.2	1.094	232°
1+25	9.91	10.65	1.075	228°
1+30	8.40	8.93	1.064	225°
1+40	6.49	6.78	1.047	222°
1+50	5.21	5.39	1.035	219°
1+100	2.65	2.70	1.018	216°
1+200	1.36	1.37	1.009	214°

表中第一栏表示在不同比重的液体酸内求出的酸和水原子的数目;第二栏含有酸的重量百分数,即 100 格令液体酸所含有纯酸的格令数;第三栏表示在 100 格令容量水内所含酸的格令数,这在实际应用中是方便的,免掉称酸的麻烦;第四栏表示液体酸的比重;第五栏表示各种不同浓度的酸的沸腾温度。这最后一栏,我理解,完全是新的,它指示出显著的温度的变化:浓酸稍加热就沸腾,当酸变稀时,沸腾温度逐渐增高,一直增高到 232°,在这以后它又逐渐下降到 212°。当低于 12% 的一种酸沸腾时,它在量上面损失一部分,但是剩下来的酸,我发现,是变浓了;另一方面,浓于 12% 的酸经过沸腾却变得更稀。从珀斯瓦尔博士(Dr. R. Percival)在《爱尔兰学报》(Irish Transactions)第 4 卷的文章来看,在用通常方法制造盐酸时,当中的产品常具有最高沸腾温度的浓度,但是起先和最后的产品则要浓得多。这些事实其理由可能在上栏温度等级中找到。

4. 氧　盐　酸 [①]

这个现在叫作氧盐酸(oxymuriatic acid)的极其有趣的化合物是在 1774 年由谢勒发现的。它可由盐酸与锰的氧化物或红铅略微加热制得。加热时有一种带黄色的气体上升,可在水面上收集,它就是氧盐酸气。但是大量用于漂白的这种气体通常是由相等重量的食盐(苏打的盐酸盐)、锰的氧化物和 1.4 浓度的稀硫酸的混合物加热制得的。为了把全部酸气赶掉似乎至少需要加热到水的沸腾温度。氧盐酸的一些性质如下:

1. 它具有刺激性和窒息性气味,在这方面超过大多数其他气体,而且它是极其有毒的。以普通空气的比重为 1,它的比重我求出是 2.34。或者说,在普通温度和压力下,100 立方英寸重 72.5 格令。

2. 氧盐酸能被水吸收,但是比起盐酸来吸收的量是很小的。我发现,在温度 60° 与纯气体的普通压力下,水能吸收大约两倍其体积的气体。如果把气体用空气冲淡,则吸收的就要少得多,但是这时分量并不与该气体理论上压力成正比例,这就像在第 67 页所提到的那些气体情况一样。这样,如果氧盐酸气的压力是大气压力的 1/7,水将吸收其体积 2/3 的气体,这比按照比例规则所应该吸收的要多出两倍以上。因此很明显,该气体被水吸收,部分是机械性质,部分是化学性质。

3. 该气体饱和的水叫作液体氧盐酸。它具有和该气体相同的气味,有一种收敛性的,而不同于酸的味道。当暴露在日光中时,液体酸就逐渐分解为它的元素,盐酸与氧气。就像伯索累所最先观察的一样,这里盐酸与水结合,氧气则呈气态。光和热都不曾发现使酸气分解。

4. 这个酸,在气体状态或与水结合时,对有色物质具有一种独特的效果。它不像其他酸那样把植物蓝色转变为红色,而是一般地从物体中把颜色夺取出来,使其变为白色或无色。这时氧与色素结合,而化合物则溶解于剩下的盐酸中。因此,该酸用于漂白。

5. 可燃物体在氧盐酸气中比在普通空气中燃烧更快,并且燃烧伴随有几个显著的现象。有些物体在这个气体中自发地着火。所有金属都能被这种酸氧化,然后溶解,形成叫作盐酸盐的盐类。可燃性气体,在与这种酸气以适当比例混合时,或者是立即燃烧,像亚硫酸、硫化氢、亚硝气那样,或者通过一个电火花,混合物就发生爆炸,像氢、碳化氢等气体那样。这些事实指出,与盐酸结合形成氧盐酸的氧很容易被夺取出来,再进入几乎任何其他化合物中。

6. 氧盐酸似乎容易与溶解在水中的固定碱和土类结合,但它能使氨分解。可是,值得注意的是,很少得到中性的干燥盐类。当把饱和溶液蒸发结晶时,得到的主要是两种不同的盐类:一种是简单的盐酸盐,而另一种则为一种过氧化的盐酸盐。在其中发现有一种含有大量氧的酸,因而称为过氧盐酸。

7. 最近在做氧盐酸实验过程中我曾经想到它的一个非常显著的性质。克鲁克香克斯(Cruickshank)曾发现过,如果把氢和氧盐酸气混在一起,在塞好塞子的瓶里放置 24 小

---

① 即氯气。——译者注。

时，当在水下面把塞子去掉时，发现气体消失了，水代替了它的地位。为了想更加肯定地确定时间，我在一个容量小的量气管中把气体混合，并把管子立在水上。经过大约三刻钟，混合物的较大部分就消失了。在下一个实验里，这些气体在混合以后，似乎在一两分钟内没有影响，然后该混合物开始迅速地减少，像普通空气与亚硝气一样，只是没有红色烟雾。减少继续进行，直到在两三分钟内差不多全部气体都消失了。在几个小时以后重复做这个实验却没有看到这种减少。我想起在前一次实验中有太阳光照在仪器上便重新把仪器放在太阳的直接照射下，减少又像前面一样迅速。通过各种变化重复实验，肯定了光是氢在氧盐酸气中迅速燃烧的原因。光越强，混合物的减少就越快。而如果把量气管用一个不透明的物体盖上，混合物将很少发生作用，一天都看不出任何减少，在两三个星期内都不会完全消失。而且，当减少正在迅速进行时，如果用手或任何不透明物体把太阳光挡住，减少就立即中止。这些观察也同样适用于碳化氢或氧化碳和这种酸气的混合物，只是碳化氢要析出一些碳而已。其产物为碳酸、水与盐酸。这些事实是在 1809年 6 月确定下来的。在下一个月里，我发现，当把氢和氧盐酸在能够容纳 600 格令水的结实的管形瓶中混合，并放在太阳光下，几乎立即发生爆炸，有很响的爆炸声，就像通过一个电火花一样。如果塞子塞得很牢，几乎会形成真空，当塞子在水下去掉时，瓶子马上就充满了水，但通常是塞子被猛烈地弹掉。

现在剩下来的是指出这个酸的组成。所有实践都指出，它是盐酸和氧的化合物，但是它的精确比例到目前还不曾确定。伯索累把水用该酸气饱和，然后把它暴露在日光下直至氧气被释放出来，他用这种方法求出该酸气由 89 份盐酸和 11 份氧（以重量计）所组成。是不是全部氧都这样地释放出来是非常可疑的；氧的分量肯定是大大低估了。切尼维克斯（Chenevix）得出这个酸的组成是 84 份盐酸和 16 份氧，他也是把氧估计过低了；可能是因为他把这个酸所组成的一切盐类都当做简单的盐酸盐，或是氧盐酸盐；但是无疑氧盐酸盐是确实存在的，因为它具有漂白的性质。在所有这些作者中我认为克鲁克香克斯是最接近于真实情况的。他说，2 容量氢需要 2.3 容量氧盐酸盐来饱和它，而已知它们需要 1 容量氧，因此，他推断出 2.3 容量该酸气含有 1 容量氧。由此可以推断出，100 容量该酸气将给予 43.5 容量的氧气，和某一个未知容量的盐酸（并不是如汤姆森博士所推出的 56.5）。切尼维克斯说，克鲁克香克斯的气体是从草碱的过氧盐酸盐得到的，而"他所得到的物质事实上不是与氧化合的盐酸气，而是该气与过氧化盐酸的混合物"。汤姆森博士说，"当把按克鲁克香克斯方法得到的用氧盐酸气饱和的水与液体氨混合时，几乎没有任何气体放出。这两种物体结合而形成一种盐。"我不知道这两位作者说这些话有什么理由，但是根据我的经验，它们都是完全没有根据的。该酸气从硫酸、苏打盐酸盐和锰矿的混合物制得，或者从盐酸与软锰矿制得，或者从草碱的过氧盐酸盐与盐酸制得，都正好是同一种气体，不管是考虑到它们对可燃性气体的作用，对液态或气态氨的作用，还是它们被水的吸收性能。的确，微小的差别是有的，但似乎不会产生任何显著的影响。用前面两种方法制得的气体在用氨处理时，总是析出一些棕色锰的氧化物，但用最后一种方法得到的却一点也不析出。盐酸对草碱过氧盐酸盐的作用显然是把多余的氧从该化合物分开，而不是把过氧盐酸质点与草碱质点分开。

由于氧盐酸不管从理论还是从实用的观点都越来越重要，我曾经花费很多时间努力弄清楚它的元素的比例，并且认为已经获得成功；至少，对它的组成我自己是感到相当满意的。我采用的方法既是合成的又是分析的，但是我主要依靠的是后者。

1. 我用干燥水银充满量气管，送入 13 格令容量的盐酸气，再加上 9 容量 77％纯度的氧气，即由 7 份氧和 2 份氮组成。该仪器配有白金丝。大约有 1300 下小电击通过气体的混合物，跟着发生体积逐渐减少，水银变浊，情况同氧盐酸与汞接触时一样。22 容量被减少到 4，洗涤时不再减少。在这 4 容量内加上 20 容量氢和 20 容量普通空气，把该混合气体爆炸，减少的体积是 15 容量，相当于 5 容量氧。但是普通空气仅含有 4 容量氧，因此，1 容量氧一定已经存在于剩余的气体中，而且很可能 1 容量氧本来就在盐酸中存在着。这样就好像是 12 容量盐酸与 6 容量结合形成氧盐酸。如果我们从这三个弹性流体的比重来计算，将发现 12 容量盐酸气加上 6 容量氧气，应该成为 11 容量氧盐酸气。这个结果差不多是正确的；但是该过程太麻烦以致不能多重复，特别是因为这个目的可以通过分析方法更加容易和更加精致地达到。

2. 氧盐酸气和氢，在水上混合在一起，通过一个火花就爆炸，非常像普通空气和氢的混合物。克鲁克香克斯把 3 容量氢和 4 容量酸混合，并在汞面上把它们爆炸，在这种情况下有酸气的剩余物。然后他把 4 容量氢和 4 容量酸混合，爆炸后发现有氢气剩余。从这些实验他推断出，3 容量氢需要 3.5 容量酸来饱和。我求出的结果略微有些不同，但是差错并不大，是我们所能预料到的。不管我们是在汞上还是在水上处理氧盐酸，肯定会损失一些。除非这种损失能够被估计或考虑到，不然我们就很容易把所需的酸估计过高。在光对这个混合物的作用被发现以前，我常在水面上把已知分量的两种气体在有刻度的伏打量气管内混合在一起，让混合物放置几分钟，使其完全混合，然后通过一个火花，但是要注意在这时以前混合物在哪个刻度。在这个方法中，当氢过量时，结果是准确的，能够求出总的体积的减少，并能够对剩余的气体进行分析，求出剩余的氢，以及普通空气（如果有的话），这在水面上制得的所有氧盐酸中是非常容易或多或少地存在着。通过多次细心的试验，我发现，1 容量氢需要尽可能接近相等容量的酸来饱和。但是自从日光照的效应被发现以后，我曾经用更简单和更精致的方式进行操作，结果也更一致和更准确。我取一个有刻度的管子，能容 200 容量气体。把这个管子用水充满，引入 100 容量已知纯度的氢，再加入一些酸气，差不多把管充满，然后用手指把管的末端揿住，立即把它转移到一个汞槽。然后把它暴露在日光下（如果阳光不是太强的话，太强时恐怕要发生爆炸），或者在能够得到的最强光下。两三分钟内看不出任何变化，接着水和水银就升到管内，速度先是逐渐增加然后逐渐减小，直至差不多到达顶部。于是把剩余的气体进行观察，确定氢、酸和普通空气的量。管中水的量在汞上升时变得明显可见，这对防止酸与汞的作用是有益的。水必须从管的容量中减去以求出所用气体的体积，从中去掉氢，即剩下酸的体积。

从按上面方法做的 5 个实验的平均来看，我得出结论，100 容量氢需要 94 容量氧盐酸气使其转化为水。在每一个实验中，酸都比氢少。

上面这些实验在多云的日子里做特别有趣。直接太阳光的存在立即促进汞的上升，但太阳一被云遮住，上升就迅速停止。管中汞的表面在过程中总是成为美丽的天蓝色，在用液体氨分解氧盐酸时也是这样。这两种情况是什么原因我不知道。

从以上结果看来，100 容量氧盐酸一定由 53 容量氧与一定分量的盐酸气结合而成。现在，100 立方英寸氧盐酸重 72 或 73 格令，而 53 立方英寸氧重约 18 格令，比上面重量略少一些。因此，如果盐酸的原子重 22，则氧盐酸的原子一定重 29；这样我们就得到该酸的组成。一原子该酸由一原子盐酸与一原子氧结合而成。前者重 22，后者重 7，总共为 29；或者是大约 76% 的盐酸和 24% 的氧。这样，前面的关于这些弹性流体比重的实验看来确证了现在的关于它们的组成的实验。如果盐酸的组成是被正确地测定的，则氧盐酸一定是由 1 原子氢和 4 原子氧所组成。不论怎样，1 原子盐酸一定是与 1 原子氧结合而形成 1 原子氧盐酸的。该气体的弹性原子的直径差不多和氢相同，因而可以用 1 来表示，只是略小一些。该气体在给定体积中的原子数目与相同体积氢的原子数目之比近似地为 106∶100。看来氧盐酸的原子比盐酸原子，或者比氢原子略微密集一些。

5. 过 氧 盐 酸①

一种叫作过氧盐酸（hyperoxymuriatic acid）的化合物的存在曾被明确地指出过，但是可能由于它的元素部分的巨大重量和数目，游离的、弹性的甚至液体状态下的过氧盐酸还不曾看到，也许不可能看到。它显然是盐酸和大量氧的化合物。把氧盐酸气气流送入碱类和土类元素，或它们碳酸盐类的水溶液中即可制得它和碱类及土类的化合物。氧盐酸本是与碱化合的，但是随着时间的推移，当溶液变浓时，酸中就发生了变化。一原子氧盐酸从其邻近的每个质点夺取一个氧原子，使它们转变为普通的盐酸；在这种情况下它与一原子碱形成一种过氧盐酸盐，而其他酸的原子则形成盐酸盐。似乎氧盐酸盐很难得到；因为当它们的溶液浓缩时，它们极其容易分解而重新化合，如以上所述。

伯索累首先指出这个酸的特性，但是它的本质和性质在 1797 年由霍伊尔（Hoyle），和在 1802 年由切尼维克斯更加充分地进行讨论过。这些作者做的主要实验是关于草碱的过氧盐酸盐的；关于该盐的组成他们是差不多一致的，但是在一些生产条件方面有所不同。它在加热时生成 2% 或 3% 的水、大约 38% 的氧，以及 59% 或 60% 加热时不再变化的盐，切尼维克斯把这个盐看作简单的盐酸盐 ，但是霍伊尔说它在加硫酸时放出微量氧盐酸。在 59 份盐酸盐中酸差不多是 20 份。因此，20 份重量盐酸加上 38 份重量氧构成 58 份过氧盐酸，或者，照切尼维克斯所说，65 份氧加上 35 份盐酸等于 100 份过氧盐酸。这我认为是非常接近实际情况的。于是，如果 35 份盐酸需要 65 氧，则 22 份将需要41；但是 22 是一个原子盐的重量，而 41 或 42 是 6 个氧原子的重量；这样就决定了过氧盐酸的组成。它一原子是由一原子盐酸＋六原子氧所组成，或者是由一原子氧盐酸＋五原子氧组成；而它的重量则用 64 来代表。现在我们可以看到在过氧盐酸盐的形成中发生些什么了。一原子氧盐酸从其周围五个原子中每个原子夺取一个原子；因而一原子过氧盐酸盐必然生成 5 原子简单的盐酸盐。假定盐类来自草碱，则它们的重量可被求出如下：一原子草碱重 42，一原子过氧盐酸重 64，一共为 106。五个草碱的盐酸盐等于 320；两者之和等于 426。现在，426∶106 近似地等于 100∶25。故在草碱的过氧盐酸盐的生

---

① 即氯酸。——译者注。

成中,如果所有草碱都形成盐酸盐和过氧盐酸盐,则前者一定是 75,而后者一定是 25。霍伊尔关于这点没有告诉我们;切尼维克斯则求出前者为 84 而后者是 16。于是这里就产生一些问题。我相信,事实是,在生成的盐类当中,或者在切尼维克斯称为完全盐(entire salt)的物质中总是或多或少地存在有真正的草碱的氧盐酸盐的。氧盐酸同盐酸一样能够使银从硝酸盐类中沉淀出来。显然由于这种检验方法,切尼维克斯把一些草碱的氧盐酸盐与盐酸盐混淆了。然而量还是可以确定的。因为 25:75::16:48。在 100 份切尼维克斯的完全盐内于是就有 16 份过氧盐酸盐,48 份盐酸盐,剩下的 36 份一定是氧盐酸盐了。霍伊尔的实验证实了这个结论。他说,剩余的盐酸盐(在过氧盐酸盐取出以后)很多是被氧化了,因在加入酸时它能强烈地破坏植物的颜色。盐酸盐类,甚至盐酸盐与过氧盐酸盐的混合物都不会有这种情况。此外,草碱的氧盐酸盐(或者被草碱吸收的氧盐酸)大量用于漂白,这是大家熟知的。如果该酸自身立即分解为盐酸与过氧盐酸,它将不能用来漂白。

于是过氧盐酸一定是由 1 原子盐酸与 6 原子氧所组成;但是 由于前者可能含有 1 原子氢和 3 原子氧,我们得出 1 原子过氧盐酸的组成为 1 原子氢＋9 原子氧;或者说它是由 1.5 重量百分数的氢和 98.5 重量百分数的氧所组成。这样,如果这个酸很容易放出氧,在可燃性物质存在时容易发生爆炸,就不足为奇了;另外,这个酸不能形成这样庞大质点的弹性流体也就不足为奇了。

关于氟酸和盐酸的注释

从关于氟酸和盐酸的前面这些文章印刷以后,我又看到 1809 年 1 月号《物理学杂志》(*Journal de Physique*)中盖-吕萨克和西纳德关于氟酸和盐酸的极其有趣的报告摘要。他们的受到事实支持的意见和我所曾经建议的是明显地一致的。他们发现,当氟酸气进入任何气体中时产生烟雾,气体体积有了减小,但只是很少量;当不发生烟雾时,就不发生减小。因此他们得出结论,这个酸是检验气体中存在水蒸气的良好试剂。他们并且说,除去氟酸气、盐酸气,可能还有氨气,所有气体都含有和湿度有关的水(水蒸气)。小伯索累曾证明氨气不含有结合水,而盖-吕萨克和西纳德猜想它不含有和湿度有关的水,但是亨利博士的一些实验使我相信它是含有的。我认为它在和普通空气混合时不发生烟雾就是一个证明。他们说,当水用氟酸气饱和时,溶液清澈、冒烟、有极强的腐蚀性,大约有 1/5 该酸可被热赶出,剩下的则变为固定的,像浓硫酸一样,需要很高温度使其沸腾。他们从这个事实提出问题,硫酸和硝酸本来不会是液态,而只是由于它们与水结合才成为液态的。他们把一滴水暴露在 60 立方英寸氟酸气里;这滴水不是蒸发掉,而是由于吸收了酸而增加了体积;因此他们得出结论,氟酸气也是不含结合水的;这个结论被引申到氨气,但未被引申到盐酸。我奇怪他们这里把盐酸除外,因为每个人都知道,当把一滴水放进盐酸气中是会发生同样现象的;即这滴水没有蒸发而是由酸的凝结而增大了。可是他们提到亨利和伯索累的实验,在这些实验里水被设想同该气体处于密切联合的状态。他们还自己提出一些气体,在这些气体里,水被发现占气体重量的 1/4。一种结论认为盐酸气是唯一的含有和它结合的水的气体,他们认为是令人惊讶的;他们似乎倾向于认为水是该酸的组分,但氢和氧不是处于水的状态。

盖-吕萨克和西纳德发现,氟酸气,当其被硼酸从石灰的氟酸盐分开时,由于溶液中含有硼酸,不再能溶解硅石。另一个值得注意的事实是,石灰的氟酸盐,在铅制容器中加入硫酸蒸馏,得到的不是气态的氟酸,而是液态的。他们观察到,正如戴维已经做过的那样,钾在硅氟酸气中燃烧时,有一些氢放出,累积起来的量约相当于由水放出的1/3。他们似乎认为,该酸在这种情况下被分解,但是他们没有提出任何观点说氟酸或盐酸气是完全由氢和氧所组成。

第二节 氧 与 氮

迄今已发现的氧和氮的化合物有五种。可以用下列名称来区别它们:亚硝气(nitrous gas)、硝酸(nitric acid)、氧化亚氮(nitrous oxide)、亚硝酸(nitrous acid)和氧硝酸(oxynitric acid)。在讨论它们时,一般是由含氧最少的化合物(氧化亚氮)开始,一直到含氧较多的化合物。我们的计划是采用另一种安排原则,即由最简单的或由数目最少的元素质点组成的化合物开始,这通常是二元化合物,然后继续讲三元或较多原子化合物。根据这个原则,如果可能的话,先确定上述化合物中有没有以及哪一个是二元化合物就是必要的了。按照两种简单气体的比重来表示它们的原子的重量,我们应该断定,一个氮原子和一个氧原子之比约为6:7,氨和水的相对重量也支持这个比值。但是,最好的标准是由比较化合物气体本身的比重得出的。在这些化合物中亚硝气比重最小,表示它是二元化合物;氧化亚氮和亚硝酸①都要重得多,表示它们是三元化合物,而后者又比前者重,说明氧化氮重,因为已知后者含氧最多。现在让我们来看怎样根据已知的事实来证实这些结论。

根据卡文迪许和戴维,他们是我们已知的有关这些化合物的最高权威,它们的组成如下:

比　　重	重量组成	比　　率
亚硝气　1.102	46.6氮＋53.4氧	6.1:7
	44.2氮＋55.8氧	5.5:7
	42.3氮＋57.7氧	5.1:7
氧化亚氮　1.614	63.5氮＋36.5氧	2×6.1:7 ⎫戴维
	62氮＋38氧	2×5.7:7
	61氮＋39氧	2×5.4:7
硝酸　2.444	29.5氮＋70.5氧	5.8:7×2 ⎭
	29.6氮＋70.4氧	5.9:7×2
	28氮＋72氧	5.4:7×2 ⎫卡文迪许
	25.3氮＋74.6氧	4.7:7×2 ⎭

---

①　疑为硝酸,可能是作者笔误。——译者注。

上表主要是取自戴维的研究工作,其中同一项目内两种以上的结果是由不同的分析方法得到的。在第三栏中提供了各种化合物中氮和氧重量之比,是将一个氧原子的测定重量化为7,由第二栏得出的。这个表极其出色地证实了以上所述的理论观点。一个氮原子的重量是在5.4与6.1之间,值得注意的是,理论和实验间的差异不大于多次实验间之差,换言之,由上面各次实验得出的一个氮原子的平均重量对于理论和实验将是同样适用的。平均值是5.6,所有其他数值可以按此值来计算。于是,我们得到1原子亚硝气重12.6,由1原子氮和1原子氧组成;1原子氧化亚氮重18.2,由2原子氮和1原子氧组成;1原子亚硝酸①重19.6,由1原子氮和2原子氧组成。一个氧原子的重量对这些化合物的理论没有任何影响,若氧取3或10或其他数目,化合物中氮和氧的比率仍继续保持不变,唯一不同的是一个氮原子的重量随着氧原子所取重量不同按比例升高或降低而已。

我曾经想通过别人实验的结果提出关于氮、氧化合物的这种见解,而不是通过自己的。因为同我见解完全不同的作者们,如果不看到这些见解符合于实际的观察,他们是不会推出以上结果来支持它们的。

现在,我对上表中的结果提出一些看法,并说出我自己的结果,而这些结果都是经过艰苦努力得到的。

我认为上述的一个氮原子的平均重量5.6是太大了。真正的平均值只稍微比5大一些,可能是5.1或5.2。我这样说并不是暗示上表的结果是由不精确的实验得出的。在研究期间,我重复了许多人的实验,但我发现,我的结果大体上同戴维所得的结果最接近,超过同其他人的。由于知识进步了,从同样的事实可以得到更正确的结果。至于卡文迪许的重要实验,它们目的在于指出硝酸是由什么元素构成,而不是各元素的比例,而且这些实验是早在气槽化学时期做的,因而不能获得精确的结果。

表中第一行所载亚硝气中氮和氧的比例,是由引燃物质燃烧确定的。戴维先生公正地认为这个比例的可信程度最小。第二和第三行是由木炭在亚硝气中燃烧获得的。第二行是根据碳酸中求出的氧。由新近确定的碳和氧的比例作出的计算,我将氮减小为5.4。第三行是由燃烧后留下的氮得到的。戴维先生发现15.4容量亚硝气产生7.4容量氮,或100容量亚硝气产生48容量氮气。

普里斯特利博士首先观察到电火花能使亚硝气减少,最后留下氮气,他说,体积减少到1/4。我曾几次重复做这个实验,尽可能注意精确,亚硝气中氮的精确含量事先用硫酸铁测定过,一般是2%。将50或100水格令容量该气体放入置于水上并配置白金丝的狭窄量气管中,充电1或2小时,一直继续到体积不再减小为止。在剩余气体中加入少量普通空气,没有发现体积减小。这样,由100容量纯亚硝气平均得到氮气24容量;也就是说,102容量98%的亚硝气留下26容量氮。由上述可知,误差没有超过1%,即从100容量纯亚硝气我不曾得到过多于25或小于23容量氮。因此,我相信,把24容量作为准确的近似值是可靠的。

这个实验连同最后提到的戴维先生的实验都是很重要的。它不仅说明了亚硝气的组成,而且也说明了硝酸的组成。显然,充电正好使一半氮气释放出来,其氧气则与另一

① 应为硝酸。——译者注。

半亚硝气生成硝酸。电击的直接结果是使结合成亚硝气的氮原子和氧原子分开,在氧被释放出来的一瞬间,就被另外的亚硝气原子所攫取,二者结合成一个硝酸原子,并逃到水中。换言之,100 容量亚硝气含有 48 容量氮,充电后,24 容量氮被释放出来,另外 24 容量则获得前者失掉的氧,成为硝酸,并被水所吸收。

重复卡文迪许的实验发现证实了上述结论。我曾三四次做过同样性质的实验,并得到相同的结果。但是由于这些实验很困难,做起来不那么方便。其中有一个实验是特别值得注意的,我将详细地加以叙述。一定量纯氧气逐渐地用普通空气稀释,直至混合物中含 29% 体积的氮,假定这是形成硝酸的近似比例。检验方法是把它和氢一起爆炸,并把体积减少中的 1/3 作为氧的体积。取一些蒸馏水用该混合气体饱和,放入配置白金丝的量气管中。然后放入 50 容量混合气体,开始充电,几小时后气体减少到 20 容量,继续一整夜无任何变化,次日重新开始操作,气体减少到 13 容量,发现是 3.5 氮+9.5 氧,或 27% 氮+73% 氧。因此,29% 容量的氮显然是太少了。根据上面数据计算,我们得出 30 容量氮与 70 容量氧结合成硝酸。按重量算,硝酸中 27% 是氮,73% 是氧,这与卡文迪许的平均值很接近。由此得出,一原子氮重 5.15。根据亚硝气的实验,假定其比重为 1.10,氮的比重为 0.966,得出一原子氮重 5.1。

就氧化亚氮而言,我认为戴维的计算没有能够处理好他自己的实验。第一行表示氢在氧化亚氮中燃烧得到的结果。从几次实验中,戴维选出 39 容量氧化亚氮和 40 容量氢在一起燃烧的一次,它们似乎正好相互饱和,留下 41 容量氮。但是该残留物中一定含有少量原来就混在氧化亚氮和氢气中的氮原子,因此可认为估计过高。如果我们假定 39 氧化亚氮含 40 氮,将使一个氮原子的重量从 6.1 降至 5.6。在我自己的经验中,等体积的氧化亚氮和氢彼此饱和,余下的氮,在适当考虑杂质的情况下,体积与另外两种气体任一种体积相等。这意味着,1 容量氮+半容量氧在结合时应该化合成一容量氧化亚氮,但是根据上面给出的氧化亚氮的比重,化合后的重量约减小掉 5%。我担心这样是把氧估计低了,因为有可能生成未被察觉的少量硝酸。在第二行中,我们从磷化氢和木炭在氧化亚氮中燃烧得出其中氮和氧的比例。在用前者时,得到和氧化亚氮等体积的氮,在用后者时,21 容量氧化亚氮生成 21.5 容量氮和 11.5 容量碳酸。现在,我们假定一容量氧化亚氮含有等体积的氮气,重 0.966,其余部分是氧,重 0.648,其重量百分比将是 60 氮+40 氧。再者,现在已知 11.5 容量碳酸含有 11.5 容量氧,因此 21 容量氧化亚氮一定含有 11.5 容量氧;姑且说是 20 容量氧化物,因为总共用了 30 容量,从残余物中提取的 9 容量是纯的,剩下的 21 容量中必然含有所有 30 容量中的杂质,这些杂质不大会小于 1。像前面一样,这将给出,在氧化亚氮中重量百分数为:60 氮+40 氧。第三行结果是由硫化氢燃烧得到的,这里戴维先生发现 35 容量氧化亚氮饱和 20 容量硫化氢,留下 35.5 容量氮。这似乎又一次表明,氮和氧化亚氮具有相同的体积,因此同前面一样得到,按重量 60 氮+40 氧,并相应地得到一个氮原子的重量等于 5.25。

值得注意的是,氢在氧化亚氮中燃烧时,通常发现氧(由氢的消耗量来计算)低于标准,正如戴维先生所察觉到的,在油生气的燃烧中,氮也是这样。我曾发现矿坑气或煤气也同样如此。我料想氮的消失是因为生成氨。

除了已经考虑过三种氮和氧的化合物以外,至少还有两种。其中之一叫作亚硝酸,是硝酸和亚硝气的化合物。另一种我称之为氧硝酸,是硝酸和氧的化合物。普里斯特利发现硝酸大量吸收亚硝气,并变得更容易挥发。他发现,当把亚硝气封闭在盛有 96 水格令容量强硝酸的小瓶中时,130 盎司容量该气体一两天内在水面上消失。酸的颜色随着它吸收亚硝气逐渐由淡黄变为橘黄、绿色,最后呈蓝绿色。戴维先生曾经努力去求硝酸吸收亚硝气的量,他估计比重为 1.475 的蓝绿色酸按重量计含有 84.6 硝酸、7.4 水和 8 亚硝气。他断定稀酸吸收亚硝气的比例小于浓酸。这个问题即将予以考虑。

普里斯特利发现,亚硝气与氧混合时即发生化合。这样,用一种气体饱和另一种气体是容易的,但是不幸常产生两或三种不同的化合物,一种化合物对另一种化合物的比例随混合的环境不同而改变。按前面测定的硝酸的组成,知道 10 容量氧需要 18 容量亚硝气使其转变为硝酸。但是该混合物可以这样掌握,使 10 容量氧与 13 容量或 36 容量,或任何中间数量的亚硝气混合。由于我不曾看到任何作者明确地陈述这些事实,我将把我自己实验的结果附加在这里。

1. 在一直径 1/3 英寸,长 5 英寸长的管中,把 2 容量亚硝气加到 1 容量氧中,半分钟后,体积缩减一停止,立即把剩下气体转入另一管中,发现 1 容量氧和 1.8 容量亚硝气消失了。混合是在水面上进行的。

2. 在一直径 1/5 英寸,长 10 英寸的管中,把 4 容量氧加到 1.3 容量亚硝气中,把试管充满,发现在四五分钟内 1 容量氧将与 1.3 容量亚硝气化合。

3. 当 1 容量氧和 5 容量亚硝气混合,形成一层薄的气层,不厚于 1/8 英寸(如在普通平底杯中),将发现在没有任何搅动的情况下氧立即攫取 3 到 3.5 容量亚硝气。如果是等体积混合,则 1 容量氧约取得 2.2 容量亚硝气。

4. 如果让水先吸入一定量氧气,然后在亚硝气中搅动水,则吸收的亚硝气量总是大于抽空氧气的水所吸收的量,等于氧气体积的 3.4 倍或 3.6 倍。反过来,如果水先吸入一部分亚硝气,然后用氧气搅动之,则吸收的量将大于未吸收亚硝气的吸收的量,为亚硝气的 1 倍到 3.6 倍。

这些事实很容易证实,我相信,凡是能够重复这些实验的人都能发现其接近实际。这些事实是奇妙而独特的,因为我们很少有另外的例子,其中两种气体按如此不同的比例形成真正的化合物。如果气体不是准确地按以上所有条件混合,结果将不会是一样的。但是在我观察的各种变动中,我从未发现氧气被少于 1.3 或多于 3.6 容量的亚硝气饱和。显然,水的存在和短的混合气体柱两者都使亚硝气消耗量增多,后者大概是由于容许化合立即发生。另一方面,狭窄的管子会使作用更慢,并使化合点远离水面。这些情况似乎都是增加氧的结合量。

在氧和氮的化合物中,1 容量氧有时与 1.3 容量亚硝气化合,有时与 3.6 或根据条件不同而与任何别的中间数量化合,那么我们怎样想象这种氮和氧的化合物呢?是不是这种化合物有不确定的组成呢?我不能这样设想,而事实也决不会是这样。在所有产物中需要予以承认并用来解释这些事实的有三个。根据亚硝气充电(electrification)所得结果,业已知道 1 容量氧需要 1.8 容量亚硝气生成硝酸,这结论已被其他事实所证实。从上面的观察资料 3 和 4 看来,氧有时和 3.6 倍体积的亚硝气化合,而这是最大值;但是这正好是生成硝酸所需数量的两倍。因此,很明显这时有一个化合物生成,其中所含亚硝气原子为生成硝酸时的两倍。于是这个化合物可称为亚硝酸,由 1 原子氧和 2 原子亚硝酸以化学亲和力结合组成基本原子。如果在另一个极端,或者氧结合了最少量的亚硝气0.9,或即硝酸中的一半,则表明 2 原子氧结合 1 原子亚硝气,此化合物可以称为氧硝酸。虽然看来到现在还不能单独地生成此化合物,但是它的存在是非常可能的。在 1.8 容量亚硝气所消耗的氧多于 1 容量时,它经常与硝酸,甚至与亚硝酸一起生成。如第一个观察中所述,当 1 容量氧和 1.8 容量亚硝气化合时,我认为不是生成纯的硝酸,而是生成所有这三种酸的混合物,其比例是使亚硝酸与氧化硝酸彼此平衡,到后来,在与水结合时,根据交换原理,这二者都变为硝酸。

现在,我们将着手更详细地分别陈述氮和氧的化合物。在此,就前面所述的观点和资料,列表说明它们的组成可能是适当的。

	一个原子的重量	原子数 氮 氧	按重量计 100 份中含 氮 氧	按容量计 100 份中含 氮 氧
亚硝气	12.1	= 1+1	42.1+57.9	48+56.6
氧化亚氮	17.2	= 2+1	59.3+40.7	99.1+58.3
硝酸	19.1	= 1+2	26.7+73.3	30∶70*
氧硝酸	26.1	= 1+3	19.5+80.5	22.1∶77.9
亚硝酸	31.2	= 2+3	32.7+67.3	36.2∶63.8

* 后三者的比重没有精确测定,我们只能给出其容量的比率,而不能得出在 100 容量中氮和氧的绝对量。

1. 亚 硝 气

把稀硝酸倒在多种金属上,可生成亚硝气,要在水面上收集。最好的制备方法是放几小片铜或铜屑于气体瓶中,把比重为 1.2 或 1.3 的硝酸倒在上面,不需要加热,即得到纯粹的气体(只是被空气稀释了)。这个过程的一般解释是,一部分硝酸分解成亚硝气和氧元素,氧与金属结合生成氧化物,为多余的酸所溶解。更详细地检验这个现象,用柯万的表来估计真正酸的量,我发现,1/3 的酸分解,供应氧给金属,并产生亚硝气,1/3 与金属氧化物结合,剩下的 1/3 攫取亚硝气并生成亚硝酸;但由于酸的冷凝,不能取得多于 1/3 或 1/2 的亚硝气,因而其余部分被放出。例如 200 格令容量强度为 1.32 的硝酸,用 100 水稀释,溶解 50 格令铜,生成 44 立方英寸的亚硝气,等于 15 格令,于是 200 容量酸含 102 格令纯的酸,50 格令铜需要 35 格令硝酸,这大约是 102 的 1/3;每个铜原子与二个氧原子生成氧化物,它又与二原子硝酸生成硝酸铜(今后将说明)。这样看来,好像无论用任何量的酸使铜氧化,都需要等量的酸与氧化物结合;因此,应该生成 22 格令亚硝气,但实际只有 15 格令,似乎 7 格令亚硝气与剩余酸化合生成亚硝酸,一部分可能在混合物中受热而挥发掉。

按柯万的看法,亚硝气的比重为 1.19,而按戴维为 1.102,就我自己的经验来看,后者最接近于真实情况。其基本质点重量是氢的 12.1 倍左右;在弹性状态其直径为 0.958,氢是 1。若 1 容量氢含 1000 个原子,相同容量的亚硝气将含 1136 个原子。吸入即使稀释的该气体对身体也是很有害的,若吸入纯的气体,则立即死亡。一般情况下,它能灭燃,但是引燃物立即在其中着火;点燃的磷和木炭在其中燃烧并发生分解。我发现,纯水（即除去所有空气的水）吸收大约其体积的 1/18 的亚硝气，但是只有 1/27 能够被别的气体重新将它逐出；这样，好像有一小部分亚硝气与水真正化合了，像多数其他气体一样，大部分由外部压力机械地束缚着。

曾经观察到，亚硝气能被电分解：氮气的一半释放出来，而另一半与放出的氧化合生成硝酸。根据戴维用木炭做的分析，亚硝气含按重量计 2.2 份氮和 3 份氧，或含约 42％氮和 58％氧。这和我用电和其他方法所得结果相同。若完全分解，则 100 容量将膨胀到104.6，其中氮为 48，氧为 56.6。

最近亨利博士发现，亚硝气被氨气分解；在汞面上两种气体混合在伏打量气管中，发现一个电火花就足够使其爆炸。当所用亚硝气过量时，产物是氮气、水和小部分硝酸；当所用氨过量时，则生成氮气、水和氢。米尔纳博士（Dr. Milner）发现当氨气通过含有红热锰的管子时生成亚硝气。这些事实是亚硝气分解和组成的显著的例子。

亚硝气的纯度是容易精确地检验的，用某些铁盐的浓溶液，特别是普通硫酸盐或绿矾。把一容量亚硝气放入一窄管中，其末端浸入这种溶液中，立即有一小部分液体进入管中，用手指捂住管的末端，摇动液体，将管重新浸入液体中，把手指缩回，则有一部分液体进入，重复此过程直到不再吸收气体。残余物一般是氮气。吸收是快的，操作在一分钟内完成。这种事实由普里斯特利博士首先观察到。为了希望更详细地知道此化合作用的性质，我制得一种绿硫酸盐的溶液，6 格令容量含一格令盐，其比重是 1.081；将此溶液和铁屑一起搅拌，还原溶液中可能存在的任何红硫酸盐，成为绿硫酸盐，已经知道，红硫酸盐不吸收亚硝气。把量气管装入水银，只留出一容量放溶液，然后在汞面上将量气管倒转，把亚硝气送入溶液，随后加以搅拌。屡次都发现，1 容量溶液吸收 6 容量气体，然后即饱和。因而，1500 格令容量液体将吸收 9000 格令容量气体，正如大家所熟知的，15000 格令溶液含 250 盐，其中 1⅖ 是铁；9000 格令容量气体重 12 格令，这里 50 格令铁结合 12 格令亚硝气。现在一原子铁重 50，亚硝气重 12。因此得出，在绿硫酸铁与亚硝气化合时，每个铁原子结合一个亚硝气，这是符合一般的化学结合定律的。

现在仍然用亚硝气在量气管里测定任何混合气体中氧的含量，由于其应用容易和巧妙，能迅速束缚住氧气，所以经常应用。但是，曾发现两种气体的简单混合物，由于形成不同的化合物，不足以得出氧的比例。为了有效地测出氧的比例，可用过量的已知强度的亚硝气，然后用硫酸铁把剩余的吸收掉。有些作者提出用亚硝气饱和绿硫酸铁溶液，把氧气在一部分这种溶液中搅动，用没有被亚硝气饱和的硫酸铁溶液洗剩下来的气体。具有相等或更高精确性的检验某些混合物中含氧量的方法是：在伏打量气管中和氢一起燃烧，把体积减少的 1/3 作为氧，或将气体在一小部分硫化钙中搅动，用硫化钙吸收氧。

当亚硝气与氧盐酸气在水面上混合，立即发生体积缩小。我料想这将使亚硝气变成纯硝酸，因而所需氧的量用这种方法是可以确定的。但是两种气体，像氧和亚硝气，随着一种气体过量，会以各种不同的比例化合。有时 3 容量亚硝气被 2 容量酸饱和，有时 4 容量。当绿硫酸铁被已知量亚硝气饱和，然后溶液用氧气搅动，吸收稍慢（像用硫化钙），其吸收的量等于亚硝气的体积。液体由深红或黑色变成亮黄红色，在过程中氧化铁由绿色变成红色。

曾经证明，充电使亚硝气一半数目的原子分解以氧化另外一半；同样地，在某些情况下，一半亚硝气原子分解，使另一半氮化。这是由普里斯特利的实验表明的，而戴维这些实验更精确些。碱性亚硫酸盐,锡的盐酸盐和干燥硫都使亚硝气转化成氧化亚氮。根据戴维的实验,16 立方英寸的亚硝气被亚硫酸草碱转化为 7.8 立方英寸的氧化亚氮,即 100 容量得到 48.75 容量。他还发现,锡的盐酸盐和干燥硫使 100 容量亚硝气变成 48 容量氧化亚氮。这些物质对氧有亲合性,当它们从亚硝气中攫取一原子氧时,氮原子就参加到另一亚硝气中,而生成氧化亚氮。由此可见,所有的氮都留在氧化亚氮中,而氧正好只有一半。由前面的表和这些气体已知的比重所作的计算看来,100 容量亚硝气将生成 48.5 容量氧化亚氮,并让 28.3 容量氧与所用的物质化合。很明显,这些数字关系很久以来没被观察到。

硫化氢和润湿的铁屑也能使亚硝气转化成氧化亚氮,但是有些氮用于生成氨,因而氧化亚氮减少。戴维发现减少约 42% 或 44%。

2. 氧 化 亚 氮

这个现在叫作氧化亚氮的气体是由普里斯特利所发现,它的一些性质也是由他指出的,他称之为去燃素亚硝气(dephlogisticated nitrous gas)。荷兰化学家们于 1793 年在《物理学杂志》上发表了一篇论文,对该气体的组成和性质有过更全面的报道。1800 年,戴维发表了他的一些研究成果,包含有关该气体性质的进一步研究,比以前发表过的更完全更正确,还包含氮和氧的其他化合物,以及若干其他有关化合物。

氧化亚氮气体可以从一种叫作硝酸铵的盐类制取,它是硝酸、氨和水的化合物。把该盐放入气体烧瓶内加热到大约 300°,盐首先熔化,再继续加热,液态盐开始沸腾,并在 400° 左右分解,放出氧化亚氮气和水蒸气,全部盐几乎都分解了。该气体可在水面上或汞面上收集。

根据戴维,结晶时的硝酸铵为 18.4 氨,与 81.6 酸和水所组成。如果我们假定一个氨原子为一原子氮(5.1)和一原子氢(1)所组成,如以后所示,而一原子硝酸盐为氨、硝酸和水各一个原子所组成(见图版 4,图 36),则该盐一个原子之重为 $61+19.1+8=33.2$。即 18.4 份氨与 81.6 份酸,正好与戴维的实验结果一致。该盐一个原子分解产生一原子氧化亚氮(重 17.2),与二原子水(重 16)。因此,100 格令盐加热时应该分解为 51.8 格令氧化亚氮与 48.2 水。戴维分解 100 份干硝酸盐,即失去 8% 结晶水的盐,得到 54.4% 氧化亚氮,4.3% 硝酸,与 41.3% 水。这里正像预料的那样,氧化亚氮超过了计算的数值,而水则不足,但与正常的比例极其接近。因此,不管氧化亚氮是来自硝酸铵,还是来自亚硝气,看来它的组成仍然一定是两原子氮和一原子氧。

氧化亚氮的比重为 1.614,其原子重量为氢的 17.2 倍。弹性状态下的直径为 0.947(令氢为 1),如果一容量氢含有 1000 个原子,则一容量氧化亚氮将含有 1176 个。大多数易燃物质在氧化亚氮中燃烧比在普通空气中燃烧得更旺。它不适宜于呼吸,但不像普里斯特利和荷兰化学家们所说的那样立即引起死亡。戴维发现,它可供呼吸两三分钟,并产生类似陶醉的感觉。根据我新近的实验,它被水吸收的量约为 80%,戴维说只有 54%,但是他不知道,这数量是与剩下气体的纯度成正比例增加的。亨利发现这个气体溶解的量从 78% 到 86%。它当然能在水内把其他气体赶出,其自身在加热被赶出时不发生变化。值得注意的事实是,水吸收该气体的量差不多(但不是正好)等于其自身的容积。

氧化亚氮在长期充电后,容积约减少 10%,形成一些硝酸,残留物发现为氮气和氧气的混合物,但是用这种方法得不到令人满意的分解。

所有易燃物质在与氧化亚氮混合时,通过一个火花即发生爆炸。

氧化亚氮可与固定碱化合,但化合物的性质研究不多。

3. 硝　酸

硝酸过去叫作镪水和硝精,已经问世三四个世纪之久。现在一般用硝酸草碱(盐硝或硝石)与硫酸蒸馏得到。把两份重量盐和一份重量浓酸[①]在玻璃甑内混合加热,混合物即变为液体,并很快出现沸腾现象。这时有黄色液体从玻璃甑滴进玻璃接受器内。此液体就是硝酸。它是所有酸类中最活泼和最富有腐蚀性的酸。这样得到的酸用于工艺上通常是足够纯净了。但是它多半还含有硫酸与盐酸,前者来自所用的硫酸部分地被蒸馏出来,特别是在酸过量与温度高时,后者是从硝石中得来,硝石里经常混有一些盐酸盐。为了得到纯酸,应该把硝石多次在温水中溶解、结晶,取出最初形成的结晶使用。制得的酸应该加入硝酸重土来沉淀硫酸,再加入硝酸银来沉淀盐酸。

这个过程的原理是很清楚的,硝酸草碱是硝酸与草碱的化合物,硫酸对草碱比硝酸有更强的亲和力,因而置换了硝酸,与硫酸和硝石中的水在加热时一起蒸馏出来,由酸和水的化合物构成了液态硝酸。在过程接近末尾时,温度上升至 500° 或更高,酸一部分分解,有一些氧气放出。亚硝气则与酸结合,形成亚硝酸蒸气。这种亚硝酸与硝酸混在一起,使硝酸更加容易发烟和容易挥发。亚硝酸可以通过加热从液态硝酸中赶掉,这样硝酸就变为不容易挥发,并像水一样无色。

这样得到的液态硝酸比重通常是从 1.4 到 1.5。把硝石先熔融,并把硫酸煮沸直至温度到达 600°,我得到一些比重为 1.52 的酸。根据普劳斯特(Proust)(1799 年《物理学杂志》),用合适的温度再蒸馏,可以得到 1.55 甚至高达 1.62 的酸。酸的强度,即在一定重量液体中实际上酸的数量,是与比重成某种比例关系而增加的。这点不久将要予以说明。

液态硝酸的一些比较显著的性质如下:1. 当暴露在空气中时,由于它同空气中水蒸气结合而产生白雾。这在硝酸蒸馏时更明显,当酸的弹性蒸气从接受器逸出时,如果在它上面吹气,即有白雾出现。2. 用水冲稀时有酸味。3. 腐蚀动物性与植物性物质,留下黄斑。4. 能与水结合,浓缩后能从大气中吸收水分,有热量发生,比重略有增加。与雪混在一起能发生高度冷却并使雪立即液化。5. 据说能为日光所分解,放出氧气,变橙色。6. 能使有些易燃物着火,如很干燥的焦炭,香料油等。7. 加入硫磺蒸馏时,能使硫磺转变为硫酸。8. 能把金属氧化,如已经看到的那样,并放出亚硝气。9. 当硝酸蒸气通过红热的陶管时,酸分解为氧气与氮气。把硝石在铁制成或陶制的甑内烧到红热也发生同样的分解。10. 与碱类、土类和金属氧化物化合,形成盐类,称为硝酸盐。

有关硝酸的一个最重要的问题就是在一定比重的水溶液内测定实际的酸量。这个

---

① 作者们对盐和酸的比例分歧很大,一些人说三份盐对一份酸,另一些人说差不多相等重量。但是一份酸对二份盐差不多正好使盐基饱和,所以这个比例一定是正确的,除非有多余硫酸把硝酸赶出,看来不会这样。

课题吸引了好几位化学家,特别是柯万、戴维和伯索累等人的注意。他们的结果相差很大。举例说,在比重为 1.298 的酸中,柯万说,实际的酸是 36.75％,戴维说是 48％,而伯索累说是 32％或 33％(参阅《物理学杂志》1803 年 3 月号)[1]。我对这一点有较多的经验,现在简单介绍如下。

根据伯格曼(Bergman),硝酸被认为在 248°沸腾。对比重 1.42 的酸来说,这是正确的,但以其他强度的酸则不是这样。实际上,这是该液态酸可能有的最高沸点。如果酸更强或更弱,会偏离 1.42 较远,沸点也较低。最弱的酸显然一定是在 212°沸腾,但是最强的酸在什么温度下沸腾还不曾测定过,很可能将被发现略高于大气的普通温度。1.52 的酸,我发现,大约在 180°或 185°沸腾。普劳斯特的 1.62 酸可能在大约 100°,或在与醚大致相同的度数下沸腾。我的实验结果将更加详细地载于下面的表中。除掉这个可变的沸腾温度以外,还有伴随发生的另外一些情况,已有别人提出过。1781 年《巴黎专题报告》里,拉森(Lassone)和科利特(Cornette)曾经确定,当弱的硝酸沸腾或蒸馏时,最弱的部分先出来,而如果酸是浓的,则最强的部分先出来。在《爱尔兰学报》第 4 卷里 R. 帕西尔博士曾介绍过硝石在蒸馏中的一些结果。把 2 磅硝石和 1 磅浓硫酸混合一起蒸馏,得到三部分产品,第一部分比重为 1.494,第二部分为 1.485,第三部分为 1.442。普劳斯特曾在 1799 年的《物理学杂志》里说,他得到过 1.52 的酸,把这个酸再蒸馏,第一部分产品为 1.51,第二部分仍为 1.51,近乎无色,这部分他本来指望比重要高些的。但是更使他惊讶的是,残余物是无色的,比重为 1.47。把这残余物蒸馏,第一部分是 1.49,剩下的 1.44。在另一例中得到的是 1.55 的酸。把它再蒸馏,第一部分是 1.62,第二部分是 1.53,而残余物为 1.49。从所有这些事实看来,似乎可以合理地得出这样的结论,即某种强度的酸,而且只有这一种,在蒸馏时不改变其强度,或者说,它具有这样的性质,即蒸馏出来的部分与残余物总是具有相同强度和比重。这个酸的实际强度是我们所希望知道的,因为这样的酸显然标志着酸和水之间亲和力巧妙的调节,或者双方相互饱和的一种类型。通过反复实验,我发现这种酸的比重为 1.42。还有一点值得注意的是,这样强度的酸具有最高的沸腾温度,即 248°。任何较低强度的酸在蒸馏时,其最弱部分先出来,而较高强度的酸,其情况则相反。举例说,把一部分 1.30 的酸蒸馏,在接受器中的酸我发现是 1.25。又如,把 530 容量 1.43 的酸进行蒸馏,则得到 173 容量 1.433 的酸,而剩下在甑里的则为 354 容量的 1.427。还有,把 1.35 的酸沸腾一些时候,它变为 1.39,而另外 1.48 的酸则变为 1.46。总之,把任何浓度的酸继续沸腾,不管是弱的还是强的,都使它比重越来越接近 1.42,沸点越来越接近 248°。

关于在一定比重溶液中实际的酸量,我是这样求出来的。由于何万、克里特、戴维的经验和我自己的基本一致,我得出了结论,熔化的硝石近似地为 47.5％纯酸和 52.5％草碱所组成。把 25 份这种硝石溶解在 100 份水中,我发现在 60°时溶液的比重等于 1.130,其容量为 110.6。把任何给定的硝酸用纯碳酸草碱饱和,并使其比重为 1.130,即可求出溶液的容量,这样,我们就有数据来计算该溶液中实际的酸。例如,106 格令的 1.51 硝酸

---

[1] 伯索累错误地认为戴维把该酸说成是含百分之 54 的酸。但戴维是说,当比重为 1.283 时,水是百分之 54,而酸是 46。所以差别虽大些,还不算太大。

加上 248 格令的 1.482 草碱溶液,再加上水得到 665 格令容量比重为 1.130 的硝石溶液,该溶液内含有 150 格令纯硝石。于是 106 格令这种硝酸含有实际硝酸 71.2 格令,即 67%,这个数值比柯万所得到的要少 1.5%。这可能部分地由于在与水混合时产生热,有些酸逃掉了。又如,133 格令的 1.42 酸用草碱饱和,得到 672 容量的 1.130 溶液,含有 152 硝石,于是 133 格令的 1.42 酸含实际的酸为 72 格令,即 54%,这与柯万的数值近似地一致。又如,205 格令 1.35 酸被 290 格令 1.48 碳酸草碱饱和,稀释到 850 容量的 1.130 溶液,其中含有 192 格令硝石。这就是说,205 格令的酸含有 91 格令实际的酸,占 44.4%,这也大致与柯万的一致。再把 224 格令的 1.315 酸加上 300 格令的 1.458 碳酸草碱,并冲稀到 804 容量的 1.130 溶液,其中含有 192 硝石,即 224 格令的酸含有 86.5 实际的酸等于 38.6%。这和柯万的估计极其接近。

尽管对柯万的硝酸表接近真实情况感到满意,如果可能的话,我仍然希望能发现在这个问题上影响戴维和伯索累的结论的错误来源。他们两人的结论彼此相差很大,和柯万的也相差很大。

戴维先生在不同溶液中过高地估计了实际的酸量,这从下面例子可以看出。他求出 1.504 的酸含 91.5%。据此,则 1.55 的酸将差不多是纯的,或者说不含有水了。可是比重 1.62 的硝酸却曾经得到过,于是我们没有理由说 1.55 的酸不含有水。为了首先制成不含水的纯硝酸,戴维先生的方法是把弹性流体亚硝气与氧气化合,然后再让酸与一定分量的水化合,这个方法的确是很巧妙的,并且似乎做得极其小心。然而根据我自己的经验,我相信这样得到的结果是靠不住的。不久我将说明其中一些理由。但是在他的结果中最令人惊讶不解的是,47.3 份他的酸和 52.7 份草碱是怎样形成硝石的。他列举两个实验,其一,54 格令的 1.301 酸与草碱在 212°时化合成 66 格令硝石,并在融熔后变为 60 格令。其二,90 格令的 1.504 酸用草碱饱和后得到 173 格令干的硝石。在我做过的所有这些类似实验里,我从这些酸总是只得到上面所说的硝石数量的 3/4。因此,我得到结论,戴维先生在这两个实验中一定是失之疏忽,而从硝酸与草碱直接制成硝石只能与柯万估计的硝酸强度一致。

伯索累在 1807 年 3 月号《物理学杂志》里告诉我们,他用 1.2978 强度的硝酸来饱和 100 份草碱,得到 170 份硝石。他计算出该酸含有 32.41% 实际的酸,根据这个数值我们可以推断需要有 216 格令这样强度的酸。据此,硝石将为 100 草碱＋70 硝酸,即 59% 草碱＋41% 的硝石。草碱比以往在硝石中检验的要多得多。我们怎能相信在所用的草碱中不含有水呢? 如果它含有一些的话,这些水将是在过程中消失了,它的重量是由硝酸所提供,但没有记入硝酸的账上。这是真正的事实,对此我没有怀疑,170 份硝石大约由 89 份草碱和 81 份硝酸所组成,这个被设想为 100 份的草碱,我想实际上是 89 份草碱和 11 份水,这当然就使酸被低估 11 份①。为了证明这点,我只是取一些碳酸草碱,已知其中含有 89 份草碱,举例说,170 份干燥的中和过的碳酸盐,或者 200 份结晶碳酸盐,伯索累

---

① 在写完上述内容以来,我曾收到《阿格伊学会物理学和化学专题报告》第 2 卷。其中除其他很重要和有价值的论文以外,有一篇是伯索累关于一些化合物中元素比例的论文。在第 53 页上该作者断言,草碱在保持融熔一些时候以后仍保留 13% 到 14% 的水。因此,他承认,上面他所给出硝酸的强度是错误的。后来,他得出结论,融熔的硝酸草碱含有 51.4 草碱和 48.6 硝酸。

曾经正确地测定它们含有 89 份草碱,加上 216 份上述的硝酸,我们就将得到 170 份硝石。这还证明另外一个值得注意的事实,即对一定重量的草碱来说硝酸和碳酸的量是相同的。

我现在将列出硝酸强度的表。对应于每个比重的强度,我是抄柯万的,除第一栏和第二栏,他的表里本来没有,以及最后三个数据,我认为他把酸的量估计过高了。的确,大家公认他表的下面部分是不够正确的。我已经说过他的表最接近于实际情况的原因,但是不容怀疑他的表还可做得更准确些。因此,在比重这一栏内,我只把它写到小数点后两位。酸的容量百分数这一栏对实用化学家将是很方便的。第一栏指出在每种溶液中酸分子与水分子化合或搭配的数目,同前面的测定一致,即一个酸原子定为 19.1,一个水原子定为 8。最后一栏表示若干溶液的沸点,这些是由实验求出的。对一些希望重复这些实验的人我可以告诉他们怎样做,用一个 6 或 7 立方英寸容量的球形玻璃接受器,放入 2 或 3 立方英寸的酸,然后塞上一个很松的塞子。接着把它吊在炭火上面。当发现开始有沸腾的迹象时,把塞子去掉,插入一根预先调节到水的沸点温度计。通常可以看到,事前不曾煮沸过的酸,或含有亚硝酸的,一般在 212° 以下就开始沸腾,但是蒸汽很快就逃掉,温度计上升到一个固定点。温度改变时硝酸在比重方面的变化比任何其他酸都要大,这从第 19 页可以看到。可是表上印刷有错误,因为对酒精和硝酸来说,数字应该是 0.11,而不是 0.011。每 10° 在第三位小数上的改变 6,这就是说,如果一种酸在 50° 是 1.516,则在 60° 时将为 1.51。膨胀对我来说是均匀的,不像柯万那样变化不定。

在 60° 时 100 份液态硝酸中实际的含酸量

原子 酸 水	酸的重量百分数	酸的容量百分数	比重	沸点
1＋0	100	175?	1.75?	300°
2＋1	82.7	134	1.62	100°?
1＋1	72.5	112	1.54	175°
	68	102	1.50	210°
	58.4	84.7	1.45	240°
1＋2	54.4	77.2	1.42	248°
	51.2	71.7	1.40	247°
1＋3	44.3	59.8	1.35	242°
1＋4	37.3	48.6	1.30	236°
1＋5	32.3	40.7	1.26	232°
1＋6	28.5	34.8	1.22	229°
1＋7	25.4	30.5	1.20	226°
1＋8	23	27.1	1.18	223°
1＋9	21	46.6	1.17	221°
1＋10	19.3	22.4	1.16	220°
1＋11	17.8	20.5	1.15	219°
1＋12	16.6	18.9	1.14	219°

对上表的评论

1. 要得到不含水的酸,如表中第一行所示,似乎不是不可能。很可能这样的酸是处于液态,但在通常温度下在它上面有强烈的蒸气,在这方面它很像醚,但可能比醚更容易挥发。加上 17％的水就成为第二行所示的酸,这样的酸普劳斯特确实曾制得过。它的挥发性同醚差不多一样。纯硝酸的比重一定小于 1.8,因为如果密度不增加的话,一容量这样比重的酸与一容量的水混合形成了两容量 1.4 酸,其中差不多有一半水[①]。我理解,如果第二行酸与最浓的硫酸混合,徐徐加热蒸馏,可能不含水的酸就会跑出来,至少,用这种方法可以达到把在其他情况下所得到的较淡的酸加以浓缩的目的。接受器的周围应该用冷却混合剂围绕着。把一种 1.31 酸从硫酸中蒸馏出来,我们到了 1.43 酸,把 1.427 酸用同样方法蒸馏得到 1.5 酸。

2. 第二行酸含有 2 原子酸与 1 原子水,只有一个人制得过,没有进行过详细研究,除比重和沸点以外,我们没有发现它有什么特殊性质。但是无疑它还有其他特性可用以区别于其他酸的。

3. 第三行中的酸含有 1 原子酸与 1 原子水,不常得到过,因而对它知道很少。看来这种酸是由熔融硝石与尽可能浓的硫酸(例如通过把普通酸沸腾而得到的浓缩的酸)通过蒸馏而得到。至于酸里的水,我认为是来自硫酸,而不是来自硝石。然而它仍然可以从任何高于 1.42 的酸经过重复蒸馏而得到。只要有足够分量这种酸,总是把最先蒸馏出来的留下来就行。这个酸究竟有什么特别性质,我还不曾有机会去研究。

4. 由 1 原子酸和 2 原子水组成的酸具有明显的特性。它实际上是两种元素组成的完全相互饱和的酸。蒸发不会在其组成方面发生变化,它在蒸馏时就像水或任何其他简单液体一样,一点变化也没有。它到 248°才沸腾,这比该两种元素任何其他化合物所需温度都高。在高于它的任何强度时,酸就大量地受热挥发,在低于它的任何强度时,水就极其容易蒸发。纯水在 212°沸腾,纯酸大概在 30°,两者结合起来则产生比它们都重的原子,沸腾所需温度比它们都要高。但是在比例上当任何一个超过饱和所需的分量时,则沸腾温度就向着纯元素自身的沸腾温度逐渐降低。普劳斯特曾注意到,1.48 硝酸和锡在一起时所产生的气泡并不比它和砂在一起时所产生的气泡多。可是较低的酸作用却极其激烈,像我们所熟知的那样。这个事实我也发现过,同普劳斯特所说的一样。这将使人设想 1.48 酸有某种特殊的结构,但我相信硝酸这个特性是属于 1.42 的酸,而不是属于 1.48。的确前者是同锡作用的,但我认为可这样解释,当硝酸与金属作用产生氨时(由一原子氮和一原子氢组成的一种元素),1 原子硝酸与 1 原子水分解了,3 原子氧跑到金属方向去,氮和氢结合起来形成 1 原子氨。如果有 1 原子酸与 2 原子水,就能够有 1 原子水分开,这个水原子当然是同剩下的酸结合,并把它进一步稀释。但是如果有 2 原子酸

---

① 比重的定理是 $\dfrac{H}{S}+\dfrac{L}{s}=\dfrac{H+L}{\int}$,式中 H 代表最大比重物体的重量,S 为其比重;L 为最小比重物体的重量,s 为其比重。而 $\int$ 是混合物的比重。因此在上述情况中,$\dfrac{1.8}{1.8}+\dfrac{1}{1}=\dfrac{2.8}{1.4}$。

与 3 原子水,则 3 原子氧拆开后将留下 1 原子硝酸铵与 1 原子水,构成了硝酸铵这种盐与一个多余的水原子。在这种情况下,剩下的酸不会被水稀释到低于 1∶2。这种酸(大约是 1.47)在能够和锡作用而不发生气泡的酸中可能是最低的了。

5. 含有 1 到 3 原子水的酸还不曾发现有任何特殊的性质。

6. 1 到 4 原子水的酸值得注意的地方是,它在所有的浓度中最容易结冰。根据卡文迪许,它在华氏－2°结冰。该酸的强度可从它溶解大理石的能力看出,1000 份这种酸能溶解 418 份大理石。而 418 份大理石含有 228 份石灰,这些石灰则需要 370 或 380 份硝酸,所以它是和 1 原子对 4 原子水的酸,而且仅仅是和这种酸一致。高于或低于这种强度的酸都需要更多的冷却才能结冰。更低的酸,除掉像表上所说的,看来没有什么显著的差别,但是结冰的温度先是降低到某一未确定点,然后又上升。

7. 有人认为酸溶液的强度是与酸的百分比数量,或者是和它们的密度成正比例,这种想法对硝酸来说似乎是不正确的。诚然,溶液的酸度或酸味,与碳酸盐发生气泡的能力,以及可能还有一些其他性质差不多都是随数量或强度的增加而加强,但是结冰和沸腾温度,对金属,例如对锡的作用等,则有着连续的波动现象与突然的终止,这些都表示它在某些地方与那些随数量多少而在作用上发生渐变的情况有着很大的差别。

我常常企图制取不含水的,纯弹性状态的硝酸,但都失败了。不过对这些实验作一些报道还是有用处的。为了生成不含亚硝酸与氧硝酸的硝酸,我用了大接受器和大量气体,达几百立方英寸,在接受器中心徐徐把亚硝气释放给氧气,并反过来把氧气释放给亚硝气,氧气与亚硝气的比率仍然是可变的。这些实验是在水面上做的。为了希望尽可能把水除去,我取得一些球形接受器,可盛 15 到 60 立方英寸,配好活塞,把它们与空气泵或其他接受器连接起来。先把它充满氧气或普通空气,然后部分抽空,接着在水面上把它们和盛有已知分量亚硝气的接受器连接起来,打开开关。在亚硝气进入球后,把开关关住。要特别注意在实验前把球干燥,防止水分随同空气进入(除掉气体通常所含的蒸气,其量在任何温度下都是容易确定的)。两种气体一经混合,球内立即充满深橘色气体,经久不变。在玻璃内壁上总是看到有露滴出现,无疑是由凝结的酸和水所组成。

这些实验的结果如下:

	氧	亚硝气	百分数	
1.	1 容量与 1.8 容量作用,剩余为 13.6 氧			
2.	1	2.1	6	亚硝气
3.	1	1.44	27	氧
4.	1	1.83	4	氧
5.	1	2.29	2.5	亚硝气
6.	1	1.61	7.6	氧
7.	1	1.65	9.3	亚硝气
8.	1	1.8	2.5	氧

剩余气体是在放入水中把酸洗去以后测定的。从这些结果来看,显然在这种情况下和一定体积氧气化合的亚硝气的量是非常不稳定的,和在试管中用少量气体做的实验很

相似。该有色的气体我认为是亚硝酸或氧化硝酸。硝酸蒸气没有颜色,并和水蒸气一起凝结在容器壁上,但是别的酸立即使液体着色。我把该气态的酸封入压力计内,企图求出它的弹性力和比重,但是从一部分凝结的液体,我发现其比是变化不定的,而且总是变化太大。它大概是大气空气的三倍。戴维先生把 1 容量氧与 2.32 容量的亚硝气化合,剩下多余的氧气,并计算出气态产物的比重为 2.44,但是很可能估计高了,理由刚才说过。根据类推方法来论证,硝酸气应该同碳酸气具有同样的重量,因为它们的原子一样重,或者大致同氧化亚氮与盐酸一样重。因此在用实验测定以前,我们可以推断,纯硝酸在弹性状态下的比重介于 1.5 和 2 之间。亚硝酸大概是 2.5,而氧硝酸大约是 2 或 2.55。

我希望通过把硝石加热分解来确定硝酸的组成,并求出氮和氧的比率,但是正如别人已经观察到的那样,该空气在分解的不同阶段有着不同的质量。在一次实验中,我从铁甑中 100 格令硝石得到大约 30 格令空气。这是分五部分收集的。第一部分含有 70% 的氧,与第 112 页表中硝酸的组成一致。但是以后各部分则逐渐减少,而最后部分则只含有 50% 的氧。

顺便提一下,市场上硝酸是用双锱水与单锱水的名称出售的。前者的强度意思是后者的两倍。但是我认为双锱水的绝对强度是不一致的,它的比重通常是介乎 1.3 与 1.4 之间。

4. 氧 硝 酸[①]

氧硝酸的存在是从第 115 页第二个实验中氧和亚硝气的化合推断出来的,在这个实验中至少是得到一种酸性产物,比硝酸含有更多的氧。迄今我还没有能够用任何其他方法得到这种酸,因此除掉在很小规模上,我还没有机会研究它的性质。我想,把普通硝酸加上锰的氧化物蒸馏可能得到一种氧化程度更高的酸,但是我得到的却是一种产生氧盐酸烟雾的产物,这无疑是由于在硝酸中本来就含有盐酸,因为煮沸以后,这些烟雾就消失了,余下的只是硝酸。从上述气体得到的酸充其量只有一半氧硝酸,另一半则是硝酸,所以它仍然是一种混合物。

把亚硝气与氧气像上面那样混合在一起从而得到的酸的稀溶液与硝酸溶液具有相似的性质。它具有酸味,能使植物蓝变红,并把碱中和,是否在同碱中和时它把多出的氧分出来,我还不曾测定过。氧硝酸的原子我们设想一定是重 26.1。它由 1 原子氮与 3 原子氧所组成。该酸在弹性状态下的比重大概是 2 或 2.25。

5. 亚 硝 酸

这个叫作亚硝酸的化合物是把液态硝酸用亚硝气饱和得到。可是这个酸绝不是纯

---

① 这是道尔顿取的名称,原来指的可能是二氧化氮或其混合物。但在第二卷中,他又认为这个化合物可能不存在。——译者注。

亚硝酸,而只是硝酸与亚硝酸的混合物,这从下面事实可以明显看出,即只要把它煮沸,亚硝酸就被赶出,而留下硝酸。纯亚硝酸似乎可用氧气把水饱和,然后再用亚硝气饱和制得。用这种方法 1 容量氧气约需 3.5 容量亚硝气,这就是说,1 原子氧需同 2 原子亚硝气形成 1 原子亚硝酸。因此该原子的重量为 31.2。

通过多次试验,我发现 100 容量比重为 1.30 的硝酸在和亚硝气摇动时所吸收该气体的体积大约为硝酸自身体积的 20 倍。如果酸的强度加倍,或者减半,都不会发生多大差别,气体的量,在一定的比重范围内,差不多是和实际的酸一样的。很淡的酸(如1∶300 水)似乎不大有吸收亚硝气的能力,除掉水自身所具有的能力。因此我们所叫的亚硝酸看来只有 1/12 是这种酸,其余的却是硝酸。

戴维先生得出的结果是,比重为 1.50 的鲜明黄色的酸差不多含亚硝酸 3%,深橘色的为 5.5,蓝绿色的为 8,后面两个的强度为 1.48 或 1.47。

根据普里斯特利的实验,亚硝酸,或者按照他的叫法,燃素化亚硝蒸气,显然要比硝酸容易蒸发得多,或者更正确地说,它对水具有较小的亲和力,因此产生大量亚硝酸烟雾。从这些酸容易沸腾也可进一步证实这点。我把 1.30 的硝酸用亚硝气饱和而得到的酸呈深橘色,并强烈地冒烟,这种酸在 160° 沸腾,而这样强度的硝酸却在 236° 沸腾。由于同样原因,很淡的亚硝酸就显示出该酸的特殊气味,而同样的淡硝酸却没有气味。当把亚硝酸稀释直至所含的亚硝气体积等于酸的自身体积时,它就开始吸收氧气,但很慢,在用硫化石灰中和它时也一样需要充分摇动。

没有发现纯亚硝酸与碱化合形成干的盐类或亚硝酸盐类,浓溶液似乎是失去亚硝气,然后得到硝酸盐类。

第三节 氧 与 碳

氧和碳的化合物有两个:都是弹性流体,一种叫碳酸(*carbonic acid*),另一种叫氧化碳(*carbonic oxide*)。通过最精确的分析,前者所含的氧对一定重量的碳而言,看来正好是后者的两倍。因此,我们推断,一个是二元化合物,而另一个是三元化合物。但是在把它们分类以前,我们一定要知道哪一个是二元的。一个碳原子的重量还不曾研究过。在这两个化合物中,碳酸是最早知道的,其中所含元素的比例则比较广泛地被研究过。它差不多是由 28 份重量碳与 72 份氧所组成。现在由于一原子氧的重量已被测定为 7,如果假定碳酸是一个二元化合物,我们将得到 1 个碳原子之重等于 2.7,但是如果我们假定它是一个三元化合物,则一个碳原子之重将是 5.4。

碳酸的比重比氧化碳大,因此可以设想它是三元的或者更复杂的元素。然而必须承认,这种情况宁可说是一种迹象,还不能说是一种事实的证明。碳元素可能是这样轻,以致两原子碳和一原子氧在一起异乎寻常地比一原子碳与一原子氧在一起来得轻。但是在考虑到某些事实以后我倾向于认为,碳元素并不比氧元素轻多少。油、酒精、醚和木头等都是主要由氢和碳组成的化合物,它们略轻于水,一个氢和氧的化合物。尽管碳在极端分散状态下容易受热升华,但是它不像人们预料的一种很轻的元素那样呈永久弹性流体形式。此外,碳酸是我们所知道的碳的最高氧化程度,而这很少是在少于两个氧原子的情况下发生。碳酸受到电击时分解为氧和氧化碳,但是氧化碳在相同情况下并未发现分解为碳和碳酸,而这是人们所期望于一个三元化合物的。一种最普通的制造氧化碳的方法是用对氧具有亲和力的物质来分解碳酸。我们知道,从具有两个氧原子的物体夺取氧要比只具有一个氧原子的物体容易。根据所有以上这些理由,我们几乎不用怀疑,氧化碳是个二元化合物,而碳酸是个三元化合物。

1. 氧 化 碳[①]

这个气体是由普里斯特利发现的。但是它的显著的特点则由克鲁克香克斯先生在1801 年《尼科尔森杂志》中的一篇文章里更详细地予以指出。差不多在相同的时候,在《化学年鉴》上发表了德索默斯和克莱门特的另一篇关于这个问题的文章。这些文章都有很大价值,为它们的作者赢得荣誉。在那以前,氧化碳曾与碳、氢组成的可燃性气体发生混淆。但是克鲁克香克斯和德索默斯明确指出,这个气体在燃烧时只生成碳酸,并且燃烧时所需之氧不多于后来碳酸中所含的一半。因此,他们正确地得出结论,该气体是一个碳与氧的化合物。从那以后,它就以氧化碳的名称为人所知。

氧化碳可由不同方法得到,但多半伴有一种或多种其他气体,有些很不容易分开。因此,当我们想得到纯的氧化碳时,一定要采取某些方法使其中混合的气体能够除掉。下述方法完全能达到这个要求,即把相等重量的清洁而干燥的铁镟和研碎的干燥白垩混合在一起,放入铁甑内,把甑烧红,慢慢增高温度,这时气体将大量放出,可在水面上收集。该气体可能被发现为等量的氧化碳与碳酸的混合物,后者可通过石灰与水的混合物适当摇动而除去,剩下的除掉来自石灰水中 2%、3% 的普通空气以外就是纯的氧化碳了。这个方法的原理是很清楚的,白垩是由碳酸与石灰组成,碳酸在加热时放出,并立即与红热的铁接触,这时铁对氧有强烈的亲和力,于是碳酸分出一半氧给铁,而剩下的用来氧化碳。但是有一部分酸同它一起逸出而没有发生分解,应用适当的仪器可以把碳酸重复通过铁管或瓷管中烧红的碳而制得该气体。

这种气体可以通过把碳与若干金属氧化物,或与碳酸石灰、重土等混合物加热到红热而得到。但是这种方法的很大危险就是得到一些氧气和碳化氢,它们同氧化碳与碳酸混合在一起。的确,从木头以及从潮湿的碳所得到的气体总是这四种气体的混合物,其比例随着加热程度和持续时间而异。

根据克鲁克香克斯,氧化碳的比重为 0.956,根据德索默斯和克莱门特,则为 0.924,恐怕他们都估计太低了,我小心地求过两次 6 份氧化碳与 1 份普通空气混合物的比重,一次得出 0.954,另一次是 0.94。我想,0.94 可作为接近实际情况的近似值,它正好是以上两位作者的平均值。动物呼吸氧化碳是能致命的;它易燃,燃烧时火焰呈明显的蓝色,没有烟,如果在火焰上放一个玻璃罩,一点也不会出现露珠。这种现象比起其他现象来更能清楚地把它区别于所有含氢的气体,不管是混合的,还是化合的。当把它和氧气,或

[①] 即一氧化碳。——译者注。

普通空气在伏打量气管内混合,通以电火花时,即发生爆炸而变为碳酸。爆炸的条件颇值得注意,除非氧化碳至少到达混合物的 1/5,它是不会爆炸的,另外,氧气一定要达混合物的 1/15。常发生这样的情况,当用普通空气代替氧气时虽发生激烈的爆炸,然而在剩下的气体中仍将发现有氧化碳和氧气,如果氧气纯度是在 30% 以上,这种现象就不存在了。应该看到,任何时候,当比例接近上述极限时结果就变得捉摸不定,因为这时常会发生局部燃烧。当 100 容量氧化碳与 250 容量普通空气混合时(在这种情况下全部可燃气体应该与全部氧气化合),通过一个火花,即发生激烈的爆炸,但是该气体只有 2/3 燃烧,剩下的气体和相应比例的氧气则留在残余物中。当足够的可燃气体和最小量的氧爆炸时,全部氧气通常都消失掉。

氧化碳与氧盐酸混合在通电时并不发生爆炸,至少我碰到的情况是这样,除非有少量普通空气存在。但是该混合物如果暴露在日光下,很快就会减少。如果光很强,5 分钟或 10 分钟就足够使 100 格令容量氧化碳与 10 格令容量氧盐酸转变为碳酸与盐酸。由于季节较晚(10 月),我不能确定太阳光是否足够使混合物爆炸。

纯氧化碳是完全不受电的影响的。亨利博士曾做过一次实验,当时我在场。在这次实验中,35 容量的氧化碳受到 1100 次小的电击,体积都没有发生变化,没有碳酸生成,也没有氧气放出。留下的气体能在氧气里燃烧,看来仍然是纯净的氧化碳。

水大约吸收其自身体积 1/27 的氧化碳。参阅第 67 页,还参阅《曼彻斯特学会纪要》新系列第 1 卷第 272 和 436 页,将会发现,在关于吸收方面这个气体应该归入哪一类,这个问题曾在不同时期内比其他问题更使我感到困惑。一个原因是,在我较早的实验里,我有时用碳来制取氧化碳,在这种情况下无疑要混有或多或少的氢气,另一个原因是,我没有足够长时间地摇动水,这种气体比我所遇到的任何其他气体都更需要较长时间的摇动。现在我能够使水吸收其自身容积的 1/27,或者至少是按照压在上面的气体纯度成正比例的。

碳和氧在氧化碳中的比例通过实验求出如下:

	容　量	容　量	容　量
克鲁克香克斯	100 氧化碳	产生 92 碳酸	需要 40 氧
德索默斯与克莱门特	100 氧化碳	产生 79 碳酸	需要 36 氧
德索默斯与克莱门特	100 氧化碳	产生 79 碳酸	需要 39 氧
德索默斯与克莱门特	100 氧化碳	产生 88 碳酸	需要 34 氧
我自己的实验	100 氧化碳	产生 94 碳酸	需要 47 氧

克鲁克香克斯肯定是把氧估低了。我发现氧总是正好等于碳酸的一半,不管是在汞上还是在水面燃烧。德索默斯的实验是在水面上做的,因此关于酸的量不大可靠,它们用的气体显然不纯,它们在上面所给的第一个结果是 9 个实验的平均值,另外两个则是酸和氧的极端情况,即它们的最高值或最低值(《化学年鉴》第 38—39 页)。值得注意的是,在他们所得的结果中有一个他们似乎认为是最可靠的,即碳是 44 份,而氧是 56 份。根据以前的实验,他们已经求出碳酸是由 28.1% 和 71.9% 氧所组成,也就是 44 份碳与112 份氧,对一定数量的碳来说,氧正好是氧化碳中氧的两倍。这个最令人注目的情况他

们似乎完全没有注意到。

这个气体的精确组成可以容易地通过和普通空气在水面上爆炸予以确定。把 2 份气体与 5 份空气混合,把生成的气体用石灰水洗涤,准确记下剩余气体的量,然后加上少量亚硝气,要足够把氧除去。这样我们就有数据来求生成碳酸的两种气体的量。用这种方法发现 10 容量的氧化碳与 4.5 到 5 容量的氧结合。

于是结论是,氧化碳在其燃烧形成碳酸时所需的氧正好和其组成中原来所含的氧一样多。这和从氧化碳比重求得的结果也是一致的。该气体可认为是半燃烧的炭,它对碳酸的关系同亚硝气对硝酸的关系一样。因此一原子碳酸含有一原子碳(重 5.4)和一原子氧(重 7),总共为 12.4。原子的直径在弹性状态时为 1.02,令氢原子的直径为 1。或者说,106 容量氧化碳与 100 容量的氢所含原子的数目一样多。[①]

2. 碳　酸

现在叫作碳酸的气体可能先于任何其他气体被承认为不同于大气的弹性流体。它可以说早被古代人所知,虽然是很不完全的。至上世纪末,差不多所有著名化学家都不时地把注意力转向这个物质,它的性质因而也就越来越清楚了。它有许多种叫法,如窒息瓦斯,固定空气,气态酸,碳质酸及石灰质酸等。

碳酸气可以用炭燃烧制得。但是纯净状态的气体最容易由稀硫酸或别的酸与白垩或其他一些碳酸盐类作用而得到,它可以用瓶在汞的水面上收集,但水要吸收一部分。这种气体能灭火,不适于呼吸,比重约为 1.57,所有试验过的都有这样的经验,100 立方英寸(1.64 升)该气体在水银柱 30 英寸压力与 60°温度下重 47 至 48 格令。碳酸经常产生在矿里及深井里,工人们称之为窒息瓦斯,能致许多人于死命。还发现大气里一直有这种气体,约占 1/1000。它的存在很容易用石灰水检验出来,差不多立即在石灰水上面形成一层膜。动物的呼吸总是产生这种气体,在人呼出的空气中经常有大约有 4% 是碳

---

① 这里或许希望提一下伯索累的观点,伯索累认为氧化碳是一个碳、氧和氢的化合物,因而称之为氧碳化氢。他以前的观点是,有些气体含有碳和氢,叫作碳化氢,另一些含有碳、氧和氢,叫作氧碳化氢。但是在《阿格伊专题报告》第 2 卷中,他坚决主张,所有过去被认为属于这两类的可燃气体实际上都是氧碳化氢,并认为这些元素是以各种不定的比例结合着。对那些从潮湿的木柴和其他物体所产生的可燃气体来说,它们确实是含有不同比例的氧、碳和氢,对此,任何有经验的人都不会怀疑。但是还不曾有人能够满意地指出,这些可燃气体不是由两种或更多不同种类气体,如碳化氢(来自污浊的水)、氧化碳、油生气和氢按某种比例混合而成的。至于氧化碳,只要这是一个无可争辩的事实,即它在燃烧时只生成碳酸,而且其重量等于氧化碳和氧,就很难令人相信,它会含有氢、硫或磷,除非首先证明碳酸含有它们。可是伯索累有一个论点比起它发表以来对它的任何回答都要更有创见,这就是,一个复合弹性流体应该在比重方面重于组成它的两种元素中较轻的一种。这个论点,就我所知,是普遍正确的,但不能就此说氧化碳应该比氧气重。一个碳原子看来比一个氧原子轻,很可能它会成一个较轻的弹性流体,如果我们能够适当加热把它转变的话。我们不能从物体在固态或液态时的重量,或者从产生弹性状态所必需的加热度数来判断一个弹性流体的比重。水当比炭重,但它却生成轻的弹性流体,醚比水轻,但它却生成较重的弹性流体,并且在较低温度下。氧化碳可能比氧轻,理由同亚硝气比氧轻一样,是因为氧是两个组成元素中较重的一个。然而以上这些辩解会导致否定这个论点的普遍性。它们会使人把氧化亚氮与亚硝气看作一种类似的情况,并提出当组成亚硝气两种元素中较重的一种,氧,从亚硝气中取出时,却留下比亚硝气还要重的氧化亚氮。但是如果我们在这方面提出的学说是正确的,则问题在于它们把过程的一半当作过程的全部,在前面提到的变化中,不仅氧从一个亚硝气原子中拿走,而同时氮又与另一个亚硝气原子结合形成一原子氧化亚氮。

酸,而吸入的大气则损失掉相同数量的氧气。

水吸收碳酸气的体积正好等于水自身的体积,这就是说,在摇动后水中气体的密度与水面上该气体的密度是相同的,气体在水中的弹性并未减小。这样饱和碳酸气的水具有酸的味道及酸的一些其他性质。它还是发酵的产物,使发酵液产生泡沫。但是如果把它们暴露在空气中,碳酸气很快就逃离液面。

这个气体的组成能够用化合和分解两种方法来说明,但前者更方便。拉瓦锡、克劳福德、德索默斯和克莱门特以及后来的艾仑和佩皮斯等,根据碳在氧气中燃烧的实验,对碳酸中元素的量都没有发生过疑问,28 份重量炭极其近似地与 72 份氧化合生成 100 份碳酸。在这种情况下还有一点值得注意,即碳酸的体积与参加化合的氧的体积是一样的。坦南特曾指出,碳酸可以被分解,在把磷与碳酸石灰加热时,得到磷酸石灰与炭。

碳酸能被电分解为氧化碳和氧。我曾帮助亨利博士做过一个实验,52 容量碳酸气在经受 750 次电击后变成 59 容量,经洗涤后变为 25 容量。从这里可以看出,18 容量的酸是被分解了,该 25 容量为 16 氧化碳与 9 氧所组成,因为在与亚硝气作用时表明其 1/3 休积是氧,而其余在用电火花点火时发现差不多全部转变为碳酸。

于是碳酸看来是一个三元化合物,含有一原子碳与两原子氧,而由于它们在化合物内的相对重量为 28∶72,我们得到 36∶28∷7∶5.4,于是 5.4 为一个碳原子的重量。一个碳酸原子的重量为氢原子重量的 19.4 倍。在弹性状态下该酸一个原子的直径差不多正好和氢的相等,因而用 1 代表。于是一定体积的碳酸气与同体积氢气所含的原子数目一样多。

第四节 氧 与 硫

氧和硫的两个不同化合物获得普遍的承认已经有一个时期了,但是还存在第三个化合物,其性质在很大程度上还不清楚。根据一般命名原则,第一个化合物表示硫的最低氧化程度,可以叫作亚硫氧化物(sulphurous oxide),或者硫的氧化物(oxide of sulphur),第二个化合物表示硫的较高氧化程度,叫亚硫酸;第三个化合物或已知的最高氧化程度,叫作硫酸。

1. 亚硫氧化物

化合状态的硫的氧化物的存在第一次为汤姆森博士所发现。把气态的氧盐酸通过盛有硫华的容器,他得到一种红色液体,称之为硫化盐酸;但是这个化合物更一般地叫作硫的盐酸盐;因为它的形成与在相同条件下铁的盐酸盐的形成很相似。现在,业已证明,氧盐酸是由一原子盐酸与一原子氧结合而成;所以氧的原子把一原子硫氧化,盐酸与氧化物的结合,形成硫的盐酸盐,或者更严格地说,形成硫的氧化物的盐酸盐。汤姆森发现,这个硫的氧化物不容易单独得到;因为当红色液体倒入水中,氧化物自身会分解为硫与硫酸(《尼科尔森杂志》,第 6 卷,第 104 页)。

当硫化氢气体与亚硫酸气体在水银面上混合时,比例按 6 容量硫化氢气体对 5 容量亚硫酸气体,则这两种气体都失去它们的弹性,并在管壁上形成一种固体沉积物。对这个现象的一般解释是,一种气体的氢与另一种气体的氧结合形成水,而两种气体的硫都沉淀下来。但这种解释是不正确的;如以上所述,水的确是形成,但是该沉积物却为两种固态物质所组成,一种是硫,另一种是亚硫氧化物;它们可以从颜色区分出来;前者是黄的,后者是白中带些蓝色;当把它们投入水中时,前者很快沉下去,后者则在很长时间悬浮在水中,使水呈牛乳状,在过滤以后仍然留在水中。从结果来看,5 容量亚硫酸所含的氧为 6 容量硫化氢中的氢所需的两倍,所以,一半氧应该仍然存在于沉淀中,这是与上面的观察一致的。再者,如果把分别用每种气体饱和的水混合在一起,直至它们完全相互作用,或者直至在摇动以后两种气体的气味都察觉不出,则得到一种乳状液体,可以保存几个星期不发生显著变化或沉淀。它带有苦味和一些酸的味道,和硫与水的混合物大不相同。沸腾时,硫沉淀下来,在澄清液体中发现有硫酸。所以这种溶液呈乳状看来是由于硫的氧化物。

应该注意到,通常药房出的白色硫华并不是硫的氧化物,它们是用硫酸把硫化石灰沉淀而得。它们是由 50％硫酸石灰与 50％硫组成,与硫酸盐处于某种化合状态;因为通过浸滤不能把这两种物质分开。

当把硫放在表玻璃上点火,然后骤然使其熄灭,放在水面一个架子上,用接受器盖住,硫即升华,在接受器内充满白烟。放置若干分钟或一小时,硫逐渐下沉,在水面上形成一层黄色薄膜。在这个过程中接受器中空气未失去氧气。但是如果在上述情况下放在架上的是燃烧着的硫,它将在燃烧时产生一种美丽的蓝色火焰,发出略带蓝色的白烟,开始时几乎察觉不出,随着燃烧的继续,这些烟不断增多,到快结束时,空气开始不足,白烟便大量产生,充满整个接受器,使架子几乎都看不见。如果把一部分空气通过水,它将仍然保持白色。在一小时左右接受器内空气变澄清,但是在水面上一点也看不到硫。因此,在这种情况下的白烟似乎不是由于升华的硫,而是由于硫的氧化物,它是在没有足够氧气形成亚硫酸时生成的;亚硫酸已知为一种完全透明的弹性流体。至于在这种情况下亚硫氧化物是以这种状态被水吸收,还是逐渐地转变为亚硫酸或硫酸,我还没有能够确定。

当把硫化石灰暴露在空气中数星期,直至变成无色,并且硫不再沉淀,如果在其中加入少量盐酸,则整个变成乳状,并放出亚硫酸;等一些时候以后,硫沉淀下来,亚硫酸消失,在溶液中留下石灰盐酸。这种乳状现象一定是由亚硫氧化物引起的;因为亚硫酸石灰在用同样方式处理时没有发生这种现象。

因此,亚硫氧化物看来是一个硫原子和一个氧原子的化合物;它能够和盐酸化合,说不定还能同别的酸化合;当悬浮在水中时,它使水呈乳状并具有苦味,如果把混合物加热,氧化物即转变为硫与硫酸。根据以后将要提到的一些考虑,一个硫的原子估计重 13,一个氧原子重 7,于是硫的氧化物是由 65％的硫与 35％的氧所组成。

2. 亚 硫 酸

把硫在敞开空气加热到一定温度,硫即着火燃烧,火焰呈蓝色,硫与氧化合生成一种为大家所熟悉的有高度窒息性气味的弹性流体;这种流体叫作亚硫酸。它由大量硫在封闭的室中燃烧制得,用于漂白绒布或其他毛织品。但是用这种方法制得的酸在空气中绝不会超过体积4%或5%,用于化学研究是太稀了。纯的亚硫酸可用下法制得:在一曲颈甑内,把一份重量浓硫酸加入两份汞里,用灯加热,即有亚硫酸气体产生,可在汞面上收集。这个实验的原理是,每个汞原子从一个硫酸获得一个氧原子,硫酸原子的剩余部分便构成一个原子亚硫酸,这在以后将会看得很清楚。

亚硫酸不适于呼吸和燃烧;它的比重,根据柏格曼和拉瓦锡,是2.05;根据柯万,是2.24;而根据我自己的试验则为2.3。我把亚硫酸气流先通过与曲颈连接的冷的容器,然后送入盛有普通空气的烧瓶;称其重量,再用水确定亚硫酸气的量;两次实验的结果一致表明,12盎司容量气体比相同数量的普通空气重9格令,而普通空气约重7格令。根据我的经验,水在一般温度下约吸收20倍其自身体积该气体;但是有人说比这多,有人说比这少。当温度较低时,无疑吸收的量较大。因此,水似乎对该气体有一种化学亲和力;但是如果长久暴露在空气中,全部气体都将逃去,除掉一小部分转变为硫酸。

当把饱和亚硫酸的水放入试管,暴露于氧气中,氧就缓慢地被吸收,生成硫酸。在12天里,被水吸收的150容量的酸用掉35容量氧,留下剩余的氧和亚硫酸。把亚硫酸气和氧气混合并在汞上通电1小时,即有硫酸生成;但是我发现,酸的元素比例不能用这种方法来确定;因为汞被氧化,结果很容易与两种酸形成化合物。当两种气体通过红热的瓷管时,它们也会化合。亚硫酸据说在红热时能被氢气和炭所分解;硫沉积下来,形成水与碳酸,按照情况要求,当一容量氧盐酸在汞中加到一容量亚硫酸气里,亚硫酸即转变为硫酸;但由于氧盐酸气迅速与汞作用,不能得到准确的结果。

亚硫酸只能氧化少数金属,但它具有酸的一般性质,能与碱类、土类和金属氧化物化合,和它们形成盐类,称为亚硫酸盐。

现在剩下来的是研究在亚硫酸中元素的数目和重量。我在各种不同情况下做过大量关于硫在大气中燃烧的实验;但是我特别信赖的那些实验是在含有400立方英寸的接受器里做的;这个接受器顶部是敞开的,有一个黄铜帽,通过它可以把一个空球胆接到接受器上,用来接受膨胀的空气;准备一个小的架子,把表玻璃放在上面,放上已知重量的硫华;把整个放在集气槽的架上,当硫一用火点着,立即把接受器罩在上面,接受器边缘浸入水中;这时燃烧继续,直至蓝色火焰熄灭;在接近终点时,有大量白烟升起,充满接受器。然后把小的管形瓶充满水,倒转过来,小心地推入接受器,吸取一部分供试验;这时把接受器拿开,查明硫的损耗。在管形瓶中的剩余气体在伏打量气管里和氢气一起点燃。硫的损耗平均为7格令,在残余气体中氧平均为16%或略多;所以,消耗掉氧的重量为5格令至6格令。因此可以说,7格令硫与5.5格令氧化合;但是由于白烟的被氧化程度低于亚硫酸,非常可能硫需要大约其自身重量的氧形成亚硫酸。为了证实这点,我们可以看到,在气体燃烧中体积没有发生实质性的变化,这种情况在类似的炭的燃烧中也注意到。因此,亚硫酸的比重应该是接近于氧的重量的两倍,如以上所述。现在,由于假定亚硫酸为1原子硫和1原子氧组成是违背所有类推的原则的,我们必须设想它是由1原子硫和2原子氧所组成;因此,一个硫原子之重将为氢的14倍。

亚硫酸结构的另一个和更严格的证明,我们是从伏打量气管中硫化氢的燃烧得到的。这个化合物,我们将要指出,正好含有其自身体积的氢,其余是硫;从比重看出,它们的相对重量一定是近似地 1∶14;现在,当硫化氢与充分的氧在汞面上爆炸时,它将整个转变为水与亚硫酸;业已知道,2 容量该可燃气体与 3 容量氧化合;但 2 容量氢需要 1 容量氧;所以,硫与另外 2 容量的氧化合;这就是说,硫的原子需要 2 原子氧同它化合,而氢的原子需要 1 原子氧;这同上面为亚硫酸所推断的结构是一致的。

在亚硫酸中硫和氧的比例有着各种各样的说法,大多数与事实相差很大。我们有个记载是 85 份硫和 15 份氧。汤姆森博士在《尼科尔森杂志》第 6 卷第 97 页上给出的是 68 份硫和 32 份氧;但是在他的《化学》第 3 版附录中,他把这些数字改正为 53 份硫与 47 份氧。德索默斯和克莱门特说是 59 份硫和 41 份氧(同上,第 17 卷第 42 页)。按照前面结论,如果硫的原子被认为是 14,则硫对氧的比例将为 50 份硫对 50 份氧,即相等重量;但是如果硫被指定为 13,则亚硫酸将含有 48% 的硫与 52% 的氧,这些数值我认为是最接近事实的:亚硫酸弹性原子的直径比氢的弹性原子直径略小,这从下面情况可以看出,即 5 容量该气体饱和 6 容量硫化氢,而硫化氢所含原子数与同容量的氢所含的原子数是一样的。由于这种缘故,亚硫酸原子的直径可指定为 0.95,在一给定体积中,原子数目与相同体积中氢原子数目之比将为 6∶5,或 120∶100。

3. 硫　　酸

商业用硫酸在这个国家通常叫作矾油,是一种有腻滑感的透明液体,比重 1.84,有很强的腐蚀性;它强烈地同动物性与植物性物质作用,破坏它们的组织,通常把它们转变为黑色。这个酸过去是从绿矾(铁的硫酸盐)通过蒸馏制得的;所以叫作矾酸。现在一般是通过燃烧硫,在铅室中与一部分硝石(从硫的重量 1/8 至 1/20)混合制得;铅室底部覆盖着水,硫酸生成后,便滴落到水中;当这种水含有足够的酸时,便把它放出来,进行蒸发,直至所含的酸达到较高浓度;蒸发时是把酸放在玻璃蒸馏器里,置于沙浴中;酸的较弱部分蒸馏出来进入接受器,其余部分在条件许可下尽可能予以浓缩。再把接受器里的酸蒸浓,像前面一样处理之。

有些作者倾向于认为,硫酸生成的理论是很清楚的;他们说,硝石提供一部分氧给硫,其余的氧由大气供应。不幸的是,这种解释不能令人满意,硝石,即使它全部是氧,也不会提供多于所需之氧的 1/10,但是硝石实际上只含有 35% 的氧;因此,即使全部氧都放出来,它所提供的氧也不会比硫所需要的 1/30 多多少;何况从草碱中释放出来的氧还不会超过这个微小数量的 1/2 或 1/3;因为盐从硝酸盐变为硫酸,保留着大部分所含的氧,或者又从某种来源获得氧,有些消息灵通的制造商意识到上面解释的谬误,他们曾试图减少硝石(这对他们是一种昂贵的物品),或者把它完全摒弃;但是他们发现若干分量的硝石是必不可少的;因为如果没有它,他们只能得到亚硫酸,它是大部分不能凝结的,不是他们所需要的酸。在一个很长时期硝石所起的作用成为一个谜。最后两位法国化学家德索默斯和克莱门特解决了这个困难,这在 1806 年的《化学年鉴》,或《尼科尔森杂志》第 17 卷中一篇出色的论文里可以看到。这些作者指出,在燃烧硫与硝石的通常的混合物时,先生成亚硫酸,并释放出亚硝酸或亚硝气,这一部分是由于加热,一部分可能是由于亚硫酸的作用;亚硝气或亚硝酸成为氧化亚硫酸的媒介物,它把大气中的氧传递给它,接着使它们化合,生成硫酸。亚硝气质点于是再与另一个氧结合,把它传递给另一个亚硫酸原子;这样一直进行下去直至整个被氧化为止。因此亚硝酸的作用就像酵素一样,没有它硫酸就制不成。

这个硫酸生成的理论具有如此给人深刻印象的观点,简直不需要用实验来证明它。可是它还是很容易用一个直接而巧妙的实验来证明的。把 100 容量亚硫酸放入水银上一个干燥管内,加上 60 容量氧;然后把 10 或 20 容量亚硝气加到混合气体里;几秒钟后,管的内壁覆盖上一层晶态物质,像白霜一样,混合物减至原来体积的 1/3 或 1/4。如果现在加入一滴水,晶态物质即迅速溶解,并在水进入时,发出闪光,这时气体完全丧失掉它们的弹性,除掉剩下少量氮气和亚硝气。如果接着用水把管清洗,水将具有强烈的酸味,但是没有亚硫酸气味。显然,在这个过程中亚硝气与氧结合,并把它运送给亚硫酸,后者在接受氧后变为硫酸。此外,当水不存在时,看来还能形成固态硫酸;它是完全不含水的硫酸的自然状态。必须看到,当气体混合时,如果其中存在一些水的话,水在亚硝酸一形成就会把它抓住,因而阻止它氧化亚硫酸;另一方面,为了把新生成的硫酸取出,便于剩下的亚硫酸氧化,水的存在到后来似乎是必要的。把 100 容量亚硫酸饱和似乎需要大约 50 容量氧,但是这很难精密地确定,因为亚硝气会吸收多余的氧,开始同汞反应。

现在,业已指出,亚硫酸约含有其自身体积的氧,并为 1 原子硫和 2 原子氧所构成;从以上所述看来,再有一半这么多的氧,即 1 个原子,就可使它转变为硫酸:所以硫酸原子为 1 原子硫与 3 原子氧所构成;如果把硫原子的重量估计为 13,3 原子氧为 21,则整个复合原子的重量将为氢原子重量的 34 倍;这就是说,纯硫酸含有 38% 硫和 62% 氧。

在 1806 年,通过所有硫酸盐类的仔细比较,这些盐类的比例是我们所熟知的,我推断出硫酸原子的重量为 34;现在看来,用合成方法,或不管硫酸的化合物,也可得到硫酸的重量;这些推断的完全一致性使我们不用怀疑,该重量是很接近于实际情况,并证实刚才所述的硫酸原子的组分。

几乎没有一个化合物像硫酸一样,其比例在被各个实验者测定时得出如此不同的结果。下表将充分证明这种说法。

伯索累	72	硫+28	氧
特罗姆斯多夫	70	硫+30	氧
拉瓦锡	69	硫+31	氧
切尼维克斯	61.5	硫+38.5	氧
西纳德	55.6	硫+44.4	氧
布肖尔茨	42.5	硫+57.5	氧
里克特	42	硫+58	氧
克拉普罗特	42	硫+58	氧

切尼维克斯的结果将会是 44 硫＋56 氧,如果他采用 33 为硫酸重土中酸的百分数,这个百分数现在一般是为人们所承认的。他和后来的实验者所用的方法是从一定重量的硫中将硝酸蒸馏,直至全部或某一定部分经过测定的硫转变为硫酸;然后用重土把酸饱和,确定盐的重量。

尽管上面所述的硫酸生成理论非常有说服力,我还是渴望硫酸的大规模制造,通过波尔顿附近达西利弗的沃特金斯先生(Mr. Watkins)的慷慨邀请,新近我获得一次机会高兴地参观了那个地方附近他的制酸厂,厂的规模很大,运转良好。当把铅室的小门打开,就有红色烟雾逸出,根据颜色和气味,无疑这些烟雾是亚硝酸,几乎没有亚硫酸气味。从亚硝酸烟雾来看,人们可能会设想铅室里也是充满亚硝气。我特别渴望知道铅室内部的空气组成,感谢沃特金斯先生,他送给我几个管形瓶,里面盛有从铅室里取出的空气。经过检验,该空气发现含有16%氧和84%氮。没有亚硫酸气味,亚硝酸很少,它在通过水时已经冷凝下来了。事实上,亚硝酸烟雾在整个空气体积中可能决不会超过1%;氧也不会减少到16%以下多少,否则燃烧会立即停止。铅室内部顶上据说不断有水滴滴下;这些水滴集拢以后,发现其比重为1.6;没有亚硫酸气味,但略微有些亚硝酸气味。

在硫酸生产的管理方面很难提出什么合理的变革。亚硝酸是必须存在的;但是是把硝石放在燃烧着的硫上面来制造亚硝酸呢,还是通过直接蒸馏把亚硝酸蒸汽送上,哪个方法最好,可能还是值得研究的。亚硝酸的损耗是不可避免的,部分是由于在通风时逃到空气中,部分是由于在铅室底部冷凝在含水的酸里;因此,必须经常补充供给;但是如果超过一定数量,不仅增加费用,还对硫酸某些应用有害。很可能,铅室某种图样在长度、宽度和高度的比例上一定会比别的更合适些;这或者只能凭经验决定。由于水极容易吸收亚硝酸,高的铅室,燃烧在离开水一段距离进行,一定是对节约硝石有利的。

硫酸对水有强烈的吸引作用;它甚至能从大气中强烈地吸收水蒸气,因此在化学方面常用于所谓干燥空气。当与水混合时,硫酸产生大量热,这在这部书的第一部分就已经陈述过了。

当硫酸与硫一起沸腾时,据说有亚硫酸生成:我没有发现这些情况。但是炭和磷在加热时能分解硫酸;产物是碳酸、磷酸和亚硫酸。

硫酸一般能与碱类和土类化合,和它们形成盐类,叫作硫酸盐。在与金属作用时,根据酸的浓度不同,反应也不一样;当用5或6倍体积的水稀释时,它激烈地与铁和锌反应,生成大量氢气,这是由水分解得到的,水的氧与金属结合,酸本身也和它连接在一起,因而形成硫酸盐。当酸浓时,它对金属的作用就不激烈;但是通过热的帮助,它能把大多数金属氧化,放出亚硫酸。

由于硫酸的浓度有各种各样,知道它的精确强度,或者说,在任何样品中,知道有多少水同纯酸结合,无论是对它的制造者,还是对大量使用硫酸的人,如颜料制造商和漂白剂制造商都是件重要的事情。这个问题柯万在若干年以前就特别注意到,他为我们提供一张强酸强度表,里面有大多数密度的硫酸。要做成准确的表有两件事是必要的,一是确定在一定比重的某个样品中纯酸的准确数量,二是仔细观察在用一定数量的水把它稀释时对比重所产生的影响。柯万先生在前者是很成功的,但在后者却特别不幸。近十年来他这张表的错误似乎每个人都知道,除掉化学著作的编辑们。下表列出这几年来我自己关于这个酸的一些结果。

在 100 份液体硫酸中酸的实际含量表
（温度 60°）

原子 酸水	酸重量百分数	酸容量百分数	比重	沸点
1＋0	100	不详	不详	不详
1＋1	81	150	1.850	620°
	80	148	1.849	605°
	79	146	1.848	590°
	78	144	1.847	575°
	77	142	1.845	560°
	76	140	1.842	545°
	75	138	1.838	530°
	74	135	1.833	515°
	73	133	1.827	501°
	72	131	1.819	487°
	71	129	1.810	473°
	70	126	1.801	460°
	69	124	1.791	447°
1＋2	68	121	1.780	435°
	67	118	1.769	422°
	66	116	1.757	410°
	65	113	1.744	400°
	64	111	1.730	391°
	63	108	1.715	382°
	62	105	1.699	374°
	61	103	1.684	376°
	60	100	1.670	360°
1＋3	58.6	97	1.650	350°
	50	76	1.520	290°
	40	56	1.408	260°
1＋10	30	39	1.30＋	240°
1＋17	20	24	1.200	224°
1＋38	10	11	1.10－	218°

对于上表的评论

1. 81％的酸是由 1 原子酸和 1 原子水组成。它是通过把液体酸煮沸所能得到的最强的酸；因为在这种强度下酸和水一起蒸馏出来，同 1.42 比重的硝酸，或 1.094 的盐酸一样。普通商业硫酸虽然近似地具有最大密度，但不应该认为它具有最大强度。事实是，在近乎最大强度的酸中加入或取出少量水，其比重是变化很小的。柯万的主要错误就在这里。81 和 80 强度的酸其比重的差别不大于小数点后第三位的 1；然而根据它的表，其差别要比这大 14 倍。我曾有机会在各种样品中检验过从 75％变化到 80％的商业硫酸，或者在数值上的变化 7％。这种变化只是在小数点后面第二个数字改变一个单位；而按照柯万的表，改变却是它的 7 倍。在 70％以上的酸中比重不应该作为强度的标准；而用它们沸腾的温度作为标准要好得多，因为酸的强度相差百分之一沸点相差的度数为 12°至 15°。或者通过测定一定要加多少水才能把酸降低至某种已知强度，例如比重为 1.78 冰硫酸的强度，从而求出酸的强度。

2. 在上表最令人惊奇的是由 1 原子对 2 原子水组成的酸；这种酸具有奇异的性质，即它在 32°或 32°以上的温度下冻结，并且在 46°以下任何温度一直保持冻结；它的比重为 1.78，如凯尔（Keir）所求出的（1787 年《哲学学报》），根据理论和实验两方面，它都是含有 68％纯酸；根据理论它是这样确定的：一原子硫酸重 34，二原子水重 16，总共为 50；因此，50：34∷100：68。用实验方法它是这样求出的：用碳酸草碱把 100 格令容量的冰硫酸饱和得到硫酸草碱；在加热到适当的红热程度以后约重 270 格令，根据柯万和温策尔的分析，其中 121 格令为酸，149 格令为碱。如果该液体酸的比重较大或较小，甚至多含或少含 1％的纯酸，它就不能在 32°以上温度结冰，但可以在 32°稍下的温度。如果液体酸比冰硫酸多含或少含 3％，它在没有雪与盐混合物的冷却下是不结冰的；经凯尔先生测定，如果液体酸偏离冰硫酸超过 3％，用雪和盐混合物冷却也不够。我发现该冰冻酸的比重近似地为 1.88。似乎有可能直至上面的 1 加 1 酸和下面的 1 加 3 酸，两侧冻结的困难程度都是增加的。

3. 在 30％以下的酸可用比重栏内小数点后第一和第二个数字来估计它们的强度，不会发生实质性的错误；15％强度的酸比重为 1.15，等等。

第五节 氧 与 磷

氧与磷的化合物到现在只知道有两个：它们都有酸的特征，一个叫亚磷酸，另一个叫作磷酸。前者虽然认为是酸，却很可能仍处于氧化的最低程度。因而也可称它为氧化亚磷（phosphorous oxide），氧化磷（phosphoric oxide），或者，仿照金属，称之为磷的氧化物（oxide of phosphorus）都可以。不过，我们仍采用普通的名称。

1. 亚 磷 酸

磷在大气中暴露若干天后，就慢慢地获得了氧气，转变为一种酸液。方法如下：将小片的磷放在玻璃的斜面上，让液体一形成就滴到小玻璃瓶内。这液体称为亚磷酸，有黏性，味道是酸的，能任意用水稀释。它对试纸具有普通酸的效应。加热时，水分先蒸发出来，其后就是磷化氢气，最后容器中留下磷酸。从这种现象看来好像是，热使一部分亚磷酸中的氧转移到另一部分，从而使后者转变为磷酸，而前者的磷则被释放出来。但是释放出来的磷在这样温度下能与水作用，其一部分夺取了氧形成更多的亚磷酸，另一部分则得到氢形成磷化氢。这样一直进行到全部的磷都变为磷酸以及磷化氢为止。在这种情况下，很可能磷分为两部分，即 2/3 与氧化合，1/3 与氢化合。但这没有被直接实验所证实。

亚磷酸与几种金属作用，通过分解水来把它们氧化，同时放出磷化氢，生成的金属盐被认为是磷酸盐，多余的磷为氢所带走。亚磷酸与碱类、土类以及金属氧化物化合，并与它们形成一类叫作亚磷酸盐的盐类。

在亚磷酸内加上硝酸，加热，硝酸就分解，其中一半氧与亚磷酸化合，把它转变为磷酸，剩下的硝酸则以亚硝气形式逸出。

组成亚磷酸的两个元素的比例迄今还没有确定。从有关磷酸的实验和资料，我倾向于相信，亚磷酸为 1 原子磷（约重 9）和 1 原子氧（约重 7）所组成，化合物重 16。可是如果情况是这样，为什么没有其他元素在其与一个氧原子化合时显示酸性呢，这似乎是很奇怪的。不过应该看到，氧化磷是液态，并容易分解为磷与亚磷酸，这些情况则是其他氧化物所没有的。实际上，亚磷酸可认为是把磷保持在溶液中的磷酸，而不认为是另外一种酸。

2. 磷　　酸

虽然一些磷酸和土类及碱类的化合物极其普通，但任何足够数量的纯净磷酸却很少得到，需要用一种冗长而昂贵的方法。有三种方法可以制得磷酸：1. 如果把少量的磷，5 到 20 格令，在水面上燃烧，并立即用大的玻璃钟罩盖住，这时磷极其光亮地燃烧，容器内很快就充满白烟。很短时间后，燃烧停止，接着白烟渐渐下降，或附在玻璃壁上呈雾状，这些白烟就是纯净的磷酸。2. 如果把一小片磷放入盛有热硝酸的小瓶内，立即强烈发生气泡，有亚硝气逸出，磷逐渐消失变为磷酸，和剩下的硝酸混在一起。然后在该液体内再投入一小片磷，一直这样继续下去，直至硝酸几乎全部分解为止。把余下的液体慢慢增高温度，把硝酸完全赶掉，剩下来的是含有磷酸和水的液体。把温度增高到适当的红热程度，水被赶去，留下的是液态磷酸，冷却后呈玻璃状。3. 如果像上面所述的那样，把磷缓地燃烧来制备亚磷酸，然后在溶液内加入一些硝酸，加热，则硝酸把它的一部分氧给亚磷酸，亚硝气逸出。剩下的液体加热后即为纯磷酸。

在这三种方法中，如果目的在于求酸中元素之比，则可采用第一种方法。但如果目的在于获得一定数量磷酸作为研究之用，则可采用第二或第三种方法。而在这些方法中从经济观点来看，则第三种是可取的，因为它只需要一半硝酸。根据计算，我发现用第二种方法 20 格令磷将需要 200 格令 1.35 的硝酸，而如果用第三种方法只需要 100 格令硝酸，但是一定要加少量过量的硝酸以弥补蒸发等损失。

玻璃状的磷酸暴露在空气中会发生潮解，变为油状，能被任何分量的水所稀释。这个酸不像其他一些酸腐蚀性那样强。但是它有酸的其他一些性质，如具有酸味，能使植物中提取的蓝色物质变红色，并与碱类、土类和金属氧化物形成磷酸盐等。它能把一些金属氧化，其方式和硫酸一样，把水分解，使水中的氧与金属化合，而氢则呈气态逸出。炭在红热时能分解磷酸与亚磷酸，从过磷酸石灰制取磷就是用这种方法。

关于磷酸的强度与其溶液比重的关系还不曾准确地测定过。我做过的一些实验使我相信下表差不多是正确的。

在 100 份液体磷酸中实际酸量表

酸重量百分数	酸容量百分数	比重
50	92.5	1.85
40	64	1.60
30	41.7	1.39
20	24.6	1.23
10	11	1.10

拉瓦锡测定磷酸中磷与氧的相对重量约为 40：60。这是通过把磷在氧气中燃烧而得到的。这个重要事实后来曾为另外一些人的实验所证实。我把磷在大气中燃烧所得结果与此相近。在一含有 400 立方英寸空气的玻璃钟罩内，重复地把 5 格令磷在水面上燃烧，开始时烧得很旺，但接近末尾时就变得无力，在钟罩内留下潮湿的剩下的磷，通常约 1 格令。在钟罩上装一个柔软的球胆以容纳变稀薄的气体，不让它逃逸。最先空气中含有 20.5％的氧，但在燃烧后，它只含有 16％或 16.5％，此时温度约 40°。通过计算，4 格令磷可认为同 6 格令氧化合。的确，数据上氧的比例可能会低一些，但这可能是由于在接近燃烧结束时有些亚磷酸生成。

关于磷酸原子的组成只可能有两种观点，不是认为含有 1 原子磷与 2 原子氧，就是认为含有 1 原子磷与 3 原子氧。根据前一种观点，磷原子应该重 9，而磷酸原子重 23。根据后一种观点，磷原子应该重 14，而磷酸原子重 35。我们本来可利用磷酸盐来测定该酸的重量，但是这些盐类还没有被足够精确地分析过。碰巧，另一种磷的化合物对我们这个目的很有帮助，这就是磷化氢。由于这个气体的性质将在适当场合进行讨论，我们这里只想指出，该气体是一个磷和氢的化合物。它含有的氢正好等于自身的体积，其比重约为氢的 10 倍。在伏打量气管内和氧气一起燃烧时，它转变为水与磷酸，完全燃烧需要 150％体积的氧。但是，尽管这样，它在与 100 容量氧气燃烧时就失去其弹性。这些事实无疑地说明磷原子重 9，磷酸原子重 23，是 1 原子磷与 2 原子氧的化合物。亚磷酸的原子是 1 原子磷与 1 原子氧的化合物，重 16，而当等体积的磷化氢和氧在一起爆炸时，形成了磷酸和水。

第六节 氢 与 氮

氢与氮的化合物只发现过一种，长期以来它作为一个重要元素为化学家所知。根据它所呈的状态，或者是看它从哪种得来而有着不同的名称，如挥发碱，鹿角精，硇砂精等。但是现在作者们称之为氨。我们现在就来阐述它的本质和特性。

氨

为了制取氨,可将 1 盎司粉末状硇砂与 2 盎司石灰水化物(干燥的消石灰)充分混合,放进瓶内,用灯或蜡烛加热,这时气体就跑出来。这就是氨气,即纯净状态的氨。气体一定要在汞面上收集在瓶里。

该气体不宜于呼吸,也不能助燃。它有一种非常刺激的气味,但是在用普通空气稀释后,就成为一种有益的为人们所熟悉的防止昏厥的兴奋剂。许多作者所求出的这个气体的比重差不多都是一样,这点特别值得注意,因为做这实验有很多困难,而这些困难在许多其他情况下是不会发生的。根据戴维,100 立方英寸该气体得 18 格令;根据柯万,重 18.2 格令;艾伦和佩皮斯,18.7;拜奥特,19.6。这些数据的平均值,18.6 格令可认为是在 60°温度和 30 英寸水银压力时的近似值。因此,如果把大气的重量作为 1,该气体的比重则为 0.6。

氨气在进入水中时几乎同水蒸气一样迅速地凝结起来。在这方面它和氟酸、盐酸等气体一样。水和氨的化合物形成了以硇砂精名称出售的普通液态氨,这是最经常使用的氨的形式。在给定的氨水溶液中确定气态的或实际的氨的数量极其重要。这个问题在很大程度上受到忽视。大约 10 年以前,戴维先生为确定不同比重的水溶液中的氨量作过很好的尝试,结果被列成表,可认为是极好的第一近似。但遗憾的是,这样重要的研究一直没有受到注意。我在这方面也做过一些试验,其结果无疑是可以接受的。

把一个能盛 1400 格令水的小瓶部分地充以水银,再加上 200 格令水,倒立在汞上,把 6000 格令容量的氨气转移到里面。液体比重没有明显减少。需要用 24.5％格令容量的 1.155 盐酸来使水饱和。用低于沸水的温度把它蒸发,得到 12 格令干燥的盐酸氨。现在假定 1400 容量的气体重 1 格令,则盐内将含有盐酸 5.7 格令,氨 4.3 格令,水 2 格令。然而这个实验方法我发现不大可靠。因为汞虽然在炉子中在 240°温度下刚干燥过,但是氨气在从一个有刻度的管子转移到另一个时难免有 10％或 15％的损失。于是,我有理由得出结论说,在上面所述的盐中氨是估计过高了。为了避免这种错误,我采用了普里斯特利博士第一次用过的方法,把盐酸气送入刻度管中的碱里。但是这里仍然有一个缺点,因为盐酸气在转移以前要过量,与碱性气体一样,它同样会被水所吸收。可是,同普里斯特利以前所做的一样,我发现等容量的两种气体极其近似地相互饱和。因为当一容量酸气放进一容量碱气中时,只剩下少量残余的碱气,而当碱转移到酸中时,只剩下少量残余的酸气。前面曾得出结论说(第 104 页),盐酸气的比重为 1.61,我可以采用 1.61：0.6 作为盐酸氨中酸与碱的比率,并从把氨饱和所需盐酸溶液的量推断出在给定溶液中氨的分量和体积。但是有一个重要事实与此相违背。盐酸的原子我知道是重 22,而 1.61：0.6 差不多是 22：8.2,于是一个氨原子之重一定是 8.2 或 4.1,而这和以前关于氮和氢的测定是不一致的。在《阿格伊专题报告》第 2 卷中,我们看到,拜奥特和盖·吕萨克求出的盐酸气的比重低到 1.278,并且从戴维先生的谈话中,知道他所求出的该气体的比重也比我前面推断的低得多,于是我被引导去重做称量这个气体的实验,尽量小心不要让液体进入。我用浓硫酸与食盐作用得到盐酸气,把它通过中间容器送进一个盛有普通空气的干燥烧瓶,塞子塞得很松,直至 3/4 空气被赶掉,像后来所看到的那样。玻璃内壁的表面上略呈不透明状。烧瓶的重量增加了 1.1 格令。然后把塞子去掉,并把瓶口浸入水中,这时 3/4 的烧瓶体积很快就为水所占据。其他试验也得到同样的结果。烧瓶可容纳 6 格令普通空气。从这里我得出盐酸气的比重为 1.23,并认为这与实际情况相比是只多不少。于是等体积盐酸气与氨气的重量将为 1.23：0.6,或近似地为 22：11。而如果我们假定,11 容量的酸气足够满足 12 容量碱气的需要(这从实验来看不是不可能的),那么在盐酸氨的组成内将有 22 份酸与 12 份氨(不包括水),这就使理论与实验一致了。根据这个观点,盐酸氨一定是由 1 原子盐酸和 2 原子氨所组成,每个氨原子为 1 原子氮与 1 原子氢的化合物。可是,我认为有可能 22 份实际的盐酸,38 份硝酸,与 34 份硫酸,与以前各自的表中所确定的那样,将分别饱和等量的任何氨溶液,于是它们可以用来检验不同溶液中氨的实际含量。而如果以上 22：12 的比率是不正确的,它也不会错到哪里去。误差将都是一样的,在氨溶液的任何一个表上都是这许多百分数。我使用的检定酸(test acid)是在 100 令容量中含有一半上述的酸量。即 100 格令容量比重为 1.074 的盐酸含有 11 格令实际的酸,100 容量 1.141 硝酸含有 19 格令,而 100 容量 1.135 硫酸含有 17 格令。既然 100 容量比重为 0.97 的氨溶液正好足够饱和这些酸,于是我采用该溶液作为检验用的氨,并得出结论,在 100 格令容量中含有 6 格令实际的氨。

于是,我们将会看到下面所列的表的精确性将依赖于以下各点:即 100 容量的 1.074 盐酸是否真正含有 11 格令酸;盐酸气与氨气的比重是否真正是 1.23：0.6,或者按这个比率;11 容量的酸气是否饱和 12 容量的氨气。我相信这些项目中任何一项的误差都是很小的,可能它们会相互纠正一部分。

我仿照戴维先生的做法,发现当一容量水与一容量氨溶液放在一起时,它们共占二容量,看不出显著的缩小。因此,一容量任一比重(例如 0.90)的氨溶液中所含氨量如果被测定,则在一容量(0.95)氨溶液中所含氨量将正好是它的一半。所以容量的表是很容易构成的,而重量的表也不需要太多计算就可得出。

在不同比重溶液中实际的或气态的氨量表

比重	在 100 格令容量液体中氨的格令数	在 100 格令液体中氨的格令数	液体的沸点旧标度	冷凝在一定体积液体中气体的体积
0.85	30	35.3	26°	494
0.86	28	32.6	38°	456
0.87	26	29.9	50°	419
0.88	24	27.3	62°	382
0.89	22	24.7	74°	346
0.90	20	22.2	86°	311
0.91	18	19.8	98°	277
0.92	16	17.4	110°	244
0,93	14	15.1	122°	211
0.94	12	12.8	134°	180
0.95	10	10.5	146°	147
0.96	8	8.3	158°	116
0.97	6	6.2	173°	87
0.98	4	4.1	187°	57
0.99	2	2	196°	28

关于上表,可以提一下,我不曾有过大量低于 0.94 的氨溶液来通过实验求得它们的比重,从 26％到 12％的几种溶液我只有 10 或 29 格令少量。我没有理由怀疑,在比重一直到 12％所遵守的下降的规律,在越过个数值再往下时,就会发生什么重大的偏差。不管怎样,直至 0.85 这偏差都不可能太大,而且这并不太重要,因为这样强度的溶液从未大规模得到过。第二栏表示在 100 容量溶液中氨的格令数,比起第三栏所表示的 100 格令溶液中的重量在实际应用中更方便些。第四栏指出几种溶液沸腾的温度,这将被发现是非常有趣的。大家知道,液体的沸腾是在其蒸气压与大气压力具有相同的力时发生的。在直至 12％的溶液中,实验是这样进行的:把一个温度计插入盛有溶液的小瓶中,并把该瓶浸入热水内直至液体沸腾。但是在较浓的溶液中,则是取小部分,如 20 格令,放到盛有水银的玻管的上部,然后把玻管放入盛有水银的小瓶中,整个浸入温水,然后确定温度,玻管内的汞必须与瓶内的汞处于同一水平面。第五栏是从第二栏算来的,假定氨气的比重等于 0.6。

可以看到,上表中从 15％到 20％的各种溶液所列出的氨的量少于戴维先生表中所列出的。还可看到,商店中一般氨的溶液通常含有 6％到 12％的氨。

在我们估计表的第四栏与第五栏数值以前,我们一定要确定在不同温度下氨溶液蒸气的力。如果它在一种情况下求到,我们就可以用类推法推出在其他情况下的结果。由于水蒸气的力对温度的相等增额是成几何级数变化的,可能会指望液态氨的蒸气也是这样。但是由于该液体是一个化合物,水蒸气力的简单定律在这里不适用。可是从以下的结果来看,它们是与这个定律很接近的。在一虹吸气压计内我加入一些 0.946 液态氨,通过摇动等方法把它转移到汞面上真空,把该真空装置逐次地浸入不同温度的水内,观察到气体的力如下:

温度			0.946 液体中
旧标度	新标度	差数	氨蒸气的力
140°	151°		30 英寸
		36°	
103°	115°		15
		31°	
74°	84°		7.5
		29°	
50°	55°		3.75

看来好像是,把氨蒸气的力增加一倍所需的温度的差数是随上升而增加的。这种蒸气或气体在其和普通空气混合时不会影响其弹性,就像其他蒸气所表现的一样。这点我是不怀疑的。我并且用实验来确证这个事实,我把一定体积的空气和 15 英寸力的水蒸气混合,发现空气的容积增加了一倍。

这些事实很稀奇而且重要。它们表示氨在没有外力的情况下不能保留在水中,并且除掉氨气自身以外,其他弹性流体的压力是没有用处的。于是这就证实了我所极力坚持的普遍规律的真实性,即没有一种弹性流体能在另一种弹性流体的通路上构成障碍。

我们现在可以察看水用氨饱和是取决于哪些因素的。因素有两个:液体的温度以及液体上面的氨气压力,不包括与它混在一起的空气。举例说,如果温度定为 50℃(旧标度),则在大气压力下可能的最浓溶液将是在 100 容量中含有 26 格令氨,或 419 倍溶液体积的气体,其比重为 0.87。但是如果在用气体把水饱和时有普通空气存在,并构成液面上气体的 7/8,则溶液就不会浓于 0.946,这时 100 容量该溶液将含有 11 格令的氨,或 162 倍溶液体积的气体。我曾经制得过 26% 氨的饱和溶液,液面上气体中普通空气占 1/12。在同样温度下另一种含有 17% 氨的饱和溶液,在液面上气体中普通空气占 1/4。

关于氨的组成,普里斯特利、谢勒和伯格曼指出,它被分解为两种元素。伯索累第一次决定了元素的比例并从一定体积的氨气中决定每种元素的量。后来在科学知识发展的情况下他的实验被重复做过,几乎没有修改他的结果,这的确是他的光荣。普里斯特利用电把 1 容量氨气分解成为 3 容量不再被水吸收的气体,但是他的氨没有先干燥过。伯索累用同样方法把 17 容量分解为 33,这个结果从那以后曾被许多作者所证实。他还发现,这样生成的气体是 121 份重量的氮与 29 份氢,或 4.2 份氮与 1 份氢的混合物。

1800 年,戴维先生发表了他的研究,其中有几个关于氨的有趣的结果。他把氨通过红热的瓷管进行分解,在普通空气被排除以后,收集到的气体内是不含有氧的。在 140 容量该气体内加上 120 容量氧气,通电使混合物爆炸,有 110 容量气体剩下来,无疑 150 容量气体是转化为水了,其中 100 容量一定是氢。因此,从分解氨得到的 140 容量气体中含有 100 容量氢与 40 容量氮,或者说含 71.4 的氢 100 容量与 28.6 容量氮。这个结果与伯索累的测定极其接近。这两个人的测定被公正地提出作为近代化学分析精确性的典范。

1808 年,戴维先生发表了他的值得赞扬的有关固定碱分解的发现。由于这些固定碱都证实含有氧,他用类推法设想在氨中也含有氧。曾做过几个实验,似乎都支持这个观点。但是只要承认用电分解氨时未发现氧气,而且氮与氢的总共重量等于被分解的氨的重量,戴维这些实验就不能看作最后的结论。戴维先生重新考察了氨气的比重,一定体积的氨在分解时产生气体的量,以及氮气与氢气在气体中的比率。其结果是所得气体只有氨重的 10/11,剩下的 1/11 戴维先生认为一定是氧,后者与氢化合形成一部分水。省下这 1/11 的方法主要是减少由一定体积氨所得气体的绝对量,但在一定程度上则是求出的氮比过去所估计的少,而氢比过去估计的多。因而 100 容量氨气只产生 180 容量的混合气体,虽然通常估计为 200,而该混合气体被发现由 26 份氮与 76 份氢所组成。

这些结论与长期来所采用的,差异是如此之大,而且所依靠的实验还有些不牢靠,不经过更全面的审查,是不大会被人们接受的。亨利博士在英国和 A. B. 伯索累在法国似乎都极其小心地重新研究过氨的组成。亨利博士的目的是确定氧,水,或其他含氧化合物是否能在氨的分析中检验出来,这个研究还包括其他两个问题,即从一定体积的氨得到的气体的量以及氮气与氢气在其中的比例。其结果是,既没有发现氧,也没有发现水;氨的容积在分解后多半增加了一倍,即使氨事先极其小心地干燥过;而且氮气与氢气在混合物中之比,根据六次仔细实验的平均值,是 27.5:72.75。在决定这个比值中,亨利博士幸运地发现了比过去更容易和迅速的分析方法。他发现氨在和适当比例的氧,氧化亚氮,或者甚至亚硝气混合时,通过电火花就会发生爆炸。他发现氧气比例低些更合适(约 6 容量氧对 10 容量氨),爆炸引起氨的全部分解,以及一部分氢燃烧,接着在剩下的气体中再加入氧,把余下来的氢烧掉。在一个实验中,把100容量氨在管子里分解,管中的水银曾事先煮沸过,亨利只得到了181容量气体。在关于氨的分解方面,他似乎认为这个实验可能是最正确的了(1809年《哲学学报》)。

在《阿格伊专题报告》第2卷中,A. B. 伯索累先生有一篇关于氨的分析的论文。他提到1785年科学院专题报告中伯索累的实验。在实验里,规定196份氢与100份氧化合,发现氨分解气体中氮与氢的比率为27.5∶72.5。他报告了几个关于铁在氨气中氧化和脱氧的实验和意见。然后他着手证明,氨分解中产生的氮和氢之重等于氨本身之重。拜奥特和阿拉戈(Arago)测定氮、氢和氨的比重分别为0.969、0.073与0.597,它们为A. B. 伯索累所采用。他发现100容量的氨产生205容量的永久气体,经过分析,得到24.5%氮与75.5%氢。像亨利博士一样,A. B. 伯索累用氧气与氨在一起爆炸来分解氨,但是他不幸用了过量的氧,于是再加入氢以测定剩下的氧,可是他发觉一部分氮就这样转变为硝酸了。在收集这些结果的过程中,他看来是尽可能使氨分解产生的气体接近于氨的重量。

虽然这两位作者的实验,在关于氨中不存在氧这方面,可以认为是满意的,但是如果这些实验在从一定体积氨所得到的气体的量,以及氮与氢的比率这两方面也一致起来,它们将更加令人满意了。我自己在这方面做过一些实验,请允许我对造成这些差别的原因发表一些意见。我和戴维先生相信,在适当留意不让任何液体附着管壁或水银的情况下,氨在分解后体积是不会加倍的。但根据经验我倾向于相信,100容量的氨在分解中得到的气体将不少于185或190容量,我取一根管子,把它充满干燥的水银,然后把一部分气体转移到里面,并用玻棒在管中推动几次,把水银搅动,使液态氨在水银里不能存在。该气体在用电分解以后,每100容量产生187容量。关于氮与氢的比率,我相信只能通过把氨分解并在氢燃烧以前得到,而这种分解不管是通电或加热都可以。在这些情况下,氨100容量将分解为28容量氮气与72容量氢气。这个结果我曾用通电方法重复地得到过,氮从未偏离27到29太远。这与伯索累最初所采用的通电方法的分析,以及1800年戴维所用的加热方法的分析都十分一致。但这两种分析方法在量的方面都没有提出任何理论观点,它们对以后这个课题的研究是不能说明什么的。

现在我们来看这些结果与氨的比重是否一致。这就是说,这两种气体的重量是否等于被分解的氨的重量。

> 100体积氨,在乘以比重0.6时,得到60格令
> 变为185容量的混合气体,
> 即,51.8氮,在乘以比重0.967时,得到50.09
> 和133.2氢,在乘以比重0.08时,得 $\underline{10.65}$
> 60.74

在60格令内多出3/4格令这个误差实在太小,不值得注意,这可能是由某一个数据不够正确所引起的。这个数据如果得到改正,对结果也不会发生重大的影响。

现在我将对其他氨的分析方法提出一些看法。亨利博士把氨在伏打量气管中与氧气、亚硝气和氧化亚氮一起燃烧的方法既别致,又迅速,在其充分被理解后必然被认为是有价值的。可是在我看来,根据经验和类比方法,一个可燃的化合物,例如氨,绝不会在

分解时其中一种元素烧掉，而另一种元素完全不燃烧。在碳和氢、磷和氢等化合物中可以找到许多例子，其中一种元素比另一种更快地夺取氧，但另一种也总是烧掉一部分。即使这些可燃气体仅仅是混在一起，而不是化合时，我们也没有发现过它们当中哪一种在其达到饱和以前能阻止另一种与氧结合。因此，在氧化碳与氢的混合物中，如果氧不充足，当电火花通过时，两者都烧掉一部分。的确，亨利博士曾注意到，氨在与过量的氧燃烧时得到硝酸与水。我有理由相信，不管它们是按什么比例燃烧，多少总会发生这种情况。我在把氨与氧混合燃烧时很少得到 27％这样多的氮（氢气估计为所用氧气的两倍），而从来就没有得到过 28％。如果我们注意到用掉的氨气的量，并且承认只有 66％或 67％的氧用于氢气，那么氧显然就不是全部消耗于氢的燃烧了。一般说来总是发现氧的消耗要多些，这些多出的氧一定是形成硝酸了。氨与亚硝气燃烧通常得到 25％到 27％的氮（假定亚硝气组成如第 112 页所述）。总的说来，我发现氧化亚氮是最接近于真实情况。当 100 容量的氨与 120 容量的氧化亚氮爆炸时所产生的气体主要是氮气，只有很少一部分是氢气。如果在这气体内加入少量氢，然后再加过量的氧，再一次爆炸将可测定残余的氢，把它减掉，剩下大约 172 容量氮，其中 120 容量来自氧化亚氮，52 容量来自氨，它在产生的气体中所占比率为 28％。在尝试用氧盐酸气来分解氨时，把一个有刻度的管子充满该气体，投入液氨中，如果我们估计一容量氧盐酸气与一容量氢作用，我们将发现产生并留在管中的氮气为两种气体的 23％或 24％。于是可以假定，氧盐酸气像氧气一样把氨的两种元素都消耗一部分。

比较一下上面表中氮与氢的重量。我们发现它们近似地为 4.7：1。这显然标志着氨是由氮氢两种元素各一个原子所组成。但是以前在讨论氮和氧的化合物时，我们规定氮元素重 5.1。这种差别可能是由于我们把亚硝气，或许还把氧化亚氮的比重估计过高了。在《阿格伊专题报告》中我看到，伯拉尔（Bérard）求出亚硝气的比重为 1.04，而不是 1.10，我的计算却是根据后面这个数据 1.10，如果前面的数据是正确的，那么它将使我对硝酸中氮的估计差不多减为 4.7。我没有机会确定亚硝气的比重，但我倾向于相信，1.10 可能太高。伯索累求出氧化亚氮为 1.36，而不是 1.61。我很怀疑 1.36 这个数据太低了。

总的说来，我们可以得出结论：一个氨原子为 1 原子氢与 1 原子氮所组成，近似地重 6。其弹性质点的直径为 0.909，令氢的弹性质点直径为 1。或者说，300 容量的氨气所含有的原子与 400 容量氢气，或 200 容量氧气一样多。

第七节　氢　与　碳

现在大家都知道氢和碳有两个化合物，它们彼此容易区别，也容易和所有其他化合物区别。它们都是弹性流体，一个叫作油生气（olefiant gas），是 1 个氢原子和 1 个碳原子的化合物，另一个我叫它碳化氢（carburetted hyarogen），是 2 个氢原子和 1 个碳原子的化合物，这些将在下面予以说明。

1. 油 生 气

油生气是由荷兰化学家邦迪特(Bondt)、戴曼(Dieman)等人发现和检定的,专题研究的论文 1794 年发表在《物理学杂志》第 45 卷中。

油生气可通过混合 2 容量硫酸和 1 容量乙醇来制取,一定要将该混合物在气体瓶中用灯加热到大约 300°,这时液体表现出沸腾现象,同时有气体跑了出来。气体要通过水,把可能产生的亚硫酸吸收掉。

该气体不适宜呼吸,也不能用来灭火,相反它是高度可燃的。它的比重根据荷兰化学家们测定是 0.905,而根据亨利博士则是 0.967,也许 0.95 是比较正确的。水吸收 1/8 其体积的油生气,或者说,该气体在水中的距离正好是水外面气体原子距离的两倍,它还可被其他气体由水中赶出来。它能被 8 倍体积的水所吸收,这种性质是 1804 年我在用水吸收气体的实验过程中发现的。这是该气体所特有的,因此,可用来区别于所有其他气体。当油生气和氧盐酸气混合时,像氧和亚硝气混合一样,发生体积缩小,但结果得到的是油,浮在水面上。所以荷兰化学们称之为油生气。在做这个实验时,他们发现 3 容量油生气需要 4 容量氧盐酸气,但亨利博士发现是 5 容量油生气与 6 容量氧盐酸气,考虑到实验的困难,二者的差别是不大的。由于这些结果和这两种气体的其他已知性质的不一致,我怀疑两个实验都有某些程度的错误,这一点可用下面的实验来证明。取二只相同的带刻度的管子,分别盛有约 170 格令的水,我从一个产生大量氧盐酸气的瓶里用氧盐酸气紧接充满了这两个管子,然后将 200 容量油生气慢慢通入其中一个管子,放置一些时间以后,移去剩余的气体,并做好记录。然后将装有氧盐酸气的另一根管子取来,把气体通过水 5 次或 6 次,直到体积不再减少为止,记录剩余的气体,从而估计第一只管中的杂质。在这个过程中,酸气没有损失,油生气用的量是过量的,它的纯度没有计算进去。一个试验是 165 容量氧盐酸气和 168 容量油生气作用,另一个是 165 容量氧盐酸气需 167 容量油生气。根据这些试验,我推测氧盐酸气只需要比其自身体积多一点的油生气就足够了,或许 100 容量的氧盐酸气需要 102 容量的油生气,但是,如果我们把体积看作是相等的,一般说来误差也不算太大。

油生气燃烧时呈浓厚的白色火焰,和氧混合后通电发生非常激烈的爆炸,根据不同情况生成各种不同产物。当氧充分饱和时,结果是:

伯索累, 100 容量需 280 容量氧产生 180 容量碳酸。
亨利博士, 100 容量需 284 容量氧产生 179 容量碳酸。

其余的产物是水。这些结果彼此这样一致,看来是比较可信的,但我还能用自己的实验来证实它们,特别是关于氧,我的结果总是少于 300,多于 270,而酸,我认为应该大约是 185 或 190,除非氧用得太过量,碳被部分地析出,使爆炸后的气体变混浊,在这种情况下,生成的碳酸比应有的要少。

油生气单独在汞上或水上连续通电时,得到氢气,有一些碳析出。亨利博士和我非常仔细地做了这一类的实验,将 42 容量纯油生气用电分解,直到变成 82 容量,将这些气体与氧气一起爆炸,发现它们是 78 容量氢和 2 容量油生气组成,这里 40 容量油生气变成 78 容量氢,即几乎是 2 倍的氢,而碳被析出。这样,100 容量油生气将含有 195 容量氢,它燃烧需要 98 容量氧,于是碳一定是用掉其余的约 196 容量氧。可见油生气燃烧时,2 份氧消耗在碳上,1 份在氢上。因此,我们可得出结论,1 原子油生气由 1 原子碳和 1 原子氢组成。在油生气中不可能存在氧,因为假如有的话,电分解时它会形成水或氧化碳而被发现。

现在要察看一下参与化合气体的重量和以前测定的一致到什么程度。1 原子碳重 5.4(见第 129 页),1 原子氢重 1,一起组成 1 原子油生气重 6.4。1 原子油生气燃烧需要 3 原子氧,即 2 原子与碳生成碳酸,1 原子与氢生成水。3 原子氧重 21,因此 6.4 份重量的油生气需要 21 份氧。现在假定按亨利博士的结果,100 容量油生气燃烧需要 284 容量氧,再假定氧气的比重是 1.10(和艾伦及佩皮斯,还和拜奥特及阿拉戈提出的一致),则我们得到氧的重量是 284×1.1＝312.4。按 21：6.4∷312.4：95,即 100 容量油生气重 95,相应的比重是 0.95。于是我们看到,化合后气体的重量完全证实了上面关于油生气组成的结论。

在伏打量气管中,伴随油生气的燃烧出现了一些值得注意的情况,这些情况由于作为该气体的部分历史,特别是由于它们毫无疑问地说明该气体的组成,所以受到人们注意。如果把 100 容量的氧放在 100 容量油生气中,通电,立即发生爆炸,不很激烈,但体积不是减小,而是照例大量增加,不是 200 容量而是得到大约 360 容量,通常可察觉有微量碳酸,把气体在石灰水中通过 2 或 3 次可把碳酸除去,留下约 350 容量的永久气体,可以完全燃烧,同另外加入的氧生成碳酸和水,与一开始就完全燃烧一样。因此,对于这个问题,即什么是中间状态的新气体?回答是明确的,是由原子数目相等的氧化碳和氢组成的混合气体。完全燃烧所需氧的 1/3 就足够把碳变为氧化碳,并立即把氢释放出来。因此当再加 2/3 的氧时,其中一半就用于把氧化碳转变为酸,另一半则把氢转变为水。事实上,350 容量是由两种气体各近乎 170 容量所组成。它们在一起燃烧时需要几乎 170 容量氧[①]。

令氢原子的直径为 1,油生气原子的直径为 0.81。因此,100 容量油生气含有和 188 容量氢,或 94 容量氧,或大概 200 容量的氧盐酸气同样多的原子,所以当氧盐酸气同油生气化合时,一定是 2 原子的油生气和 1 原子的氧盐酸气。

2. 碳 化 氢

我命名为碳化氢(carburetted hydrogen)的气体,普里斯特利博士却认为是一个混合

[①] M. 伯索累主张碳和氢所组成的可燃气体中都含有氧,他称它们为氧化碳化氢(oxycarburetted hydrogen)。默里先生在这方面也同意他的意见。就油生气说,如果有人对上述事实和观察资料表示怀疑,还有足够机会对这种见解进行批评。但是有一个情况,伯索累对油生气没作解释,而这种情况却有悖于他和我所共同承认而一般人或许不会接受的论点,即当两种气体化合生成第三种气体时,这种气体的比重要重于两种气体中较轻的一种。可是在上面的例子中我们发现油生气和氧气结合成第三种气体时(根据他的观点),它却比两种气体中轻的一种几乎还要轻 1/2,这种新的氧化碳化氢怎样用上述原理来说明呢?

物,他称所有这样的混合物为重可燃气体(heavy inflammable gas)。接着拉瓦锡、希金斯(Higgins)、奥斯汀(Austin)、克鲁克香克斯、伯索累、亨利等也研究过这个科学问题。克鲁克香克斯对搞清楚这个问题作出重要贡献,他指出氧化碳是一种独特的易燃气体,它往往和其他气体混合在一起。关于描述该气体的组成,似乎要直到原子学说引进并应用于研究时才形成正确的概念。在 1804 年夏天,我在不同时期与不同地方从池塘里收集到该易燃气体,我发现它总是含有微量的碳酸和一部分氮气,但是当把这些气体除去后,它却有着相同的组成。通过适当的检定后,我确信在伏打量气管中用于燃烧的氧气恰好是二分之一用在氢上,而另一半消耗在碳上。这个重要的情况提供了确定其组成的线索。

除上述例外,在热天里从一些池塘可得到纯净状态的碳化氢。城镇附近一些多黏土的池塘堆集着烟灰与其他含碳物质,常富有这种气体,用棍子搅动池塘底部就有大的气泡上升可用一个装满水的大杯子倒置在气泡上面来收集。沥青煤经受中等程度红热也可获得近乎纯净的气体。现在它以煤气(coal gas)的名称大量用作灯和蜡烛的代用品。根据亨利博士的分析,煤气含有的碳酸、硫化氢和油生气通常不超过 4% 或 5%,其余主要是碳化氢,还混有一些氧化碳和氢的原子。从沥青煤赶出的最后一部分气体似乎全部是氧化碳和氢。蒸馏木材或湿木炭以及许多其他植物性的物质,也产生碳化氢,但含有大量碳酸、氧化碳和氢,后面两种气体总是专门出现在蒸馏过程的末尾。

碳化氢的性质是:1. 它不适于呼吸和助燃。2. 按我的经验,它的比重在纯的时候是接近 0.6,亨利博士发现煤气的比重从 0.6 到 0.78 不等,但比重最大的含有 15% 的碳酸、硫化氢和油生气这些重的气体。水吸收这种气体占其体积的 1/27。如果 100 容量碳化氢和 100 容量氧混合(这是行之有效的最少量),然后通过一个火花,发生爆炸,体积没有什么明显的变化,在通过石灰水几次以后,体积减少一点,表示有碳酸的存在。剩下的气体具有等体积的氧化碳和氢的混合物的全部特性。在剩下的气体内再加 100 容量氧,并通过一个火花,产生约 100 容量的碳酸,其余的产物是水。如果 100 容量碳化氢加入 200 容量以上的氧,在汞面上点火,结果体积缩小近 200 容量,剩下的 100 容量发现为碳酸。

碳化氢虽然天然地产生在许多煤矿中,有时和普通空气相混,发生可怕的大爆炸,但是在伏打量气管中和普通空气混合,通过火花时并不发生爆炸,除非该气体和空气的比例接近 1∶10,才发生微弱的爆炸。

当一部分碳化氢通电一些时候以后,体积增大,最后差不多正好是原来体积的两倍,同时有一些碳沉积下来,这时全部气体是纯净的氢气。

对照所有这些事实,我们对碳化氢的组成不能再有任何怀疑了。它是 1 原子碳和 2 原子氢的化合物。1 原子碳化氢占有和 1 原子氢相同(几乎相同)的空间,它完全燃烧需要 4 原子氧,2 原子氧用于形成碳酸,2 原子氧用于形成水。这个结论通过气体爆炸所观察到的事实,即气体爆炸时所需之氧为完全燃烧所需的一半,而得到很好的证实。在此情况下,每原子碳化氢气体只需要 2 原子氧,1 原子氧和 1 原子氢结合成水,另 1 原子和碳结合成氧化碳,与此同时,余下的氢原子分离出来。这样就变成 100 容量氧化碳与 100 容量氢,和原来混合物具有的体积相同。

由于 1 个碳原子的重量是 5.4,2 个氢原子的重量是 2,所以复合的原子重 7.4。但由于在相同体积中氢和碳化氢的原子数目相同,所以 7.4 表示碳化氢比氢重的倍数,而普通空气的重量大约为氢的 12 倍,因此两种气体的相对重量或比重等于 7.4∶12,接近 0.6∶1,这和实验是一致的。于是我们得出结论,碳化氢完全是由氢和碳组成,气体的全部重量可通过燃烧后形成的碳酸和水来说明①。

我认为观察一下以下的事实是恰当的,即根据我最仔细的实验,100 容量气体需要稍多于 200 容量的氧,生成稍多于 100 容量的碳酸,且差别不超过 5%,一般可以忽略。因此我们可以得出结论,碳化氢原子的直径近似地等于氢原子的,但略小些。

第八节 氢 与 硫

氢与硫有两个化合物:一个是出名的弹性流体叫作**硫化氢**(sulphuretted hydrogen),另一个是黏性的油状化合物,叫作**过硫化氢**(supersulphuretted hydrogen)。前者是由各元素 1 个原子组成②。后者可能由 1 原子氢和 2 原子硫结合而成。

1. 硫 化 氢

我发现获得纯硫化氢的方法是将一块铁放在铁匠的熔铁炉里,加热到白热或焊接的热度,然后迅速地将其从火中取出,取一卷硫,把它涂抹在铁上,两者即发生化合并成为液态,但很快又固化而变脆。把这个化合物即硫化铁做成粒状放入一气体瓶中,加入稀硫酸,即有大量气体放出。如果硫化铁是在坩埚中用铁屑和硫制取,则很少能令人满意,常得到混有硫化氢的氢气。原因看来是由于存在着几种硫化铁,即第一、第二、第三等硫化铁,而只有第二硫化铁,即按上述过程形成的由 1 个铁原子和 2 个硫原子组成的化合物,才是形成硫化氢必不可少的。其他两种硫化铁在加稀硫酸时,或者放出氢,或者根本就没有气体发生。

硫化氢不适于呼吸,不助燃,它具有臭蛋一样的讨厌的气味。它的比重根据柯万是 1.10,根据西纳德是 1.23。我听说戴维先生得到的比重大约是 1.13。几年来我自己的试验结果与西纳德的相近,但在更正确的结果得到以前,我们可采用平均值 1.16。水正

---

① 按照伯索累先生(《阿格伊专题报告》第 2 卷),从炭得到的气体是碳、氧和氢的三元化合物。不管我们思辨的化学家们会相信什么,在不列颠是没有一个重视实际的化学家采纳这种观点的。这种气体总是含有或多或少的氧,这是没有人反对的。但是这时的氧业已独自地和碳化合生成氧化碳,而混合物的其他成分则是碳化氢和氢。在确定混合物中各气体的相对数量方面,我从未遇到任何困难。举例说,假定我们取伯索累 9 个样品中的第一个:

100 容量气体	比重 0.462	需	81 容量氧生成 56 碳酸
20 碳化氢	比重 0.6	需	16 容量氧生成 21 碳酸
34 氧化碳	比重 0.94	需	16 容量氧生成 32 碳酸
46 氢	比重 0.08	需	23 容量氧生成 32 碳酸
100 容量混合物比重 0.476		需	81 容量氧生成 53 碳酸

② 由此可见,20 容量碳化氢+34 容量氧化碳+46 容量氢,组成 100 容量混合物,其比重是 0.476,燃烧时需要 81 容量氧生成 53 容量碳酸。因此这个混合物可认为是与上面提到的从炭得到的伯索累气体一致的。

第一部分图版 4 关于硫化氢的图形是错的,它应该是 1 个氢原子与 1 个硫原子结合,而不是 3 个氢原子。

好吸收同体积的硫化氢。因此,当它和氢混合时,通过水洗或最好是通过石灰水洗以后,氢会留下来。硫化氢燃烧呈蓝色火焰,当与氧按 100 容量硫化氢和 50 容量氧(最小的有效数量)的比例混合时,通过电火花即爆炸生成水,硫析出,气体消失。若用 150 容量或更多的氧,则在汞面上爆炸后,管中有大约 87 容量的亚硫酸,有 150 容量氧消失、或者说已与硫化氢中两种元素化合了。

从奥斯汀、亨利等人的试验业已证明,硫化氢通电时没有体积的变化,只是硫沉积出来。我曾重复这些试验,还没有察觉出有容量增减,剩下来的气体是纯氢。

根据这些事实,硫化氢的组成已被明显地指出了,它是由 1 原子硫和 1 原子氢化合而成,其体积和 1 原子氢相同。燃烧时,2 原子氧和 1 原子硫形成亚硫酸,1 原子氧与 1 原子氢化合成水。元素的重量进一步证实了这种结构。已知 1 原子硫重 13(见第 133 页),加上 1 原子氢重 1,我们得到硫化氢一个原子的重量为 14,这个数值同样表示了硫化氢在比重方面超过氢的倍数。由于普通空气超过氢 12 倍,所以 12∶14∷普通空气比重∶硫化氢比重,等于 1.16,和前面测定的相符。因此,如上所述,该气体完全是由硫和氢组成的。

硫化氢像酸一样,能和碱、碱土以及金属氧化物化合,形成固定比例的盐,叫作硫氢化物(hydrosulphurette)。这些化合物中有些是重要的化学试剂。但它们在保存时,特别是在溶液中容易变质。

2. 过 硫 化 氢

该化合物可按下列方法得到:把半盎司硫华和等量的氢氧化钙放在 1 夸脱雨水中,徐徐煮沸 1 小时,在水分蒸发时可加更多的水。冷却后得到透明的黄色液体,即硫化石灰的溶液,根据不同情况,溶液的比重在 1.01 到 1.02 之间变动着。在 6 盎司溶液中加半盎司盐酸,并搅拌混合物,不久,混合物呈乳状,接着变成分散的棕色油点,渐渐沉积到底部成半液体状的黏性物质。然后将液体倒掉,用水洗涤棕色物质,再把水倒掉,可得到 20 到 40 格令的棕色油状物,即过硫化氢。

谢勒、伯索累和普劳斯特曾对该化合物作过观察。当暴露在空气中甚至在水中时,它会释放出硫化氢,特别是在温热条件下放出更快。由于它的黏性和附着性质,用它来做实验是很困难的。如果有一些过硫化氢碰到皮肤及其他物体上,需要用刀把它刮掉。可利用水把它从一个容器转移到另一个容器,因为水可防止它粘在容器上。将少许过硫化氢放在舌头上,会感到发烫,并觉得有苦味,唾液变成白色,像牛奶一样。当碱溶液倒入过硫化氢时,有热产生,并形成水合硫化物,硫沉淀出来。这些现象我都曾经观察过,就算还有什么新现象,也是很少的了。

没有疑问这个物质是由硫和氢形成的。我取 30 格令放在玻璃皿中,用蜡烛在下面适当地加热,直到硫化氢停止放出。残余物重 21 格令,像黏土一样软,燃烧时显蓝色火焰,没有明显的残渣留下。当我们考虑到,过硫化氢一形成就放出硫化氢,我们对一部分过硫化氢放出的气体的重量不到它重量的一半这个现象就不会感到奇怪了。但是决不会有任何怀疑,该气体的硫原先就和余下的硫相等,或者说,过硫化氢是由 2 原子硫和 1

原子氢组成,因而其量为氢的 27 倍。

对前面所述的过硫化氢的制取过程进行解释虽然不是我们现在的事,但是由于过一些时候就要正式碰到,现在先解释一下,或许也是可以的。石灰水合物是 1 原子石灰和 1 原子水结合而成的,当该水化物按以上所述与硫煮沸时,它取得了原子硫,得到的化合物是石灰水合物的硫化物。当盐酸与它混合时,石灰被酸所夺取,而 3 原子硫按下面方式把水原子分开,即 2 个硫原子夺取了氢形成过硫化氢,另 1 个硫原子夺取了氧形成氧化亚硫。后者使液体呈乳状。通过长时间的煮解,乳状现象消失,氧化亚硫变成硫酸和硫,硫沉淀下来,约占原先存在于硫化物中硫的四分之一。

第九节 氢 与 磷

到目前为止,已知氢和磷的化合物只有一种,它是气体,叫作磷化氢(phosphuretted hydrogen)。这个气体可按下述方法制得:把 1 盎司或 2 盎司石灰水合物(干的熟石灰)放入一气体瓶或曲颈甑中,然后加入几小块磷,重 40 或 50 格令。如果原料足够把瓶填满,就用不着采取预防,但如果没有填满,为了防止爆炸,瓶内应先用氮气或某些不含氧的气体充满,然后用灯加热,即有气体逸出,可在水面上收集。该气体即磷化氢,但有时混有氢。为了防止氢的产生,可用苛性草碱溶液代替石灰水合物。

磷化氢气体有以下性质:1. 当它的气泡进入大气时立即着火,发生爆炸,并形成环状白烟上升,这就是磷酸。2. 它不适于呼吸,不助燃。3. 它的比重是 0.85,普通空气的比重为 1。4. 水吸收其自身体积 1/27 的磷化氢气体。5. 如果用电分解该气体,磷就析出,最后剩下纯净的氢气。事实上,通过电分解,加热或暴露在大面积水上,磷都容易析出。在这方面,磷化氢和硫化氢很相似。

虽然磷化氢的气泡进入大气中时会发生爆炸,但如果通入直径 3/10 英寸的管中和纯氧混合却并不爆炸。这样实验我曾做过 20 次以上,从未碰到一个自发爆炸的例子。在此情况下,一个电火花可产生非常强烈的光和不甚猛烈的爆炸,生成磷酸或亚磷酸和水。

关于磷化氢燃烧实验,我得到下面的结果:当 100 容量纯磷化氢和 150 容量氧混合,爆炸时两种气体都消失了,生成水和磷酸。如果 100 容量气体与 100 容量氧混合,燃烧时两种气体也都消失了,此时亚磷酸与水生成。若 100 容量和少于 100 容量的氧混合时,仍形成亚磷酸与水,但部分可燃气体没有烧掉。

该气体由于容易析出磷,所以很容易混有氢气,有时混有大量氢气。在任何任意的混合物中确定磷化氢对氢的准确比例是很方便的。我发现这很容易做到。任何时候只要供应足够的氧,可燃气体就全都消耗掉。必须记下氧的精确体积和它的纯度,还必须记下剩下气体中氧的含量。于是由爆炸后总体积的缩小,减去氧消耗掉的体积,即得到可燃性气体体积。由于磷化氢需要其体积 1.5 倍的氧,而氢需要其体积 0.5 的氧,我们得到下述方程式:如果 P 表示磷化氢体积,H 表示氢的体积,O 表示氧的体积,则 $S = P + H$,即全部可燃气体的体积。

$$P = O - \frac{1}{2}S$$

$$H = \frac{3}{2}S - O$$

从这些方程式,两种气体在任何混合物中的比率都可以推算出来。该分析可证实如下:对任何含有一定体积磷化氢的混合物,加入同样体积的氧,爆炸后,体积的减少正好是氧体积的两倍。在此情况下,磷化氢先与氧作用,生成磷酸和水,而氢仍留在管中。如果加入的氧多于磷化氢,则燃烧后体积的减少将超过氧的两倍。

关于磷化氢与氢混合比例的研究主要是由于对磷化氢比重意见的分歧而提出的。我发现 100 立方英寸约重 36 格令,戴维先生告诉我,他发现 100 立方英寸只重 10 格令,差别太大了。我要求亨利博士帮助我重复这个实验,我们得到的气体是 100 立方英寸重14 格令。这个结果使我感到吃惊。但是将气体与氧燃烧,发现只用了与该气体体积相等的氧,原来该气体一半是氢,一半是磷化氢,这就满意地解释了这个疑难问题。戴维先生的气体,我猜想,在称取重量时一定是含有 1/3 的磷化氢和 2/3 的氢。尽管这样,从以上所述来看,很明显我们并不能推断出该气体的比重,除非在称取重量以前先把一部分气体分析过,这一点我并不是一开始就十分清楚。

最近我从苛性草碱和磷制取一些磷化氢,意外的事故妨碍我得到足够数量的气体去称重,我只取得 5 或 6 立方英寸,当然它是和事先放进曲颈瓶里的氮气混合的。这个纯可燃气体的特征是,100 容量只需要 85 容量氧来燃烧,所以它是 35％磷化氢和 65％氢的混合物。每 100 立方英寸的重量可能是 10 格令或 11 格令。我希望得到更纯的气体。

至于磷化氢的组成,很明显是由 1 原子磷和 1 原子氢结合而成,和 1 原子弹性氢占有相同的体积。燃烧时,氢原子需要 1 原子氧,而磷原子则根据我们是想生成亚磷酸还是磷酸而需要 1 原子氧或 2 原子氧。因此,100 容量磷化氢要用 50 容量氧去燃烧氢,用 50容量氧生成亚磷酸,再用 50 容量氧生成磷酸。该气体的重量证实了这个结论:已知磷原子重量接近 9(第 138 页),这使磷化氢的比重等于氢的 10 倍。从以前的实验来看,这个数字是符合或是接近符合实际的。

接下去,我们要考虑的化合物该是氮与碳、硫或磷的化合物;但是这些化合物或者是不能生成,或者是还没有被发现。

第十节 碳与硫、与磷,以及硫与磷

1. 碳 与 硫

克莱门特和德索默斯在《化学年鉴》第 42 卷第 136 页上宣布一种碳与硫的化合物,叫作碳化硫(carburetted sulphur)。他们是把硫的蒸气通到红热的木炭上而得到它的。在水面上收集后呈油状液体,其比重为 1.3。该液体容易挥发,像醚一样,在进入其他任何气体时能使这些气体体积膨胀,并在气压计汞面上形成一种永久性的弹性流体。在生成液体同时没有气体生成。当通入过多的硫时,则生成的不是液体,而是在管内生成一种固体化合物结晶。他们似乎曾经指出过,该化合物不含有硫化氢。A. B. 伯索累在《物理学杂志》第 64 卷中力图证明上述液体是含氢和硫而不含碳的化合物。但他所引用的事实却一点也不能解决这个问题。我不愿意接受克莱门特和德索默斯的看法,两个非弹性元素碳和硫竟会形成一个弹性的,或容易挥发的化合物,然而很可能碳仍然是化合物的一部分,因为碳在反应过程中消失了。但我认为伯索累的意见最可能是正确的,他认为这个液体含有氢。也许我们将发现它是一个氢、硫和碳的三元化合物。

2. 碳 与 磷

普劳斯特在《物理学杂志》第 49 卷中已指出碳和磷的一种化合物,他将其命名为磷化碳(phosphuret of carbone)。它是一种淡红色的物质,新制得的磷在温水中用皮革过滤所剩下的便是它。两种元素的比例尚未确定。

3. 硫 与 磷

熔融的磷能溶解硫,并以不同的比例和硫化合,其比例尚未精确地测定过。这些化合物可叫作硫化磷(sulphurets of phosphorus)。制取这些化合物的方法是在一只几乎充满水的管中熔融一定量的磷,然后加入小块硫,把管子放在热水中,注意不超过 160°、170° 或 180°。因为在这样高的温度下,新的化合物开始迅速地分解水,佩尔蒂埃(Pelletier)对于这些化合的理论曾在《化学年鉴》第 4 卷向我们提供一些事实。他发现硫和磷的混合物,在比它们各自的凝固点低得多的温度下,仍然是液体,并在不同的比例得到不同的熔融点或凝固点。1 份磷和 1/8 份硫化合的,在 77°凝固;1 份磷和 1/4 份硫化合的,在 59°凝固;1 份磷和 1/2 份硫化合的,在 50°凝固;1 份磷和 1 份硫化合的,在 41°凝固;1 份磷和 2 份硫化合的,在 54.5°凝固,但一部分是液体,其余是固体;1 份磷和 3 份硫化合的在 99.5°凝固。

根据这些实验,人们可能会设想硫和磷可按各种不同比例相互化合。但是在观察上面第五个实验以后,我猜想这种情况也可能适用于别的实验,如果它们的结果被仔细地观察过。我在量筒中混合 18.5 格令的磷和 13 格令的硫,放入水,并全部浸入 160°水中。磷像往常一样在 100°成为液体,硫则逐渐减少,直至完全变成液体状态,比重为 1.44。在 45°时它仍然是均匀的液体,但在 42°全部凝固。这时两原子磷和一原子硫结合。然后,我增加 6.5 格令硫,使 18.5 格令磷和 19.5 格令硫相混合,这个新的混合物在 170°成为均匀的流体,比重为 1.47,温度降至 47°,一部分仍是液体,而其余部分则为固体,留在管的底部。该固体部分到 100°时还不是全部变为流体。这似乎表明有两种不同的化合物生成:一种是 2 原子磷和 1 原子硫的化合物,在 47°是液体,另一种是 1 原子磷和 1 原子硫的化合物,在 100°时是固体。我再次增加 6.5 格令硫,使全部为 18.5 格令磷和 26 格令硫,因而是按照比例提供一个原子磷与一个原子硫结合,在 180°温度时结合完成,比重为 1.50。冷到 80°,全部成为固体,加热到 100°,全部变成半液态的均匀物质。然后加热到 140°,全部变成液体。从这些实验来看,极可能是它们由各一个原子形成一种化合物,它在 100°

或 100°以下是固体,但受热时它容易转变为另一种类型的化合物,即由 2 原子磷与 1 原子硫组成的化合物。这两种硫化磷的性质我没有机会去研究。管中的水显然有一部分被化合物分解了。水变成乳状可能是由于硫的氧化物,在温度超过 160°时硫化氢与磷化氢似乎都有少量生成。

第十一节 固 定 碱

草碱和苏打这两种固定碱的经历是颇值得注意的。它们长期以来被怀疑是复合元素,但没有得到足够的证据。终于戴维先生靠他熟练的技巧用电流产生化学变化,经过分析与合成,似乎已经确定了这些元素具有化合物性质。它们似乎是金属的氧化物,或者是和氧结合的特殊金属。和这个概念一致,叫作钾和钠的金属在本书中业已作过一些报道(参阅第 96 页)。但从下面所述,这些金属看来极可能是草碱和苏打与氢的化合物,而这两种固定碱仍然是不能分解的物质。

1. 草 碱

草碱是从草木灰得来的。水溶解灰中的含盐物质,然后把水倒出来,加热蒸发,一种叫作草碱的盐就留在容器中。如果把这样得到的盐加热到红热,则失去可燃物质而变为白色,并部分地得到净化,在商业上叫作珍珠灰。这种物质仍然是各种盐的混合物,但主要成分是碳酸草碱。为了得到单独的草碱,把一些珍珠灰(或者更好的办法是用店铺里的酒石盐,一种由珍珠灰得来的几乎纯净的碳酸草碱)和等量的水混合,并将混合物搅拌,待不溶解的盐沉淀后,把透明的溶液倒入铁锅中,加入石灰水合物,重量为液体的一半,然后加入与组分相等重量的水,将混合物煮沸数小时,不时地加些水以补充消耗。当发现溶液遇酸不发生气泡时,即可停止煮沸。等石灰沉淀后,轻轻倒出透明液体,在一个干净的铁锅中煮到呈粘状,差不多要烧到红热。然后把它倒进模子一类东西内,立即凝固起来。这样得到的物质几乎是纯的草碱。但它仍含有相当多的水,一些其他盐类,铁的氧化物,经常还会有一些没有赶出的碳酸。水占总重量的 20% 或 25%,其他物质占5% 或 10%。在此过程中,草碱的碳酸转移给石灰。

如果需要更纯的草碱,可以应用伯索累用过的方法。一定要将上面所得的草碱溶于酒精,其他盐类因不溶解而沉于底部,然后将溶液倒入银盘,把酒精蒸发掉,再将液态草碱加热到红热。把它倒在干净擦亮的平面上,立即凝结成固态的草碱,破碎后装入瓶中塞紧,防止空气和湿气的侵入。这种草碱是白色易碎的块状固体,100 份中约含 84 份草碱和 16 份水,是迄今所得到的最纯的草碱。

草碱可容纳更多的水而显示出更加有规则的结晶状态。如果溶液比重降到 1.6 或1.5,冷却后即形成结晶,约含水 53%,如果空气冷,含水量会更多。这些结晶叫作草碱水合物。因此,固体草碱水合物在所含草碱从 84% 到 47%,或更低时都可以形成。

草碱有刺激性味道,如果涂在皮肤上有很强的腐蚀性,因而得到苛性碱(caustic)的名称。外科医生用的普通条状的草碱我发现其比重为 2.1。但它们是草碱和碳酸草碱的混合物,含有 20％或 30％的水。如果得到纯的草碱,我猜想它的比重会是 2.4 左右。

当草碱的结晶(即水合物)受热变为液体时,水逐渐逸出,发出嘶嘶声,直到最后液体加热到红热时才保持平静一个时候。但是如果增加温度,白烟开始大量发生。在这种情况下,碱和水两者都蒸发,所以不能用这种方法把碱中最后一部分水赶出。如果水合物加热到红热并呈平静状态,它即含有 84％草碱和 16％水。这是通过用硫酸来饱和一定量的草碱而确定的,这时生成不含水的硫酸草碱,而 100 份水合物只得到 84 份这种新的化合物。

水对草碱有较强的亲和力,如果把一些百分之 84 的水合物放入等量水中,立即产生相当于把水煮沸的巨大热量。但当含有许多水的结晶水合物与冰混合时,却能看到产生深度的冷却。草碱暴露于空气中时,即吸湿气和碳酸成为碳酸草碱溶液。把草碱溶于水中,并保存在塞好的瓶子里可以保持其苛性,称为碱液(alkaline ley),可具有各种不同的强度和比重。

草碱和其他碱能改变植物性颜色,特别是蓝色变绿色。在艺术上和工业生产上草碱具有重要的用途,特别是在漂白、染色、印刷、肥皂和玻璃工业方面。草碱和大多数酸形成盐。它除了和氢化合以外,至今还未发现它和其他简单物质化合,除非是用间接方法,这不久将会介绍。草碱水合物与硫化合,但该化合物是由三个或更多的元素组成的,现在还不能讨论。

关于草碱的性质及其来源的理论仍然很不清楚,它是植物的组成元素,还是在燃烧时形成的,这个大问题还没有得到满意的解决。有一个情况对草碱性质的研究是有利的,这就是它的终极质点的重量很容易确定,它与大多数酸形成极其确定的化合物,从这些化合物来看草碱的重量似乎是氢的 42 倍。下面是一些和草碱生成的最普通盐类的比例,它们是从我的实验中推算出来的,可能与一些权威们获得的数据有出入。

	酸　　碱	
碳酸草碱	31.1％＋68.9％	相当于 19：42
硫酸草碱	44.7％＋55.3％	相当于 34：42
硝酸钾碱	47.5％＋52.5％	相当于 38：42
盐酸钾碱	34.4％＋65.6％	相当于 22：42

上述这些盐类能够经得起红热,因此可认为是不含水的。但是不管怎样,草碱在和各个酸化合时一定含有等量的水,这从它的重量的规律性可以看出。上面的数目,19,34,38 和 22,除硝酸是双倍以外,读者会回想到它们是代表各个酸原子的重量。由于水对草碱的亲和力非常强,以及由于上面推算出来草碱的终极质点重量超过水的五倍,我们还可以设想水参与草碱的组成,或者还可以设想它是某些较轻的土类与氮、氧等的化合物。但是从目前的现象来看,草碱似乎更可能是一个简单物质。

根据以上这些观察,草碱看来仍然应该作为简单物质来考虑,要把它列入这一类物质之中,只是它不能单独地得到。在这种状态下,至少 1 原子水与 1 原子草碱结合,含水量达 16％的一种水合物就是接近最纯的了。所以这个水合物是一个三元化合物,或三个元素的化合物,应当推迟到下一章讨论,但根据目前化学科学状况,必须允许在有些情况下,由实用来代替系统的排列。固定碱是极有用的化学试剂,我们对它愈早熟悉愈好,特别是由于现代一些第一流化学家对这些熟悉商品的性质过多地滥用他们的知识,业已导致相当大的错误。

1806 年,在《法兰西学院专题报告》中,伯索累发表了关于亲和力法则的研究,其中某些摘要发表在 1807 年 3 月的《物理学杂志》上。从这些文章看来,他显然发现重土是由酸 26% 和碱 74% 组成,而硫酸草碱是由酸 33% 和 67% 碱组成。这些结果前者已由西纳德以前的实验所证实,但是两个结果与其他化学家一致得到的结果却相差很远,所以不曾被普遍采用。后来伯索累终于发现其错误,并在《阿格伊专题报告》第 2 卷予以发表。错误是在于把重土水合物和草碱水合物误认为是纯的重土和草碱。有一种看法,认为重土和草碱在熔融状态下是纯的,即不含水,这似乎业已被普遍采纳,但肯定还不成熟。经过适当的研究,伯索累发现熔融的草碱含有 14% 的水,但我的经验及理论都使我采用 16% 的水,这和各元素 1 个原子结合成为水合物的论点才能一致起来,即按重量草碱是 42,水是 8。这个结论可以调和上面中性盐比例方面的争论。并阐明化学分析方面其他有趣问题。

2. 草碱水合物

当我的注意力转到这个课题的时候,立即感到需要有一张表来表示草碱和水两种元素在其所有化合物中的相对量。在溶液状态下,比重可作为指南,但当化合物是固体时,就没有这样方便了。我没有在任何出版物中找到这类材料,因此我着手进行实验,确定各种溶液中草碱等物质的相对数量。这些结果包括在下列表中,我认为它们只能算是接近于真实情况。但是在更完善、更精确的结果得到以前,这张表肯定对我们有用处。亨利博士友好地送给我一些用伯索累方法制取的固定碱,使我的工作得以顺利进行。

在不同比重水溶液中草碱的实际含量表

原子 草碱　水	草碱 重量百分数	草碱 容量百分数	比重	凝固点	沸点
1+0	100	240	2.4	未知	未知
1+1	84	185	2.2	1000°	红热
1+2	72.4	145	2.0	500°	600°
1+3	63.6	119	1.88	340°	420°
1+4	56.8	101	1.78	220°	360°
1+5	51.2	86	1.68	150°	320°
1+6	46.7	75	1.60	100°	290°
1+7	42.9	65	1.52	70°	276°
1+8	39.6	58	1.47	50°	265°
1+9	36.8	53	1.44	40°	255°
1+10	34.4	49	1.42		246°
	32.4	45	1.39		240°

原子	草碱 重量百分数	草碱 容量百分数	比重	凝固点	沸点
草碱　水					
	29.4	40	1.36		234°
	26.3	35	1.33		229°
	23.4	30	1.28		224°
	19.5	25	1.23		220°
	16.2	20	1.19		218°
	13	15	1.15		215°
	9.5	10	1.11		214°
	4.7	5	1.06		213°

关于表的说明

第一栏包含一直到 10 原子水的几种化合物中草碱和水的原子数。草碱的原子重量作为 42，水作为 8。第二栏是从这些数据计算出来的。在第一、第二、第三等水合物（如果它们可以这样叫的话）中，除第一水合物液态时能经受红热，保持稳定而不损失重量外，它们之间没有显著的特质性差异。在加热到红热以前，水逐渐被赶出，同时发出嘶嘶声并且冒烟。可是，我注意到，当把草碱溶液熬浓直到温度计指到 300° 时，水的蒸发和温度计的上升是没有规律的，这就是说，在这些过程中会出现暂时稳定的情况，然后又迅速上升，这样情况有多少是由化合物性质引起的，或是由液体在高温下导热能力差所引起的，由于没有多次重复这个实验，我还不能确定。

第三栏照例是由第二栏和比重相乘得到的，实际上按容量来计算草碱含量比按重量更方便。

第四栏表示比重，比重低于 1.6 的水合物完全是液体，或者通过适当加热就能变为液体，但在高于这个温度时，我发现要确定比重就有些困难，有时不得不从表的总的趋势来推断。药铺中普通条状草碱的比重是 2.1，这是我通过把草碱投入充满汞的量管，记录溢出的汞量而获得的。该条状物是水合物和碳酸盐的混合物。纯的草碱我认为一定比它们重。第二栏和第四栏的关系是通过用检定用的硫酸（1.134）饱和一定量的碱溶液来确定的，估计每 100 容量硫酸含有 21 格令碱所需要的酸（含 17 容量纯硫酸）。

第五栏指出不同水合物凝固或结晶的温度，这部分问题值得作更精确的研究，要比我所做过的更精确。毫无疑问，不同的水合物可用这个方法来区别。普劳斯特提到过一种含有 30％水的结晶水合物，洛维茨（Lowitz）则提过含有 43％水的一种水合物。我认为，他们在计算中都是假定熔融的草碱不含水的，如果是这样，则普劳斯特的水合物是我们表中第四个水合物，而洛维茨的则是第六个。在这一栏中我对我所标明的温度不敢寄予太多的信赖。

第六栏指出不同比重溶液的沸点。这些数值是容易确定的，除掉在度数高时每次实验都需要对水合物进行分析。我相信，这些结果还是比较精确的。因为温度区域很大，当比重不知道时，这可作为方便的确定碱溶液浓度的方法。

3. 碳 酸 草 碱

讨论三元化合物碳酸草碱的性质虽然还为时过早，但由于它能用做试剂，所以需要在本节内就予以介绍。的确，它通常可以代替草碱水合物，而且很容易得到较纯的状态。该碳酸盐我认为是由 1 原子酸和 1 原子草碱结合组成，有些作者称之为次碳酸盐（sub-carbonate）。当然，它是由按重量 19 份酸和 42 份草碱组成的。这种盐可以从药铺中获得，叫作酒石盐（salt of tartar），纯度还可以。在用来制备纯碳酸盐溶液时，是将大量的盐和少量的水混合搅拌，让不溶解的盐沉淀下来，然后倒出透明溶液，可用水将其稀释，等等。

大家都知道，这个盐像干的草碱水合物一样，很容易潮解。我取刚加热到红热过不久的碳酸草碱 43 格令，把它放在玻璃皿中，暴露在空气里，1 天内重量变为 50 格令，3 天内变成 61 格令，7 天内变为 75 格令，11 天内变为 89 格令，21 天内变为 89 格令多一些，25 天以内变为 90 格令。比重接近 1.54。但是所有的水通过适当加热，即加热到 280° 即可全部赶出。它在熔融前能经受高度红热，熔融时能保持不升华、不分解，没有重量损失。我曾经溶解 61 格令纯净干燥的盐于石灰水中，这时有 42 格令碳酸石灰析出，相当于 19 格令碳酸，这样，我就确定它是纯粹的碳酸盐。

不同比重水溶液中实际碳酸草碱含量表

原　　子 碳酸草碱　　水	碳酸草碱 重量百分数	碳酸草碱 容量百分数	比重	沸点
1＋0	100	260	2.60	280°
1＋1	88.4	212	2.40	265°
1＋2	79.2	170	2.15	258°
1＋3	71.8	140	1.95	252°
1＋4	65.8	118	1.80	247°
1＋5	60.4	103	1.70	244°
1＋6	56	91	1.63	241°
1＋7	52.1	82	1.58	238°
1＋8	48.8	75	1.54	235°
1＋9	45.8	69	1.50	232°
1＋10	43.3	63	1.46	229°
	41.7	60	1.44	227°
	39	55	1.41	225°
	36.2	50	1.38	222°
	33.6	45	1.34	220°
	30.5	40	1.31	218°
	27.3	35	1.28	217°
	24	30	1.25	216°
	20.5	25	1.22	215°
	16.8	20	1.19	214°
	13.2	15	1.15	214°
	9	10	1.11	213°
	4.7	5	1.06	213°

上表的结构与前面的相似,第一栏包含和重量为 61 的 1 原子碳酸草碱相结合的水的原子数。第二栏包含在化合物中碳酸草碱的重量百分数。第三栏包含在 100 水格令容量化合物中碳酸盐的格令数,是通过第二栏与第四栏数字相乘得到的。第四栏是比重,其与第二栏数量的关系是通过取一定量的溶液用一定数量的检定用硫酸(1.134)饱和而得到的,每 100 容量的酸估计需要 21 格令草碱或 30.5 格令的碳酸盐;因为这种酸按容量含 17%纯酸,需要用 21 格令草碱。

这个盐能得到的最浓溶液的比重是 1.54。它是由 1 原子碳酸盐和 8 原子水组成,但是干的碳酸盐放在溶液中,可形成各种不同的混合物,其比重直到 1.80,在这以上,比重则几乎都是通过推测得到的,我未能得到熔融过的条状碳酸盐,而只是得到海绵状的,我猜想这是由于开始加热时发生分解之故。可以看到,我用来检验酸的是含有碳酸盐 30%,比重为 10.25 的溶液,因为该溶液含有纯草碱 21%,所以 100 容量需要 100 容量的检定用酸。

我发现商品珍珠灰的样品 100 份中含有 54 份碳酸草碱,22 份别的盐和 25 份水。

第五栏表示盐溶液沸腾的温度。一般说来它与实际情况很接近。我发现只要有明显的湿气存在,温度计就不会升到 280°以上,而只要湿气一消失,盐就具有坚硬的、完全干燥的物质的特性。

在这些实验过程中,我取一些碳酸草碱,加热到红热,称好重量,然后把它放入水中,使盐与水原子数目之比为 1∶1,即 8 份水对 16 份盐。然后把盐放在研钵中磨碎,倒在白纸上,看起来像是白色干燥的盐,但当倒回到研钵时,一些盐的颗粒却粘附在纸上。再加入同量的水。用小刀把它们混合,全部物质出现像糨糊一样稠,并成球形粘附在刀上。在研钵中充分研磨以后,又呈现白色干燥的样子,放在纸上,就好像在空气中暴露一些时候的酒石盐。有些颗粒粘在纸上,但很容易用刀刮掉。再加入一原子水,化合物的稠度变得像粘鸟浆一样,但放置一些时候以后,用刀切,就像半干的黏土。再加一原子水,其稠度就变得像装订工人用的糨糊一样。第五个原子水则使其变为黏稠的液体,由溶解的和不溶解的盐所组成。通过继续加入同量的水,终于成为具有 8 原子水对 1 原子碳酸草碱的完全液体,比重为 1.5。但是如果该酒石盐事先没有提纯过,会有一些不溶解的硫酸草碱沉淀下来。

4. 钾,或草碱氢化物

自从写了关于钾和钠(第 96 页及以后)的文章,以及后来写的关于氟酸和盐酸(见第 101 页及以后)文章以来,在这些课题上又出现了大量的新的见解。戴维先生在这方面已经发表了两篇论文,在《阿格伊专题报告》第 2 卷内收集了盖-吕萨克和西纳德的一系列文章,同一卷内还有伯索累一篇论文,报道关于固定碱的重要发现,即在加热呈熔融状态时,它们含有固定比例的化合状态的水。考虑到以前的事实,并把它们和新近发现的事实进行比较,对这些新金属性质我不得不采用新观点。戴维先生仍坚持他原来的观点,而这种观点的确是可能成为唯一合理的观点(假定熔融的碱不含有水),即草碱是钾的氧化物。相反,盖-吕萨克和西纳德认为草碱是不可分的,而草是草碱和氢的化合物，和其他已知的氢和基本元素的化合物相似。我认为，后面这种观点只能通过合成或分析的实验证实其和事实一致才能被人们接受。戴维先生为我们提供了最确切的事实，虽然我对其中一部分有看法，但主要的我还是采用了他的关于钾的性质的观点，我现在相信，这些结果比我所想象的还要更加精确。

戴维先生首先想用伏打电来分解固定碱的饱和水溶液。结果在这种情况下，得到氧气和氢气，显然这是由于水的分解，正如他所推断的那样。但是当用一些事先熔融过的草碱代替水溶液时，则负极不是放出氢而是形成钾，在正极则放出纯氧，剩下的草碱无变化。他得出的结论是，草碱被分解成钾和氧。但现在看来，熔融的草碱是由 1 原子水和 1 原子草碱组成的。电作用于这一原子水，使之分解成它的元素，氧原子放出，而氢原子则把草碱原子吸引过来，并和它一起形成了草原子。水合物的原子重 50（等于 42 草碱＋8 水）分解为 1 原子钾，重 43，与 1 原子氧，重 7。因此，钾原子是由 1 原子草碱加 1 原子氢组成，重 43，而不是由 1 原子草碱和 1 原子氧组成，重 35，如第 96 页所述。

由法国化学家发现的制取钾的方法，把蒸气状态的第一水合物在强烈加热的铁管中通过红热的铁屑，氢气就释放出来，同时钾形成并凝结在管内冷的部分，一部分草碱被发现与铁化合。用这种方法制取的钾，其组成没有前者那样明显，可是，这两种方法都表明熔融的草碱既含有氧又含有氢，这点现在业已通过各种不同类型的实验而得到证实了。在后一种方法中草碱的水合物可能一部分分解为草碱与水，一部分分解为钾和氧，在两种情况下，铁都是得到了氧。

钾的比重根据戴维是 0.6 或 0.976；但是根据盖-吕萨克和西纳德是 0.874。它很轻，加之在低度红热时容易挥发，这些都和它是草碱和氢的化合物，或者钾化氢（potassetted hydrogen）的看法一致，就像其他已知的硫、磷、碳、砷等和氢的化合物一样。

根据戴维先生，当在氧气中燃烧时，钾生成尽可能干燥的草碱，即第一水合物，钾投入水中，便迅速燃烧，并分解水放出氢气。从氢的量来计算氧，戴维先生求出 100 份草碱（水合物）含有 13 份到 17 份氧。盖-吕萨克似乎得到 14 份氧。因为 2.284 克钾产生 649 立方厘米氢，变成英制，即 35.5 格令钾产生 34.5 立方英寸氢，它相当于 17.25 立方英寸氧，等于 5.9 格令。因此，35.3＋5.9＝41.2 格令水合物。而 41.2：5.9::100：14，14 这个数字正好是理论所要求的，因为 43 份钾＋7 份氧＝50 份水合物，在 100 份中氧正好是 14 份。

钾在氧盐酸中能自燃，形成盐酸草碱，可能还生成水。盖·吕萨克和西纳德认为它能分解硫化氢、磷化氢和砷化氢气体，并与硫等结合，还带有一些氢。戴维先生发现通过伏打电能使碲与草碱水合物结合而没有使其分解。钾在亚硝气和氧化亚氮中燃烧，形成干的草碱水合物，放出氮气。它能在亚硫酸、碳酸和氧化碳中燃烧，形成和硫结合的草碱水合物，或生成草碱水合物和碳。

钾在盐酸气中燃烧是特别值得注意的。戴维先生和法国化学家们都认为钾在盐酸气中燃烧时，形成盐酸钾并放出氢，并且氢的数量和相等重量金属分解水时所放出的相同。但是最令人吃惊的是，他们双方采取了同样的解释，而他们对钾的组成上不同观点本来是要求他们作相反的解释的。戴维先生有两种方法可解释这种现象，一种方法是假设部分酸被分解，并把氧提供给金属，形成氧化物，后者和残留的酸结合，而氢则是被分解的那部分酸释放出来的基本元素。另一是假设盐酸气中含有结合状态的，正好足够把金属氧化的水（这在几年前曾被认为是一种特殊情况）。这两种主张中任何一种都是能自圆其说的，但他采用了后者，并且似乎想通过以下事实来予以证实，即一定量的盐酸气不管原来是与草碱还是与钾化合，都提供等量的盐酸银。这种解释没有像前者那样符合我的观点。我力图用酸分解的观点来说明事实。有两种情况使我倾向于这种观点：一种是，根据其他一些理由，氢似乎是盐酸的成分；另一种是，在其他例子中没有出现过水和任何弹性流体化合。我认为，在这样情况下，如果水被除去，分子的余下部分将仍然保留分子的全部特性。在有一点上，我把数据弄错了，我曾把盐酸气的重量估计过高。现在我可能被人认为放弃建立在酸的分解上的解释，而采用更加简单的解释，即盐酸和钾的草碱化合，并立即放出氢。这样就没有必要认为水是不是以化合方式存在了。盖-吕萨克和西纳德为什么要这样强烈地坚持盐酸气中含有水是我所不能理解的，看来他们主要为了说明钾燃烧时放出氢，以及他们所设想的金属的氧化。

已经说过，钾在硅氟酸气体中燃烧（第 103 页）产物是氟化钾和一些氢，关于这方面的理论还不清楚。

钾能和氨气作用。戴维先生发现，当 8 格令金属在氨气中熔融时，12.05 到 16 立方英寸的气体被吸收，放出的氢相当于金属被水氧化时所放出的，即 1 原子钾放出 1 原子氢。新的化合物呈深橄榄色。当加热到高温时，氨一部分重新放出来，还有一部分被分解。盖-吕萨克和西纳德说，在化合物上滴几滴水，氨全部被收回，留下来的只是草碱。戴维先生坚持分解的结果与此稍异。看来很清楚，在这个过程中，2 原子氨和 1 原子草碱结合，同时把其中的氢赶出来。因为 43 格令钾需要 12 格令氨，所以 8 格令钾需 2.25 格令氨，相当于 12.5 立方英寸的氨。

5. 苏　　打

苏打通常从生长在海岸上植物的灰，特别从叫作藜科植物的灰中得到。在西班牙，苏打是大量生产的，叫作苏打灰（barilla）。在不列颠，把各种不同种类的墨角藻（fucus）或海草烧成灰，形成一些碳酸苏打的混合物，叫作海草灰（kelp）。苏打像矿物一样，在一部分土壤中和碳酸结合，在另一些土壤中和盐酸结合，因此叫作化石碱或矿物碱以区别于草碱或植物碱。

要得到尽可能纯净的苏打，需要采用制取草碱的方法。纯碳酸苏打必须用石灰水合物与水处理，把碳酸苏打分解，苏打留在溶液中，碳酸与石灰结合，新的化合物沉淀下来。然后把澄清液体倒出，加热至沸腾，水发出嘶嘶声逐渐赶出，直至苏打达到暗红热度，这时碱与剩下的水成为平静的液体。把该液体倒入模子等容器中，立即结为硬块，然后保存在瓶里备用。如果加热到更高温度，则碱与水一起化为白烟逃掉。

这样得到的苏打是白色易碎的块状物，含有 78％ 的纯苏打的和 22％ 的水。根据德阿赛（d'Arcet）的报道（《化学年鉴》第 68 卷第 182 页），碱只有 72％。但我认为这个数值太低了。随着水分的增加，苏打可呈结晶状，像草碱一样，大致含有 50％ 或 60％ 的水。苏打与草碱相似，是极其苛性的。它容易潮解，溶于水时产生热量。把熔融的苏打倒入有刻度的玻璃管中，我发现它的比重是 2。有一些理由可以认为，如果纯苏打能得到的话，它的比重将比草碱重，尽管它的终极质点一定比后者轻。苏打的性质和应用大致和草碱一样。的确，这两种碱长期来由于它们相似而被混淆。它们所参加形成的化合物，在许多例子中，有着实质性的差异，它们的原子量相差很大。虽然它们可从海水中盐酸苏打得来，但是它在植物中的来源却不大清楚。

苏打原子的重量很容易从它和酸形成的许多确定的化合物推算出来，它看来是氢的 28 倍。碳酸苏打、硫酸苏打、硝酸苏打和盐酸都是著名的盐。在有关这些盐的比例上，把我自己的实验和别人的进行比较，我得到以下数据：

	百分数				
碳酸苏打	44.4	酸	＋59.6	碱	相当于 19：28
硫酸苏打	54.8	酸	＋45.2	碱	相当于 34：28
硝酸苏打	57.6	酸	＋42.4	碱	相当于 38：28
盐酸苏打	44	酸	＋56	碱	相当于 22：28

这些比例和柯万及其他权威们的数据的差别简直不到 1％。数字 19,34,38 和 22 分别是各个酸的原子重量，因而数字 28 一定是苏打原子的重量。所以我认为苏打是一种特别的元素，它的重量和我们曾测定的每一种元素都不同。从元素苏打的重量，我猜想它是水、氧或某些较轻元素的化合物。但是从目前现象看来，这种设想似乎不够牢靠。因此，苏打应该被看作基本要素，这样较为妥当。我们将继续讨论苏打水合物、碳酸盐和苏打氢化物，理由已在草碱标题下介绍过了。

6. 苏打的水合物

苏打直到最近还被认为是纯净的，实际上它是与水结合的。最小量的水似乎是 1 原子对 1 原子苏打，即按重量 8 份水对 28 份苏打，或水占 22％。德阿赛曾得到过纯度为 72％ 的苏打，我没有得到比这更纯的，总是含有一些碳酸和其他杂质，这使我倾向于断定，78％ 大概是能够得到的最高纯度了，它可以叫作第一水合物，硬而易碎，重是水的两倍。第二、第三、第四和第五水合物我认为是结晶状的，但是我的经验还不能使我有把握决定它们的性质。第六和那些具有更多水的水合物在常温下都是液体。它们的比重可用普通的方法得到，而相应的纯碱的含量则由检定用的酸来测定。

下面关于苏打的表是仿照草碱的表（第 156 页）制成的。它的精确度还可以。但是过去我对这个表没有给予应有的重视。据我所知，这类表从没有发表过，可是，这种表在科学研究的实践方面是如此必要，以致使我感到惊讶，怎么会这样长久从事科学研究而不用到它们。

不同比重的水溶液中实际苏打的含量表

原子 苏打 水	苏打 重量百分数	苏打 容量百分数	比重	凝固点	沸点
1+0	100	230?	2.30?	未知	未知
1+1	77.8	156	2.00	1000°	红热
1+2	63.6	118	1.85	500°	600°
1+3	53.8	93	1.72	250°	400°
1+4	46.6	76	1.63	150°	300°
1+5	41.2	64	1.56	80°	280°
1+6	36.8	55	1.50		265°
	34	50	1.47		255°
	31	45	1.44		248°
	29	40	1.40		242°
	26	35	1.36		235°
	23	30	1.32		228°
	19	25	1.29		224°
	16	20	1.23		220°
	13	15	1.18		217°
	9	10	1.12		214°
	4.7	5	1.06		213°

最便于用作试剂的溶液的比重发现为 1.16 或 1.17,含有按容量计算 14% 的纯碱,所以 100 容量的碱需要用同体积的酸试剂来饱和。

7. 碳 酸 苏 打

我称之为碳酸苏打的盐,在药铺中有高纯度的出售,叫作提纯的次碳酸苏打。它以大结晶的形式获得,含有许多水,在空气中暴露一些时候,这些晶体就失去大部分水,变成像面粉一样。我把 100 格令新结晶的碳酸苏打,放在小盘子内,让它和空气作用,1 天内它就减少到 80 格令;2 天内,到 64 格令;4 天内,到 49 格令;6 天内,到 45 格令;8 天内,到 44 格令;9 天内它仍然是 44 格令,呈很细的干粉状,可能不会再失去重量。于是把它加热到红热,然后称重,约为 37 格令。现在可以充分证实,普通碳酸苏打加热至红热后含有 19 份酸和 28 份苏打,或近似地为 40.4% 左右的酸和 59.6% 左右的碱。克拉普罗思说是 42 份酸和 58 份碱,柯万说是 40.1 份酸和 59.9 份碱。在低温下生成的结晶碳酸盐最近也同样得到确定,它大致含有 63% 水,测定方法如上。这一点所有实验都已证实,柏格曼和柯万发现为 64 份水,克拉普罗思发现为 62,以及德阿赛发现为 63.6。因此,结晶碳酸盐的组成是容易确定的,因为,37:63::47(=19+28):80,这里 80 为依附于每个碳酸盐原子上水的重量,也就是 10 原子水和 1 原子碳酸苏打形成了普通的结晶。再者,47:8::37:6.3 等于和 37 份碳酸苏打结合的水的重量,相当于 1 原子水。但 37+6.3=43.3,从这一点可以看出,100 份结晶的碳酸盐减少到 44 或 43.3,这表示所有 10 原子水除 1 原子外都蒸发了。因此这种盐通常似乎不是风化到干燥的碳酸盐,而是风化到 1 原子碳酸盐和 1 原子水。这个设想可通过实验来证明,将上述加热过的 37 格令碳酸盐,在空气中暴露了 5 天,又变成 44 格令。

碳酸苏打还有另一个非常显著的特性,这种特性我认为是产生于化学的一般规律的。当一些普通结晶碳酸盐放在玻璃曲颈瓶中加热时,温度一到达 150°左右,即变为像水一样的流体,但当温度到达 212°,并保持沸腾一些时候以后,即有坚硬的小颗粒盐从液体中沉淀下来,经检验,我发现是第五水合物,即 1 原子碳酸苏打和 5 原子水结合。因为 100 格令这种盐通过红热失去 64 格令,而 1 原子的碳酸盐重 47 格令,5 原子水重 40 格令,一共 87 格令。于是,87 格令这种盐含有 40 格令水,100 格令将含有 46 格令。含有第五水合物透明液体的比重为 1.35,冷却后,整个液体结晶为易碎的冰状物质,略微加热又溶解。通过检定酸检验,表明是由 1 原子碳酸盐和 15 原子水组成的。因此,第十水合物通过加热就分解,转变成第五和第十五水合物,同样,第十五水合物可能转变为第十和第三十水合物。把任何比重低于 1.35 的溶液放置一旁,任其结晶时,在液体中即形成第十五水合物,最后留下的液体,比重降低到 1.18。通过用检定酸处理该液体时,发现它是由 1 原子碳酸盐与 30 原子水组成。当然,在充分地与水搅拌时,普通的碳酸盐晶体总是形成这种溶液,或者说是在平均的通常大气温度下的一种饱和溶液。加热时可得到从 1.85 到 1.35 的其他液体溶液,但是它们很快就结晶,这样的溶液叫作过饱和溶液。

正像预料的一样,不同种类水合物的结晶具有不同的比重,第十五水合物的比重是 1.35,第十水合物的比重是 1.42,第五水合物的比重是 1.64。通过把晶体投入碳酸钾碱溶液内,直至悬浮起来,或者在它们的饱和溶液中称取它们的重量,都能求出它们的比重。我没有能够求出确定纯碳酸盐和第一水合物的比重。

当碳酸苏打用作检定碱时,其比重将是 1.22,这种溶液按容量含有 14% 的碱,100 容量这种碱将需要 100 容量检定酸来中和。但是由于这种溶液在保存时总是有一部分要结晶出来,最好是用一半浓度的溶液来代替。于是 200 容量溶液需要 100 容量的检定酸。

下表包括从我的研究得来的碳酸苏打和水的不同化合物的特性。

不同比重的水合物中碳酸苏打的实际量

原 子 碳酸苏打　水	碳酸苏打重量百分数	碳酸苏打容量百分数	比重	凝固点	沸点
1+0	100	200?	2.00?	不知道	不知道
1+1	85.5	162?	1.90?	不知道	不知道
1+5	54	89	1.64	不知道	不知道
1+10	37	52.5	1.42	150°	
1+15	28.8	39	1.35	80°	220°
1+20	22.7	28	1.26		217°
1+30	16.4	19.5	1.18		214°
		15	1.15		214°
		10	1.10		213°
		5	1.05		

需要注意一下碳酸盐类的状态。纯碳酸苏打呈干燥的粉末状态,第一水合物也是这样,外表上和纯碳酸苏打没有区别。第五水合物是结晶态物质,可通过加热普通的碳酸苏打把适量的水赶掉而制得,其比重很容易求出来。第十水合物就是店铺里的结晶状普通碳酸苏打。第十五水合物根据我们的观察可能是液态,也可能是固态。第十二水合物是液体,我没有发现它有什么显著的特性,它容易部分结晶。第十三水合物是液体,在通常温度是饱和溶液,不需要降低多少温度就可能全部结晶。第二、第三、第四、第六等水合物我没有发现有什么显著的差别。

8. 钠,或苏打的氢化物

根据现在的知识,关于在第 96 页上钠的说明需要作一些修正。由于钠总是从苏打的第一水合物得到,还由于在熔融的苏打水合物电解时,根据戴维先生所说,只是产生氧气,没有其他气体,很自然钠必须是苏打和氢的化合物,可叫作苏打氢化物。戴维先生,如当时一般看法那样,认为苏打在熔融状态下是纯的,或者说不含有水。他断言,苏打在电解时分解为钠与氧。这个结论,虽然戴维先生仍然坚持,现在看起来是靠不住的,它没有指出,在形成钠和钾的每个场合里(1809 年《哲学学报》)公认存在的相当于化合物 16% 的水变成了什么。

虽然戴维先生用伏打电制取钠的新颖方法最富有启发性,但是在涉及新产品性质方面,如果需要一定数量的物品,则盖-吕萨克和西纳德的方法却是最方便的。这就是,把红热的苏打水合物的蒸汽通过炮筒内加热到白热的铁锹,这时水合物似乎以两种方式分解,一部分分解为钠,或苏打的氢化物,与氧气、钠蒸馏出来留在炮筒的冷却接受器内,而氧气则与铁结合;另一部分则分解为苏打和水。水又分解为氧与氢,氧与铁结合,氢则逸出,同时苏打与铁或其氧化物结合,形成一种白色的金属化合物。

钠的比重戴维先生说是 0.9348。它的终极质点(1 原子苏打与 1 原子氢)一定是 29,而不是像第 96 页上所说的 21。因此,100 份苏打第一水合物,或熔融的苏打含有 80.6% 的钠和 19.4% 的氧,这和戴维先生的实验结果是一致的,在这些实验中氧的比例最小。

根据盖-吕萨克和西纳德,钠以各种比例与钾形成合金,这些合金比任何一种单独的金属都要容易熔化,在有些情况下,在水的冰点还保持液态。一般来说,钠与钾的性质是如此相似,以至于不需要区别加以说明。

第十二节 土 类

化学家叫作土类(earths)的物质共有九个。它们的名称是石灰(lime),苦土(magnesia),重土(barytes),锶石(strontites),钒土(alumine 或 argil),硅土(silex),钇土(yttria),甜土(glucine),锆土(zircone)。最后三个是新近才发现的,很稀少。

土类构成岩石界的基础。虽然它们常被认为是复合物质,曾作过几次尝试把它们分解,但它们所表现的还是简单的或基本物质。有些土类具有碱性,而另一些则没有。但是它们都具有下列特性：1. 它们都是不能燃烧的，或者说，它们都不同氧气结合；2. 它们在光泽和不透明方面次于金属；3. 它们不溶于水内；4. 它们很难熔化，或者说，能耐强热而不发生变化；5. 它们能与酸结合；6. 它们能相互化合，并能与金属氧化物化合；7. 它们的比重在 1 到 7 之间。

最近戴维先生企图把土类分解，他好像曾经指出过，有些土类能形成金属，这种性质和固定碱很相似。但是，这些金属很可能是氢与各个土类的化合物，就像碱类的化合物一样。

1. 石　灰

这是最丰富的土类之一，它在世界各处都可找到，但处于化合状态，通常是与酸化合在一起。在与碳酸化合时，它以白垩、石灰石、大理石形态大量存在于地层或矿床中，石灰通常就是从它们制得的。

制取石灰的普通方法就是把白垩或石灰石块放在窑内加热到极红或白热几天，这样，碳酸就被赶出来，石灰则成为坚实的大块留下，其大小与形状差不多与石灰石一样，只是重量损失了 9/20。很可能，石灰与煤的混合物中煤燃烧时产生热量促使石灰分解。从白垩制得的石灰差不多是纯的，但是从石灰石得到的石灰含有 10% 到 20% 杂质，特别是矾土、硅土和铁的氧化物。

这样制得的石灰通常称为生石灰，是白色的，相当硬，但易碎。它的比重，根据柯万，是 2.3。它对动物性和植物性物质有腐蚀性；像碱一样，它能把有色的植物浸液，特别是蓝色的，转变为绿色。它是不能熔化的。它对水有强烈的吸引能力，甚至能夺取大气中水蒸气；当暴露在大气中时，它逐渐吸收水分，几天后分散为一种细的白色粉末。在这过程中，如果石灰是纯的，它将增加 33% 的重量。在这以后，它开始吸收碳酸而置换出水，慢慢地生成了石灰的碳酸盐。当 1 份水加到 2 份生石灰上，石灰立即分散为粉末并发出强热，估计可达 800°。这种操作过程叫作石灰的消化，石灰在使用以前大多数都要经过消化。消化后得到的新的化合物叫作石灰水合物，它是石灰与水之间唯一的化合物。

由于石灰能与迄今所知道的主要酸类化合，并和它们形成完全中性的盐，而这些盐类的比例业已由实验准确测定，所以我们能够确定一个石灰原子的重量，例如：

	酸　碱	
碳酸石灰	44%＋56%	为 19：24
硫酸石灰	58.6%＋41.4%	为 34：24
硝酸石灰	61.3%＋38.7%	为 38：24
盐酸石灰	47.8%＋52.2%	为 22：24

我相信，碳酸石灰通常被认为含有 44% 或 45% 的酸，硫酸盐多半设想为含 58% 的酸，其极限为 56% 与 60%。其他两种盐的比例还不曾仔细地测定过，但可以相信，上面所确定的比例与实际情况不会相差太大。把 43 格令白垩投入 200 格令容量检定硝

酸(1.143),或检定盐酸(1.077)中,将发现石灰全部溶解,并把酸完全饱和。因此我们得到,石灰的基本原子重24。我过去曾把它说成23,是根据柯万,设想碳酸石灰为45%的酸+55%石灰。这差别几乎不值得考虑,但经验似乎告诉我24∶23更可靠。

当把大量水浇到一块生石灰上面时,它有时暂时不发生消化作用,这可能是由于水阻止了温度的上升。在这种情况下水是不溶解石灰的,因此,严格地说,石灰似乎是不溶于水的,而石灰水合物才是溶解的,虽然也只是少量。石灰水合物的溶液称为石灰水,是一个很有用的化学药品。

把一些石灰水合物放在水内搅动即形成石灰水,应该用蒸馏水或雨水。只要激烈搅动一次就差不多足够使水饱和。但是如果需要完全饱和,搅动就应该重复两次至三次。待石灰沉下后,上面澄清液体必须倒入瓶中待用。作者们对石灰溶解在水中的量有不同看法,有些说,水能溶解其自身重量1/500的石灰,另外一些人说是1/600。事实是,很少人仔细地做过这实验。汤姆森博士在他的第四版化学里说,根据他的经验,这个数值是1/758。这比前面两个数据更接近实际。有位作者说,212°的水所溶解的石灰两倍于60°水所溶解的,冷却时多余的石灰析出,但这种说法没有实验证明。而如果他说的是一半而不是说加倍,倒可能比较可靠。我在这方面曾做过几次实验,其结果是值得注意的。

当把60°的水与石灰水合物充分搅动后,水澄清非常缓慢,但石灰水能很快通过吸墨纸做成的滤纸,这时它就变清而适于使用。我发现7000格令这种水需要75格令检定硫酸使其饱和,所以这些水内含有9格令石灰。如果把这种饱和过的水与石灰水合物混合,加热到130°,然后加以搅动,它很快就澄清,把7000格令这种水倒出来只需要60格令检定硫酸就足以使它饱和。同样的饱和石灰水与石灰水合物煮沸两三分钟,放置一边让它冷却,不要搅动,它很快就澄清了,7000格令倒出来只需要46格令检定酸来中和它,检定酸照例是1.134。因此,我们得到下表。

1份水	溶解的石灰	溶解的干的 石灰水合物
60° ——	$\frac{1}{778}$ ——	$\frac{1}{584}$
130° ——	$\frac{1}{972}$ ——	$\frac{1}{720}$
212° ——	$\frac{1}{1270}$ ——	$\frac{1}{952}$

这张表使我们得出结论,水在冰点时所溶解石灰的量约为沸点时溶解的两倍,我不曾有机会检查季节对这些实验的影响,但是我被告知,印花布印染工人发现在一年的不同季节里,石灰水有着明显的差异,并发现冬季对他们印染最有利,而夏季最不利。由于水只能接受如此少量的石灰,而冷水比热水多,人们可能会设想这是悬浮的结果而不是溶解。带着这个意图,我试试看在水中加一点胶会不会增加它的溶解力,但结果是,不管有没有加,60°的水所溶解石灰的量完全是一样的。我发现把石灰水放在深的陶器里在空

气中暴露数月之久，仍然含有其自身重量 1/800 的石灰。

石灰水尽管所含石灰的量很少，却有一种腐蚀性味道。它对颜色的作用同碱一样。一些蓝的颜色，如紫罗蓝的浆汁，能变为绿色。石蕊的浸液加少量酸时由蓝色变为红色，又能通过石灰水的加入而恢复其蓝色。海石蕊(archil)溶液，由于加入酸而变红，在加入石灰水又能恢复其紫色。当暴露在空气中，石灰水表面上会结成一层薄壳，这是碳酸石灰，酸是从大气中得到的，碳酸石灰不溶于水，沉到容器底部，最终全部石灰就这样转变为碳酸盐，水就成为纯水了。如果一个人通过管子把呼出来的气送进石灰水，或把含有碳酸的水倒进去，石灰水就由于形成碳酸盐而呈乳状。但是加倍分量的酸却形成石灰的过碳酸盐，这是相当容易溶解的。虽然石灰在水中溶解的量是这样的少，可是当石灰水用蒸馏水稀释 100 时，石灰的存在还能够用颜色检验，或用硝酸汞等指示出来。

石灰能与硫和磷化合，这些化合物将在硫化物或磷化物标题下讨论。它也能与酸化合，和它们形成中性盐。它还与一些金属氧化物，特别是汞与铅的氧化物化合，但是这些化合物的性质还不太清楚。

石灰的重要用途之一是做灰浆。为此，把石灰消化并与大量砂混合，加入尽量少的水使成糊状。这种灰浆当适当地放在建筑物的瓦片或石头中间时，就逐渐变硬而把它们整个粘在一起，这是部分地，可能主要地由于吸收大气中的碳酸气形成石灰的碳酸盐。配制不同用途灰浆的最好组分及其比例似乎还不够清楚。

2. 苦　土

这个土类元素是从现在叫作硫酸苦土①这种盐类制得的，后者大量存在于海水和一些天然泉水中。根据最好的分析，结晶硫酸苦土含有 56％纯的干硫酸盐和 44％的水。有些作者发现在这种盐中有更多的水，即从 48％至 53％，但亨利博士在他的英国和外国的盐类分析中(1810 年《哲学学报》)注意到结晶硫酸苦土只含有 44％的水，而我多年来得到的硫酸盐样品也具有同样的特性。因此，我倾向于采用它作为可靠的水的比例。现在亨利博士发现 100 格令上述的硫酸苦土生成 111 格令或 112 格令硫酸重土，而后者业已被确定 1/3 是酸，所以，在 100 格令硫酸苦土(纯的盐是 56)中硫酸为 37 格令，因而苦土等于 19 格令。但是硫酸一个原子的重量为 34，所以近似地有以下关系：37∶19∷34∶17，即一个苦土原子的重量一定是 17。可假定硫酸苦土是由一原子酸和一原子碱结合而成。这种假定是没有理由怀疑的。我在本书第一部分第 79 页上曾说过，苦土的重量是 20，这主要是从柯万的硫酸苦土的分析推断出来的，但从现在的经验来看，我认为这个数值太高了。虽然只有很少数苦土盐类极其精确地分析过，可是在不同的分析中得到的苦土原子的重量从未低于 17，也未高过 20。亨利博士和我分析了在 100°充分干燥过的普通碳酸苦土，发现它在加酸时损失 40％，在加热到适度的红热时损失 57％。因此，它应该含有 43 苦土，40 碳酸和 17 水。我们发现该碳酸

---

① 苦土即镁氧，硫酸苦土即硫酸镁。——译者注。

盐在 450°左右开始释放出水和一些酸,但是它经受 550°一小时之久损失不多于 16%。因此,规定苦土原子的重量为 20,该碳酸盐就一定是由 1 原子酸,1 原子苦土和 1 原子水所组成。因为 19＋8＋20＝47,根据上面实验,我们分别得到 47：19、8 与 20::100：40、17 与 43。可是,我有理由认为苦土原子的重量应该从硫酸盐而不是从碳酸盐去推算,因为碳酸盐从普通泉水中制得时,它总是含有少量硫酸石灰,这一部分在焙烧时,将存在于分析的结果中,也被算到苦土账上去了。因此,我得出的结论是,一个苦土原子的重量为 17。据说,苦土的过碳酸盐是可以得到的,但是根据我的经验,当硫酸苦土与苏打的过碳酸盐在溶液中混合在一起时,立即产生大量气泡,放出碳酸,只有普通的碳酸苦土沉淀下来。的确,亨利博士在把稀的混合物放置一些时候以后得到一种晶体,这些晶体是一种不透明的小球,大小和小弹丸差不多,但是通过检验,证明它们只是与 3 个水原子结合的碳酸苦土,而不是与 1 个水原子。因为 100 格令在红热时失去 70 格令,在加酸时失去 30 格令,由此,它的组成为 30 酸＋30 土＋40 水,或者 19 酸＋19 土＋24 或 25 水。所以结晶硫酸苦土的组成一定是 1 原子酸＋1 原子苦土＋5 原子水,按重量是 34＋17＋40＝91,于是得出 37%酸＋19%碱＋44%水,与上述的亨利博士的实验完全一致。

最普通的苦土盐类在干燥状态下的组成表示如下

	酸 碱	
碳酸苦土	53%＋47%	为 19：17
硫酸苦土	66.7%＋33.3%	为 34：17
硝酸苦土	69%＋31%	为 38：17
盐酸苦土	56.4%＋43.6%	为 22：17

在上表中硝酸苦土的组成是与柯万和里克特的一致的,而盐酸苦土是和文策尔的一致的。

为了制得苦土,必须把硫酸盐溶解在水内,再加上一些纯草碱溶液,这时苦土即析出,可通过过滤来分离。如果把碳酸草碱加到硫酸苦土溶液中,则沉淀下来的将是碳酸苦土,后者可以通过过滤来分离,并且一定要加热到红热把碳酸赶去。可是用前面方法所得的苦土只需要稍微加热烘干即可。

苦土是一种白色,柔软的粉末,没有什么味道,无臭,它的比重据说是 2.3。它对植物的作用和石灰与碱一样。它在加热时不熔化,在水内很不容易溶解。根据柯万,它在自身重量 7000 倍的水里才能溶解,我在一次实验中发现它需要 16000 倍自身重量的水。根据我的经验,当暴露在空气中时,苦土像石灰一样,1 原子苦土吸 1 原子水,重量约达 47%。它也能吸引碳酸,但很慢。除掉可能与氢和硫化合以外,它不与其他任何简单物质化合。它与酸形成中性盐,这些盐经常发现与其他盐类化合。

由于硫酸苦土是该上类元素的一种可溶盐类,有一个表表明在不同比重的一定重量或容量溶液内实际干硫酸盐和普通的结晶硫酸盐的量可能对我们有用处。表是根据我自己做的实验。

硫酸苦土表

原子 苦土　水	干硫酸苦土的 重量百分数	干硫酸苦土的 容量百分数	普通的结晶硫酸苦 土的容量百分数	比　　重
1＋0	100			
1＋5	56	93	166	1.66 固体
1＋8	44.4	66.6	119	1.50 液体
1＋10	39	55.4	99	1.42
1＋15	30	39	69.6	1.30
		31	55	1.25
		24	42.8	1.20
		18	32.1	1.15
		12	21.4	1.10
		6	10.7	1.05

第五水合物是普通的结晶硫酸苦土,第八水合物是通过沸腾而得到的最浓的溶液,第十五水合物是在 60°时的饱和溶液。

3. 重　土

现在叫作重土的这个土类元素是谢勒在 1774 年发现的。从那以后,有几位著名化学家曾在这个元素及其化合物方面做过许多工作。因此,现在也许可以说,它是所有土类元素中最熟悉的了。它最经常地发现与硫酸结合,其化合物叫作硫酸重土,以前叫重晶石,常在矿井附近,特别是铜矿附近发现。它也与碳结合,不过比较稀少,这种化合物叫作碳酸重土。

重土可从硫酸盐或碳酸盐得到。硫酸盐一定要先粉碎,再与炭混合,在坩埚内加热到红热数小时,这样,硫酸盐就转变为硫化物。用硝酸处理硫化物,硫就被除去,而重土则与酸结合,然后加热到红热把酸赶出,重土就留在坩埚内。如果用的是碳酸盐,一定要先粉碎,再与炭混合,置坩埚内,经受一段时间锻炉的高温,然后用沸水把纯的重土溶解,让炭和碳酸盐留下,冷却时得到重土水合物的晶体。绝大部分水可在加热时赶掉。

用以上方法所得的纯重土是灰白色块状物,很容易变成粉。有涩口的腐蚀性味道,吞下去是有毒的。像石灰一样,暴露在空中会吸收水,接着又以碳酸代替了水。它能使某些植物性蓝色变绿色。比重约为 4。重土与水形成各种不同的化合物,称为水合物,这些不久就要讲到。它能与硫和磷化合,但不与其他简单物质化合。它的硫化物与磷化物将在以后讨论。重土的终极质点的重量能够极其近似地得到,约为 68,为硫酸一个原子重量的两倍。这从下面最重要的普通重土盐类的组分表可以看出。这些盐类都曾被成功地研究过。

	酸　　碱	
碳酸重土	22％＋78％	为 19：68
硫酸重土	33.3％＋66.7％	为 34：68
硝酸重土	36％＋64％	为 38：68
盐酸重土	24.4％＋75.6％	为 22：68

下面这些权威,如伯尔蒂埃、克莱门特、德索默斯、克拉普罗和柯万都同意把碳酸重土中的酸规定为 22％,最近艾金先(Mr. Aikin)发现为 21.67％,詹姆斯·汤姆森先生(Mr. James Thomson)发现为 21.75％(《尼科尔森杂志》1809 年第 22、23 卷)。最后提到的这位化学家发现硫酸重土为 33 酸与 67 重土。他的结论证实了威瑟林(Withering)、布莱克、克拉普罗思、柯万、布肖尔茨(Bueholz)和伯瑟(Berthier)等人的结果,他们都把酸定为 33％,或近似这个百分数。沃奎林(Vauquelin)、罗斯(Rose)、伯索累和西纳德以及克莱门特和德索默斯发现为 32％或较多的酸,而福克罗伊和艾金发现为 34％。关于这个盐类的组成,我们看到许多人的结果都几乎一致,是很感到满意的,因为这些结果经常是通过检验硫酸和硫的量而得到的。J. 汤姆森发现在硝酸重土内重土为 59.3％,克莱门特和德索默斯发现为 60％,柯万在不同试验中得到的结果为 58％与 55％,而福克罗伊和沃奎林得到的为 50％。这些结果彼此相差很大,并且都在上表所列的数值以下。但一定要看到,结晶硝酸重土是含有水的,可能各种不同含水的量与温度有关,如果硝酸盐原子与 1 原子水结合,则重土的百分比将为 59.6％,与汤姆森以及克莱门特和德索默斯的结果大致符合;如果是与 2 原子水结合,则重土将为 55.7％;如果是与 3 原子水结合,则重土将是 52.6％,等等。结晶盐酸重土显然含有 1 原子干的盐酸盐＋2 原子水;或 22％酸＋68％重土＋16％水,可化为 20.8％酸＋64.1％重土＋15.1％水。还有,柯万发现为 20％酸＋64％碱＋16％水;福克罗伊为 24％酸＋60％盐＋16％水;而艾金为 22.9％酸＋62.5％碱＋14.6％水,这些数据在它们彼此之间都很一致,并且和我们从理论上所指望的也近似地一致。

重土与大多数酸结合,和它们形成中性盐。在许多方面它都与固定碱相似,只是在重量方面它近似地等于它们两个加在一起。

重土的水合物

当把硝酸盐加热而得到的重土暴露在空气中,或用水弄湿,它就与水结合,并在不同程度上与水形成一系列的水合物,这些水合物还不曾受到足够的重视和区分。结合时有大量的热放出。重土第一水合物曾被错误地当作纯的重土,这使一个时期硫酸重土的元素百分比不能确定。现在,如果一个重土的原子重 68,其第一水合物将重 76,再加上 34 硫酸,则得到一原子硫酸重土等于 102(因为在酸与碱结合时水被赶出),另外,如果我们把水合物设想为纯的重土,我们就会得出结论,76 重土与 26 硫酸结合形成 102 硫酸盐,这和前面西纳德和伯索累的错误结果是很接近的。因此,有理由得出结论,他们的重土,在红热状态下保持一些时候,实际上是第一水合物,或者说,是一原子重土与一原子水。当纯的重土用沸水溶解时,形成比重超过 1.2 的溶液,冷却时,重土大部分结晶出来,这些晶体是第二十水合物,或者说,是由 1 原子重土与 20 原子组成,或 30％重土与 70％水。如果把它们加热到大约 400°或 500°,它们就熔化了,大部分水被赶掉,得到一种干的粉末,这就是第五水合物。在这个操作过程中,228 份(等于 68＋20× 8)减少到 108 份(等于 68＋5×8),或 100 减少到 47,这正好是霍普博士由实验得到的减少数量。这种干粉末在低于红热的温度就熔化,但是我没有能够求出它在红热时减少多少,因为正如伯索累所说过的那样,即使在坩埚中,它都会差不多像它失去水那样迅速地吸收碳酸。我在重土晶体方面的经验是很有限的,但根据下面实验我断定它们是第二十水合物。我取 80格令新鲜的结晶重土,把它们溶解在 1000 格令水中,溶液的比重是 1.024,该溶液需要 70格令容量的检定酸使它饱和,生成 36 格令干的硫酸重土,其中 12 格令是酸,24 格令是重土。从这里我们知道,第一,80 格令晶体等于 24 纯的重土,或者 228 等于 68,但 228=20×8+68,这表示 20 原子水与 1 原子重土结合;第二,在表示比重的数字中第二位第三位小数即指出在 100 格令容量溶液中纯重土的量。这后面一点对比重低的溶液一定适用而不至于有明显的错误。因此,重土的强度和价值可以从比重得知。这个优点实际上不适用于石灰水。可是,根据以后的一些实验,我发现重土的量有些估计过高。

下面这个重上水合物的简表,在更精确和更丰富的表制出以前,可能对我们是有用的。

重土的水合物表

原子 重土　水	重土的重量百分数	重土的容量百分数	比重	凝固点
1+0	100	400?	4.00? 固	不知道
1+1	90	400?	4.00? 固	不知道
1+5	63	400?	4.00? 固	不知道
1+20	30	48	1.6 固	200°?
1+36	19	25	1.3 液	150°?
1+275	2.6	2.7	1.03 液①	40°?
	1.8	1.8	1.02 液	40°?
	0.9	0.9	1.01 液	40°?

4. 锶石(或锶土)

制取这个土类元素的矿石首先是从苏格兰阿盖尔郡(Ar-gyleshire)斯特朗坦(stron-tian)铅矿中发现的。这个土类元素及其特性在 1792 年由霍普博士在爱丁堡皇家学会宣读的一篇文章中指出,并于 1794 年在学报上发表。在这以后,有几位著名的化学家又对这些研究予以证实和扩展。苏格兰矿石是锶土的碳酸盐,但是这个土族元素后来还发现以不同比例与硫酸结合在一起。

锶土是从硫酸锶土或碳酸锶土制得的,方法和从类似的化合物制取重土的方法相同。的确,不管是在自由状态还在化合状态,它和重土都极其相似,以致曾被人们混淆。锶土的腐蚀性味道不下于重土,但它没有毒性。它在水中的溶解度没有重土大。它具有使火焰变红或变紫的性质,为了做到这点,可把它的硝酸盐或盐酸盐溶于酒精内,或放在蜡烛芯上。锶土原子的重量是从它和一些比较普通的酸所形成的盐类推算出来的。例如,

---

①　这是平均温度 60°时的饱和溶液。

<table>
<thead>
<tr><th></th><th>酸　　碱</th><th></th></tr>
</thead>
<tbody>
<tr><td>碳酸锶土</td><td>29.2％＋70.8％</td><td>为 19：68</td></tr>
<tr><td>硫酸锶土</td><td>42.5％＋57.5％</td><td>为 34：46</td></tr>
<tr><td>硝酸锶土</td><td>45.2％＋54.8％</td><td>为 38：46</td></tr>
<tr><td>盐酸锶土</td><td>32.4％＋67.6％</td><td>为 22：46</td></tr>
</tbody>
</table>

霍普博士、佩尔蒂埃和克拉普罗思发现在碳酸盐类里有 30％的酸。克拉普罗思、克莱菲尔德（Clayfield）、亨利和柯万发现在硫酸盐类中有 42％的酸。柯万发现结晶硝酸盐含有 31.07 酸,36.21 碱和 32.72 水,我设想该硝酸盐为 1 原子酸,1 原子碱和 5 原子水,即 38 酸＋46 碱＋40 水,可化为 30.6％酸,37.1％碱和 32.3％水,和柯万的结果很接近。如果用的是干盐,他的结果将是 46.2 酸与 53.8 碱。沃奎林发现硝酸盐含有 48.4 酸,47.6 碱和 4 水,但是这个组成不可能是正确的,里克特的分析也不可能正确,他的分析结果是 51.4 酸和 48.6 碱。干的锶土盐酸盐,根据柯万的结果,为 31 酸与 69 碱所组成,但是沃奎林说是 39 酸和 61 碱。无疑,柯万的结果是比较接近真实情况的。

锶土的水合物. 纯锶土加上水时,它就发热和膨胀,像石灰和重土一样,并发散为干的粉末,这种粉末似乎是第一水合物,在形成这种化合物时,46 份锶土将获取 8 份水。但是如果加入更多的水,就得到水合物的结晶。这些结晶为第十二水合物,这就是说,它们是由 1 原子锶土与 12 水原子所组成的,等于 46＋96＝142,或者 32％锶土加上 68％水,与霍普博士的结果一致。水在 60°时约溶解其重量的 1/600 的纯锶土,或其重量 1/50 的晶体。溶液的比重约为 1.008。但是沸腾的水约溶解其一半重量的晶体。从这里可以看出,锶土要比重土难溶得多,而比石灰容易溶得多。这些锶土晶体的比重已由哈森弗雷茨（Hassenfratz）正确地测定为 1.46 左右。锶土水可以像石灰水或重土水一样用于同样的目的。

锶土与大部分酸化合生成中性盐。它也和硫及磷化合。

5. 矾土,或陶土

这个叫作矾土的土类元素构成了普通黏土的大部分。但是黏土是两种或更多的土类元素与铁等的混合物,因而不能用纯矾土来表示。纯矾土可由一种叫矾的大家熟知的盐来制取,它是由硫酸草碱与硫酸矾土以及一部分水结合而成。把一些矾溶解于 10 倍其重量的水中,加入一些液氨,硫酸便夺取氨同自己化合而使矾土沉下,后者可用过滤方法与液体分开,然后加热到红热。

这样得到的矾土是精细的白色土类,有吸水性,弄湿时带黏性,没有味道也没有气味,据说它的比重是 2。当与水混合时便黏结为一体,是制造陶器的基础物质,能做成任何形状。在这种情况下把它强热,就变得特别硬,部分或全部地失去黏性。纯矾土能经得起炉子的极高温度而不发生任何变化。

矾土不和氧、氢、碳、硫或磷等形成任何已知的化合物,但能和碱、大部分土类元素以及几种金属氧化物化合。它也能和许多酸化合,但在大多数情况下形成了不能结晶的盐类。它对植物色素具有强烈的吸引力,因而在印染技术中获得重要的应用,被用来把颜色固定在布匹上。

矾土原子的重量不像前面土类元素那样容易测定,一方面因为它与酸形成的盐不能结晶,另一方面则因为它没有受到应有的注意。唯一的受到仔细分析过的矾土盐类是一种三元化合物,叫作矾。了解这个盐的组成和性质,对它的制造者和对必须用到它的各种技师来说都是非常重要的。

查佩塔尔(Chaptal)、沃奎林以及西纳德和罗德(Roard)的经验(《化学年鉴》第 22、50和 59 卷,或《尼科尔森杂志》第 18 卷)指出,各个国家的矾在组成和性质方面都是极其接近的,即含有 33% 硫酸 11% 或 12% 矾土,8% 或 9% 草碱,以及 47% 水。的确,上面提到的这些作者们在这些数值方面并不是都一致的,但是这些差异更多是在外表而不是在实质。沃奎林从 100 份矾得到 95 份硫酸重土,但西纳德和罗德得到 100 份。后面这两位化学家在硫酸重土内只是采用 26% 酸,而现在普遍认为在这种盐内大约有 33% 的酸。詹姆斯·汤姆森先生告诉我,他发现近乎 100% 硫酸重土。这个结果我认为是最正确的,也是最新的。沃奎林发现在矾内有 48.5% 水,这比通常发现的要多,这在一定程度上是由于他求得的硫酸重土较少。查佩塔尔在英国矾中发现有 47% 水,这和我的实验结果一致。沃奎林发现 10.5% 矾土,西纳德和罗德 12.5%。格拉斯哥的坦南特先生(Mr. Tannant)曾把他的分析结果寄给我,他发现他那里制造的矾含矾土 11.2。这位化学家发现硫酸草碱为 15%,大致与西纳德和罗德的结果 15.7%,相同。现在,由于 34 酸加上 42 草碱已被证明是构成 76 硫酸盐,15 硫酸草碱内则含有 6.7 酸和 8.3 草碱。把这些结果集中起来,矾看来组成为:

$$
\begin{array}{ll}
33 & 硫酸 \\
11.7 & 矾土 \\
8.3 & 草碱 \\
\underline{47} & 水 \\
100 &
\end{array}
$$

在 33 硫酸内一定要回想到 6.7 份是属于草碱的,即整个的 1/5,而剩下的 4/5 份属于矾土。因此在 1 分子矾内只有 5 原子硫酸,1 原子属于 1 个草碱原子,另外 4 原子则属于 4 个矾土原子,假如酸和矾土是一对一结合的话,在没有提出充分的相反理由以前,我们就这样假定了。于是,1 个原子矾似乎是由 1 个位于中心的硫酸草碱和 4 个环绕它的硫酸矾土原子所组成,形成一个正方形。但是 $33-6.7=26.3$ 酸属于 11.7 矾土,而 $26.3:11.7::34:15$,即一个原子矾土的重量为 15。因此,干的矾一定是 $5\times34+42+4\times15=272$。但是由于在通常状态下,矾总是与水结合的,所以我们能够求出多少原子水结合到一个干的矾原子上。为了这个目的,我们得出 $53:47::272:241$ 等于水的重量,把它用 8 去除,得到水的原子数为 30。因此,一个普通的矾的原子含有:

$$
\begin{array}{lll}
1\ 原子硫酸草碱 = 76 & = 15\% \\
4\ 原子硫酸矾土 = 196 & = 38\% \\
30\ 原子水 \quad\ = \underline{240} & \underline{47\%} \\
512 & 100
\end{array}
$$

在温度 60°时矾的饱和水溶液的比重为 1.048,它为 1 原子干的矾与 600 原子水所组成,或者说,矾的含水量为晶体所含的 20 倍。矾自身的比重约为 1.71。把它溶解在水中可得到任何比重较低的溶液。至少,我曾得到过一种溶液,它在热时比重为 1.57。

矾不与碳酸结合,但它能与硝酸和盐酸结合。因此,就像从硫酸盐一样,从这些化合物来研究矾土一个原子的重量将是合乎要求的。据我所知,还没有人求出硝酸矾土中元素的比例。在盐酸矾土中布肖尔茨测定酸与碱的分量相等,而文泽尔测定的酸与碱的比例是 28∶72,所以他们的结果都靠不住。我是按照下法测定这些盐类的组成的:把 100 格令矾溶解于水,用 156 容量左右检定氨(0.97)把矾土沉淀下来,要注意矾的溶液要为氨所饱和,不要过量。然后把这液体充分搅动,并立即分为三等分,每等分发现分别需要 52 容量的检定酸,即硫酸、硝酸与盐酸各 52 容量来溶解悬浮的矾土,并使溶液澄清,这些溶液后来并未发现有未化合的酸存在。因此,这些盐类的百分比可以推断如下:

	酸　　　碱	
碳酸矾土	69.4%+30.6%	为 34∶15
硝酸矾土	71.7%+28.3%	为 38∶15
盐酸矾土	59.5%+40.5%	为 22∶15

这里可注意一下沃奎林在其 1797 年文章里所持的见解,但后来在 1804 年他的下一篇文章里却没有提到,也没有在 1806 年西纳德和罗德的文章里提过,这见解我指的就是,矾是由矾土的过硫酸盐和硫酸草碱所组成。如果这是真实的,那么矾土的原子一定重 30,因为是 2 原子硫酸与 1 原子矾土结合。这种见解我是不支持的。当矾的溶液用蓝色试液检验时,它能使试液变红,但这种现象在盐的几对色素有强烈的吸引力时,不能证明有多余的酸存在;很可能是盐真正发生了分解,也可能是色素与盐形成了三元化合物。在矾内肯定不存在未结合的酸,因为只要极少量碱就能分解它。此外,过盐内所含的酸在红热时至少有一半被赶出来,但是矾却经得起红热而没有明显地失去了一点酸。从上面有关实验看来,硫酸、硝酸和盐酸等试剂在饱和矾土这方面都具有相同的功效,难道它们都是过盐吗? 如果是的话,为什么在每种情况下不是由一半的酸中和这个土类形成简单的盐类呢? 但是据说如果把矾土在矾的溶液中煮沸,矾土就同矾化合,成为不溶的中性盐沉下。沃奎林坚持他是曾经做过这个实验的,但是他没有提到比例,也没有指出需要多少时间才能产生这种效果。为了把这个问题搞清楚,我在 60°时把必需的氨加入一容量矾的饱和溶液(约 100 格令矾)内把矾土沉淀出来,在这仍旧含有悬浮的矾土的中性溶液里我再加入另一容量同样的矾的溶液,并在玻璃容器内煮沸 10 分钟,然后把它放在一旁冷却,过滤,所得液体在比重方面减少并不太大,差不多需要同样分量的氨来饱和它,产生的矾土的量与加入第一个容量时所产生的一样多。由于担心硫酸氨的存在会影响结果,第二次我把 100 格令矾得到的干的磨碎矾土加到 100 格令矾的水溶液中,在另一个实验中加的是新近过滤的潮湿矾土,煮沸 10 分钟,蒸发掉的水重新加入,把液体过滤。这时液体的比重同开始时一样,含有同样多的矾土,把沉淀收集起来,烘干,称得的重量正好同以前一样。这些事实使我怀疑以前化学家们称做被土所饱和的这种矾是否存在。但是如果假定有一种化合物由硫酸和两倍分量矾土形成,我也说不出理由为什么

它不是由 1 原子酸与 2 原子矾土组成。因此,我认为以上所述的一个矾土原子的重量是一个合理的结论。

法国化学家们似乎曾证明过,在矾内即使存在着极少量的硫酸铁对它在印染等方面的某些应用也是有害的。

矾土的水合物. 索热尔在《物理学杂志》第 52 卷里说,随着条件的不同,矾土以两种完全不同的状态从溶液中沉淀出来,一种他叫作海绵状矾土,另一种叫作胶状矾土。在通常夏天的温度下干燥后,这两种矾土都保持有 58％ 的水,前者在红热时可以失去全部水,但后者在最高温度下只失去 48％。这些事实的精确性可能还有一些怀疑。但是在通常温度下矾土似乎可能保持 2 原子水,或者 15 份矾持有 16 份水。这就允许在红热时有 52％ 的损失。这个问题值得进一步注意。

6. 硅　土

这种叫作硅土的土类元素大量存在于许多石头中。它在燧石、水晶等中差不多是纯的,但是一般来说,它只是石头组成的一部分,是和一种或多种其他土类或金属结合在一起的。它还以白砂形式的小颗粒存在着。这个土类的最显著的特征是它能与任何一种固定碱在一起熔化,并和它们形成美丽而著名的化合物即玻璃。燧石和水晶的比重通常是 2.65 左右。在烧到红热一些时候以后,燧石可在铁乳钵内磨碎,形成一种白色土类,作为充分纯粹的硅土可用于大多数场合。它是一种粗糙的沙砾状粉末,同黏土不一样,它既不黏着在一起,也不和水形成糊状物。它在水中看不出一点溶解。加热时不熔化,除非是加热到极高的温度。为了得到纯净的硅土,需要把硫酸和氟酸石灰的混合物放在玻璃容器内蒸馏,或者和磨碎的燧石放在一起,这时就产生弹性状态的过氟酸硅土,该气体可在水面上收集,形成一层氟酸硅土的硬壳,通过过滤或其他方法把它除去,然后用氨饱和澄清的液体,纯净的硅土这时就沉下来。在红热状态下干燥后,形成一种细的白色粉末。用这种方式得到的纯硅土可制造纯的玻璃,这在下面即将予以说明。值得注意的是,硫酸虽然不和硅土结合,但当它倒在氟酸硅土下面时却能把氟酸变成气态赶掉。

硅土能与两种固定碱、大多数土类元素以及金属氧化物结合,但很少与酸直接作用,除掉氟酸。当与一种碱作用时,它还能与几个酸结合在一起,形成三元盐。它似乎不能与氧、氢以及其他可燃物质结合,也不能与氨结合。

每种固定碱可按两种比例同硅土结合。为了做成玻璃,可以把一份硅土和一份细的干碳酸苏打混在一起,但是如果用的是钾碱,则需要用 1.5 份。如果想得到另一种或可溶的化合物,则必须用双倍分量的碱,或两份苏打和三份草碱。每种情况都需要加热到强烈的红热程度,使这些元素完全结合。这时熔融体把碱里的碳酸释放出来,倒出来就立即成为玻璃。但是如果用的是双倍分量的碱,玻璃就容易吸收湿气,可以完全溶解在水中。这种玻璃叫过苏打化或过草碱化硅土,而前面那种则叫做苏打化或草碱化硅土。当在过草碱化硅土的溶液中加入酸时,立即生成一种白色沉淀,这种沉淀是草碱化硅土,或普通玻璃,而不是人们所设想的硅土。因为:1. 我发现,加热后的沉淀约为红热的草碱化硅土重量的 2/3,而硅土则只有该化合物 1/3 重;2. 析出沉淀所需的酸只有饱和该化合物中含有的碱所需酸的一半;3.在适度的红热下干燥后,该沉淀能用吹管熔化成玻璃;4.由于酸不能从玻璃中把碱取走,它们从过草碱化硅土里取出的碱不应该多于把它变为普通玻璃时所需之碱。

求硅土原子的重量比前面任何一种土类都要更加困难,因为它只和一种酸结合,而且百分比组成还不曾确定下来。可是我在研究它与草碱、石灰以及重土的关系时却相当成功。我曾制得一些完全没有过量碱存在的过草碱化硅土,就是说,只要加极少量的酸就足以使它产生沉淀(因为如果碱过多,酸加入时可以不发生沉淀),我用过量的硫酸把一定重量预先溶在水中的干燥过的化合物沉淀出来。该沉淀沉重而且量很多,在滤纸上停留一些时候以后,变得像一堆煮过头的马铃薯。加压把水挤出来,剩下一种白色物质,很容易离开滤纸,在加热到低度红热时,剩下一种粗糙的沙砾状粉末,其重量约为该化合物的 2/3。另外,把检定用硫酸慢慢地加到一定重量的干燥化合物的水中,一到该混合物对试液显示出酸性,就可认为它被酸饱和了。发现所加的全部酸足够饱和重量约为该干燥化合物 1/3 的纯碱。这些实验清楚地告诉我们,只有一半的碱为酸所束缚住,而另外一半则与硅土留在一起,应用吹管使沉淀转变为玻璃也证明了这个结论。现在,剩下来的就是确定碱和硅土的两种化合物哪一种是最简单的。由于一部分碱很容易从一种化合物中取走,而不容易从另一种化合物中取走,所以前者必须设想为两原子碱对一原子硅土,而后者为一原子对一原子。由此看来似乎应该是,硅土原子的重量约与草碱原子的重量相等,而这两种物体比重相同也是支持这个结论的一论据。

过草碱化硅土与石灰和重土反应时所显示的结果是值得注意的。把 100 容量含有 18 格令干的过草碱硅土的溶液用 5000 格令含有 6 格令石灰的石灰水饱和。沉淀过滤后,在低度红热下进行干燥,重 19 格令。剩下的液体需要 27 格令检定盐酸饱和,而同样分量的石灰水则要 54 格令。这时,每个过草碱化硅土看来一定是分解为一个草碱原子与一个草碱化硅土原子,前者留在溶液中,后者同两个石灰原子结合而沉淀下来。留在溶液中的是草碱,而不是石灰,可用碳酸来证明,检定盐酸指出,每个草碱原子在溶液中取代了两石灰原子。重土的情况与刚才所说的不同。把 100 容量含有 18 格令干的过草碱硅土的溶液用 850 容量含有 9 格令干的重土比重为 1.0115 的重土水饱和。剩下的液体需要用 28 格令检定酸饱和,而在红热状态下干燥过的沉淀重 20 格令。这时很清楚看到一原子重土把一原子草碱从化合物中分开,并代替了它的位置。因而剩下液体所需要的酸量同重土所需要的一样多,沉淀是硅土、草碱与重土的一种三元化合物。每种各一个原子,可能由 9 份重土、5.5 份硅土与 5.5 份草碱所组成。

总的来说,我倾向于相信,一个硅土原子的重量约为氢原子的 45 倍。

硅土在加热时与矾土结合,形成坚硬不熔的物体,如瓷器、陶器、砖等。

7. 钇　　土

这个土类元素是在瑞典伊特贝(Ytterby)发现的。它是由加多林(Gadolin)最先分析过的一种叫作硅铍钇矿(godolinite)的矿石和另一种叫作钇钽矿(yttrotantalite)的矿石的一部分,这两种矿石都在同一个矿里发现。制取的方法是,把研碎的矿石溶解于硝酸和盐酸的混合酸中,然后把液体倒出,蒸发至干,把残余物溶于水中,如果现在把氨加进去,该土类元素即沉淀下来。它是以白色粉末状态得到的。比重据说是 4.34。它在加热时不熔化,不溶于水,但能和几种酸形成盐类,这些盐类大多数有甜味,有几种是有颜色的。它们有许多特点与金属的盐类相似。根据克拉普罗思的说法,钇土的水合物是一种干的粉末,含有 31% 的水。这意味着,钇土原子将按照它是第一、第二或是第三水合物分别重 18、36 或 53。但是他发现碳酸钇土为 18 酸、53 钇土与 27 水。现在假定该碳酸盐为 1 原子酸、1 原子钇土与 3 原子水,酸与水重 45,于是推算出钇土的原子为 53。这个结论与前面把该水合物假定为第三水合物的结论是一致的。该钇土具有大的比重,说明它的原子是重的。但是在没有得到更多的实验的支持以前,我们还不能信赖上面的测定。

8. 甜　　土

这个叫作甜土(由于它和酸形成的盐类有甜味)的土主要是从绿柱石和翡翠这两种矿石制得的。这些矿石由硅土、矾土和甜土所组成。把矿石中前面两组分用普通方法提取以后,就剩下甜土,是一种柔软的白色粉末,能黏着在舌头上,但无味无臭,加热时不熔化。比重据说是 2.97。它不溶于水,能与酸、液态的特定碱以及液态的碳酸氨结合。在后一种情况下,它很像钇土,但在碳酸氨中要比钇土容易溶解得多。甜土在性质方面同矾土和钇土都很相似。

我们缺乏足够的资料求出甜土原子的重量。但是从沃奎林关于碳酸甜土的实验(《化学年鉴》,第 26 卷,第 160 和 172 页)来看,它似乎应该重 30,或是矾土重量的两倍。另外,值得注意的是,绿柱石和翡翠的分析给出大致相同分量的矾土和甜土,这表示一原子甜土的重量或与矾土原子的重量相等,或为它的倍数。

9. 锆　　土

风信子玉和红锆石是主要在锡兰发现的两种宝石。它们含有一种特殊的土类,叫作锆土。它可以按下法制取:让一份粉末状态的锆土与 6 份草碱熔融,然后浸入一部分水中,把草碱及其化合物溶解掉,剩下残渣。该残渣一定要溶解在盐酸中,再加入草碱把锆土沉淀出来。锆土是一种细的粉末,无味,摸上去有些粗糙。当猛烈加热时,转变为一种瓷,很硬,比重为 4.35。锆土不溶于水内,但在空气中干燥却附着其重量 1/3 或 1/4 的水,看起来像阿拉伯树胶。锆土不溶于液体碱内,但溶于碳酸盐类。它可以与几种金属氧化物结合。还能与酸类结合,形成盐类,其中有许多是不溶于水的,另外一些则很容易溶解。它们有一种收敛性味道,和有些金属盐很像。

由于锆土的盐类还不曾仔细地制备过,它们组分的比例还不能确定,所以我们不能够测定该土类的原子重量。沃奎林发现在碳酸锆土内有 44 碳酸和水以及 56 锆土,但是不幸的是他没有把酸和水分开。如果承认上面数据是正确的,并假定该碳酸盐含有一原子水,则一原子锆土的重量将为 34。但如果我们假定它含有二原子水,则该土类的原子重量就成为 45。这个数值我认为是最接近真实情况的。值得注意的是,风信子石含有

32 份硅土和 64 份锆土，根据上面的结论，相当于 1 原子硅土与 2 原子锆土，这种组成绝不是不可能的。根据这个原则，上述的树胶状水合物可能为 2 原子与 1 原子锆土，或 16 水＋45 锆土。

图版及其说明

　　在巴黎,无论他走到什么地方,人们都把他看成是象征英国的雄狮。法国最有名的科学家都以能和道尔顿交谈为荣。73 岁的拉普拉斯(P. S. Laplace, 1749—1827)与他讨论星云假说;74 岁的贝托莱与他手挽手地边走边谈;比较解剖学的奠基人居维叶与道尔顿交谈时,双眼熠熠发光,而且他的独生女克莱门汀小姐一直陪伴着道尔顿的巴黎之行;正在巴黎大学任教的化学家盖-吕萨克(J. L. Gay-Lussac, 1778—1850)请道尔顿参观了他的实验室,还一起详细讨论了化学原子论。

图版5

元 素

(简单的)

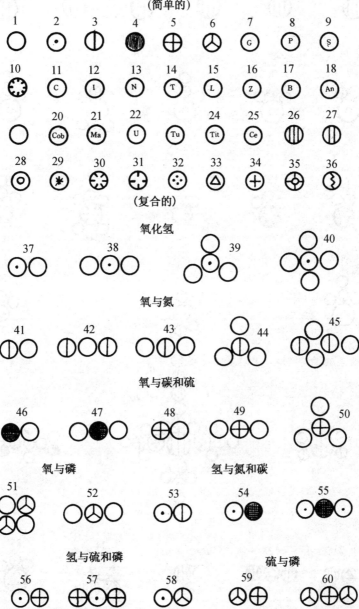

(复合的)

氧化氢

氧与氮

氧与碳和硫

氧与磷　　　　　　　氢与氮和碳

氢与硫和磷　　　　　硫与磷

图版6

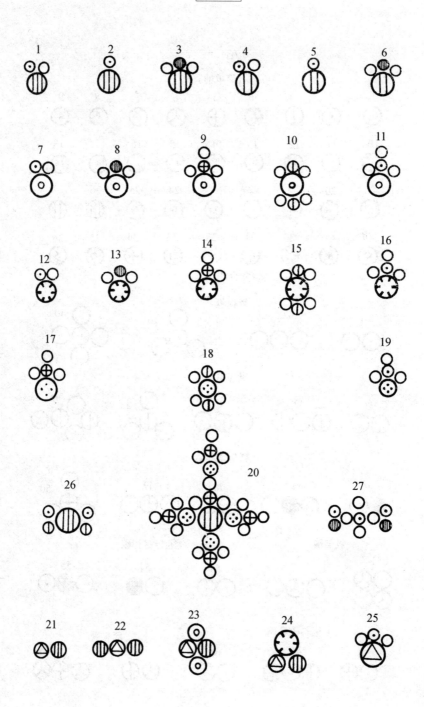

图版7

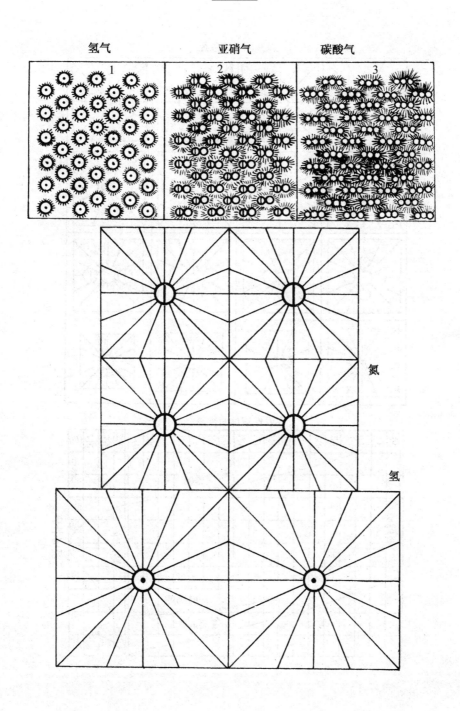

图版8

弹性原子的直径

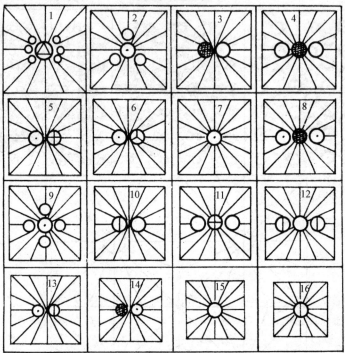

挥发性液体的沸腾

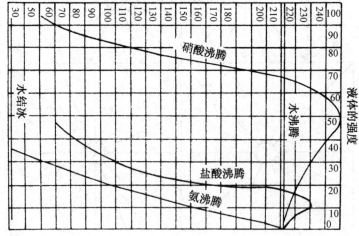

图版 5.

表示设计出来代表简单和复合元素的各种不同记号；它们与图版 4 差不多相同，只是经过扩充与改正过。它们将被发现与前面各页所得的结果是一致的。

图	简单的	重量	图	简单的	重量	图	复合的	重量
1.	氧	7	22.	铀	60?	40.	氧盐酸	29
2.	氢	1	23.	钨	56?	41.	亚硫气	12
3.	氮	5	24.	钛	40?	42.	氧化亚氮	17
4.	碳	5.4	25.	铈	45?	43.	硝酸	19
5.	硫	13	26.	草碱	42	44.	氧硝酸	26
6.	磷	9	27.	苏打	28	45.	亚硝酸	31
7.	金	140?	28.	石灰	24	46.	氧化碳	12.4
8.	铂	100?	29.	苦土	17	47.	碳酸	19.4
9.	银	100	30.	重土	68	48.	氧化亚硫	20
10.	汞	167	31.	锶土	46	49.	亚硫酸	27
11.	铜	56	32.	矾土	15	50.	磷酸	34
12.	铁	50	33.	硅土	45	51.	亚磷酸	32
13.	镍	25? 50?	34.	钇土	53	52.	磷酸	23
14.	锡	50	35.	甜土	30	53.	氨	6
15.	铅	95	36.	锆土	45	54.	油生气	6.4
16.	锌	56				55.	碳化氢	7.4
17.	铋	56	图	复合的	重量	56.	硫化氢	14
18.	锑	40				57.	过硫化氢	27
19.	砷	42?	37.	水	8	58.	磷化氢	10
20.	钴	55?	38.	氟酸	15	59.	磷化硫	22
21.	锰	40?	39.	盐酸	22	60.	过磷化硫	31

图版 6. 复合元素的符号（续图版 5）

图		重量	图		重量
1	草碱水合物	50	15	硝酸重土	106
2	钾或草碱氢化物	43	16	硫酸重土	90
3	碳酸草碱	61	17	盐酸矾土	49
4	苏打水化物	36	18	硝酸矾土	53
5	钠或苏打氢化物	29	19	盐酸矾土	37
6	碳酸苏打	47	20	明矾	272
7	石灰水合物	32	21	草碱化硅土或玻璃	87
8	碳酸石灰	43	22	过草碱化硅土	129
9	硫酸石灰	58	23	草碱、硅土与石灰	135
10	硝酸石灰	62	24	草碱、硅土与重土	155
11	盐酸石灰	46	25	氟化硅土	60
12	重土水合物	76	26	过草碱化氨①	54
13	碳酸重土	87	27	油生气的氧盐酸盐	41
14	硫酸重土	102			

图版 7.

图 1、2、3 是描绘组成弹性流体各种质点的配置和排列，这些质点有简单的也有复合的，但不混合；要把后一情况的概念充分表达出来，并与第 110 页所说的准则一致是很困难的。然而这准则可在以后各图予以阐明。

---

① 橄榄色物质，由盖-吕萨克和西纳德、戴维等把钾在氨气中加热而得到。

图4.表示带有弹性气氛的4个氮原子质点,这些气氛用从固体中心原子发射出来的射线来表明。这些射线在四个原子中都完全一样,可以彼此相遇,并保持平衡。

图5.代表2个氢原子,按对氮原子的适当比例画出,并开始和它们接触。显然,氢原子自身彼此间是很容易接触的,但是对氮就不是那么容易,因为在同样条件下这些射线不彼此相遇。这就是内部运动的原因。这种运动发生于弹性流体的混合物,直至外来质点压至相当紧密时为止。

图版 8.

前面16个图代表不同弹性流体的原子,画在不同大小的正方形的中心,使与目前所测定的各种原子直径成比例。图1是最大的,以后依次序逐渐减小,图16最小,如以下所示。

图	图
1.过氧酸硅土	9.氧盐酸
2.盐酸	10.亚硝气
3.氧化碳	11.亚硫酸
4.碳酸	12.氧化亚氮
5.硫化氢	13.氨
6.磷化氢	14.油生气
7.氢	15.氧
8.碳化氢	16.氮

图17是曲线,用它可以测定硝酸、盐酸与氨水在任何浓度下的沸点。这些曲线是描述以前各表中与这些项目有关的结果的。如果在这些曲线上取任何一点,并画一水平线至图的边缘,则液体的重量百分浓度就表示出来;如果画一条垂线到顶,则该浓度液体在敞开空气中的沸腾温度就可找出来。

附　录

自从这第二部分开始印刷以来已经将近两年了,在这两年中由于化学研究的迅速发展,使得在较早讨论过的课题中又增添了一些事实和观察材料。关于我测定的金属终极质点的重量,这里还不曾涉及。这将在第二卷中占首要地位,那时我们将开始讨论金属氧化物和硫化物。由于某些原因,我将把第一部分中所给出的某些金属重量作了改变;很可能,在我们今后的研究中,这些重量还要改变;这将有赖于金属氧化物、硫化物和盐类所得到的百分比的精确性而定。钽和钶的相似性似乎由沃拉斯顿博士(Dr. Wollaston)确定,戴维先生和法国化学家们盖-吕萨克与西纳德,由于把新金属钾和钠,以及伏打电应用于化学研究的结果,曾对各种不同问题提供许多事实和观察资料。当一个人热情地从事于一种新颖而特殊的实验探索时,不能指望这些新理论在各方面都经得起检验,并与化学所有熟知的已经建立起来的事实都一致;也不能指望这些事实本身具有怎样的精密性,而这种精密性是需要长期的经验,需要熟悉所用仪器及其容易发生的不足之处,并需要对不同人们所作同一观察资料进行比较,才有希望得到。这就可以作为足够的理由来说明这些著名化学家所观察到的结果的差异以及他们意见的对立,有时这种对立甚至是过分的。

把钾在氟酸气(硅土的过氟酸盐)中加热时显示出所有燃烧的现象;虽然这似乎暗示该气体含有氧,但是戴维先生说得对,热和光仅仅是化合的激烈作用的结果。值得注意的是有氢气放出,可是没有钾与水作用时放出的那样多;而且量是变化着的,一般少于钾与水作用时放出的氢气分量的 1/4。戴维先生和法国化学家们一致相信这是由于氟酸的分解,但这氢气是来自钾还是来自酸,是值得怀疑的。在第 103 页我曾经说过,氢和氟酸气的混合物在通电时体积减少,这个事实最强有力地支持酸气中含有氧的想法。

盐酸曾经成为一个重要的研究课题。戴维先生在 1808 年他的《电化学研究》中关于这个问题的意见是,该酸气含有处于结合状态的水;或者,用我自己表达的方式来说,一个真正盐酸的原子与一原子水结合形成一原子酸气;因此,当钾在该气体中燃烧时,钾把水分解,于是氢被放出,而氧则与钾结合形成草碱,紧接着草碱与实际的若干的酸化合。这个结论似乎是合理的;但是当看到法国化学家们从他们关于这个问题的观点得出同样的结论时,的确是令人惊讶的。他们竟然把盐酸看作纯酸,认为盐酸与钾中的草碱化合,并放出氢气。戴维先生最近曾写过一篇关于氧盐酸和盐酸的文章,他刚寄来一份给我;

在这篇文章里,他放弃了他以前的酸和水的气态化合物的观点,而采用另一种观点,即盐酸气是一种纯弹性流体,是由氢与氧盐酸结合而生成的,氧盐酸他认为是简单物质。这种见解在把氢看作盐酸的基这一方面是同我一致的;但是我不能采用他关于该酸组成的看法。戴维先生现在认为,钾在盐酸气中燃烧所放出的氢是发生于分解的酸,并生成一种新化合物氧盐酸钾。而我则宁愿做这样解释,即氢发生于钾,而未分解的酸气则与草碱结合。

关于氧盐酸,盖-吕萨克、西纳德曾就他们对该酸所发现的一些出人意料的性质作过报告。他们断言,干燥的氧盐酸气不会被亚硫酸气、氧化亚氮、氧化碳,甚至亚硝气所分解,如果这些气体也都是干燥的话。但是如果有水存在,它就立即被它们分解。这些在他们看来都是事实。但是的确由于它们太重要以及它们当中有些太难于确定,我们不能只相信任何一个人的断言。他们是用什么方法发现的呢?仪器的结构是怎样?所用气体的量是多少?他们让这些气体接触多少时间?是用什么方法来研究这些结果的?等等,等等。为了满意地回答这些问题,足足要写一本书;可是盖-吕萨克和西纳德却一句话也没有说。现在,我们知道关于在水面上这些气体混合物在事实并不像上面所说的。戴维先生说(《研究》第 250 页):"氧化盐酸和氧化亚氮在含有水的容器中混合时,略呈凝聚现象,但这极可能是由于被水所吸收。当振荡时,氧化盐酸被吸收了,而较大部分氧化亚氮则留下不变化。"我曾多次把氧化碳与亚硝气和氧盐酸在水容器中混合,氧化碳与氧盐酸的混合物几秒钟都看不出有化学结合的迹象,后来,当太阳光照射在上面,化学作用便开始并继续下去,比氧气与亚硝气的作用略慢一些。但是把该化合物放在暗处,我相信,它将好多天不发生任何变化。而且硝气与氧盐酸以相等容量在水面上混合时,立刻就发生化合,比氧气与亚硝气的化合快得多,这显然说明与水是没有关系的。现在,如果这些简单实验在不同人的手里都得出这样不同的结果,那么对那些复杂的实验,那里气体先要干燥,然后在完全不含汞和水的容器中混合,并在混合后进行观察,还要注意汞和水对这些混合物具有或假定具有什么影响,我们还能指望得到些什么呢?

戴维先生曾做过几个实验,指出氧盐酸与氢化合生成盐酸,但是在我看来,这些都还不能确定。当把相等容量的氢气和氧盐酸引入一空的容器中,并用电火花点火,结果得到少量的雾,并且体积凝聚 1/10 到 1/20,留下的气体是盐酸。这个事实,如果是可靠的话,对它所支持的见解是有利的;而我倒是根据一般的假设,认为整个体积应该凝聚 1/3 或 1/4;如果作者当时对实验所用的仪器和气体的量以及测定剩余气体的量与质的方法都曾加以描述,那么它对该课题的今后的研究将是有帮助的。的确,这是一个重要的实验。戴维先生认为超氧盐酸草碱(hyperoxymuriate of potash)有丰富的氧,他假定氧是被钾或草碱,而不是被氧盐酸所吸引。这些事实在我看来却可更有力地引出不同的结论。我们发现,氧盐酸在有些其他盐类中与很多氧结合在一起,而草碱却没有,除了同这个酸结合。

盖-吕萨克对硝酸及氮与氧的其他化合物作过一些观察,发表在《阿格伊专题报告》第 2 卷中。他坚决主张一容量氧气与二容量亚硝气形成硝酸,并与三容量亚硝气形成亚硝酸。我在第 115 页曾指出过,一容量氧可与 1.3 容量,或 3.5 容量,或中间任何分量的亚硝气化合,由不同条件而定,而这些条件似乎都是他所允许的。那么,在 2 以下和 3 以上亚硝气化合物的性质该怎样呢？对此没有作出回答。但是他的主张是建筑在这样一种假定上面的，即所有弹性流体以等容量，或以互成某简单关系的容量，如 1：2，1：3，2：3 等相化合。事实上他的容量观与我的原子观点相似；如果能够证明所有弹性流体在同体积内含有相同数目的原子，即像 1，2，3 等等这样一些数目的原子，则这两个假设就是一回事，只是我的假设是普遍的，而他的假设只适用于弹性流体。盖-吕萨克一定也看到我本来也有过类似的假设（本书第一部分第 63 页），但后来认为站不住脚而放弃了；而他却使这个观点复活，虽然我不怀疑他很快就将看到它的不足，但我还是对它作一些评论。

根据盖-吕萨克的意见，亚硝气是由等容量的氮和氧组成的，它在化合后所占体积与原来气体单独存在时所占体积一样。他引用戴维的数据，在亚硝气中含有 44.05 重量的氮与 55.95 重量的氧。他把这些化为体积，发现它们的比值为 100 氮对 108.9 氧。可是在这里有一个错误；如果是根据拜奥特和阿拉戈比重的数据正确地把它们变换，将得出 100 氮对 112 氧。但戴维对氧高估了 12%。他指出钾在亚硝气中燃烧时，100 容量亚硝气正好提供 50 容量的氮气。亚硝气的纯度，以及实验的细节都没有提。这个结果是与戴维三个实验的平均值是相违背的（第 112 页），它是不是更正确些，这在以后可以看出。亨利博士对氨的分析也包括对亚硝气的，他发现 100 容量氨需要 120 容量亚硝气来饱和。现在可以直接用盖-吕萨克的理论。因为，根据他的观点，氨由一容量氮和三容量氢生成，并凝缩为两体积；于是，100 氨就需要 75 氧来饱和氢。因此，120 亚硝气应该含有 75 氧，或 100 应该含有 62.5，而不是 50。这样，或者盖-吕萨克的理论，或者亨利博士的实验所给出的结果一定有一个与实际情况相差很远。关于氨，还可以再多讲几句，即根据伯索累、戴维、亨利的实验，氮与氢的比值既不是 1：3，氨在分解时体积也不是增加一倍，而伯索累等这些实验是在十分注意准确性的情况下进行的，在这里还可以加上我自己的实验。盖-吕萨克关于氨和亚硝气理论从另一个观点来看也是不妥当的，如果一容量氮与三容量氢形成二容量氨，而一容量氮与一容量氧形成二容量亚硝气，则根据化学中业已圆满建立起来的原则，一容量氧就应该同三容量，或其一半，或其两倍的氢化合；但是这样的化合一个也不曾发生。如果盖-吕萨克采用我的结论，即 100 容量氮需要大约 250 容量氢形成氨，100 氮需要大约 120 氧以形成亚硝气，他将会看到前者的氢将和后者的氧结合，形成水，留下的量哪一个也不会大于实验中不可避免的误差；于是这个伟大的化学定律就得以维持了。真实情况，我相信是，在任何一个例子中，气体都不是以相等的或精确的容量比相结合，而有时如果看起来是这样，那也是由于我们实验不准确。可能没有一种情况比在 1 容量氧对 2 容量氢中所反映的更接近于数字上的精确性了。但是就是在这里，我所做过的最精确的实验也只是 1.97 容量氢对 1 容量氧。

我将在结束这个课题时，提出弹性流体元素的两个表；它们主要是从详细给出的结果收集起来的，曾作过少量的变动和改正；它们对实用化学的用途将是很容易被认识的。

在常温常压下弹性流体元素的表（表1）

气体名称	一原子重量	100立方英寸重量，格令	比重	一原子直径	在给定体积中的原子数
大气	—	31	1.00	—	—
氢	1	2.5	0.08	1.000	1000
氧	7	34	1.10	0.794	2000
氮	5	30.2	0.97	0.747	2400
盐酸	22	39.5	1.24	1.12	700
氨	6	18.6	0.60	0.909	1330
氧盐酸	29	76	2.46	0.981	1060
亚硝气	12	32.2	1.04	0.980	1060
氧化亚氮	17	50	1.60	0.947	1180
碳的氧化物	12.4	29	0.94	1.020	910
碳酸	19.4	47	1.52	1.00	1000
亚硫酸	27	71	2.30	0.95	1170
成油气	6.4	29.5	0.95	0.81	1890
碳化氢	7.4	18.6	0.60	1.00	1000
硫化氢	14	36	1.16	1.10	1000
磷化氢	10	26	0.84	1.00	1000
硅石过氟化物	75	130	4.20	1.15	658

复合气体组分要素的比例（表2）

复合气体的名称	复合气体的容量组分	复合气体的重量组分
氨气	52 氮＋133 氢	83 氧＋17 氢
水	100 氧＋200 氢 ①	87 氧＋12.5 氢
亚硝气	46 氮＋55 氧	42 氮＋58 氧
氧化亚氮	99 氮＋58 氧	59 氮＋41 氧
硝酸	180 亚硝气＋100 氧	27 氮＋73 氧
亚硝酸	360 亚硝气＋100 氧	33 氮＋67 氧
氧盐酸	150 盐酸＋50 氧	76 盐酸＋24 氧
亚硫酸	100 氧＋硫	52 氧＋48 氧
硫酸	100 亚硫酸＋50 氧	79.5 亚硫酸＋20.5 氧
碳的氧化物	47 氧＋碳	55 氧＋45 碳
碳酸	100 氧＋碳	72 氧＋28 碳
碳化氢	200 氢＋1 份碳	27 氢＋73 碳
成油气	200 氢＋2 份碳	15 氢＋85 碳
硫化氢	100 氢＋硫	7 氢＋93 硫
盐酸氨	100 盐酸＋100 氨气	65 盐酸＋35 氨气
碳酸氨	100 碳酸＋80 氨气	76 碳酸＋24 氨气
过碳酸氨	100 碳＋160 氨气	61 碳酸＋39 氨气

❧ 第二部分完 ❧

---

① 我认为197接近于实际情况。

1766年9月6日道尔顿出生在英格兰北部一个名叫伊格尔斯菲尔德的乡村。伊格尔斯菲尔德在英语里是"鹰的原野"。

道尔顿12岁时，开始接管当地的乡村小学，一边自学一边做教师养活自己。

伊格尔斯菲尔德现在的乡村小学

道尔顿像

在伊格尔斯菲尔德，有一位叫鲁宾逊的绅士是个自然科学爱好者，他常常辅导道尔顿。在他的指导下，道尔顿开始进行气象观测，并对气压计特别感兴趣。1781年，道尔顿离开伊格尔斯菲尔德时，鲁宾逊先生将一支气压计作为礼物送给了道尔顿。

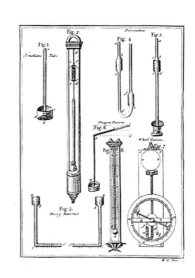

一部18世纪著作中的气压计插图

油画《海滩》（绘于1754年） 当时气象学还不能称之为科学。道尔顿希望发现支配各种气象的规律，进行天气预报，为农民和海员提供方便。在科学的天气预报诞生之前，各种气象灾害经常给人们造成巨大的损失。

油画《海难》（绘于1754年）

今日肯代尔镇 1781 年，15 岁的道尔顿来到肯代尔镇。他在表兄办的寄宿学校（相当于初级中学）里担任助理教员，一直在那里工作了 12 年。在肯代尔的 12 年里，道尔顿博览群书，并接触到了古希腊的原子论。

肯代尔开满鲜花的原野 在肯代尔镇，道尔顿幸运地遇到了盲人学者约翰·豪夫。约翰·豪夫精通天文学、化学、医学……特别令人惊奇的是，他用触觉、味觉和嗅觉几乎能分辨出在他居住地周围 20 英里范围内的每一种植物。

美丽的北极光 1787 年 3 月 24 日揭开了道尔顿气象日记的第一页，上面记载着他对北极光所进行的观察和思考。从这一天起，道尔顿坚持写气象日记 57 年，从未间断，直到他去世的前一天，全部观测记录超过 20 万条。道尔顿相信极光和地球磁场之间存在某种联系。

1793 年，道尔顿受聘于曼彻斯特文哲学会创办的新学院，讲授数学和自然科学。从此，道尔顿一直居住在曼彻斯特，直到1848 年逝世。

曼彻斯特市道尔顿故居

道尔顿笔记本中的一页

1801 年，道尔顿提出了气体分压定律。道尔顿对大气中的各组分的气体原子用不同的图形加以标志，第一次明确地描绘了原子的存在。

在左边这页笔记本中，道尔顿用○表示氧，用◉表示氢，用◍表示碳，用◎表示硫，用⊕表示氮。

1823 年的曼彻斯特（平版画）

道尔顿首先提出了测定原子量的历史任务，并提出了原子的相对重量的概念。道尔顿将氢原子的相对重量定为 1。

从 20 世纪 40 年代起，质谱法逐渐取代了化学法成为测定原子量的主要方法。英国物理学家阿斯顿（Francis William Aston，1877—1945）由于通过质谱仪发现了多种同位素，并发现了原子结构及原子量的整数规则，获得 1922 年的诺贝尔化学奖。

道尔顿像 在以往的化学研究中，人们满足于弄清化合物中简单成分的相对重量，道尔顿是第一个用原子理论从物质结构的深度去揭示化学变化奥秘的人。

阿斯顿和他发明的质谱仪（摄于 1937 年）

这幅曼彻斯特市政大厅内的壁画，描绘的是道尔顿和学生在曼彻斯特郊区收集水底沼气的情景。道尔顿用一根棍子在水底搅动，使气体释放出来，学生趴在小桥上用烧杯收集沼气。

道尔顿通过分析沼气等气体的组成，发现并解释了倍比定律。

收集沼气

《化学哲学新体系》全书共分两卷三个部分，1808 年—1827 年间分三次出版。

第一卷　第一部分出版于 1808 年。读者从中可以看出，道尔顿的原子论是从对物理问题的追究开始的。

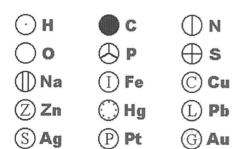

道尔顿圆形符号和现在通用元素符号的对照

法国拉瓦锡化学奖章（背面） 上面刻着著名的拉瓦锡量热器。道尔顿在书中称："拉瓦锡和拉普拉斯的量热器是用于研究比热的一种巧妙装置。"

第一卷　第二部分出版于 1810 年，基本内容是结合丰富的化学实验事实，运用原子理论阐述基本元素和二元素化合物的组成和性质。

18 世纪绘画《磷的发现》 道尔顿在书中记载了从骨骼中提取磷的方法。

由于伏打（Alessandro Vlota，1745—1827）发明了电池，电解水的实验才得以进行。道尔顿在书中提到，1789 年，荷兰化学家戴曼（Dieman）和特鲁斯特威克（Troostwyk）第一次成功地用电把水分解。当时人们已经知道氢和氧燃烧可以生成水，并能确定氢和氧的体积比为二比一。

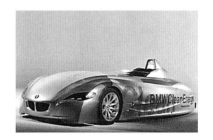

伏打向拿破仑展示自己发明的电池　　　　　　　　现代新型氢燃料动力汽车

18 世纪巴黎科学院的巨大透镜　此透镜曾被用来研究金刚石的燃烧。道尔顿在第二部分提到，"若干时候以前有一种流行的观点，认为炭是金刚石的一种氧化物。但是坦南特先生以及艾伦先生和佩皮斯先生都曾指出，在燃烧金刚石与燃烧相同重量的炭时所得到的碳酸的量却是相等的。因此，我们必须推断出，金刚石与炭是同一种元素的不同聚集形态。"

钻石　　　　　　　　　　石墨　　　　　　　　　　人造金刚石

第二卷　第一部分在 1827 年出版，重点论述金属的氧化物、硫化物、磷化物以及合金等性质的规律性，对原子论思想作了进一步的阐发。在这一部分中，道尔顿引证了许多同时代化学大师的实验资料。这对人们了解当时化学进展的状况，以及化学家们科学研究方法的特点及其演变，都有重要的参考价值。道尔顿原本计划增添这一卷的第二部分，后来认为在这个领域还没有取得新的进展，因而放弃了写作计划。

科学原子论建立以后，道尔顿获得了极大的声誉。1816年，道尔顿被选为法国科学院院士；1817年，道尔顿被选为曼彻斯特文哲学会会长；1826年，英国政府授予他金质科学勋章；1828年，道尔顿被选为英国皇家学会会员……

英国皇家学会会长、著名化学家戴维（H. Davy，1778—1829）称："原子论是当代最伟大的科学成就，道尔顿在这方面的功绩可与开普勒在天文学方面的功绩媲美……"恩格斯则称道尔顿为"近代化学之父"。

戴维像（绘于 1837 年）

月球上的道尔顿环形山

曼彻斯特市政大楼　　1833 年，曼彻斯特市政委员会通过决议，为表达曼彻斯特全体市民对道尔顿的感激和敬意，在市政大厅为道尔顿竖立雕像。1962 年，道尔顿雕像迁往约翰·道尔顿工学院。

道尔顿终身未婚。1844 年 7 月 27 日，道尔顿逝世。在去世的前一天，道尔顿坚持作了最后一次气象记录。

道尔顿像

道尔顿的签名

道尔顿的科学原子论为后来化学的发展奠定了基础。1808 年，法国化学家盖－吕萨克（Joseph Louis Gay-Lussac，1778—1850）在原子论的影响下发现了气体反应的体积定律，这也是对道尔顿的原子论的一次论证。1811 年，意大利物理学家阿伏伽德罗（Amedeo Avogadro，1776—1856）等人建立了分子论。1813 年，瑞典化学家贝采乌斯（J. J. Berzelius，1779—1848）创立了我们现在采用的用字母表示元素的新方法。1869 年前后，门捷列夫（Димитрий Иванович Менделеев，1834—1907）等发现了元素周期律。遗憾的是，道尔顿本人一直抵制盖－吕萨克定律和阿伏伽德罗的分子论以及贝采里乌斯的新元素符号。

盖－吕萨克

贝采里乌斯

门捷列夫

化学哲学新体系

第二卷第一部分

约翰·道尔顿

· *Part* Ⅰ *of Volume* Ⅱ ·

谨将此书献给米德尔塞克斯的斯坦莫尔（近来在曼彻斯特）的皇家学会会员约翰·夏普先生，以证明他对于化学科学的友好的关注以及他对于促进化学科学的发展所提供的慷慨赞助，并献给曼彻斯特文哲学会副会长彼得·尤尔特先生，以铭刻友谊，尤其是因为他在其论述活动力的量度的论文中对力学的基本原理作出了精当的阐释和透彻的说明。——作者

TO THE

PROFESSORS OF THE UNIVERSITIES,

AND OTHER RESIDENTS,

OF

EDINBURGH AND GLASGOW,

who gave

THEIR ATTENTION AND ENCOURAGEMENT

TO THE

Lectures on Heat and Chemical Elements,

Delivered in those Cities in 1807;

AND

TO THE MEMBERS OF THE

LITERARY AND PHILOSOPHICAL SOCIETY

OF MANCHESTER,

who have

UNIFORMLY PROMOTED HIS RESEARCHES;

THIS WORK IS RESPECTFULLY INSCRIBED,

BY THE

AUTHOR.

序　言

现在同大家见面的这部著作,于 1817 年开始印刷,其中第 13 节和第 14 节包括氧化物和硫化物,在同年的 8 月底以前即已印就。其余部分一直到附录,在 1821 年 9 月底才印就。附录中有一页是在 1823 年年底印刷的,但自此以后就一直没有进展,直到 1826 年 5 月,才重新恢复印刷,并继续到现在。

可能有人要问,为什么要按照这样一个程序来安排计划? 对这个问题的回答是,在第一卷发行(1810 年)以后,我开始准备有关氧化物的材料,并开始实验,偶尔根据情况需要,也把工作转到化学其他分支。由于我的大部分时间必须用于专职方面的工作,并且我所着手的那部分工作,正在深入地向前发展,我想,最好的办法是,在我进行工作时就开始印刷。这样,一系列的设想和实验都将有更新的观点。估计这样做的优点,至少会部分地被下面的情况所抵消,即在一些论文的印刷和发行之间一段时间内有些发现和改进被遗漏了。我已经意识到了这点,但由于我的主要目标是给出自己在化学学科各分支中的经验成果,而不是编出这一时期内有关化学的最好汇编,因此,我可以按自己的计划行事。的确,本著作印刷所需时间已远远超过我的预期,但尽管如此,我并没有意识到目前有作任何重要的修改或补充的必要。

在此,我很愉快地感谢在编写这本书时我所得到的帮助,感谢夏普先生(Mr. Sharpe)在化学仪器的选择方面对我的慷慨帮助,同时也对亨利博士经常和我们进行友好的交流表示感谢。与亨利博士在科学问题上的讨论经常是有益的,他的以发展科学为目的的宝贵经验总是向人们开放的。

我现在的计划是,增添这一卷的第二部分,从而完成这部著作。它将包含较为复杂的化合物。酸类、植物领域里的其他产物、盐类等,将成为主要部分。我已经有了在这些问题上的实验积累,但在这个领域取得新颖的探究以前,我还不会感到满意。

1827 年 8 月

◀ 《化学哲学新体系》第二卷第一部分作者献词/译文见第 191 页。

第 5 章

二元素的化合物

第十三节　金属氧化物

　　所有金属都倾向于与氧化合，但化合作用对有些金属较其他一些容易发生。这些化合物常被称为氧化物，在有些情况下也被称为酸。如果同一种金属与一个、两个或更多的氧化合，生成的化合物可按汤姆森博士意见称为一氧化物、二氧化物、三氧化物等。

　　然而由于氧与氧的排斥，我们很少看到三个氧原子被任何一个原子所保持，能保持两个氧原子的金属的例子也不多。金属与氧之间比值的改变起因于氧化物相互间的结合及其与氧的结合，因此有人设想，一个金属原子在有些情况下能与三个、四个或者更多的氧结合。这是完全不可能发生的。比较简单的设想是，一个氧原子与两个或两个以上一氧化物相结合，一个一氧化物与一个或一个以上二氧化物结合，等等。这些中间氧化物如果有的话，也只有很少几个能和其他两种氧化物一样地与酸结合。

　　按照我所熟悉的道理，我没有理由不相信同金属结合的氧仍对氧有排斥力，并且服从气体粒子之间相同的定律，即排斥力与原子中心之间的距离成反比。因此，可以指出，生成二氧化物所需要的亲和力要为生成一氧化物的两倍，生成三氧化物所需要的亲和力要为生成一氧化物的三倍，余类推。由于这个原因，很可能是二氧化物不多，三氧化物即使存在也是很少的。

　　与金属结合而成氧化物中氧的量，可用几种方法来进行研究。

　　1. 燃烧。可燃烧一定重量的金属，将生成的氧化物收集，称其重量。这时会发现由于燃烧而重量增加。

　　2. 将金属溶解于酸，然后再用土类或碱类使其沉淀。在此情况下，溶解的金属及产生的沉淀都有一定的重量。收集的沉淀在充分干燥后表示出氧的增加。

　　3. 将氧从一个氧化物转移到另一种金属。在此情况下，通常是把有关金属浸入另一种金属的盐的溶液中，后者把它的氧给予前者，再成为金属，或者称之为再生。

　　4. 在一定重量的金属溶解时，测定产生的氢气的比值，然后以它一半的体积作为其中氧气的当量,该重量即为与金属结合的氧的量。现在已完全弄清楚,水在这种情况下提供氢与氧两种元素。

5. 较高级氧化物能够方便地通过加入氧盐酸石灰于较低级氧化物而加以测定。

6. 有些氧化物中含氧量可从一定重量的金属溶于硝酸中放出的亚硝气的量来求得。

这些方法中前面四个已在过去几年为化学家所采用,后面两个是根据自己的体验加入的。已经看到,在许多情况下,它们是很有用的辅助办法。其中最后的一个即亚硝气法,确曾在以往提出过,某些人和我自己都为此而工作过,但直到最近,还未能获得任何确切的结果。其主要原因是由于对硝酸性质及其组成的误解。许多化学家似乎同我一样把亚硝酸误认为硝酸;前者是由 1 个氮原子与 2 个氧原子组成,也可能是 2 个氮原子与 4 个氧原子;而后者则是由 2 个氮原子与 5 个氧原子组成,或者由 2 个亚硝气与 3 个氧原子组成。根据我提出的算法,前者的重量为 19 或其倍数 38,后者为 45。我在上面所采用的关于亚硝酸的结论是与第一卷第 116 页有所不同的,其理由将在后面说明。所以当一个金属原子被硝酸氧化时,有 3 个氧原子(等于 21)被金属取去,同时 2 个亚硝气(等于 24)被释放出来。释放的亚硝气的重量的 7/8 即为与金属化合的氧的重量。然而有时会发生这样的情况,即亚硝气部分或全部地被残余的硝酸所保持。在这种情况下,可运用氧盐酸石灰使亚硝气转化为硝酸,从吸收掉的氧来推算亚硝气的量。

1. 金的氧化物

在确定氧化金的数目及其组成的比值时,曾发现有若干困难,因而在不同作者所取得的结果中存在着分歧。

金在加热时不会燃烧,但金叶和金丝在通过电流时却会突然燃烧,生成物为紫色粉末。有人认为是金的一氧化物,但另外一些人,根据麦夸尔(Macquer)和普劳斯特的观点,认为该粉末只是金的极微小的分散物。金的溶液具有漂亮的黄色,能形成紫色斑点。金的溶液用铁的绿色硫酸盐脱氧后生成蓝色的沉淀,接着通过微粒的聚结而逐渐呈黄色。金与氧之间的亲和力极为微弱可由下面情况看出,即金的氧化很困难,而且结合的氧容易用加热方法使其脱离。这些事实似乎可以排除金在高温与氧结合的观点。

一氧化碳. 金几乎不与纯硫酸、硝酸或盐酸作用,当温度在 $150°—200°$ 下,易于氧化并溶解于硝盐酸中(即硝酸与盐酸的混合物)。在溶液中加入苛性单碱并加热,即得棕黑色沉淀。按照沃奎林的意见,一部分氧化物与盐酸钾氧结合留在溶液中;普劳斯特观察到,该氧化物在洗涤并适当加热使其干燥的情况下总不免有一部分还原为金。所以用这样的方法确定与金结合的氧的重量是困难的。

我认为,我已成功地用两个相互验证的方法以测定金与氧的相对重量。第一个方法是运用金在溶解时放出的亚硝气的量,第二个方法是通过在溶液中沉淀出一定重量的金,求出多少重量的铁的绿色氧化物转变成为红色氧化物。

把 10 格令几内亚金,比重 17.3,重复地溶解于稍微过量的硝盐酸中,及时地观察所产生的亚硝气的量及纯度,并对由于原来存在于瓶中的小部分普通空气而引起的损失加以校正。这样校正后的亚硝气体积通常在 1100 与 1200 格令容量之间。其重量估计为 1.6 格令,即相当于 1.4 格令的氧。在标准金中已知含有少量合金(1/12),其成分主要为铜,还有少量的银;以后将可以看到,铜与其重量 1/4 的氧化合;因此如果扣除 0.8 格令的铜及 0.2 格令与其化合的氧,我们就得出 9.2 金与 1.2 氧化合,即以金为 100,则氧为 13,与贝采里乌斯用水银沉淀出金的方法测出的数值几乎相同。另外,把 10 格令金溶解如前(等于 9.2 纯金),用比重为 1.181 的纯的绿色硫酸铁溶液使其沉淀,该溶液我已事先证明每 100 容量含有 9 格令绿色氧化物。这时金的溶液将使 120 容量的绿色硫酸盐溶液转变为黄色。然后小心地用石灰水使其沉淀,干后称重。沉淀出的金近 9 格令,铁的黄色氧化物与氧化铜的混合重量近 13 格令。按 120 容量的硫酸铁含有 10.8 格令的绿色氧化物,需其重量的 1/9 的氧(见铁的氧化物)使其转变为黄色氧化物,即需要 1.2 格令的氧。因而看来与金化合的氧转移为与铁化合时没有量的改变。可是我们还观察到,铁的绿色氧化物不但脱去金的氧,也把铜的氧脱去了一半,所以 0.1 的转移的氧可认为来自铜,而其余的氧,即 1.1 则来自 9 格令的金。这便得出 100 的金与 12.2 的氧相结合的数值,更接近于贝采里乌斯(Berzelius)的测定。总的来说,我倾向于采用 8 与 1,即 100 与 12.5 格令的比值作为最准确的近似值,同时这也是一个易于记忆和计算的比值。

我们现在将考虑上述化合物是否为一氧化物。由于没有确定其他氧化物的存在,还由于该氧化物与盐酸、氨、氧化锡等相结合,以及被铁的绿色硫酸盐在适当加热条件下完全脱氧,所以看来完全有理由相信它属于最简单的化合类型,或者说是一个金属原子与一个氧原子的化合。由于氧原子为 7,金的原子必定为 56,而不是第一卷第 93 页中的 140 或 200。

贝采里乌斯似乎把上述的氧化物看作三氧化物,或者三个原子氧与一个原子金的结合。但是考虑到金对氧只有微弱的亲和力,竟然能抑制住三个氧原子的剧烈互斥,并能在任何情况下一次失去它们,而不像其他多氧化合物那样逐步地失去,这是极度不可能的。

下面附上不同作者对氧化物得出的结果。但一般来说,人们对这些数据的准确性是缺乏信心的。

	金		氧
伯格曼	100	+	10
普劳斯特	—	+	8.57 到 31
奥伯坎普夫(Oberkampf)	—	+	10
贝采里乌斯	—	+	12(4.次氧化物)
我的结果	—	+	12.5

在写好上述报告以后,我曾有机会用改进的亚硝气仪器重复做氧化金的实验,预计几乎完全排除空气。我发现在溶解过程中产生的亚硝气较上面所述的数量少,有时少了 1/3,且随着硝酸过量的多少而变动;溶液里保留的亚硝气需要数量与其相当的氧盐酸与其作用。可是我宁愿采用绿色硫酸铁氧化的方法,放入稍过量的绿色硫酸盐,先生成红色氧化物,然后生成绿色的,得到的结果很明显。总的来说,我倾向于认为,我以往所得

的结果有些把氧估计过高,应该是在 100 的基础上近似地为 11。这便近似地为上表中的平均值,这样就使金的原子为 63,其氧化物为 70。在 56 与 63 这两个极端中很可能可以找到金原子的真实重量。

还可以加一句,我曾发现 100 格令容量的盐酸(1.16)和 25 格令容量的硝酸(1.35)足够溶解 40 格令的标准金,我有理由认为这两个酸所用的量差不多是正确的,虽然这与通常介绍和使用的有所不同。

2. 铂的氧化物

在研究铂与氧的化合物时,比研究金更困难。它在加热时不会氧化,但在用电池通电爆炸时转变为黑色粉末,这很可能是极度分散状态的金属,虽然也曾有人认为是一氧化物。铂是可以氧化并溶解于硝盐酸中的,但不及金容易,它需要更多的酸、同样或更高的温度以及长时间的蒸煮。溶解时有亚硝气放出,但很少。当把石灰或碱加入溶液中企图沉淀氧化物时,通常生成一种三元化合物,由酸、氧化物和碱形成,这是在大多数情况下的沉淀物。对这个沉重的化合物中的氧的估计非常不可靠。

切尼维克斯对铂的氧化物进行过一些观察(见《尼科尔森杂志》,第 7 卷,第 178 页)。他发现两种氧化物,一种由铂 93 和氧 7 所组成,另一种为铂 87 和氧 13。但这些结果的实验基础并不十分满意。

戴维先生在《哲学学报》的第 40 卷中说,他曾使用氢气还原溶液中的氧化铂。他发现该氧化物差不多是由 84 铂和 16 氧所组成。我根本没有能够成功用这个方法实现金属的还原。

最近贝采里乌斯把他这项问题的研究结果在《化学年鉴》第 87—116 页上发表。根据这位杰出的化学家,有两种氧化物存在,其一由 100 金属和 8.5 氧组成,另一为近乎 100 金属和 16.5 氧。为了了解他的制作方法,可先提一下下面情况,即当硝盐酸业已溶解尽可能多的铂时,仍有一种或两种酸大量存在,而这些酸对溶液的存在并不需要,可以而且一般是应用蒸发的方法把它赶掉。把溶液加热到 100°或 150°,多余的两种酸便大部分被去除而得到一种干的红色块状物,无气味,但极易潮解。它的重量等于铂的两倍,或更精确地说,比两倍多一些。它是由水、盐酸、硝酸、氧和铂所组成,它仍是一种酸性盐。如果将该干块加热至 400°或 500°,它就液化,放出具有氧盐酸气味的酸雾,然后再变成橄榄色干块,放出的烟雾随加热而增加,并失去其重量约 1/4。除微量的黑色粉末外,它仍可溶于水,检验时继续保持酸性,可以认为是铂的超盐酸盐(supermuriate)。若将该橄榄色粉末加热到几乎红热,便在空气中放出可见到的烟雾,具有氧盐酸气味,成为淡棕色粉末,并失去一些重量。这时,它便不再有潮解性质,也不再溶于水,只是略使水呈黄色。在这种情况下,它被认为是中性盐酸盐。在加热到适度的发亮的红热时,该粉末即分解,剩下一种黑色的海绵状物,发现其为纯铂。

根据戴维先生的研究,不溶性铂的盐酸盐含有 72.5% 的铂,而贝采里乌斯则发现其为 73.3%;灼烧所失的重量则认为是氧盐酸。因而从该酸的已知比值,贝采里乌斯推断 100 盐酸盐的组成为 73.3% 铂、6.075% 氧和 20.625% 盐酸,或者说,100 铂取得

8.3 氧。上述两位作者的数据近乎一致,这对说明结果的准确性是有利的。但是要得到不溶的盐酸盐,既不含有可溶的盐酸盐同时又不含有还原的铂,我却碰到了一些困难,因为生成这种物质所需的精确的加热温度是不清楚的,也是不容易得到的。我们希望,一定重量的铂溶解后有相等重量的铂收回,作为精确性的根据。经过一系列有关可溶性和不溶性盐酸盐的实验,这些盐是从提纯的铂的薄片制得的,我倾向于认为上述结果接近于实际情况。

为了得到另外一个氧化物,贝采里乌斯把汞放在铂的超盐酸盐的溶液中蒸煮,有黑色的粉末析出,证实是铂,而汞则进入溶液中,即是取代铂而被氧化。得到的结果是 16.7 格令的汞沉淀出 8.5 格令的铂。汞是作为二氧化物的状态计算,根据该金属的已知比值,它含有 1.4 氧,所以 8.5 格令的铂一定是给出了 1.4 格令的氧,而 8.5:1.4 相当于 100:16.4,所以 100 铂原来在超盐酸盐中一定是含有 16.4 的氧,为不溶性盐酸盐所含的氧的两倍。

这个结论我看似乎尚不成熟,氧化汞至少应该被沉淀下来,并应该发现相应的分量证明为红色氧化物。即使情况是这样,也不容易测定多少重量是由硝盐酸的残余物得来的。可是在这种情况下我没有发现用石灰水沉淀出普通的黄色或红色的氧化汞,沉淀是棕色的,明显地含有汞和铂。普劳斯特曾在他的卓越的有关铂的论文中(《物理学杂志》1801 年,第 52—437 页)提出,汞分解铂的盐酸盐时,铂汞齐和少量甘汞,以及许多粉末状态的汞沉淀下来,加热时,剩下细的黑色粉末,具有铂的特征。我将纯铂溶液在 150°蒸发至干,并重新溶解,加入 9.25 格令的汞,在玻璃小碟中煮沸十分钟,直至不再发生显著变化;过滤,滤液同起先一样呈黄色,黑色粉末与流动性汞的混合物留在滤纸上,干后重 6.5 格令,将其在铁勺中加热至暗红,剩下 1 格令细的黑色粉末;滤液用石灰水饱和产生 2.5 格令的干的不溶于硝酸的黑色粉末;在这以后,再加锡的一盐酸盐,析出 5.75 格令的铂和锡的混合氧化物。溶液原先含有 3.3 格令的铂。

在另一实验中,把 2 份甘汞加入 1 份铂的溶液中,在加热至沸腾时,甘汞溶解并产生一些黑色的粉状沉淀,分量不到铂重量的一半。加入石灰水能从溶液中析出橄榄黄色或棕色的沉淀,部分地溶于冷的硝盐酸中。随后,加入锡的盐酸盐产生棕色沉淀。这些实验表明,铂的盐酸盐与汞或汞盐的作用是复杂的,不限于铂的氧化物的分解以及由汞的二氧化物取代其位置。

上述的这些困难迫使我采用铂溶于硝盐酸中产生亚硝气的方法来研究与铂化合的氧。在三个独特的实验中,我发现 10 格令纯铂在溶解时产生 750 格令容量的亚硝气,可认为其重量为 1 格令,其中 0.875 为氧,这样可得氧为 8.75%。但从后来的一个实验,在尽可能排除各种估计到的谬误的情况下,我得到的结果是 10 格令铂产生 790 格令容量亚硝气,随后该溶液吸收 60 格令容量的氧盐酸气后才发出该气体的持久的气味。而 790 容量是 1.05 格令,其 7/8 是 0.92,再加上由于氧盐酸的氧 0.04,则每 10 份的铂可理解为结合 0.96 份氧,或 100 铂结合 9.6 氧。9.6:100::7:73,如果 73 为一个铂原子的重量,则 80 为一氧化铂一个原子的重量,这是迄今我们所能制成的唯一的氧化物(在第一卷第 93 页中铂的原子量估计为 100)。

3. 银的氧化物

当银丝在氧气中爆炸时,有黑色粉末生成,这就是银的氧化物。如果将银溶于硝酸中,用石灰水沉淀,则有橄榄棕色粉末沉淀出来,见光后变为黑色。该黑色粉末是我们熟知的唯一的氧化银。银与氧的比例曾由不同的化学家加以研究,结果如下:

	银 氧
文策尔	100＋8.5
普劳斯特	＋9.5
布肖尔茨和罗斯(Rose)	＋9.5[①]
盖-吕萨克	＋7.6[②]
贝采里乌斯	＋7.925

我把 170 格令标准银溶解,得到了接近 30 益司容量的亚硝气,等于 18.5 格令,相当于 16 格令氧。即每 100 银有 9.4 氧。但由于金属的 1/10 即 17 格令为铜,而铜需与其重量 0.25 的氧结合,所以我们得到 159 银与 11.75 氧,近乎 100 银与 7.7 氧。

如果我们采用 7.8 作为与 100 银结合的氧的适当的量,我们近似地有 7.8∶100∷7∶90,于是 90 为 1 个银原子的重量,而 97 为氧化物的重量。

4. 汞的氧化物

汞的两个氧化物很早为人所知,并很容易区分。它们可以用汞在不高于 600° 的温度下加热,与氧气或空气接触,并适当搅拌而制得。但实际上这种方法是很少采用的,因为加热到高温会使氧化物分解。

一氧化物. 为了制得一氧化物,必须将汞缓慢地溶于稀硝酸中,不用加热,一定要用过量的汞。若在 1000 格令容量比重为 1.2 的硝酸中,加入 500 格令汞,并不时地搅动,则在 24 小时内可得到所需溶液。将一部分溶液用稍微过量的石灰水或苛性碱处理,便产生黑色粉末状沉淀,这就是含氧量最小的氧化物,可认为是一氧化物。

二氧化物. 如果在 1000 容量比重为 1.2 的硝酸中,加入 350 格令的汞,将该混合物煮沸直至汞消失,则得到含有双氧化物的溶液。一部分溶液依照上法用石灰水处理,有红黄色粉末沉淀下来,即含氧最高的汞的氧化物,所有新近的作者们都同意,对同量的汞来说,它的含氧量恰好是一氧化物的两倍,故命名为二氧化物。

这两种氧化物与大多数酸化合成盐,有些由于氧化物不同而显示显著的差异。例如,盐酸与一氧化物生成汞的一盐酸盐,通常称为甘汞,是一种不溶性的盐;而盐酸与二氧化物作用则生成汞的双盐酸盐,通常称为升汞,是一种可溶性盐。

[①] 适当改正后为 7.9(《化学年鉴》,第 78—114 页)。
[②] 《阿格伊专题报告》,第 2—168 页。

　　求这两种氧化物中金属与氧之间的比值,可将已知重量的汞溶解后再沉淀为氧化物,然后烘干称重,这时由于加入氧而增加的重量便可求出。这方法对汞来说,较之其他金属,准确性较差,这是由于它的原子重量极大,氧化物重量的微小误差都对氧有巨大影响。这种情况部分地说明了为什么在这个课题上作者们之间存在着不同的结论。

　　红色氧化汞中氧的含量为黑色氧化汞中的两倍,这个事实已经知道了一些时候。升汞可以还原而成甘汞,方法是加入与其含量相等的汞,将混合物很好地研磨,这时红色氧化物中的氧(酸也是一样)便相等地平分在汞内而成为黑色氧化物,这就是甘汞的成分。因此可以推出,若一个氧化物中的氧能够确定,则另一氧化物中的氧也可知道。或者说,如果我们能求出需要把多少氧加入黑色氧化汞使其变为红色,我们就能知道两者的含氧量。按照上述这个观点,我找到了一个极其准确而巧妙的方法来确定从黑色转变为红色氧化汞所需氧的量,方法是将汞的一盐酸盐与水及少量盐酸混合,然后用氧盐酸石灰溶液处理;氧盐酸石灰必须缓慢地加入,直至一盐酸盐溶解,或者转变为双盐酸盐。在一定重量氧盐酸石灰溶液中的含氧量可以极方便地用绿色硫酸铁测定,这在铁的氧化物项下将予以说明。

　　汞的氧化物可用溶解时产生的亚硝气来研究。当汞在不加热情况下溶解时,正如上面提到过那样,并不放出亚硝气。该溶液具有强烈的亚硝气气味,需要大量氧盐酸石灰使氧化物和酸得到饱和。当用加热方法加速溶解时,亚硝气即放出。我把 154 格令的汞溶解于比重为 1.2 的硝酸中,用灯缓和加热,大约 1/10 过量的酸留在溶液中,得到的亚硝气是 12 盎司容量,等于 7.5 格令,相当于 6.5 格令氧,从这个数值近似地得出 4 氧或 100 汞。这种情况将使我设想,我会得到黑色氧化物,然而它却完全是红的,因为它在加食盐时并不产生沉淀,在加石灰水时得到红色氧化物。但是在氧盐酸放出以前,需要相当于 6.5 氧的氧盐酸石灰才能把溶液中亚硝气饱和。所以很清楚,只有一半亚硝气放了出来,另外一半尽管加热至沸腾仍留在溶液中。

　　以下是几位作者所提供的氧化汞中氧和汞的多例表。

	汞		氧	
			黑	红
伯格曼[1]	100	+4	+	—
拉瓦锡[2]	—	+	—	+ 7.75 到 8
切尼维克斯[3]	—	+	12	+ 18.5
泰伯达(Taboada)[4]	—	+	5.2	+ 11
福克罗伊和西纳德[5]	—	+	4.16	+ 8.21
塞夫斯顿(Sefstrom)[6]	—	+	3.39	+ 7.99
我自己的结果	—	+	4.2	+ 8.4

---

[1] 柯万的《矿物学》。

[2] 《哲学年鉴》第 3 卷,第 333 页。

[3] 《哲学学报》,1802 年。

[4] 《物理学杂志》,1805 年。

[5] 《阿格伊专题报告》第 2 卷,第 168 页,1809 年。

[6] 《哲学年鉴》第 2 卷,第 48 页。

氧和汞的相对重量虽然可以按照以上方法进行研究,但是汞原子相对重量最好是由汞盐中的汞和酸来研究,有些盐,如盐酸盐和二盐酸盐,有着很固定的特性。大约在 10 年前,我第一次得出汞的每一个原子重 167,以后的实验也没有使我改变这个数值,虽然有可能作些修正。如果汞表示为 167,则一氧化物将是 174,二氧化物将是 181。这样就使 100 汞在氧化物中各有 4.2 和 8.4 氧,如上表所列的那样。

5. 钯的氧化物

该金属的发现者,沃拉斯顿博士,曾介绍过它的特有的化学性质,但是我们感谢贝采里乌斯和沃奎林在有关氧和硫与该金属化合的比值方面所做的工作(见《化学年鉴》,第 77 和 78 页)。由于该金属的稀少和昂贵(1 先令 1 格令),只有少数化学家有机会用它做实验。看来除了那些擅长于精细的化学操作的人,其他人都未必适宜做这项研究。

贝采里乌斯用汞处理钯的盐酸盐,汞夺取了氧,剩下钯汞齐。从溶解掉的汞量,他计算出 100 钯与 14.2 氧化合。这个结论从下述事实得到了证实,即测得 100 钯与 28 硫化合,即两倍于氧的量,而这种情况在金属方面是经常遇到的。

沃奎林用草碱从钯的盐酸盐中沉淀出钯的氧化物。该氧化物呈红棕色,可能是一个水合物。经洗涤后,适度地加热烘干,转变为黑色,红热时,失去 20% 的重量而成金属。从这可以得出 25 氧与 100 金属化合,但是由于他发现其硫化物为 100 金属与 24 或 30 硫,与贝采里乌斯的数值近乎一致,很可能是,在适当加热时并不曾使氧化物把水脱尽,因而在红热时所损失的 20% 中有一部分是水。

我把 3 格令钯溶解于稍微过量的硝盐酸中,得到 240 格令容量的亚硝气,第二次实验时得到的量相同。在溶液(微酸性)中逐渐加入 200 格令容量的氧盐酸气,搅拌后不觉得有气味,但增加气体的量便会发生持久的氧盐酸气味,当再增加 200 后,即使放在敞开容器中若干天,气味仍可察觉,由此可以推断高的氧化物是得不到的。按 240 亚硝气等于 0.32 格令,相当于 0.28 的氧,而 200 氧盐酸气等于 0.64 格令,相当于 0.15 氧,两部分氧的总和等于 0.43,这一定就是与 3 格令钯所化合的。如果近似地认为 0.43:4::7:50,则 100 金属与 14 氧化合,和贝采里乌斯所测定的一样。我发现硫化物是与这个测定一致的。在钯的硝盐酸盐的溶液中我小心地把过量的酸饱和,然后求出使一定量的钯沉淀时所需石灰水的量,以及使沉淀的氧化物重新溶解时所需检定盐酸的量,我确信这样一种意见,即一个钯原子重一定是近乎 50,其氧化物为 57,完全有理由相信它是一氧化物。

6,7,8. 铑、铱和锇的氧化物

迄今为止,关于这些极其稀少的金属的氧化情况,还没有精确测定过。

9. 铜的氧化物

根据普劳斯特、切尼维克斯、贝采里乌斯以及其他人的意见,铜有两种氧化物,所有

作者们对它们都得到近乎相同的比值,因而其准确性是不容怀疑的。

1. 一氧化物. 该氧化物是橘红色的,100 铜与 12.5 氧化合。它是这样得到的:用铁使一部分铜从任何含铜的溶液中沉淀出来,然后把它与稍微多一些的二氧化铜充分地研磨,磨好后,把混合物溶于盐酸中,然后用碱把橘红色氧化物沉淀出来。

2. 二氧化物. 该氧化物是黑色的,100 铜与 25 氧化合。该氧化物制备的方法如下:把铜溶解于硝酸或硫酸中,然后用石灰水或碱沉淀,再把沉淀加热至红热。也可用另一种方法制得,即把铜在一般空气或氧气中加热至红热一段时间,然后除去锈屑,同前面一样加热,直至最后生成黑色氧化物。

当溶解 112 格令铜镟于 1000 格令容量 1.16 硝酸时,我得到 48 盎司容量的亚硝气等于 30 格令,通过氧盐酸石灰的使用,我发现在溶液中有 2 格令亚硝气,于是总共有 32 格令等于 28 格令的氧。而 28:112::14:56,故 56 为一个原子的重量,于是一氧化物等于 63,二氧化物等于 70。这些是我在 1806 年采用的量,在这以后,我还不曾发现有任何理由需要更改它们。

10. 铁的氧化物

两种熟知而区别明显的铁的氧化物已为大家所共认,其一每 100 铁对 28 氧,另一为 100 对 42。

1. 一氧化物. 这是当铁溶解于稀硫酸或稀盐酸时生成的氧化物,可由这些溶液中用纯碱或碱土沉淀出来,开始时呈深绿色,是一种水合物,或者说是与水化合的。在过滤时,由于吸收了氧气表面很快变为黄色。它的含氧量最好由铁溶解时产生的氢气来测定。所有权威们的结果我发现都大致相同。这些结果如下。

100 格令铁溶于稀硫酸或稀盐酸中所产生的氢气:

卡文迪许(1766)	155 立方英寸
普里斯特利	147 至 162
拉瓦锡	163
范德蒙德(Vandermonde),伯索累和莫奇	最高为 176
沃奎林	160 至 179
汤姆森博士	163
我自己的实验	
	160
平均	164=82 氧
	=27.9 格令

通过氧化物的沉淀,烘干,可以得到几乎相同的结果,100 铁生成 128 氧化物。该氧化物具有磁性。

2. 中间的或红色氧化物. 该氧化物可由不同的方法制得,第一个方法是把铁的硫酸盐或硝酸盐煅烧。第二个方法是从铁盐的溶液中沉淀出来,该沉淀开始时为黄色,可能是水合物,但是在烘干和加热后,即转变为棕红色。第三法,把铁煅烧或者把铁屑反复加热至红热,然后将其研碎。第四法,把一氧化物的硫酸盐或别的盐类的溶液用氧盐酸或氧盐酸石灰处理直至放出氧盐酸气,然后使氧化物沉淀出来,接着沉淀转变为红色。第五法,在含有新沉淀出来的绿色氧化物的水中通入氧气搅动之。该红色氧化物不明显具有磁性。

红色氧化物中的含氧量可用各种不同方法测定。一般认为是 42 氧对 100 铁。我采用一种独特的方法,既容易又准确,即测定将一定量绿色硫酸盐饱和所需的氧盐酸气的量。例如,取 100 容量的 1.149 绿色硫酸盐,已知其中含有 8 格令黑色氧化物,我发现在其吸收近乎 1300 容量的氧盐酸气后才察觉出该气体的气味,相当于该酸气的氧气已知为近乎 660 容量,等于 0.88 格令。而 8:0.88::128:14,即 128 黑色氧化物取得 14 后转变为 142 红色氧化物。这个事实既然确定,我发现用石灰的氧盐酸盐代替氧盐酸气,采用铁的绿色硫酸盐来测定一定体积氧盐酸石灰溶液中氧盐酸的含量是非常方便的。

红色氧化铁中的含氧量可从铁溶解于硝酸中所产生的亚硝气来推断,但这个方法并不怎样满意。为了从一定量的原料得到最多的气体,它们的配合比例必须接近饱和。若酸量过多,它就会吸收部分的亚硝气;若铁的量过多,它便不能完全溶解。我把 50 格令铁屑和 600 容量的 1.15 硝酸放置在一个集气瓶中,然后稍微加热,得到的亚硝气的重量为 12 格令,气体的比重作为 1.04(空气为 1);所有的铁除少数颗粒外都溶解了,溶液微呈酸性;当用石灰水沉淀时氧化物全呈红色。这样,50 格令铁得到 21 氧而成为红色氧化物,而这些相当于 24 亚硝气,恰好是所得亚硝气的两倍;于是,产生的气体有一半是留下来与铁结合了,即使是在盐的组分按照比例使其能够相互饱和时也是这样。我曾希望把留下的亚硝气用氧盐酸石灰转化为硝酸,从而加以测定,但是没有获得成功。当石灰的氧盐酸盐加入该溶液中,便有一股刺鼻的气体释放出来,它的性质我还不曾确定。考虑到这可能一部分是由于铁的原因,我把酸转移给苏打,即把硝酸铁用碳酸苏打分解;但是这个硝酸苏打在用石灰的氧盐酸盐处理时,表现出与硝酸铁同样的现象。在加入酸时,氧盐酸自己便释放出来。这些结果还有待进一步考虑。迄今为止,我倾向于认为刺鼻的气体是一原子的亚硝酸与一原子的氧,也就是我以往所讲过的硝酸(见第一卷,图版 4,图 27)。

有些作者曾认为自己曾制得铁的其他氧化物,含有比上述化合物少一些或多一些的氧。例如,达索(Darso)用煅烧法得到从 15 到 56 氧对 100 铁的氧化物(《尼科尔森杂志》第 17 卷);但是我们有充分理由相信,他的实验方式一定还存在些问题,以致发生这些反常的现象。这位作者曾提出过一些疑问,在水中本来含有的氧气对铁的绿色氧化物会不会有什么影响。我对于这个问题曾反复地用实验予以肯定,可以断言,水中的氧气立即与铁的绿色氧化物化合使其转变为红色,而且绿色硫酸盐能用来准确地测定水中的含氧量。当纯粹的铁的绿色硫酸盐投入水中,然后逐渐加入石灰水使氧化物沉淀时,沉淀的黄色程度与水中所含氧气的量成正比例,水中氧气的含量可用人工方法通入氧气使其增加 3 倍或 4 倍。若水中的氧气事先用亚硝气饱和,则氧化物完全沉淀为绿色。

盖-吕萨克在《化学年鉴》第 80 卷中断言,当铁在氧气中燃烧时,总是得到 37.8 氧对 100 铁的氧化铁,该氧化物能更有效地从铁被水即水蒸气氧化制得。如果这个氧化物按上述比例存在,它一定是 1 原子的一氧化物与 2 原子的红色氧化物的复合物,它的组成为 37.3 氧对 100 铁。

根据以上事实和观察,显然铁的原子一定要认为是重 25(不是前面第一卷第 95 页提出的 50);一氧化物为 32,而中间的或红色氧化物为 2 原子一氧化物与 1 原子氧,等于 71。

11. 镍的氧化物

1. **一氧化物**. 从普劳斯特(《物理学杂志》,第 63—142 页),里克特(《尼科尔森杂志》,第 12 页),塔皮蒂(Tupputi)(《化学年鉴》,第 78 页)和罗尔霍夫(Rolhoff)(《哲学年鉴》,第 3—335 页)等人的实验,似乎可以肯定,镍的一氧化物是由 100 金属和 25 至 28 氧组成的。我的关于镍在硝酸中溶解的实验数据是,44 格令的镍形成溶液时产生 14 格令的亚硝气,相当于 12 格令氧,于是得到 100 镍对 27 氧,我认为这与上述的结果的平均值相符合。该氧化物可以从硝酸镍的溶液中沉淀而得到,开始时呈白色,这时是一个水合物,在适当烘干时变黄色,当加热至樱红色时,失去 20% 到 24% 的水现变为灰色,这是唯一的溶于酸的氧化镍,所以必须认为是一氧化物。据此,27:100::7:26,故一个原子镍的重量接近 26,而不是如第一卷第 163 页估计的 25 或 50。

2. **中间氧化物**. 西纳德发现镍的第二个氧化物,是在镍的溶液中通入氧盐酸气,然后沉淀得到的。该化合物是黑色粉末。在用硫酸或硝酸处理时放出气体,这些气体是比一氧化物多出的氧气。但是用盐酸时,则放出氧盐酸气。罗尔霍夫相信,该氧化物所含的氧为一氧化物的 4/3 或 1.5 倍,但我不知道他有什么根据。我发现,在加入氧盐酸石灰时,新沉淀的一氧化物只需要它原先所含氧的一半就生成黑色氧化物。该氧化物不像铁的红色氧化物那样能在混有普通空气的水中通过搅动而得到。白色氧化物当用氧盐酸石灰处理时几乎立即变成蓝色,然后逐渐加深,经由棕色而最后在大约半小时内变为黑色。它含有 40 氧对 100 镍,很可能是由 1 个原子氧与 2 个一氧化物结合在一起,更加特别的是没有发现它与酸结合。我喜欢采用的制取黑色氧化物的方法是,用石灰水使一定重量的氧化物沉淀下来,然后倒去澄清的溶液,在潮湿的水合物中加入液体氧盐酸石灰,其中氧的含量相当于 1/10 氧化物的重量,陆续地搅拌半小时,饱和点到达的标志是,一方面当更多的氧化物投入澄清液体时不再变色,另一方面当更多氧盐酸石灰加入时对颜色不再发生影响,而只是留在澄清的溶液中。

12. 锡的氧化物

有两种锡的氧化物已经由几位化学家仔细地研究过. 看来它们的存在应该予以充分肯定。其中一氧化物为灰色,含有 13.5 氧对 100 锡,双氧化物是白色,含有 27 氧对 100 锡。

1. **一氧化物**. 有两种方法可以求出这个氧化物的组成。第一种方法是,把一定量的锡锉屑溶于盐酸中,用石灰水或碳酸化碱类沉淀,把沉淀出来的氧化物稍微加热烘干。但这时所得结果常容易发生变化,因为沉淀是一个水合物,需要通过加热把水赶掉,但如果加热接近红热,该氧化物便着火而转变为双氧化物。第二个方法是,将锡溶于盐酸中,并小心地收集产生的氢气。这个方法是卡文迪许先生第一个做的,他所做实验经常是准确的。该实验于 1766 年发表,他得出 1 盎司锡产生 202 盎司容量的氢气。我曾几次做过这个实验,总是得出相当的量,即每格令锡产生氢气非常接近 200 容量。这种研究方式在我看来是无可指责的。按 200 氢与 100 氧化合,同时,100 格令容量氧的重量等于 0.134 格令,所以在假定其为一氧化物的情况下,根据 0.134 氧:1 锡::7 氧:52 锡,得出一个锡原子的重量接近于 52。

2. **二氧化物.** 该化合物可由锡加热至着火而得到。但是为了确定其中锡与氧的比值,可以采用另外两个方法。其一是将锡用 1.2 到 1.4 比重的硝酸处理,有剧烈的发泡现象,并发生大量的热,同时锡转变为白色粉末。将其在 100°烘干,每 100 锡约得 160 格令。该物质是由双氧化物与一些酸和水结合组成,酸和水可加热至暗赤驱除掉,这样便留下 127 格令的双氧化物,呈白色粉末状态。另一个方法是,将锡的一氧化物的溶液用氧盐酸石灰处理,直至达到饱和,这时发现 59 格令的一氧化物获得 7 格令的氧,即 113.5 获得 13.5 氧。这就验证了第一法中所得的结果,这个氧化物所含的氧恰好为一氧化物的两倍,可以确定是二氧化物。没有制得过锡的更高的氧化物。

这两个氧化物虽然沉淀时是白色,但是可以从它们不同的状态加以区分,第一种为凝乳状,第二种为胶状。

补充一些作者们对于这些氧化物的分析数据或许是适当的。

	锡	一氧化物	二氧化物
卡文迪许,使用氢气	100	113.5	——
普劳斯特(《物理学杂志》59—341)	100	115	127.5,128[①]
盖-吕萨克(《化学年鉴》80—170)	100	113.5	127.2[②]
贝采里乌斯(《化学年鉴》87—55)	100	113.6	127.2[③]
我自己的,同上	100	113.4	127

13. 铅的氧化物

现在一般地承认,铅有三种氧化物,黄的、红的和棕色的。每种的含氧比值曾由几个化学家研究过,但他们所得结果并不完全一致。我现在用下列名称进行讨论,即一氧化物、中间氧化物以及二氧化物,其理由将在下面讲到。

1. **一氧化物.** 铅的黄色氧化物是能与酸类生成盐的唯一的氧化物,拉瓦锡求得该氧化物中,与 100 铅化合的氧为 4.47,文策尔 10;普劳斯特 9;汤姆森 10.5;布肖尔茨 8;贝

---

① 用硝酸,对二氧化物来说,三个实验的结果都是一致的,一氧化物是用计算得到的,可靠性较差。后来他采用贝采里乌斯的数据 113.6(《物理年鉴》,1814 年 8 月号)。

② 溶解时由氢气得到的一氧化物,红热时让水蒸气在金属表面上通过得到的二氧化物。

③ 二氧化物是把锡的硫化物用硝酸氧化而制得的,一氧化物只是推断出来的,其中所含的氧为二氧化物的一半。

采里乌斯 7.7。这最后一个数值同我自己的经验是一致的,但是铅原子与一氧化物的重量的测定及其证实主要是通过铅的其他化合物,因为铅能与酸类等等生成一些极其确定的化合物。存在于一氧化物中的氧量可以用如下几种方法求得:

第一法,将一定量的氧化物溶于醋酸中,然后再用其他金属,如锌,将铅沉淀出来;在这种情况下,氧从铅转移到了锌,从而使锌溶解,从锌的损失重量以及已知的氧在氧化锌中的比值,和测得的铅的沉淀出来的量,我们便有了确定氧化铅组成比值的数据。我将200 容量的醋酸铅溶液(1.142),其中已知含有 27 格令的氧化铅,用等量的水稀释,然后用锌棒使铅沉淀;在六小时内有铅树生成,将其收集并很好地烘干;重为 21.75 格令,锌棒失去重量 7 格令;在实验时必须注意,不要使全部的铅沉淀出来,否则氧化锌将开始落下,结果便靠不住。在残留的溶液中我又得到 4 格令的硫酸铅,是用硫酸沉淀的。这样我们便知 21.75 铅的氧转移到 7 锌,但 7∶21.75∷29∶90。现今已知道 29 份锌取得 7 份氧,所以 90 铅取得 7 氧,因而铅的原子为 90,而一氧化物为 97。

我以前曾说过,铅的原子重量为 95(第一卷第 95 页)。

第二法,在一只薄的小皿中溶解 180 格令的铅于硝酸中,再加热直至生成的盐变得很干,这时我得到 288 格令盐,是在小皿中称的;36 格令这种盐在低度红热时产生 24.25 黄色氧化物,等于 22.5 的铅。这就给出 90 铅对 7 氧。

第三法,再将 36 格令的上述盐,溶于水中,用氨水沉淀,在滤纸上充分洗涤,得到从滤纸上分离下来的 23+格令的氧化物,以及附着在滤纸上的 1 格令,即和以前一样,从22.5 格令的铅得到 24+格令的氧化物。滤液在加入氨的氢硫化物时不再显示有铅存在。同量的盐用过量的石灰水处理只沉淀出 22 格令的氧化物,而氨的氢硫化物还能从澄清溶液中沉淀出 2+格令的铅的硫化物。

2. 中间氧化物. 铅丹或红铅等。铅丹是一种商业品,用作颜料及其他各种用途。它的制备方法是,把磨得很细的一氧化铅在空气流中加热到暗赤,并经常搅拌,使新鲜颗粒得以暴露在空气中,两天后,黄色氧化物即转变为红色。有些作者观察到红色氧化物时常含有 1%、2%或更多的杂质不溶于硝酸或醋酸中,而我所用的样品却很纯,每 100 格令在加热至红热并用稀硝酸处理后只剩下不多于 1/3 格令的不溶性物质。

红铅的几个最显著的性质是,第一,它与酸的任何化合物从未得到过;第二,加热到鲜明的红色或用浓硫酸处理时放出氧气,在这两种情况下都还原为一氧化物;第三,当用稀硝酸处理时,部分溶解,但通常留下不溶的棕色残渣,这就是下面要介绍的二氧化物。在我的实验中得到的二氧化物的重量是 20%,留在溶液中发现为一氧化物;第四,用盐酸处理时,则成为盐酸铅,同时放出氧盐酸;第五,当用稀硝酸或冷的浓醋酸处理时,有 50%的氧化物溶解,余下的仍是红色,并且颜色多少有些增加;如果用的是浓酸,并加热至沸,则整个氧化物有 80%溶解,其 20%则留下为棕色氧化物,和用硝酸时情况一样。

以上这些事实有些是新的,并有助于说明这个几乎找不到类似的最稀少的氧化物。普劳斯特是我所知道的对该氧化物的独特性质作出合理推测的唯一的作者。他设想该氧化物是介于黄色与棕色之间的化合物。我相信这是事实,但我认为它是 1 原子的氧与6 个黄色氧化物的复合物,这将在下面谈到。

关于在红色氧化物中氧的含量,拉瓦锡求出是 9 氧对 100 铅,汤姆森是 13.6,贝采里乌斯是 11.55,这最后一个数据部分是根据实验,部分是根据类比法设想的,即同一金属的连续的氧化物的含氧量分别为 1、1.5 和 2。在正确地(我相信)得出棕色氧化物所含的氧恰好是黄色氧化物的两倍之后,这位有独创性并经常很准确的作者,在这个例子中至少是过早地采用理论推断,并得出结论说红色氧化物的含氧量是黄色与棕色氧化物的平均值。我们必须用实验来解决问题。

已经说过,红铅加热时即放出氧气,还可以补充一点,有微量水分,剩下的是黄色氧化物。

这个实验要求相当高的技巧。若加热太甚,一部分铅即被还原;若加热不够,则一部分红铅剩下未变。我在做这个实验时,用一只清洁的小铁勺盛红铅,用另一只铁勺盖上,整个用钳子夹住,放入赤色火焰中,直至铁勺呈现出均匀的适中的红色,再维持一段时间。

然后从火中取出,冷却,将氧化物称重。平均的重量的损失 100 格令中约为 2 格令。若只是 1 格令或更少,则有相当多的红色氧化铅留下混在黄色氧化物中;若是 3 格令或者更多,则氧化物的边缘有铅粒出现,相当于原重量的 1/10 左右,如果需要,很容易从氧化物中分出来,但也容易粘附在铁上。当红色氧化物剩下时,它与黄色氧化物混在一起不容易分开,但它的量却可以用硝酸测得,因为硝酸溶解了黄色氧化物,而 4/5 的红色氧化物则留下成为不溶的棕色氧化物,从棕色氧化物的量就可推断出红色氧化物剩下多少。如果按 100 格令红色氧化物所失重量只是 2 格令,并有一部分是水,则贝采里乌斯的数据,115.55 格令失去 3.85 格令的氧,就是不可能的。另外一个实验,对问题同样起决定性作用,就是用一定的红铅通过加热或加酸,测定产生的氧气量。在一个非常小心的实验中,500 格令的红色氧化铅与硫酸作用产生 6 格令的氧气;在另一实验中 200 产生 2.5 格令。为了改变氧的测定方式,在 210 容量的检定的铁的绿色硫酸盐溶液(1.156),等于 16.8 绿色氧化物中放入 160 格令的红丹,再加入稀盐酸,所加的量要比红丹所需要的多,从红丹的氧所生的氧盐酸立即被铁的氧化物所夺取,整个情况表现为沉淀从绿色变为红色,并有过量氧盐酸出现。按 16.8 氧化物需 1.86 氧使其变红,而这些氧一定来自 160 红铅,或者说,100 红铅产生 1.2 氧,其比值与用硫酸时相同。这些实验指出,1.2 氧是在 100 红铅中用于把黄色转化为红色氧化物所需的氧。如果在这个问题上还有什么怀疑,则硝酸与红色氧化铅的实验将会使这些怀疑消除。如果红色氧化铅所含的氧为黄色和棕色氧化物的平均值,则当用硝酸处理时,得到的棕色氧化物将会超过 50%,而不是 20%,但这是违背所有的实验结果的。必须注意到,贝采里乌斯告诉过我们,他用醋酸浸出法抽提出与红色氧化物机械地混合(按照他的想法)的黄色氧化物,但他没有告诉我们,他的铅丹在这操作过程中减少百分之多少。从以上所述看来,总量大约一半是这样溶解掉。于是剩下的一半将含有两倍的氧,和棕色氧化物原来所含的百分数一样。但这些数据仍然不足以解释这些现象。此外,我们很难承认,红色和黄色粉末按相等的量充分地混合,而混合物既难与红色粉末区分,而与黄色粉末又全然不同。因此,我们必须作出结论,商业品铅丹(像我所用过的)是一个真正的化合物。

基于上述事实我们认为,红色氧化物的组成似乎只有两种合理的推测。它可以是 1 原子的氧与 5 原子黄色氧化物,或是 1 原子氧与 6 原子黄色氧化物。前者将得出在 100

红色氧化物中含有 1.4％的额外的氧与 18％棕色氧化物；后者将得出 1.2％的额外氧与 18％棕色氧化物。我采用了后面的一个，因为它符合关于氧的实验，并且棕色氧化物估计比实验略低一些，而这是从两个方面可以料想到的。第一，棕色氧化物的残渣中含有红色氧化物不溶解的杂质（但量极少，如前述）；第二，除非用相当大的过量硝酸或者长时间的蒸煮，总有一部分红色氧化物得不到分解。另一个更为重要的需要考虑的涉及 5 个还是 6 个原子的问题，是在用冷醋酸处理时红色氧化物等量分开的问题，冷醋酸使 1 氧与 6 黄色氧化物降低为 1 与 3 原子；但是如果我们采用另一个说法，则我们所得结论一定是从 1 及 5 降低为 1 及 2.5，而这种情况与原子理论是不能一致起来的。

根据这个结论，铅的红色氧化物，或即商品的铅丹，是由 1 原子的氧与 6 原子黄色氧化物结合而成，即含有 100 铅与 9.07 氧。当它经由冷醋酸浸渍后，残渣构成另一个氧化物，由 1 原子氧与 3 原子黄色氧化物组成，或 100 铅与 10.4 氧，具有与前者相同的颜色，但可以从它不与冷醋酸作用，以及它含有比红铅多至两倍的棕色氧化物和额外的氧而与前者区别。毫无疑问，其他中间氧化物 1：4 及 1：5 都存在，并都有相似的红色；但除了他们含有不同比值的氧及棕色氧化物以外，或许并没有其他显著的特征。是否有由 1 个氧与 2 个黄色氧化物组成的氧化物，我还没有发现。但 1 个氧与 1 个黄色氧化物的结合已经找到，介绍如下。

3. 二氧化物. 这是上面提到的蚤棕色氧化物。它也可以用氧盐酸石灰处理含有黄色氧化物的盐类的溶液制得。在这种情况下，氧化物沉淀下来，酸留在溶液中，这证明该氧化物是不溶于酸的。它的更为显著的性质是：第一，像红色氧化物一样，当加热至暗红，或用硫酸处理时，便放出氧气，并且量更多，从而转变为黄色氧化物；第二，与盐酸作用放出大量氧盐酸，并形成铅的盐酸化合物；第三，同硫磺在研钵中研磨时，会发生爆炸。

关于棕色氧化物中氧的含量，汤姆森说是 25 氧对 100 铅，贝采里乌斯说是 15.6 氧对 100 铅。后面这个数据，根据我的经验，是近乎正确的，由于这个氧化物中所含的氧恰好是一氧化物中的两倍，所以我们可以称之为二氧化物。贝采里乌斯发现 100 棕色氧化物在红热时失去了 6.5 而降低为黄色氧化物；汤姆森博士发现为 9 格令。这个差异是容易解释的。我发现，随着原先的干燥程度的不同，100 格令会失去 7—10 格令的重量。当在 200°烘干后，立即放在红热下加热，则所失重量不超过 6.5％至 7％。这从硫酸处理时放出氧气的量也可以得到验证。在一只气瓶中，我用灯加热 100 格令的棕色氧化物和硫酸，得到了 8.3 盎司容量的氧气等于 5.3 格令，约有 120 格令的灰色硫酸铅留在瓶中。氧气的量比预期的要少。但必须记住，100 格令的棕色氧化物是用一般方法制备的，其中存在着 500 红色氧化物中不溶解的物质，这一定会对减少氧的产量有些影响。

虽然以上所述已被认为足以表示棕色氧化物中的氧的比值，我还想用氧盐酸石灰来证实这个结果。我曾反复地实验，得出 100 格令容量的醋酸铅（1.142）等于 13.8 格令的黄色氧化铅，需要 400 容量的氧盐酸石灰＝1 格令氧，使全部氧化物沉淀为棕色状态，而 13.8：1∷97：7。再在 240 容量的检定的铁的绿色硫酸盐溶液（1.156）等于 19 氧化物中，加入 40 格令铅的棕色氧化物以及足够量的盐酸使铅饱和，放出氧气；在适当搅拌后，硫酸铅沉淀出来，全部的铁的氧化物在沉淀时呈黄色。但 19 格令铁的氧化物需要 2＋格令的氧使其成为黄色，所以 40 棕色氧化物一定已供给 2＋格令氧以形成氧盐酸，再转给氧化铁。而 40：2＋∷100：5＋，故 5＋氧为 100 棕色氧化物中过量的或第二个氧的剂量，这与连同杂质一起用硝酸处理时所得结果一样，与应用其他方法时所得结果也是一致的。

14. 锌的氧化物

锌在经受强热时燃烧而产生明亮的白色火焰，并有白色粉末升华，是该金属的氧化物。把稀硫酸倒在锌粒上时，即产生大量纯的氢气，金属在损耗水的情况下氧化而溶解在酸内，氧化物可用碱沉淀而得到，在沉淀或烘干时都是白色，并在加热后与得自燃烧的氧化物没有两样。强热时会进入玻璃里面。

氧化锌中氧的含量，我想，最好是从溶解时产生的氢气来估量。它也可用直接燃烧法得到，或者通过溶解于硝酸中进行煅烧。汤姆森博士测定氧的方法是通过比较实际硫酸与金属锌在硫酸锌溶液中的重量，同时把金属硫酸盐类中硫酸与氧的比值看作是已知的。卡文迪许先生在把一盎司锌溶解时得到 356 盎司容量的氢气。我把 49 格令的锌溶解在稀硫酸中，得到氢气，其比值是 363 格令容量对 1 格令的锌，等于 182 容量的氧，等于 0.24 格令的氧。

下面是一些主要权威关于氧化锌中氧含量的数据，次序按年份排列。

		锌	氧
1766	卡文迪许	100	＋23.3
1785	拉瓦锡	——	＋19.6
1790—1800	文策尔和普劳斯特	——	＋25
1801	德索默和克莱门特	——	＋21.7
	戴维	——	＋21.95
	贝采里乌斯	——	＋24.4
	盖-吕萨克	——	＋24.4
	汤姆森	——	＋24.42
	我自己的	——	＋24

按 24 氧：100 锌∷7 氧：29 锌，所以 29 是该金属一个原子的重量，假定该氧化物是 1 个氧与 1 个金属原子结合而成，氧化物的原子等于 36。

我以往估计锌的原子为 56（第一卷第 96 页）。这是由于把氧化锌作为二氧化物不是作为一氧化物而引起的。德索默和克莱门特在把氧化锌放在密闭容器中强烈加热时，差不多使氧的含量减少了一半，因而产生了一种推测，认为含有普通氧化物中一半氧的氧化物是存在的。在这以后，贝采里乌斯的一些观察资料似乎指出有锌的次氧化物的存在。可是没有发现这种氧化物与酸结合，并且，即使承认观察是正确的，也宁愿假定其为半氧化物，即 1 个氢原子与 2 个金属原子的结合，而不把它看作一氧化物。比上述的更高的锌的氧化物还不曾得到过，看来是不存在的。

15. 钾的氧化物

在前一卷"钾与钠"写出以后,盖-吕萨克和西纳德写出了主要有关这些课题的极为重要的论著(他们友好地送了我一份),题目为《物理-化学等方面的研究》,计两卷。戴维的许多极有兴趣的实验都在这里得到比较详细的叙述,并加入许多创新的实验。这些富有创造性的作者们力图总结关于钾和钠是金属还是氢化物这两种假定的赞成和反对的各种依据。总的来说是倾向于认为它们是金属,但也提供一些事实说明两者似乎都有可能性。有一件事他们已经发现和肯定,即该新金属可以有不同等级的氧化物,当然这些产物可以一般地列为氧化物,虽然对它们的本质还存在争论。

他们发现了三种氧化物,其最低级的是把钾放在小瓶里暴露于空气中,并盖上普通木塞而得到。这时钾逐渐地发生氧化,形成一种青灰色脆性的产物,但没有显示特有的氧化限度,只是他们承认它具有第二级氧化或草碱的特征,这一级氧化在把钾与水接触时总是可以立即得到的。这个我想应该命名为一氧化物,并认为是 1 原子钾与 1 原子氧。按照这个论点,它就是钾与草碱混合在一起,也可能是化合的。

除掉这些以外,还有一个氧化物是通过钾在氧气中在高温下燃烧而得到的。该氧化物是黄色,加热能熔融,冷却时结晶成薄片。它的含氧量为草碱的三倍,放入水中即迅速分解,放出 2/3 的氧气而成为草碱。很可能还有氧化物,其中氧的含量为草碱的两倍,并具有与其他氧化物不同的特征,由 18 份钾与 56 份黄色氧化物结合而成。但是这个氧化物至今尚未制成。

根据这些结论,钾的氧化物的重量可以陈述如下:钾 35,一氧化物或草碱 42,二氧化物(假定其存在)49,以及黄色的三氧化物 56。这样我们便有:

	钾 氧	
一氧化物(草碱)	100＋20	盖-吕萨克和西纳德
	19	戴维
二氧化物	100＋40	(未发现)
三氧化物	100＋60	盖-吕萨克和西纳德

在二氧化物尚未发现时,除非有足够的证据,人们是不愿意承认三氧化物的(有可能它是唯一存在的)。在这个问题上还有些地方不清楚,今后将用实验来澄清。

还应该提一下,盖-吕萨克、西纳德同戴维一样,认为钾和钠比相等重量的草碱和苏打有着大得多的饱和能力。从《研究》第 2 卷第 212 页的表中,可以推出,使 35 钾饱和所需的硫酸量相当于使 50 或更多的草碱水合物饱和时所需之量;同时,21 钠相当于 36 或 37 钠的水合物。如果这些结果是正确的,则钾和钠的重量就不再像第一卷第 160 和 165 页中所推论的那样分别为 43 和 29,而应该是 35 和 21,像第 96 页上所述的那样。

16. 钠的氧化物

盖-吕萨克和西纳德发现了钠的次氧化物,方法与钾相同,很可能是苏打与钠的化合物,这个值得注意的产生苏打的氧化物,我猜想是一氧化物,是一个原子对一个原子,和钠与水接触而得到的一样。一个高级的氧化物,如钾一样,也可以通过将钠在氧气中强烈加热而得到。它在外观和性质方面很像钾的黄色氧化物。其氧化程度在不同实验中有变动,含氧量为苏打的 1.25 到 1.75 倍。它可能是一氧化物与二氧化物化合而成。因此,钠的氧化物的组成可能如下(以纳的原子为 21,苏打为 28):

	钠　氧
一氧化物(苏打)	100＋100/3
中间氧化物	100＋50

17. 铋的氧化物

只有一种铋的氧化物是知道的,它的组成是由伯格曼、拉瓦锡、克拉普罗思、普鲁斯特等人逐步得出的。贝采里乌斯提到过一种紫色氧化物,由铋暴露于大气中得到,但由于我们没有在这方面做过实验,所以目前还不能采用它。根据克拉普罗思和普劳斯特,100 铋和 12 氧化合;但根据戴维先生和莱杰杰尔姆(Lagerhjelm)的新近的实验,100 铋获得 11.1 或 11.3 氧。如果我们采用后者,无疑是接近实际情况的。于是,我们得到 11.3：100：：7：62。62 为一个铋原子的重量。这是在下面假定的情况下得到的,即该化合物是一氧化物,亦即 1 个金属原子对 1 个氧原子。我先前的铋的重量 68(第 96 页)显然是过高了。

铋最好是用硝酸氧化。氧化物的一部分与酸结合,而另一部分则呈白色粉末状态而沉淀。如果将全部物质逐渐地加热,则酸被驱出,并在低度红热下留下纯净的氧化物。这种氧化物能融入玻璃中形成红色或黄色,根据所用的热而定。铋也可在敞开的容器中加热氧化,有黄色烟雾发生,可以凝结起来成为氧化物。

18. 锑的氧化物

关于锑的氧化物的意见,存在着很多分歧。普鲁斯特发现了两种氧化物,他测定第一种是由 100 金属＋22 或 23 氧所组成,第二种是 100 金属＋30 氧。西纳德发现 6 种氧化物。J. 戴维发现两种氧化物,即 100 金属＋17.7 氧和 100 金属＋30 氧。贝采里乌斯从他的实验推断有 4 个锑的氧化物,第一种含有 4.65 氧对 100 金属,第二个 18.6 氧,第三个 27.9 氧,第四个 37.2 氧。但他承认,用沸腾硝酸处理锑并在低度红热下驱除多余的酸而得到的氧化物含有 100 金属＋29 到 31 氧,正如普劳斯特和其他人所测定的那样。这种氧化物无疑是最确定的,仅次于从锑的盐酸溶液中所得到的氧化物。后者可由锑的盐酸溶液倒入水中得到,是一种白色沉淀,含有少量盐酸,可以通过沉淀在碳酸钾碱溶液中煮沸除去。这个氧化物是灰色粉末,并能在低度红热下熔融。它唯一地能进入多种熟知的化合物里,如锑的金色硫,草碱的锑化酒石酸盐(golden sulphur of antimony, antimoniated tartrate of potash)等等。它的组成,根据普劳斯特是 100 金属＋23 氧,但戴维只得到 17.7,而贝采里乌斯是 18.6。由于这个氧化物具有最明显的特征,而且也是最重要的,所以希望它的组成能够毫无疑问地被确定下来。从几个我做的用锌来沉淀锑的实验中,我得出结论,该氧化物含有 18 氧对 100 金属。我用含有过量酸的普通锑的盐酸盐,把一根锌棒浸入,用一个有刻度的钟罩罩起来。过量的酸产生了氢气,测定氢气的量。过适当时候锑即被沉淀出来。作用停止后,测定锌损失的重量以及锑的重量。例如,在 50 容量的 1.69 锑的盐酸盐中加入 60 容量水,没有发现沉淀;插入锌棒后用钟罩罩住,几小时内作用完毕,产生了 3480 格令容量的氢气,干燥后的锑重 25.5 格令,同时锌所失重量为 29 格令。按 3480 氢需 1740 的氧,等于 2.3 格令重量,但 29 锌需 7 氧,所以锌必定已从锑取提 4.7 氧,于是得出 25.5 锑与 4.7 氧化合,亦即 100 锑＋18.4 氧。我从而得出结论,错误是在普劳斯特一边,这从考虑到下面的事实而得到确定,即普劳斯特自己从 100 锑的硫化物只得到 86 氧化物,而 100 硫化物中他认为有 74 锑,按 74∶12∷100∶17,因此我倾向于采用 18 作为与 100 锑生成灰色氧化物时所需氧的量。至于这是一氧化物还是二氧化物则是可以讨论的,而有关其他氧化物的已知事实很难对这问题作出判断,但锑的盐酸盐和硫化物中的比值能更好地符合于前一个假定。按 18∶100∷7∶39,故 39 为锑原子的重量;我倾向于采用 40,这是从硫化物推得,如第一卷第 96 页所报道的那样。

在 100 份锑里含 30 份氧的氧化物必定是 2 原子二氧化物与 1 原子一氧化物的结合。而贝采里乌斯称为白色氧化物或者亚锑酸的,可能是由每种氧化物各 1 个原子结合而成,含有 27 氧对 100 锑。那个假想为含有 36 氧对 100 的氧化物,也就是必须认为是二氧化物的,还没有证实其单独存在。我曾企图制取这个化合物。但我跟以前的人们一样遭到了失败。我把锑的盐酸盐用石灰的氧盐酸盐处理,得到的氧化物是 30 对 100,不能再高。每当加入更多的氧盐酸石灰时,即发生持久的氧盐酸气味。

锑通常在空气或氧气流中加热至红热即着火燃烧,产生白色烟雾,过去称为锑华。该氧化物含有 27 或 30 氧对 100 金属。

金属锑投入红热的硝石中,很快就氧化,剩下的粉末用水洗涤后,测得是一个锑的氧化物与草碱的化合物。贝采里乌斯把这氧化物称为锑酸,把盐叫做草碱的锑酸盐。它的组成,根据他的经验,为 100 酸和 26.5 草碱。还有一个相似的盐是由亚锑酸与草碱生成的,其组成为 100 酸与 30.5 草碱。

19. 碲的氧化物

对于碲在化合时的比值,我们首先要感谢贝采里乌斯。他求出 100 碲与 24.8 氧化合。还有,201.5 铅的碲酸盐给出 157 硫酸铅。后者含有 116 氧化铅,所以这些氧化铅一定曾与 85.5 氧化碲结合。因此,97 氧化铅将与 71.5 氧化碲化合,即 57.5 碲＋14 氧。该氧化物是一氧化物还是二氧化物,还有些不能肯定。如果是后者,则碲原子将重 57.5,但如果是前者,则仅为 28 或 29。根据氧化物与酸类的相似性,我们认为二氧化物的意见较为可取;但从碲容易被氢所汽化这点来看,则较轻的原子或较可取。该氧化物是白色粉末,它是通过把金属溶于硝盐酸中用碱沉淀而制得的。

20. 砷的氧化物

砷与氧之间有着两种明显不同的化合物，其一已由来已久，名叫砒霜。它是一种白色、性脆、玻璃状的物体，是由在它们的矿石中提取某些金属时得到的。它的比重约为 3.7。根据克拉普罗思，沸水可溶解 7％到 8％的砷的氧化物，但在冷却时溶液中只保存大约 3％。我还发现，在气候冷时，或者在放置几个月后，这 3％也逐渐地沉积在容器壁上，直至降低到 2％或更低。60°或低于这个温度的水中溶解的氧化物不高于 0.25％。该氧化物在大约 400°时升华。这个氧化物与碱、碱土以及金属氧化物化合，有些像酸，但并不中和它们。在其他方面，它并没有酸的性质，例如，它在颜色检验时不发生变化。它是有剧毒的。

另一个氧化物是将白色氧化物或纯金属砷用硝酸加热处理而得。100 格令白色氧化物需要 2 或 3 倍重量的 1.3 硝酸将其氧化。新的氧化物生成时为液体，过量的硝酸可用低度红热驱除之，得到的纯的氧化物呈白色不透明的玻璃状态，但由于从大气中吸收潮气很快转变为液体。该氧化物是由谢勒发现的，具有通常酸的一切性质，故名为砷酸。当其吸收水分正好成为液体时，它的比重约为 1.65。它被认为与白色氧化物具有同样的高毒性。

对这两种氧化物中元素之间比值，曾进行过相当成功的研究。普劳斯特求得白色氧化物是由 100 金属与 33 或 34 氧组成，另一种为 100 金属与 53 或 54 氧。罗斯与布肖尔茨的结果大致与此相同。西纳德求得白色氧化物为 100＋34.6，酸为 100＋52.4，但贝采里乌斯则从他近来的实验得出结论为氧化物由 100 金属＋34.6 氧所组成，酸为 100＋71.3。后面这些结果，根据我的经验，无疑是不正确的。

当砷用硝酸氧化，并在低度红热下烘干，则 100 份金属生成 152 份到 156 份的酸。这些差异可能一部分是由于金属在操作开始前即已部分氧化。由于这个原因，我推测，55 或 56 为 100 金属生成酸时所需氧的适当的量。普劳斯特和西纳德两人都测得 100 白色氧化物在用硝酸把它转变为酸时得到 115 或 116。我得到的情况相同。按 116：100∷156：134；所以，如果这个数据是正确的，砷的白色氧化物必定是 100 金属对 34 氧，或金属与氧之比近乎 3：1。任何更低级氧化物的存在都是极其不可能的，因为它们存在的迹象一点也没有发现过，如果在这个问题上我们不承认贝采里乌斯的推测的话。这样，砷的白色氧化物必定要认为是一氧化物，砷原子的重量一定是近乎 21，而一氧化物为 28。

很明显，另外一个并不是二氧化物，因为它不含有两倍于一氧化物中的氧。但由于该氧化物中氧的比值与一氧化物中氧的比值为 5：3，所以它可能是 2 原子二氧化物与 1 原子一氧化物的化合物，即是说，如果我们认为二氧化物是酸，而一氧化物是碱，它很可能是砷的过砷酸盐。根据这个观点，这个复合的氧化物，或谢勒所说的砷酸，是由 2 原子的二氧化物（重量为 70）与 1 原子的一氧化物（重量为 28）所合成，总共为 98，即 1 个原子砷酸的重量＝63 砷＋35 氧，亦即 100 砷与 55.5 氧生成。这是符合上面所列举的实验的。这个结论看来似乎很新奇，但根据以下的实验，我想，其真实性是不容怀疑的。

我曾反复地测得，28 份白色氧化物在溶液中足够从石灰水中析出 24 份石灰，产生

52 份亚砷酸石灰,并使水中不再含有这两种元素。这就证实了一氧化物原子的重量为 28。

如果在溶有 24 份石灰的水中,加入 98 份干砷酸,则化合物留在溶液中,并对颜色检验完全呈中性。但是如果加入少量任何一种成分,中性即被破坏。若在该溶液中加入 24 份溶解在水中的石灰,化合物将仍保留在澄清的溶液中,只是很黏。若同样地再加入 24 份石灰,则全部化合物都析出,烘干后得到 170 份的砷酸石灰,这时溶液中两个元素都没有了。这里我们看到,第一,2 原子的二氧化物为 2 原子的碱(即 1 原子氧化砷与 1 原子石灰)所中和;但(第二次)当再加入 1 原子石灰时,2 个二氧化物与 3 个碱发生了结合,这当然是一个碱性盐;当(第三次)更多的石灰加入时,则 2 个二氧化物与 1 个一氧化物各结合 1 个石灰,从而生成一个碱性更强的盐。该盐不溶于水,在水中全部析出,很可能是由 98 份砷酸与 72 份石灰化合而成的 1 个化合物。

同样,我发现 42 份草碱、28 份苏打和 12 份氨,分别能中和 98 份的砷酸。

第一,24 份石灰＋32.7 份砷酸＝不溶性砷酸盐
第二,24 份石灰＋49 份砷酸＝可溶性砷酸盐
第三,24 份石灰＋98 份砷酸＝中性砷酸盐

值得注意的是,当中性的砷酸草碱和硝酸铅混在一起得到饱和时,测得沉淀主要含有砷酸及铅的氧化物,比值为 1 个酸对 2 个氧化物(即 98∶198 或 100∶198);这与贝采里乌斯的测定相差并不大。

但是我发现,在剩下的液体中只有 1/4 的硝酸是在游离状态;这使人猜测,该沉淀为铅的次硝酸盐和砷酸盐的化合物。这一点以后将继续适当地进行考虑。

因此,我们得出结论,砷原子的重为 21(不是像第一卷第 97 页所说的为 42),一氧化物或普通的白砷为 28;而砷酸为 98,为 2 原子的二氧化物与 1 原子一氧化物结合而成的化合物。或,

100 砷＋33.3 氧＝133.31 一氧化物
100 砷＋55.5 氧＝155.5 砷酸

21. 钴的氧化物

至少有两种钴的氧化物,一为蓝色,另一为黑色。作者们对它们元素比值的看法各不相同。普劳斯特说蓝色氧化物含有 100 金属和 19 或 20 氧,黑色为 25 或 26 氧。克拉普罗思测得在蓝色中为 100 金属和 18 氧。但罗尔霍夫根据贝采里乌斯方法测得在蓝色氧化物中为 100 金属和 27.3 氧,而在黑色氧化物中为 40.9 氧。我曾花费气力研究过这些氧化物,并在组成方面感到相当满意。该蓝色或一氧化物由 100 金属和 19 氧所组成,而黑色氧化物为 100 金属和 25 或 26 氧,与普劳斯特测定的很接近。

一氧化物. 通过反复的试验,我求得 37 份的金属钴用适量的硝酸盐处理,加热至 150°,便很快地溶解,并放出纯亚硝气,小心地把它收集,测得重 8 格令,自然是相当于 7 格令氧,所以 37 份钴与 7 格令氧结合而成为 44 蓝色的氧化物;由于这是唯一的与酸化合

的氧化物,一定要把它看作最简单的或一氧化物,由 1 原子金属(37)与 1 原子氧(7)化合而成。因此,把钴原子作为 50 或 60 的估计(第 97 页)必须予以改正。

复合氧化物. 当用碱或石灰水把蓝色氧化物从溶液中沉淀出来后,逐渐滴入氧盐酸石灰,该沉淀很快地改变颜色,从蓝色转变为绿色和橄榄色,然后为深绿色,最后变为黑色,当加入过量的氧盐酸石灰时,氧气大量放出,我测得,从蓝色转变为黑色所需增加的氧正如普劳斯特所说的那样,是形成蓝色氧化物时所需的 1/3,所以必须认为是 1 原子的氧与 3 个一氧化物的化合物。其他有颜色的氧化物可能为 1 对 4,1 对 5,等等。一氧化物在沉淀时为蓝色,但由于在加热后呈深灰色,所以被认为含有水,是一个水合物;该蓝色氧化物在沉淀后短时间内,在水里即变为黄色或枯叶色,由于它溶于酸中不放出气体,加碱后成为蓝色氧化物,也表示它是一氧化物的水合物。根据普劳斯特,该水合物含有 20% 或 21% 的水。如果我们假定蓝色氧化物为 1 原子氧化物与 1 原子水,黄色氧化物就可能是 1 原子水与 2 原子一氧水合物,或 88 氧化物与 24 水,接近于 21% 的水。

该黑色氧化物在红热时放出氧气,还原成灰色氧化物;与盐酸生成氧盐酸,一氧化物则留在溶液中。

(参阅塔塞特《化学年鉴》28,西纳德 42,普劳斯特 60)

22. 锰的氧化物

锰的氧化物中有一个天然产物,有时极纯,要得到金属锰非有熟练技术和劳作不可。在我们的研究中,采用倒过来的方法也许是最便利的,即是从其氧化物来探索金属的原子的方法。

锰的天然氧化物. 最近我曾接触过这个氧化物的极好样品;它们外观呈块状,灰色,结晶,比重 4;容易研磨成滑腻而有光泽的灰黑色粉末。它们是近乎纯净的氧化物。但较为通常的一种则颜色较黑,并含有或多或少的硅土类物质。有些样品很硬,需在铁研钵中研细,并含有 50% 以上的硅土。在通常品类中,研细后黑色带蓝的一般比黑色带棕的好。我没有看到锰的氧化物混有碱土碳酸盐。在各种样品中,我得到如下的分析结果:

	氧化物	砂及不溶物
1. 灰色结晶氧化物	100	—
2. 研细的黑色氧化物,从一位漂白商处得到,认为较好	80	20
3. 另一样品,成块状	77	23
4. 浅棕色氧化物	47	53
5. 一种像晶石的氧化物,有大量火石,研碎后呈棕黑色	27	73

锰的天然氧化物的一些化学特性是,红热时放出氧气,不溶于硝酸和硫酸,能溶解于盐酸并伴有氧盐酸放出。

所有这些事实表明,这是高一级的氧化物,或者和铅的棕色及赤色氧化物相似。而上面所提到的盐酸溶液则含有低级的氧化物,可溶于所有酸中,并且来看是溶于酸中的锰的唯一氧化物如果这被认为（也许这是最可能的）是一氧化物，则接下去来看，普通的天然锰矿石为二氧化物，还存在着一个中间的氧化物，其所含的氧为它们的平均值。

1. 一氧化物. 如上所述，它可以用盐酸与天然氧化物作用而在溶液中得到。或者将黑色氧化物与硫酸调成糊状，在铁勺中加热至红热；把灼烧物用水浸出即得到一氧化物在硫酸中的溶液，一般有着稍微过量的硫酸。在这个过程中，加热以及硫酸的存在都能去除黑色氧化物中多余的氧，使其还原为一氧化物，从而使其溶解。如果在这两种溶液任何一种中有氧化铁存在，不管是来自原料，还是来自操作过程，都很容易发现并分离掉，这是我所经常遇见的。在含有锰的氧化物、铁的绿色氧化物以及铁的红色氧化物的混合物的溶液中，逐渐加入石灰水，铁的红色氧化物首先析出，其次是绿色氧化物，最后是锰的氧化物，这样它们就可以分离开来。铁也可以通过加入碳酸草碱而发现并分离掉，必须逐滴地加入溶液一直到没有任何沉淀析出为止。一旦这些沉淀沉下，紧接着就出现雪白的碳酸锰。这个白色碳酸盐在任何酸中制得纯锰溶液都极为方便。

纯净的锰的溶液用石灰水或氨处理得到一种浅黄色的氧化物，其外观与铁的黄色氧化物没有多大差别。该氧化物在新沉淀出来时能溶于所有的酸中，但由于它极容易吸收氧，只要把液体适当搅动，就变成棕色，这时便不再溶解；若快速地在空气中干燥，也变为棕色，并获得相当多的氧。该新沉淀出来的浅黄色氧化物可能是一个水合物；因为白色的碳酸锰逐渐加热至红热，水和酸都被赶掉，剩下灰色粉末；如果操作时暴露在空气中，表面上就差不多是黑的。该灰色粉末可能是纯粹的一氧化物，除掉表面上的黑色粉末，它是溶于酸的。要是没有空气中氧的作用，一氧化物很可能是近乎白色的。

从它与硫酸和碳酸的化合物出发，我测得一个原子的一氧化物重 32，或是说与铁相同。德国化学家约翰博士（Dr. John）似乎对这些盐类的研究比其他人更加专注，他曾推断出同样的结果（《哲学年鉴》2—172）。他测得 101/3 硫酸＋31 氧化物，以及 34.2 碳酸＋55.8 氧化物，这些结果如果换算一下，同我的结果比较，则为 34 硫酸＋31.3 氧化物，以及 19.4 碳酸＋32 氧化物。这种接近一致的情况可证明两方面都是正确的。约翰博士像我曾经做过的一样，发现了三种明显的锰的氧化物，灰绿色的、棕色的、以及黑色的。其中第一种是唯一能与酸化合的。但是对每种的含氧量，我们则有着重大的差别。他发现锰在普通温度下能分解水。用这个方法使金属氧化，则 100 金属取得 15 氧而成为一氧化物。根据这个，28 金属＋4 氧便会得出 32 一氧化物，但这个结果是与所有类似的化合物矛盾的，是不能认为满意的。可能是，锰在实验开始前就已含有一些氧。锰与铁、铅等的普遍相似性要求 32 一氧化物含有 7 氧。如果允许这样，我们得锰的原子是 25，而不是 40（第一卷，第 97 页），与铁相同。这个结论可由下列的情况来确定。

2. 中间氧化物或橄榄棕色氧化物. 这个氧化物可以由氧与新沉淀的仍留在母液中的浅黄色的一氧化物直接化合而得，只需要在氧气中或普通空气中搅拌几分钟。或者，用氧盐酸石灰溶液处理同样的潮湿的一氧化物也可以立即生成。还可以把最纯的黑色氧化物置于光亮的红热下一段时间得到，这时它将失去 9％ 或 10％ 重量，留下橄榄棕色氧化物。

为了测定吸收的氧的比值，我用石灰水沉淀出一氧化物 3.2 格令，把含有氧化物的液体放在一只塞好的氧气瓶中，摇动时氧化物很快就变色，从浅黄色到棕色，在短时间内,它吸收 260 格令容量的氧为 0.35 格令重,然后停止吸收。在另一试验中,3.2 格令沉淀的一氧化物需要用 100 容量的氧盐酸石灰溶液,含有 0.35% 的氧(即 1.45 氧盐酸)。32 取得 3.5,64 必取得 7;这就表示棕色氧化物为 1 原子的氧和 2 原子一氧化物的化合物。

这个氧化物的特征是:橄榄绿色,不通过加热或脱氧就不能在硝酸和硫酸中溶解,在放出氧盐酸后才在盐酸里溶解。在空气中长期暴露后,逐渐发生变化,多半是成为黑色氧化物。

3.二氧化物.为了测定从最纯的天然氧化锰转变为一氧化锰时可推断出的氧量,我曾成功地采用了如下的两个方法。第一,在一个气体瓶中将 39 或 40 格令的氧化物与 60 食盐混合,加入 80 格令水,以及 120 格令重量的浓硫酸。必须逐渐加热到沸腾,氧盐酸气可以收集在一夸脱的石灰水中。发现该气体足够使 800 容量的检定绿色硫酸铁(1.156)转变为红色,即是说,它能产生 29 格令氧盐酸,使 7 格令氧与绿色氧化铁化合。按 100 容量的 1.156 硫酸盐,根据我的一些新近实验,含有 8 格令绿色氧化物(迄今为止,我估计该检定硫酸盐的比重为 1.149);所以 800 含有 64 氧化物。在上述实验中,该 39 格令的氧化物如果是纯的,将会消失或溶解,产生 32 格令一氧化物,加上 7 格令的氧即为原来的重量。所以我们得知,39 格令氧化物分解为 32 格令一氧化物和 7 格令氧。这样,如果我们认为 32 格令一氧化物含有 7 格令氧,则 39 格令天然氧化物看来是由 1 原子锰(25 格令)与 2 原子氧(14 格令)组成的,或者说,是该金属的二氧化物。第二,把氧从锰转移到铁的一个更加直接而迅速的方法如以下所述:将 39 格令纯粹的灰色闪光的氧化物与 800 容量的检定绿色硫酸铁混合,加入 25 或 30 格令容量的强硫酸,搅拌 5 分钟后,锰的氧化物完全溶解掉。用石灰水使铁的氧化物徐徐沉淀,将会看到沉淀完全是黄色或浅黄色的,这表示 7 格令氧已从锰的氧化物转移到铁的氧化物,如果用较多的绿色硫酸铁,则过量的氧化物将会析出为绿色,沉淀的次序是黄色铁的氧化物、绿色铁的氧化物、最后是黄色或浅黄色锰的氧化物,如已经叙述过的那样。这就提供一个容易而又细致的方法来鉴别商品中不同的锰的氧化物;也正是用这个方法,在前面一个表中作出对各个样品的估价。

三种氧化物的比值可以总结如下:

锰　氧

一氧化物	100+28—浅黄色,可溶于酸
中间氧化物	——+42—棕色,不溶
二氧化物	——+56—黑色,不溶

在此,我们增补一些其他人研究过的锰的氧化物的结果。伯格曼发现三种氧化物,含有 100 金属+25,35 及 66.6 氧;约翰博士发现三种氧化物,含有 100 金属+15,25 及 40 氧;贝采里乌斯发现五种氧化物,含有 100 金属+7,14,28,42 及 56 氧;戴维则发现二种氧化物,分别含有 100 金属+26.6 及 39.9 氧。

23. 铬的氧化物

看来至少有两种铬的氧化物,其中一个发现与铅或铁的氧化物化合。但由于到目前为止,它还是这样的稀少,以致很少化学家有机会进行氧化铬中的铬与氧的比值的研究。对于这个课题的报道的主要来源是下列一些文章:沃奎林,《化学年鉴》,第 25 及 27 卷;塔塞特,同上,第 31 卷;马新·普钦(Mussiu Puschin),同上,第 32 卷;戈登(Godon),同上,第 53 卷;劳吉尔(Laugier),同上,第 78 卷;以及贝采里乌斯,《哲学年鉴》,第 3 卷。

铬的氧化物,如我们所能够料到的,可以从它们具有的颜色,以及它们进入其他化合物后呈现的颜色而加以区分。氧化物中的一个是绿色,它使翡翠着色。另一个是黄色,溶于水,但结晶后呈深红色,并具有酸的特性,与碱、碱土类以及金属氧化物化合;它首先在西伯利亚发现,是与铅的氧化物化合的,是一种盐,即现在所说的铬酸铅,具有灿烂的黄色,略带橘红或红色。在这以后,铁的铬酸盐,先后在法国、美国以及西伯利亚发现,有较大数量存在的希望。

为了研究铬酸原子的重量,必须注意到曾被我们仔细检验过的铬酸盐类。草碱、重土、铅、铁以及汞的铬酸盐都是我们最熟悉的。

沃奎林曾告诉我们,根据分析结果,天然铬酸铅的组成和用合成法得到的人工铬酸盐的组成并不很一致;因为根据近代科学作过校正的分析结果是:

$$铬酸铅 = 62 酸 + 97 氧化物$$
$$合成铬酸铅 = 57.5 酸 + 97 氧化物$$

可是,贝采里乌斯最近曾把他的实验结果给我们,包括分析的和合成的;他测得两种铬酸铅都近乎等于 44 酸 + 97 氧化物。

$$铬酸钡(沃奎林) = 47.8 + 68 氧化钡$$
$$铬酸钡(贝采里乌斯) = 44 酸 + 68 氧化钡$$
$$天然铬酸铁(沃奎林) = 55 酸 + 35.5 氧化物$$
$$天然铬酸铁(劳吉尔) = 55 酸 + 35.5 氧化物$$

在从一个化学界朋友赛姆斯(J. Sims)那里收到了一小份铬酸草碱溶液后,我尽量利用这个原料做出令人满意的结果。该溶液比重为 1.061,结果是 100 容量中含有近乎 67 格令的铬酸和草碱以及其他一些物质。该液体呈美丽的黄色,对颜色检定呈碱性。根据通常的检验,我有理由相信,该溶液含有如下的比值,即:

2.2 格令铬酸

2 格令草碱

0.8 格令未结合的草碱

1.4 格令碳酸草碱

0.3 格令硫酸草碱

6.7 格令

用硝酸中和这个液体后，我制成了铅、钡、铁及汞的铬酸盐。我倾向于相信，这些盐的组成大致如下：

中性铬酸草碱　46 酸＋42 草碱

中性铬酸重土　46 酸＋68 重土

中性铬酸铅　46 酸＋97 氧化物

中性铬酸铁　46 酸＋32 氧化物(黑色)

中性铬酸汞　46 酸＋174 氧化物(黑色)

根据这些结果，铬酸的原子重 46；根据贝采里乌斯的结果是 44，以及根据沃奎林的那些结果是 45 至 64，我不愿被理解为对上述结果寄予重大的信任，虽然我倾向于相信它们是良好的近似值。

该铬酸是铬的二氧化物还是三氧化物呢？

这个问题显然要受到下一个问题的影响，即有多少氧必须从铬酸中取出而使其降低为绿色氧化物。沃奎林求得 46 酸失去 6.5 氧，贝采里乌斯为 10.5，当铬酸加热转化为绿色氧化物时，从前者的数字则推得铬为 32，绿色或铬的一氧化物为 39，酸或二氧化物为 46；从后者的数字，得出铬为 25，一氧化物为 32(未知的化合物)，绿色氧化物为 1 个一氧化物与 1 个二氧化物相结合〔等于 71，等于 50 铬＋21 氧，也等于(25 铬＋10.5 氧)×2＝35.5×2〕，二氧化物为 39，以及三氧化物或铬酸为 46。究竟这些观点中哪一种是正确的，我还没有机会完成任何在我看来具决定性的实验，但我将提出一些与它们有关的意见。

绿色氧化物是仅次于铬酸的最著名的化合物，通常用铬酸通过任何脱氧过程制得，并能与酸类结合。由于这些原因，它被认为是一氧化物。的确，似乎还不曾有一种金属，其一氧化物未被发现，而其二氧化物和复合化合物都已被发现了。但是，还有沃奎林与贝采里乌斯观察到的另一个氧化物，是将硝酸盐加热，或者将硝酸与绿色氧化物的化合物蒸干，把酸赶掉而制得的。该氧化物为棕色，并在用盐酸处理时产生氧盐酸。从这点看来，它似乎是绿色氧化物与铬酸之间的中间物，也可能是两者的化合物，或即铬酸铬(chromate of chromium)。但从另一方面看，它又一定要认为是二氧化物。至于确定绿色氧化物为 39 的想法，则是根据我曾观察过的事实，即 46 份铬酸与 64 份铁的绿色氧化物结合而成 110 份铬酸铁。在这种结合中，铁的氧化物可以说是从铬酸中借用了 1 个原子氧，于是这个化合物可以被认为铬的绿色氧化物与铁的红色氧化物的结合。当这个沉淀与盐酸作用时，得到一个绿色的含有氧化铬的溶液，同时铁的红色氧化物沉淀出来，正如沃奎林所观察到的。为了形成上述的铬酸铁(或者更可能是次铬酸铁)，可将一定量的中性铬酸草碱用铁的绿色硫酸盐处理，加入石灰水足够使硫酸饱和，得到一种棕红色沉淀，多余的硫酸盐和石灰水必须慢慢地加到澄清液体中，直到沉淀变为绿色，这时如以上所述求得它们的比值。这个人工合成的化合物看来是次铬酸盐，而天然的化合物则是铬酸盐。对 5⅓ 格令汞的铬酸盐在适度红热下所发生的分解我有理由表示怀疑；这个化合物含有 1.1 铬酸，它应该是至少生成 0.9 或 0.8 的绿色氧化物，可是它只生成 0.6。

总的来说，我想这个看法比较可靠，即铬的原子是 32，绿色或一氧化物是 39，二氧化物或铬酸是 46。

24. 铀的氧化物

从克拉普罗思、布肖尔茨和沃奎林的实验来看,铀有两个氧化物。但由于该金属的矿物极少,金属与氧的比值还没有很好地确定下来(见布肖尔茨,《化学年鉴》第 56—142 页;沃奎林,同上,第 66—277 页或《尼科尔森杂志》第 25—69 页)。这些氧化物是由矿石溶解在硝酸或盐酸的溶液中通过沉淀得到,杂质先分离掉。

铀的一氧化物经苛性碱沉淀的呈碧绿色,并与酸类形成可以结晶的盐类。另一个氧化物可能是二氧化物,沉淀呈橘黄色,与酸类形成一些不能结晶的盐类,在这些方面它们与铁的氧化物近似。

布肖尔茨估计黄色氧化物为 100 金属＋25—32 氧。由于用盐酸处理时放出氧盐酸,它极其像是二氧化物,如果我们把 28 作为与 100 金属化合的氧,则一氧化物必定由 100 金属＋14 氧所组成,或 50 金属＋7 氧;铀的原子为 50。从他发表的关于铀的硫酸和硝酸盐的报道,该原子的重量似乎可以推断为两倍于上述的数值,即 100。这些不同的结论只能通过今后的实验来验证。

25. 钼的氧化物

最近的,似乎也是最准确的关于钼的氧化物的实验是布肖尔茨做的(见《尼科尔森杂志》第 20 卷第 121 页)。看来有三种钼的氧化物或钼与氧的化合物,棕色、蓝色和白色或黄色的。后面两种有酸的特性,它们看来不像一般氧化物那样与酸生成盐。布肖尔茨确定了上面的等级,并确定该白色氧化物,即钼酸,含有 1/3 其重量的氧(这后来曾由贝采里乌斯确证过)。他还发现,蓝色的氧化物最好是把 3 份棕色的氧化物,4 份白色的,或者 1 份金属与 2 份酸在水中混合,再研磨和煮沸而得。他又指出,该氧化物同白色的一样有酸的性质。布肖尔茨还发现,3 份比重为 0.97 的液体氨溶解 1 份钼酸。按 3 份的氨等于 0.186 实际的氨,以及 1∶0.186∷64∶12,即通常中和 1 原子酸所需氨的量为 12。贝采里乌斯求得 100 钼酸能使 155 氧化铅中和,或是 63 酸对 97 氧化物。布肖尔茨分析天然钼的硫化物(该金属通常被发现的状态)含有 60 金属与 40 硫。

钼酸可由硫化物在坩埚中焙烧并不断搅拌而制得。硫大部分以亚硫酸的形式逸出,同时金属则被氧化,可以把配成溶液的碳酸苏打加入,只要看到有气泡发生就继续加入,这时钼酸苏打就留在溶液中,酸可用硝酸沉淀出来。棕色氧化物最好是把氨的钼酸盐加热至红热而得,氨和一部分氧逸出,剩下棕色氧化物。

有两种观点可符合上述结果。第一个,假定钼的原子重 21,第二个,假定其重为 42,即前者的两倍。依照第一种情况,棕色氧化物将重 24.5(49),假定其为 2 原子金属与 1 原子氧,蓝色或一氧化物将重 28,白色氧化物,即钼酸,将重 63,为一氧化物与二氧化物的化合物。于是,钼矿或天然硫化物将照例是一硫化物,含有 21 金属和 14 硫,即 60 金属和 40 硫。依照第二种情况,该棕色或一氧化物将重 49,蓝色或二氧化物为 56,酸或三氧化物为 63。天然硫化物，钼矿，依照这个观点必定为二硫化物，或 42 金属和 28 硫。

前面一种观点对氧化物不大好解释，但对硫化物则能很好地符合；后面一种观点显示出氧化物系列更有规则，但从硫化物看来则又不大可能。另外，金属的三氧化物的想法是有些离奇的，尤其是对一种与氧都很少化合的金属。总的来说，我倾向于采用前一种观点，但这只能认为是不肯定的。把该原子作为 60（见第一卷第 97 页）无疑是错误的。

26. 钨的氧化物

从德埃尔胡阿茨（D'Elhuiarts）、布肖尔茨[1]和贝采里乌斯[2]的实验看来，钨酸很有可能是大约 100 金属＋25 氧所组成的。它是黄色粉末，密度 6.12，最好是从天然的钨酸石灰（一种稀少的矿石）得到。1 份钨酸石灰和 4 份碳酸草碱共同熔融，溶于水中，然后用硝酸把钨酸沉淀出来。还有一种较低级的氧化物，是黑色或深棕色的，贝采里乌斯在红热的玻璃管中把氢气通过黄色氧化物，使其变为蚤棕色。100 份这种氧化物燃烧后生成 107 份黄色氧化物。因此，100 金属必定与约 16.5 或 17 氧化合而形成这种氧化物，即黄色氧化物或钨酸中所含氧的 2/3。总的看来，考虑到该金属比重之大，生成 3 种氧化物并不是不可能，酸或黄色氧化物就是其第三种。所以钨的原子必定是 84，一氧化物为 91，二氧化物为 98，其三氧化物，或钨酸为 105，天然的钨酸石灰，如果是纯的，根据以上所述将为 81.4＋18.6 石灰，这与克拉普罗思的分析相差不大，他在一个样品中测得 18.7 石灰；也与贝采里乌斯的结果相差不大，后者在 99.8 钨酸石灰[3]中测得 80.4 钨酸和 19.4 石灰。

但是还有另一种观点，也与实验相符，而且在其他方面或许也是可取的，即假定钨酸的组成为 1 个原子二氧化物和 1 个原子一氧化物的结合，在这种情况下，钨的原子为 42，一氧化物的原子为 49，二氧化物的原子为 56，而钨酸为 105，同前面一样。

27. 钛的氧化物

关于钛的氧化物还没有什么能够肯定。由贝采里乌斯所引用的一个由里克特观察到的结果（《哲学年鉴》3—251），如果能作为依据的话，倒是提供了一个重要的事实，即一个含有 84.4 氧化物盐酸钛的溶液生成 150 盐酸银。按 150 份盐酸银含有 28 份酸，所以 28 份酸必曾与 84.4 份氧化物结合，再按 28∶84.4∷22∶66，得出 66 接近一原子氧化物的重量，这说明 59 为该金属一个原子。

28. 钶的氧化物

钶的白色氧化物或酸是发现与氧化铁或氧化锰结合的，其比值接近于 4 个酸对 1 个

---

① 《哲学年鉴》，6—198。
② 《哲学年鉴》，3—244。
③ 《哲学年鉴》，8—237。

氧化物。从钶铁矿和钽铁矿两种矿石中虽然得出近乎相同比值的氧化铁与氧化锰,但发现这两种矿石的比重相差很大,前者约为 5.9,后者约为 7.9。可是由于提取出来的白色氧化物一样,沃拉斯顿博士于是断定它们一定是同样东西。白色钶的氧化物不溶于无机酸中,它与草碱能在熔融状态下结合,并可用大多数酸使其沉淀。有些植物酸,如草酸,酒石酸和柠檬酸,能溶解白色氧化物。当钶的碱性溶液预先用酸中和,再用没食子的浸剂处理,即产生橘红色沉淀,这对钶是特征性质。关于金属与氧的比值,尚没有肯定的测定,但从钶酸与铁和锰的氧化物相结合的巨大比值,以及从该氧化物比重大这点来看,可以相当确定地推断钶原子的重量是大的。假定白色氧化物或酸含有 1 原子金属＋3 原子氧,以及钶矿为 1 原子酸与 1 原子氧化物所形成,则我们应有 128 酸＋32 氧化物。这便得出 107 为金属原子的重量,但没有必要详述这些推测。

在最近加恩(Galn)、贝采里乌斯及艾格茨(Eggertz)诸位先生撰写的研究报告中(《化学年鉴》1816 年 10 月),认为可能只有一个钶或钽的氧化物,并说 100 金属结合 5.485 氧,或 121 金属结合 7 氧。如果这是正确的,则 1 原子钶必定为 121,而一氧化物为 128。

(参阅《化学年鉴》)43—271;《哲学学报》,1802 年;《尼科尔森杂志》2—129;同上,3—251;同上,25—23)

29. 铈的氧化物

铈石的比重为 4.53,由 50％或 60％的铈的氧化物和硅土、石灰及铁所组成。铈石经过煅烧并溶于硝盐酸中,溶液用苛性草碱中和,然后用酒石酸草碱处理。沉淀经充分洗涤后,再煅烧,即得到纯净铈的氧化物。该氧化物是白色的,在敞开的空气中煅烧时转变为红色并获得较多的氧。这些氧化物,尤其是白色的,溶于大多数酸中;红色氧化物与盐酸作用放出氧盐酸。

根据到目前为止做过的实验,还很难使我们对该金属与氧的比值作出假定,也还不能得出这些氧化物之间的相对重量比。

沃奎林[1]和希辛格尔(Hisinger)[2]一致地认为铈的一碳酸盐在红热下生成 57 或 58 氧化物,前一个作者说,这是红色氧化物,是由煅烧而转变的。希辛格尔求得过碳酸盐含有 36.2 酸和 63.8 氧化物,还求得铈的盐酸盐含有 100 酸及 197.5 氧化物。但沃奎林观察到铈的硫酸、硝酸及盐酸盐,虽然是经过干燥,总是或多或少带酸性。他测得铈的一草酸盐在煅烧后生成 45.6 红色氧化物,这是三个相互间差别不大的实验的平均值。假定所有这些事实都是正确的,用一些假定把它们协调起来绝不是不可能的。设铈的原子为 22,一氧化物 29,以及红色氧化物 32.5(即 1 个氧＋2 个一氧化物等于 65),再设一碳酸盐为 1 原子酸,1 原子氧化物与 1 原子水,过碳酸盐为 1 原子酸与 1 原子氧化物,草酸盐为 1 原子酸(40)与 1 原子氧化物,以及盐酸盐(饱和了盐基的)为 3 原子氧化物与 2 原子酸。这样就发现:分解一碳酸盐得到 57.5 红色氧化物;分解过碳酸盐得到 36.7 酸,63.3

---

[1] 《化学年鉴》,54—28。
[2] 《哲学年鉴》,4—356。

氧化物;分解草酸盐得到 47 红色氧化物;以及分解盐酸盐将得到 100 酸(22)与 197.7 氧化物。

所有这些都与上述结果十分近似地符合的。

因此,据我看来,很可能几种金属及氧化物的原子是如以上所述的,并且很可能是

100 铈＋31.8 氧＝131.8 一氧化物,白色;

100 铈＋47.7 氧＝147.7 中间氧化物,红色。

希辛格尔从一些相同的数据,结合上述假定以外的一些其他假定,推断出两个氧化物与上述相差很大,即对一氧化物来说是 100 金属＋17.4 氧,对过氧化物来说是 100＋26.1。

第十四节　土类、碱类和金属的硫化物

硫化物是两个元素间一种极其重要的化合类型。许多金属主要存在于天然的硫化物状态中,用特殊的程序提炼出来。人们经常制得硫与金属、土类和碱类的化合物,并发现它们在化学研究方面有用处。碱类和土类的硫化物似乎不大会是两个元素的化合物,但是由于它们与二元素的化合物很相似,所以我们在这个标题下讨论它们,尤其是,因为它们经常被用作试剂来生成金属硫化物,如果没有这些硫化物的一些知识,便不能很好地了解。为了同样的目的,三个元素,硫、金属和氧的化合物,称为硫氧化物(sulphuretted oxides)或硫化亚硫酸盐的,以及硫、金属、氧和氢四个元素的化合物,称为硫氢化物的,可以在同时讨论,它们与严格定义的硫化物或者由硫和不分解的物体形成的化合物有着密切的关系。

硫可与土类、碱类或金属在加热时随着对象的性质不同而发生不同程度的化合。在许多情况下,结合时伴随着发光着火,表示有热放出。金属氧化物与硫在一起加热时通常产生金属硫化物,氧与一部分多余的硫以亚硫酸形式逸出,其余的硫则升华。

在湿法中可用硫化氢、水合硫化物(是硫化氢与其他碱类或土类的基结合而成的)以及碱化的硫化物(这是给予某些土类和碱类的硫化物的一个名称,它们大都由相应的基与硫在水中煮沸而成)。硫化氢可用气态的或与水的化合的水合硫化物和碱化的硫化物,最好是用水溶液。在这方面,金属是用盐类,即氧化物与酸的化合物,留在溶液中,或者在有些情况下它们的氧化物先沉淀出来再加上硫的化合物;碱类和土类有时在水合物状态下直接硫化,其他时候则在盐类状态或在与酸化合的状态下采用双亲和法(double affinity)。在湿法里生成硫化物的现象是多种多样的,并且经常是复杂的,要得到真实结果常会遇到许多困难和麻烦。

1. 石灰的硫化物

当把捣碎的石灰与硫混合,并在坩埚中加热时,几乎没有发生任何结合现象,硫升华

或烧掉,剩下没有起变化的石灰。如果我们用石灰的碳酸盐代替石灰,碳酸盐也是剩下而没有变化。但是如果将石灰的水合物与相等重量的硫混合加热,水合物即分解,石灰会与一部分硫结合,同时过量的硫则在低红热温度下升华或烧掉。残余物约为原来重量的60%,是黄白色粉末,由硫和石灰所组成。如果再用硫处理并加热,该粉末不发生实质性的变化,后来加的硫完全逸去,留下的是没有变化的硫化物。这个事实表示它一定是一个真正的化合物。

如果把 32 份石灰水合物,由 24 石灰及 8 水所组成,与 32 硫混合加热如上,它们将形成 38 份硫化物。该化合物一定是由 24 石灰和 14 硫或硫与水所组成。但从后来所做的分析来看,后面这部分完全是硫。所以该化合物是由 1 原子石灰和 1 原子硫所组成,也就是石灰的*一硫化物*(protosulphuret)。

把 32 份普通的石灰水合物和 56 份硫在 1000 份水中一起煮沸半小时或更长时间,不时加水以补充失去的水分,可得到一个鲜明的黄色液体,带有几格令残渣,所含石灰与硫都和原来组成相近,还有几格令矾土。这液体当然是含有 1 原子石灰,也可能是水合石灰与 4 原子硫的化合物。所以有时叫做石灰的*四硫化物*(quadrisulphuret)。如果所用硫或石灰比上面比值多,则多余部分将留在残渣中而不发生化合,这表示在这过程中除四硫化物外没有其他化合物生成。类似的溶液可以在冷水中通过不断摇动而得到,但作用要慢得多。四硫化物的强度随所用组分的相对数量而变化。我曾把它煮沸,直至水分减到仅为所溶物体的 5 倍,看来这是在通常温度下强度最大的,它的比重为 1.146。但一般我用的只是密度小于 1.07 的。在此,可以提醒一下,即我发现小数用 4 乘,很近似地表示在 1000 格令容量溶液中以格令计的石灰重量,用 9 乘,即是硫的重量,由于这个理由,比重为 1.06 的溶液在计算时是方便的,因为 100 容量这种溶液含有 2.4 格令石灰和近乎5.4 或 5.6 的硫。

有点感到意外的是,在这过程中既没有二硫也没有三硫化石灰生成。人们可能会想,在石灰硫化的过程中会经过二硫化物等形式,直至硫过量时才达到最高的形式,但是正如已经观察到的那样,唯一生成的是四硫化物,不论配料的比值是怎样。我猜想其理由是,作用前硫一定要先使石灰的水合物分解,而少于 4 原子的硫便不足以达到这个效果。已知水与石灰结合很牢固,需要红热才能使其分开。所以,当我们把石灰水与石灰的四硫化物混合时,一定要把它看作只是两者的混合物,石灰并不能把硫平均地分开。与这一致的想法是,在生成石灰的四硫化物中,每当石灰过量时,我们都应该把该溶液看作含有四硫化物的石灰水。这种区分在溶液很淡时相当重要,因为这时石灰水中的石灰量和已同硫化合的石灰量相比起来是很大的。

1. *一硫化物*. 这个化合物的性质是,大约 1 格令溶于 1000 水中,该水溶液以及其粉末本身味道都像蛋白,铅的盐类被溶液析出黑色沉淀,稀硝酸和盐酸能把石灰溶解掉,剩下硫,100 份检定酸需 19 份粉末,产生 7 份硫。这表示化合物为 12 石灰与 7 硫。同样的结论可由铅的溶液得到,如果含有 1.9 格令粉末的水用硝酸铅沉淀,将需 7 格令的盐,等于 2.2 酸与 4.8 氧化物,或 4.5 铅,这时将有大约 5 或 5.5 格令硫化铅生成,而液体将含有 3.4 格令中性硝酸石灰。

2. *四硫化物*. 这个化合物很久就知道了,有些性质也已研究过。但在作者中我还没有看到对它的比重作过任何测定。它具有美丽的黄色或橘黄色,1格令能使1000份水呈现极其明显的颜色,具有讨厌的苦味,把水分蒸发,能结晶出来,或者更确切地说,结成黄色的一块。但其性质由于在蒸发过程中获得氧而受到影响。该块状物干后燃烧发生蓝色火焰,并失去重量40%,剩下的为白色粉末,是石灰的亚硫酸盐与一硫化物的混合物。液体四硫化物暴露在空气中很快就覆上一层白色薄膜,这是被氧气析出的硫,当一层膜破碎下沉,另一层又形成,如果这样继续下去,直至最后氧不再使硫析出沉淀,这时液体便完全无色。它具有强烈的苦味,并含有石灰、硫和氧,其比值我们就要来测定。把该无色液体放在瓶中用普通软木塞塞好,放置若干年,会逐渐发生变化,一些硫及硫酸石灰沉淀下来。但这是由于进一步取得氧气,还是由于一些内部的化学作用,我还没有机会研究。

从上面的观察资料看来,显而易见,为了生成纯净的四硫化石灰,就要去除大气,因为空气存在时由于起泡而引起的搅动会加快该化合物的氧化作用。我把168格令升华硫与96石灰水合物混合,该石灰水合物我在以前的试验中已经求出是含有70石灰,包括2或3格令矾土和26水。把该混合物放入一只小的平底圆烧瓶,然后加水直至颈部,再用软木塞松松地塞住。将瓶浸入一锅水中,煮沸2—3小时,将该瓶不断转动来搅动混合物使其加速溶解。待不溶解的部分沉下去后,将澄清溶液轻轻倒出,测得为2800格令容量,密度1.056,残余物在适度烘干后重34格令,求出含8格令石灰和矾土以及25格令硫。因此该液体含有62石灰和143硫,或2.2%石灰和5.1%硫,即是说,按24石灰与56硫的比值,或即1原子石灰对4原子硫,其重量等于80,硫的原子假定为14。这里,我们是用合成方法证明其组成为四硫化物。无数的其他实验,虽然其准确性不够严格,却都使我相信,不论其所用原料的比例如何,液体总是大致相同的,唯一变动的只是在这些情况下的残余物。

1805年以来,关于被石灰的四硫化物所吸收的氧以及沉淀出来的硫,我曾先后做过许多实验,它们都一致地证明相同的结论,即在它从黄色转变为白色状态时,每1个原子这个化合物都获得2原子氧,沉淀出2原子硫。例如,100容量的上述1.056溶液获得900容量氧气,等于1.22格令,并沉淀出2格令硫,除掉粘在瓶上的一小部分,估计为1格令的十分之几。该方法是,把100容量放入一只有刻度的塞好的充满氧气的瓶中,剧烈振荡半小时,不时地在水面下稍稍打开瓶塞让水补充被吸收的氧气的体积。当液体继续振荡五分钟不再有显著的吸收时,静置,让硫沉下,液体变为无色,这时实验即告结束。这个新的化合物含有1原子石灰,2原子硫,以及2原子氧等于66。有必要给它一个名称:我建议叫做硫化亚硫酸石灰,因为它是一个原子硫与一个原子亚硫酸石灰的结合,或者更确切地说,其他中性盐有时确实能与一个原子硫化合,这在后面将会介绍。该硫化亚硫酸盐溶液可以在沉淀产生以前浓缩至比重1.1,这时它大约含有12%的盐,或5硫,9.5氧与4.5石灰。从溶液中蒸发而沉淀出来的盐呈白色粉末状,燃烧时产生微弱的蓝色火焰,并失去重量20%,剩下的为亚硫酸石灰。当100格令容量硫化亚硫酸盐(1.1)用氧盐酸石灰饱和时,能得到5格令氧,接着生成12.5格令硫酸(含有5硫及7.5氧),这可用重土测定法求得。饱和点可以从放出的氧盐酸的持久气味而知。

但如果用氧盐酸石灰氧化四硫化石灰,则结果稍有出入。当1原子四硫化物一获得

2 原子氧后，它就像前面所说一样，变为无色，但析出的硫是 0.75 而不是 0.5，当加入多一些氧盐酸，使 1 原子盐获得 3 原子氧时，则生成的完全是石灰的硫酸盐。其饱和点可在液体中加入少量盐酸来测定，只要盐酸一过量即产生氧盐酸。这个方法在分析碱类及土类硫化物时总的来说是很好的。

当四硫化石灰用碱性碳酸盐处理时，发生了相互交换反应，碳酸取得了石灰，碱取得硫，而剩下 1 原子硫与碳酸盐一起沉淀出来。这样就得到了一个硫化碳酸石灰与一个碱的三硫化物。硫在低于红热的温度下从碳酸盐中烧去，剩下 75% 的碳酸石灰。在以石灰为对象时，这个方法为四硫化石灰提供一个极好的分析方法，例如，上述 1.056 四硫化物加入 100 检定碳酸草碱（1.25），得 29 格令沉淀，燃烧呈蓝色火焰，剩下 22 格令等于 12 石灰＋10 酸，按 540：12::100：2.2，正如上面用合成法所测定的，而且 12 石灰，10 酸以及 7 硫正是 24 石灰，20 酸和 14 硫，即一原子硫化碳酸石灰的组成与前面求出的亚硫酸石灰相似。

当四硫化石灰用正好与石灰作用的硫酸处理，硫即部分沉淀出来，但是与硫酸石灰结合在一起，或者至少它们是不能用机械方法分离的。该化合物在商店中出售，名为沉淀硫，含有大约一半硫酸石灰，另一半为硫。硝酸和盐酸也从四硫化物中沉淀出部分的硫，但它呈胶粘状，并放出硫化氢。四硫化物中元素的比值用这些酸中任何一种都是不容易测出的。

四硫化石灰与金属盐类之间的相互作用是很奇怪，也是很有趣的，例如与硝酸铅的作用。把含有 97 氧化物的硝酸铅溶液逐步地用四硫化石灰处理，直到黑色沉淀不继续生成，标志出准确的饱和点，这时将发现 36 份石灰和 84 份硫已经加入，析出的硫化铅干燥后重 145，含 90 铅和 55 硫，即是说，1 原子铅与 4 原子硫，因而是铅的四硫化物。液体保持清澈无色，含有硝酸、石灰、氧化铅以及 1/3 的硫；每一个原子硝酸与一个原子石灰结合，并保留四原子硫中的一个，成为硫化硝酸石灰，其组成为 45 酸，24 石灰和 14 硫；7 份氧与 7 份硫结合形成亚硫酸，它需要 12 份石灰来饱和，并需要 7 份硫，形成硫化亚硫酸石灰。因此，我们发现，28 份硫留在液体中，其余（56）则与铅结合。如果现在我们逐渐加入更多的硝酸铅，即出现一种银白色的沉淀，并继续增加直到加入硝酸铅的量为原来的一半，这时液体就饱和了。白色沉淀为硫化亚硫酸铅，加热时立即变黑，并失去重量 15% 或 20%，成为铅的一硫化物。该液体现在含有石灰的硫化硝酸盐及单纯的硝酸盐，硝酸铅加入时没有作用，但加入硝酸汞则沉淀出黑色硫化物。

四硫化石灰用氧气饱和，正如已经观察到的，在溶液中含有硫化亚硫酸石灰，并析出硫。该液体用硝酸铅处理，生成同上面一样的银白色硫化亚硫酸铅沉淀，并保留硝酸石灰在溶液中。

石灰的硫氢化物. 该化合物可由硫化氢通入石灰水形成，水呈棕色，但饱和点不易测出，这是因为石灰水未被中和，不能由颜色检验显示出来，而水本身也要吸收大约其体积两倍的气体。用硝酸铅的中性溶液可以求得 1000 体积的石灰水约需 600 体积硫化氢，因为这时可以观察到双重亲和力的相互饱和，即是说，形成了硫化铅及中性的硝酸石灰，但是如果不是这样，则留下的液体将不是酸性便是碱性。石灰的水合硫化物和其他水合硫化物都有特别的苦味。它是一种对金属有用的试剂，但在保存时常由于易获得氧气而

容易变质。

2. 苦土的硫化物

我曾设法用干法使硫与苦土化合,但没有成功。可是液体的硫化物则由于双重亲和力的作用很容易形成。

用硫酸苦土的溶液处理一定量的液体四硫化石灰,使硫酸足够与石灰作用,在适当加热下蒸煮,硫酸石灰即沉淀出来,并带下 1/4 的硫,苦土的三硫化物留在溶液中。在这硫化物与石灰的硫化物之间,除上面看到的在它们化合物中比值不同以外,我没有发现它们有任何显著的差别。

苦土的硫氢化物. 该化合物可由硫化氢水倾入新近沉淀出来的苦土中得到,它同石灰的化合物没有很大的差异。1 原子硫化氢(15)与 1 原子苦土(17)化合,该化合物溶于水。

3. 重土的硫化物

一硫化物. 重土的硫化物可用与制取石灰的硫化物相同方法获得,即是把重土的水合物与硫在一起加热,直到混合物变红。它不大溶于水中,在其他方面也与石灰的相应的化合物相似。它含有 68 重土和 14 硫,或 100 钡氧与 20.5 硫。

四硫化物. 重土的四硫化物可用四硫化石灰的同样制法来制备,即将重土的水合物与硫一起煮沸,生成化合物的黄色溶液。从外表看来,很难与四硫化石灰区别,大多数性质都相似。在获得氧后,即成为无色的硫化亚硫酸重土,结晶呈针状,在这一点上,它是与石灰的化合物不同的。该液体硫化物的最大密度我没有机会确定过,估计是 1.07 或 1.07 以上。液体硫化亚硫酸盐的最大密度要比石灰的小得多,在液体比重低于 1.004 时即已发现晶体,干燥时有着漂亮的绿光,带黄色,加热燃烧具有蓝色火焰,留下块状白色硫酸盐,保持着原来的晶体外观,并失去 20% 重量。10 格令硫化亚硫酸盐,当用液体氧盐酸石灰处理使其达到饱和时,需要 2+格令的氧,生成 8 格令的硫酸重土,以及过量的硫酸,后者再与盐酸重土生成 8 格令的硫酸盐。从这些事实可以得出结论,硫化亚硫酸盐是由 1 原子重土,2 原子硫,2 原子氧及 2 原子水所组成,并有 4 个氧从氧盐酸得来,使亚硫氧化物变为硫酸。硫化亚硫酸重土似乎在长时间后会转变为硫酸盐。四硫化重土的原子重 124。从质量讲,该化合物含有 100 重土和 82 硫。

重土的硫氢化物. 该化合物可用与石灰相应化合物的同样制取方式生成,并发现有着相似的性质。相互饱和的比值,我发现,如同石灰一样,是 15 份重量硫化氢对 68 份重量重土,即各一个原子。

4. 锶土的硫化物

锶土的一硫和四硫化物都可用石灰与重土的相同方法生成。根据有关这些化合物的一些实验,在它们和其他碱土相应化合物之间,我没有发现有任何显著的差别。

锶土的硫氢化物. 该化合物可用制石灰的相应化合物的同样方法生成,相互饱和的比值是各一个原子,即 15 份硫化氢对 46 份锶土,以重量计。

5,6,7,8 及 9. 矾土、硅土、钇土、甜土和锆土的硫化物

我曾几次作过矾土与硫化合的尝试,都未成功。当矾土与硫混合加热,主要是硫升华掉,剩下矾土和极少量的硫酸矾土。

在用湿法时,将新沉淀出来的潮湿的矾土与硫在水中煮沸,生成一个含有微量硫酸的液体,但没有矾土的硫化物,硫和矾土都沉淀出来。当把硫升华或烧掉,剩下的矾土与原来的基本相同。当明矾的溶液用硫化石灰处理时,硫酸石灰即沉淀出来,伴有绝大部分的硫,这些硫与硫酸石灰看来发生一种微弱的结合,而不是机械混合物,而同时沉淀出来的矾土却可能是机械混合物。在溶液中剩下的是一些硫化草碱和硫酸石灰。

硅土的硫化物. 我认为是不存在的。当硅酸草碱溶液用四硫化石灰处理时,立即出现大量的深棕色或黑色的沉淀,过滤后液体呈浅黄色,看来含有大约一半的硫和草碱化合,而其余一半则沉淀下来与石灰及硅土化合。该黑色化合物可能为 1 原子石灰、2 原子硫、2 原子草碱和 2 原子硅土。因此,不能把它看作硅土的硫化物。

钇土、甜土和锆土的硫化物我估计至今还未被发现。

10. 草碱的硫化物

草碱对硫有着强烈的亲和力,并能以不同的方式和比值同硫结合。

第一,用干法加热。当纯粹草碱或碳酸盐(酒石酸盐)在盖好的坩埚中与硫加热,它们就发生了化学结合。8 份干燥的草碱水合物与 6 份或 7 份的硫结合,加热至华氏 400°或 500°是适宜的。如果用碳酸草碱,则 12 份在低度红热下干燥过的盐将需要 8 份硫完全饱和,在这种情况下,为了去除碳酸,将需要较高温度,而在我的试验中低度红热似乎已经足够。在加热不超过 300°或 400°,即发生部分结合,这时碳酸草碱一点酸也没有失去,即与 1/3 的硫结合,其余的硫则剩下没有结合。当用中间温度加热,我发现结果为纯粹的硫化物和碳酸化硫化物的混合物,含有或多或少的硫酸草碱。高温和暴露在空气中都产生硫酸盐而不是硫化物。这样制得的硫化物是处在熔融状态,直至将其倒出冷却。它们具有肝的颜色,因而以往叫做硫肝。它们大部分溶于水,生成棕黄色的溶液。

第二,湿法溶解处理。纯粹的苛性草碱在溶液中与硫煮沸时能使硫大量溶解,42 份纯碱约为 56 份硫所饱和。如果我们用碳酸草碱的溶液与硫煮沸一小时或多一些时候,即得到棕色的溶液,含有 60 份碳酸草碱和 14 份硫处于化学结合的状态。已经观察到,三硫化草碱可利用双亲和法从四硫化石灰和碳酸草碱制得,同时伴有硫化碳酸石灰。

根据以上所述,我们可以推断至少有三种硫与草碱的化合物,即:

1. 硫化碳酸草碱. 它的组成为 1 原子碳酸草碱(61)与 1 原子硫(14)。可按下法进行分析:碳酸的量可从饱和时所需石灰水的量求得,草碱的量可从先前进入混合物的量

知道,硫可以用同样方法知道,或者从它生成的硫化碳酸铅的量求出。硫也可从所需的氧,即从氧盐酸石灰使其饱和所需的量求得。这种饱和我求出是在氧的重量为硫的一半时发生,即 1 原子氧对 1 原子硫。这时立即发生这种情况,一原子硫夺去其他两个硫原子上的氧,生成了硫酸,而其余两个原子硫则与碳酸石灰结合,并与它一起沉淀下来。经常遇到的是硫化碳酸盐与普通碳酸草碱混在一起。它们的比值可由硝酸铅来求出,即将它小心地滴入溶液中,让棕色硫化碳酸铅先析出,接着析出普通的白色碳酸铅。

硫化碳酸草碱吸收氧,并能使金属沉淀,其外表与其他硫化物很相似,但主要的区别还是可以观察出的,有些已在上面介绍过,其他将在下面讲到。

2 和 3. 草碱的三硫和四硫化物. 与石灰的四硫化物的性质极其相似,不需赘述。

草碱的水合硫化物. 这个化合物在适当配制时是由 15 份重量硫化氢与 42 份重量草碱所组成,即各一个原子。它可以直接由这种原子化合而成,或用碳酸草碱把水合硫化石灰分解。它的性质与其他水合硫化物的性质相似。

11. 苏打的硫化物

我曾重复地把大部分草碱的硫化实验用于苏打,除了那些由原子重量而引起的区别以外,并未发现有任何其他显著的区别。

1. 硫化碳酸苏打由 1 原子碳酸苏打与 1 原子硫结合而成,或即 47 份前者与 14 份后者。

2. 三硫化苏打由 1 原子苏打(28)与 3 原子硫(42)所组成。

3. 四硫化苏打由 1 原子苏打(28)与 4 原子硫(56)所组成。

水合硫化苏打. 该化合物是由各个元素一个原子所组成,即 15 硫化氢与 28 苏打。在其他方面,它都与草碱的水合硫化物相似。

12. 氨的硫化物

我发现制备氨的硫化物的最好方法是用氨的碳酸盐处理石灰的四硫化物,直至沉淀不继续生成为止。该沉淀是硫化碳酸石灰,3 原子硫对 1 原子碳酸石灰。液体为淡黄色,含有氨和硫,其比值为 1 原子氨(6)对 1 原子硫,所以它可以被称为氨的一硫化物。

氨的碳酸盐最好是把普通的次碳酸氨加热制得,先研成粉末,在 100°温度加热半小时,或暴露在空气中几天。剩下来的盐几乎没有气味,它大致为 19 份酸、6 份氨和 8 份水所组成,但氨一般稍微过量些。

氨的水合硫氢化物. 该化合物可用干法使硫化氢和氨两种气体在水银面上结合制得。它有白色晶体的外观,极易溶解于水,生成一种有高度刺激气味的发烟液体。它也可由硫化氢通入含有液态氨的容器中制得。我求得约 110 或 120 容量的硫化氢需 100 容量的氨气。所以,它是 1 原子硫化氢(15)与 1 原子氨(6)的化合物。

13. 金的硫化物

至少存在着两种硫化金,其性质与比值都容易确定下来。可是有些作者却说还不曾发现金与疏的化合物,令人惊奇的是,普劳斯特竟是其中之一。的确,其他大多数人可能就是由于他的权威性而不加考察地采用了他的意见。至于他自己为什么受骗则是很难令人理解的。

奥伯卡姆帕夫(Obercampf)是我见到的第一位在1811年《化学年鉴》第80卷中明确地声称有一种或多种硫化金存在的作者,虽然它们过去似乎已为布肖尔茨所承认过。布肖尔茨测得82金与18硫结合,而奥伯卡姆帕夫测得为80对20。

金的一硫化物. 该化合物在把硫化氢通入盐酸金溶液,或在盐酸金溶液内加入与盐基,如石灰和碱类时,结合的硫化氢即能生成。在通入更多硫化氢气体时即有黑色或深棕色粉末沉淀下来,直至全部的金析出。这时金的氧化物失去一个氧原子并由一个硫原子代替它,同时,气体中的氢与氧化物中的氧一起被带走。当把该硫化物烘干加热燃烧时,产生蓝色火焰,剩下的是近乎纯粹的金。我测得该化合物是由81金与19硫(以重量计)所组成,或即100金与23硫。

金的三硫化物. 该化合物是把四硫化石灰逐渐滴入盐酸金的溶液中得到的。它是黑色粉末,但并不像前面硫化物那样深。必须注意将过量的酸预先用石灰水饱和,以避免任何没有结合的硫沉淀出来。三硫化金加热燃烧时产生蓝色火焰,剩下的是近乎纯粹的金。在这过程中硫化物失去重量从10%到45%。它的组成为1原子金与3原子硫,接近60金42硫,即100金与70硫化合。

从几个实验中,我得出以下结论,即1原子氧化金获得3原子硫,并与1原子氧分开使其与剩下的硫结合。因而生成了一个三硫化金与一个硫的氧化物。该液体在随后用氧盐酸石灰处理时,发现需要氧化金中两倍的氧才能使其饱和,其相应部分的硫酸可用盐酸重土使其沉淀。

14. 铂的硫化物

硫与铂可以多种方法化合,并可能有不同的比值。但化合并不像许多其他金属那样容易,因此对这个问题还有些地方不能肯定。

当铂的盐类用石灰的硫化物或水合硫化物,或者硫化氢水处理,溶液即缓慢地变为深棕色,最后变为黑色,在摇动后放置几小时,液体变半透明,并有黑色絮状沉淀在底部出现。有时该液体在剧烈摇动后,放置几分钟会转变为透明的棕色,但很快又变浑浊。经过几天,并不时摇动之,液体最后变为清澈,几乎不含有铂,其沉淀物可以收集在滤纸上使其干燥。这种缓慢的沉淀,我发现,不管用什么方法都不能阻止,例如,把过量的酸中和等等。

埃德蒙·戴维先生在《哲学杂志》第40卷中曾把他关于铂的硫化物的实验和观察的结果告诉我们,其中包括一些有用的原始资料。他把氨盐酸铂与硫加热使铂与硫化合,还把铂与硫在抽空的管中加热,把硫化氢气体或硫化氢水加入盐酸铂的溶液中,他把所得沉淀叫做水合硫化铂。

不久前,他曾注意到过硫化草碱与盐酸铂生成的沉淀,但没有对这样得到的化合物提出什么意见。他测定了三种硫化物,即:

次硫化物　　100 铂＋19 硫

硫化物　　　100 铂＋28.2 硫

过硫化物　　100 铂＋38.8 硫

我曾用五种方法得到铂的硫化物:第一,把硫化石灰的溶液逐渐地倒入盐酸铂,并充分地搅动,直至每次皆变为黑色。在放置几天后,反复过滤,干燥,得到黑色的粉末。第二,用石灰的水合硫化物代替硫化物,沉淀是在同样的情况下得到的。第三,用硫化氢,沉淀是同样的方法得到的。第四,10 格令氨盐酸铂用硫化氢水处理,经过不断地搅动,黄色粉末消失,液体看来均匀地呈黑色,最后形成沉淀,通过反复过滤并加入硫化氢水,使全部的铂析出,留下无色的液体。但从这冗长的操作中很难看出一定重量氨盐酸盐所需硫化氢的确切数量。除去在滤纸上大约 1 格令的损失,在这过程中得到 6 格令完全干燥的粉末。第五,氨盐酸铂在盖好的坩埚中与硫一起加热,直至所有未结合的硫被认为完全升华或驱逐掉。

所有这些硫化物,在我看来,在适当温度下烘干以后都是相同的物质,当暴露于低度红热下,它们产生水及亚硫酸,损失 0.75 的重量。

这个问题仍需要进一步研究。铂的硫化物看来具有复杂的性质,它的元素的比值还没有精确地测定。

15. 银的硫化物

银与硫以两种不同的比例结合,生成两种硫化物,呈黑色或深棕色。

1. 银的一硫化物. 这个化合物可用干法或湿法生成。把银片与硫加热,它们就结合而生成这种硫化物,用更高温度加热又会把硫赶出。在银的硝酸或其他酸的溶液中也能生成,银的原子与硫的原子结合,氢则与氧结合。显然,该化合物含有 90 银和 14 硫,原子重 104,即 100 银与 15.5 硫结合。克拉普罗斯求得 100 银与 17.6 硫;文策尔求得 100 银与 14.7 硫;贝采里乌斯求得 100 银与 14.9 硫;以及沃奎林求得 100 银与 14 硫。

2. 银的三硫化物. 该化合物是把中性的银的硝酸盐滴入四硫化石灰或四硫化碱的溶液中生成的。相互饱和看来是在 8 个原子硝酸盐与 7 个四硫化物的原子相互作用时发生。三硫化银是由 90 银与 42 硫组成,或即 100 银与 46.5 硫。它的颜色并不像一硫化物那样深。剩下来的溶液含有亚硫酸,它很容易在加入一部分石灰时转变为硫酸,硫酸的量可以用盐酸重土来测定。

16. 汞的硫化物

在湿法与干法中汞都容易与硫以几种比值结合:

1. 汞的一硫化物. 这个化合物可以最方便地由硫化氢气通入汞的一硝酸溶液,或把石灰等水合硫化物加入同样的溶液得到,该一硫化物以黑色粉末状态沉淀下来。它含有 167 汞和 14 硫,或即 100 汞和 8.4 硫。其生成的理论与银同。

2. 汞的二硫化物. 这个化合物是在湿法中由硫化氢或过量的水合硫化物与二硝酸或二盐酸汞(升汞)混合时生成的。这时沉淀出来的是一种棕色粉末,即二硫化物。但如果硫化氢只用足够生成二硫化物的一半,则我们将得不到硫化物,而得到的将是一硝酸或一盐酸化合物,如普劳斯特所首先宣布的那样。可是我却发现,硫原子却附着在盐的原子上,所以它是硫化物的一硝酸或一盐酸盐,而一个原子的氧则与氢相结合。根据我的经验,该棕色沉淀任其放置几天不加干扰,不会变为黄色、橘黄色或红色,这种现象据说艾克姆先生(Mr. Accum)曾注意到过。如果普劳斯特和一些人的分析是正确的,则二硫化汞与商业上的朱砂、银朱尽管颜色不同却接近是相同物质。硫与汞二元素的结合,当企望其成为朱砂时,可以采用干法,即将原料研磨,并适当地加热,该化合物起初是黑色,后来在适当控制加热的条件下变为红色。该化合物一定是由近乎 100 汞与硫所组成。

3. 汞的四硫化物. 该化合物的生成方法是用四硫化石灰处理汞的一硝酸化合物,四硫化石灰要逐渐地加入,直至澄清的溶液不再产生深色的沉淀。看来似乎是,汞盐的氧与一部分硫化合生成硫酸,而其余的硫则与汞化合。该硫化物是黑色或深棕色粉末,加热时则燃烧而具有蓝色火焰。它的组成为 100 汞与 33 或 34 硫,这是我用合成方法发现的。

当不溶性盐酸汞(甘汞)在四硫化石灰液体中研磨时,就立即分解,生成汞的四硫化物,和盐酸石灰及硫酸或亚硫酸。

当用四硫化石灰逐渐地滴入可溶性盐酸盐(升汞)时,一开始得到的是带黄色的白色沉淀,并逐渐增加,直至盐的一半得到饱和;随后,在继续加入硫化物时,沉淀颜色变深,最后几乎接近黑色,它至少不低于四硫化物。在液体中有很多亚硫酸。

汞的二硝酸盐与四硫化石灰作用产生大量的黄色沉淀。曝于日光下,几分钟内见光的一面就变黑,但在瓶的另一面则仍然是黄色,同时还看到起泡,放出氧气。最后,沉淀转变为普通的四硫化物,液体中则含有亚硫酸和硫酸。

新沉淀并洗涤过的氧化汞能与四硫化石灰起作用。黑色氧化物看来取得 4 原子硫,并把它的氧给予另一部分硫。但红色氧化物则变为浅棕色,干燥后仍保持其颜色。它似乎同黑色氧化物含有同样多的硫,但它是否保留一些氧,我却不能肯定。这作用比用硝酸盐时要缓慢,多用一些四硫化石灰是有利的。

汞与硫在用干法时的结合,是用研磨和加热,生成黑色的粉末,但化合物的种类及其组分的量则没有测定。

17. 钯的硫化物

贝采里乌斯把 15 格令钯屑与硫混合并将其加热,硫的量要足够使没有结合的硫被赶出。增加的重量为钯的百分之 28,当再加硫加热,不再有重量增加。

沃奎林把 100 份钯的三重盐与等量的硫加热,得到 52 份略带蓝色的白色硫化物,很坚硬,敲碎后裂面呈现光泽。他以前曾发现 100 份这种盐含有 40—42 份金属,可见 100 金属与 24 到 30 份硫结合。这与贝采里乌斯的结果大致符合。加热到太高温度,会把硫赶去并使金属氧化。但加热如果适当则剩下钯,银白色,差不多是纯粹的。根据这些材料,钯的一硫化物的原子必定含有 50 份钯和 14 份硫。

18. 铑的硫化物

沃奎林测得 4 份氨盐酸铑(含有 28％或 29％金属)与相等重量的硫混合加热后,得到一个略带蓝色的白色金属小球,重 1.4。看来 100 份金属取得 25 份硫。如果认为这是铑的一硫化物,则一个原子应含有一个铑 56 和一个硫 14,总重为 70。

19. 铱的硫化物

根据沃奎林,100 份氨盐酸铱与同样重的硫加热,得到 60 份黑色粉末,与其他金属的硫化物相似,但 100 份这种盐发现由 42—45 份金属生成。现在假定后面这个数字是正确的,则 3 份铱似乎取得 1 份硫,即 100 份取得 100/33。如果这被认为是一硫化物,则铱的原子应为 42,硫化物为 56。

20. 锇的硫化物

迄今还没有任何硫与锇的化合物被发现过。

21. 铜的硫化物

铜在干和湿的情况下都很容易和硫结合。当三份铜屑和一份硫混合、加热,即出现光亮的燃烧,表示出两种物体的结合。贝采里乌斯曾经说过,铜箔在硫的气体中燃烧得很光亮。

用这些类似的方法得到的一硫化铜,粉碎后,呈黑色或深暗色,它已经由许多人分析过,结果都很接近。普劳斯特发现 100 份铜和 28 份硫结合;文策尔发现 100 份铜和 25 份硫结合;沃奎林发现 100 份铜和 25 份硫结合;贝采里乌斯发现 100 份铜和 25 份硫结合。

如果铜的原子量是 56,硫是 14,则一硫化铜的原子量将是 70。这正好相当于 100 份铜和 25 份硫。

一硫化铜也可以在潮湿的情况下生成。方法是把硫化氢气体或硫氢化物送入一盐酸铜溶液或新沉淀的一氧化铜中。

二硫化铜。无论何时,把硫化氢气体或硫氢化物通入一个含有二氧化物的盐溶液,或刚由任何酸中沉淀出来的二氧化物中,就生成这个化合物。这是深褐色的粉末,外表和一硫化物没有多大区别。它是由 100 份铜和 50 份硫组成,原子量是 84。

四硫化铜. 将四硫化石灰和二氧化铜的盐混合,并将溶液稀释,立即形成一种浅褐色的沉淀,这就是四硫化铜。它燃烧时带蓝色火焰,并留下一硫化物。它的原子含有 56 份铜和 56 份硫,重 112,因此这个硫化物是由等量的铜和硫组成。

根据我的经验,新从铜盐沉淀出来经洗涤过的铜的蓝色水化物与四硫化石灰作用也能生成四硫化铜,而氧则与留在溶液中的硫化合。

22. 铁的硫化物

硫可以用干法或湿法与铁按多种比例结合。

一硫化铁. 这个化合物可以将硫氢化物通入溶解在任何酸中的绿色氧化物而制得。这是黑色的粉末。也可以用一块硫磺摩擦一块高温的铁块来制成,这时二者在液体状态下结合,并很快地凝结成一个黑褐色块状物。也有天然生成的,虽然不太普遍。它出色的分析数据,和黄铁矿的一样,是一些时候以前由哈特切特先生(Mr. Hatchet)提供的(见《尼科尔森杂志》第 10 卷)。一硫化铁有一些磁性,它溶于酸生成硫化氢。应当注意,单独用硫化氢或没有碱存在时,硫化铁都不会从溶液中沉淀出来。根据哈特切特先生,这个硫化物是由 100 份铁和 57 份硫组成,接近于 1 原子铁(25)和 1 原子硫(14)。

二硫化铁. 这是一种时常碰到的天然物质,有许多形式,被称为黄铁矿或硫铁矿,是一种黄色的矿物。破裂时断面通常呈辐射状结构,但有时结晶成立方体或十二面体。除硝酸外,酸类对它很少作用,稀硝酸对硫和铁都起作用,生成很多亚硝气,铁溶解掉,硫主要转变成硫酸。这个硫化物的组成,根据普劳斯特,是 100 份铁和 90 份硫,最近布肖尔茨也同意这个数据(《尼科尔森杂志》),但是哈特切特估计它是 100 份铁和 112 份硫。从我自己对辐射状硫铁矿的一个实验,我得到的是几乎等量的铁和硫。一原子铁(25)和二原子硫(28)应当成为 100 对 112,但是假使硫的原子量只是 13,则成为 100 铁对 104 硫。哈特切特不幸地用 100 份硫化物代替 100 份铁来计算成分的比例,没有注意到硫在通常的硫铁矿中正好是它在磁铁矿中的二倍。

五硫化铁. 这个化合物含有 5 原子硫和 1 原子铁,是由绿色硫酸铁的溶液和适当比例的四硫化石灰混合后生成的。我发现,50 容量的 1.168 硫酸盐饱和 300 容量 1.05 硫化物,冲淡使成为 6 盎司,这就产生 14 格令干燥的硫化铁,等于 3.6 铁(已知这是存在于硫酸盐的)和 10.4 硫。液体中含有与石灰及氧化物中氧结合的 2＋硫,由于它从氧盐酸石灰获得 2.3 氧转变为硫酸,和从氧化物中 1＋加在一起共为 3＋氧,后者与 2＋硫结合构成 5＋硫酸;这个数量的酸经由盐酸重土测定而证实其存在,和由硫酸铁所带入的 5 个加在一起。这个硫化物是黄褐色粉末,它在加热时很容易散发出硫并还原为一硫化物,但是在空气中它燃烧成蓝色火焰,留下的,我认为是部分氧化了的一硫化物。形成五硫化物的原理似乎是这样:3 原子的四硫化石灰需要用来饱和 2 原子的硫酸铁;2 原子的硫酸攫取了 2 原子石灰,3/4 的硫和铁结合,1/4 和其中的氧结合,形成 2 原子硫的氧化物,后者向第三个原子硫化物进攻并把它分解,使其中所含的硫和铁结合,同时把石灰中和(因为发现液体是中性的)。这样,10 个硫原子和 2 个铁原子结合,2 个硫原子和 2 个氧原子及 1 个石灰原子结合,后面这个化合物留在溶液中,而硫的氧化物在加入氧盐酸石灰时能立即转变为硫酸。

值得注意的是,不论是绿色的还是黄色的铁的氧化物,即使是新沉淀下来还没有干的,似乎都不能分解四硫化石灰。

三硫和四硫化铁或许是可以生成的,但是我对这种想法的真实性还未能确定。

23. 镍的硫化物

一硫化物. 根据普劳斯特,镍在加热时和硫结合,100 份镍与 46 或 48 份硫结合。该化合物具有一般黄铁矿的颜色(《物理学杂志》,第 63 和 80 页)。根据埃·戴维先生,100 份镍与 54 份硫结合。用水合硫化石灰饱和硝酸镍溶液时,我从 33 格令一氧化物或 26 格令金属得到 40 格令。它是一种很细的黑色粉末,由 100 份金属和 50 份硫组成。

五硫化物. 像五硫化铁一样,这个化合物可从硝酸镍和四硫化石灰得到。它是深黑色的粉末,由 100 份镍和 26 份硫组成。加热时很大一部分硫烧掉,留下的在升高温度时被逐出。

中间硫化物或许是可以生成的,但是我还没有研究过。

24. 锡的硫化物

硫和锡能以各种比例在干和湿的情况下结合。

一硫化物. 这个化合物在下面的干法中很容易生成,即把 100 格令锡在一小的铁勺中熔融,加热到华氏六百或八百度,然后把 10 格令或 20 格令小片的硫连续地加到熔融的金属中去,每次当硫和锡接触时,都立即产生旺盛的蓝色火焰,并出现白热现象,当这现象一结束,另一碎片的硫就要立即加进去,这样重复二或三次,最后将它加热到完全红热程度,然后把物质取出来,放在研钵中捣碎,大部分成为很细的粉末,但仍有部分韧性的金属和它混在一起,它们可以用筛子分开。分开的物质还必须同前面一样再将其加热并用硫处理,这时整个物质将转变为硫化物。我发现在这个方法中,100 份锡变为 127 格令,它的正确比例是 52 份锡和 14 份硫,因此如果操作适当,这个方法中不会发生锡的损失。根据文策尔,100 份锡吸收 18 份硫;伯格曼是吸收 25 份;佩尔蒂埃是吸收 15 到 20 份;普劳斯特是吸收 20 份;但是上面讲过,约翰·戴维博士和贝采里乌斯发现它接近于 27,我相信这是近乎实际的。

锡的一硫化物是一种深灰色发亮的粉末,有类似硫钼矿或石墨的条纹,它与天然的锑的硫化物在色泽和外观上都没有大的差别,只是蓝色浅些。它溶于热的盐酸中生成硫化氢和锡的一盐酸盐。

二硫化物. 这个化合物比前面一个更为人们所熟悉。它可以由各种方法形成,一种方法是在曲颈瓶中把二氧化锡和硫的混合物加热到几乎红热,这时硫升华掉,硫酸被分解出来,在曲颈瓶底部留下一种黄色、稍有光亮的片状物,这就是硫化物。以前被称为彩色金(aurum musivum)。佩尔蒂埃和普劳斯特认为这个产物是锡的硫氧化物,但是约翰·戴维博士和贝采里乌斯指出,它很可能是一个真正的二硫化物,由 100 份锡和 54 份硫组成。它不溶于盐酸或硝酸,但是缓慢地溶于这两个酸的混合物中,它还溶于热的碳酸草碱中。加热到白热,它就呈蓝色火焰燃烧,留下一种黄色粉末,与一硫化物似乎没有多大差别。

贝采里乌斯在低的红热下蒸馏一硫化物和硫的混合物得到了一种黄灰色和有金属光泽的物质,它含有 100 份锡和 14 份硫,后者恰好是其他两种化合物的平均含硫量。这似乎表示能够生成一种含两个硫的化合物,一原子对一原子。

低锡的硫氢化物. 根据普劳斯特,把硫化氢或碱类与土类的硫氢化物通入一盐酸盐溶液中即生成这种化合物。它在沉淀下来时呈棕色或深咖啡色,干燥时呈黑色。加热时生成水和一硫化物。根据有些实验,我倾向于相信,它是由 1 原子一氧化锡和 1 原子水形成,或者说,1 原子一氧化锡和 1 原子硫化氢。如果这是对的,它可以说是一个 100 份锡、27 份硫和 15 份水的化合物。

高锡的硫氢化物. 普劳斯特将硫化氢或水合硫化物从二氧化锡溶液中沉淀下来的黄色化合物称为高锡的硫氢化物。当适度干燥时,沉淀呈暗黄色、玻璃状断口。但是我发现在 150° 或这个温度以上干燥时,它几乎是黑色的。适度加热时它生成水、亚硫酸和硫,根据普劳斯特,残渣是二硫化锡。我加热过 4 份预先干燥过的上述物质,使其成为一种黑色的玻璃状粉末,这种粉末燃烧时火焰呈微弱的蓝色,在加热到中等红热后,剩下来大约 3 份和人造一硫化物完全相似的物质。我相信干燥的沉淀是由一原子锡、二原子硫和一原子水组成,按重量来说,是 100 锡、54 硫、15 水,等于 169;加热到红热时,它失去 27 份硫和 15 份水,使重量正好降低 1/4。

五硫化锡. 这种化合物是由湿法获得,首先沉淀出氧化物,然后将四硫化石灰或草碱放到含有沉淀的液体中去,直到沉淀经搅拌沉降后,液体继续带有黄色。我发现用 10 盎司石灰水沉淀的 31 容量 1.377 的一盐酸锡,等于 7 格令酸、7.5 格令锡和 1 格令氧,需要含有 16 硫和 7.2 石灰的 450 容量 1.40 硫化石灰来使它们饱和。剩下来的液体是近乎无色的。沉淀在 100° 或者更高一些温度的烘箱中干燥 10 小时,除去操作损失外重 17 格令。它是一种黄色玻璃状物质,当粉碎后加热时,燃烧火焰呈蓝色,并失去重量的 40%,残渣呈黄灰色,看来好像是贝采里乌斯的中间硫化物,它在用热盐酸处理时不会产生硫化氢。现在在假定 52(1 原子锡):70(5 原子硫)::7.5 锡:10＋硫,则硫化物应该重 17.5 格令,这个数值就是观察到的重量,估计损失是 0.5 格令。根据这个数据,100 份锡和 135 份硫结合,燃烧时,由 235 减少到 140,这正是贝采里乌斯在实例中所观察到的重量。该液体需要从氧盐酸石灰中得到 5 格令氧使硫转变成硫酸,由盐酸重土测得的该酸的重量是 11 格令,表示含 4.4 硫。可能人们会说,4.4 格令和 10 格令加起来不等于硫化石灰的总量(16),但是我理解其原因是四硫化物太沉了,不含有全部的硫,它常常随时间消逝而失去一小部分。

二盐酸锡在同样情况下沉淀氧化物,生成一种比上面黄色较淡的硫化物,10 格令左右的锡给出 25 格令经 80° 到 100° 干燥过的硫化物。这个化合物仍含有水,我猜想它含有 1 原子锡、5 原子硫和 2 原子水。

25．铅的硫化物

铅和硫在各种比例下结合，有些是很纯的天然产物。

一硫化物．这是一种叫做方铅矿的天然产物，它有铜灰色和金属外观，可以是块状和结晶状，比重约 7.5。它可以由人工合成：把铅或铅的氧化物和硫加热，也可以把一种铅的溶液用硫化氢或硫氢化物处理。作者们对一硫化铅中成分的比例都是同意的，即 100 份铅和 15 到 16 份硫结合，亦即 90 份铅和 14 份硫，或 1 原子铅和 1 原子硫。

二硫化物．汤姆森博士提到过一种天然的方铅矿，它含有上述化合物的两倍的硫。我有理由相信，这种化合物容易用湿法制成，即将沉淀下来的氧化物用适量的四硫化石灰处理。

三硫化物和四硫化物．我发现这些化合物可以用合成四硫化石灰或草碱的方法来生成。当一种铅的任何盐类溶液或新沉淀下来的湿的氧化物用所需分量的四硫化石灰处理，即生成一个组成为 1 原子铅和 3 原子硫的化合物。它是一种黑色粉末，和一硫化物在外观上没有多大区别，只是比较轻而且更松软些。它是由 100 份铅和 46 或 47 份硫组成。形成上述化合物的适当比例是 100 份存在在溶液中的铅与 62 份硫；0.25 的硫为石灰所保留，当加入氧盐酸石灰其中含有的氧和硫重量相等时，它就可以立即转变为硫酸，因为它已经从氧化铅得到足够的氧使其转变为亚硫氧化物。

四硫化物可用同样的方法得到，只是我们一定要用过量的硫化石灰，或者说，对溶液中 100 份铅硫要多于 80 份，因为至少 0.2 份硫是被石灰所保留的。四硫化物像其他硫化物一样是一种黑色的粉末，燃烧时呈蓝色火焰，并减少约 40％的重量，残渣仍呈黑色。它是由 100 份铅和 62 份硫组成。

我还不能确定其他铅的多硫化物是否能用这个方法生成。

业已注意到第 226 页，当把硝酸铅加入一种溶液，其中硫化石灰所能形成的黑色四硫化铅都正好析出时，就形成一种美丽的银白色硫化亚硫酸铅，并慢慢地沉淀下来。

26．锌的硫化物

锌和硫加热很少直接结合。把氧化锌和硫一起加热便发生化合，部分硫将氧带走形成亚硫酸，部分和锌结合。矿物学家把主要成分为一硫化锌的一种矿石叫做闪锌矿，颜色微黄、棕色或黑得几乎像方铅矿。比重一般是 3.9 或 4。

一硫化物．上面人造的化合物，或矿石，可以作为 1 原子锌和 1 原子硫结合的例子。但是为了化学研究的目的，最正确而又方便的合成方法是将一定量的锌盐滴到稀的水合硫化物中去。形成的白色沉淀干燥后变成深奶油色。它被发现含有近乎 2 份锌和 1 份硫，即 29 份锌和 14 份硫。

锌的二硫化物，三硫化物，等等．这些化合物，直到第五个或"五硫化物"，可以用四硫化石灰等在湿法中制提。氧化物可以先用石灰水沉淀下来，或者不用亦可，然后根据所需要的硫化程度用四硫化石灰处理。我发现 100 容量 1.29 硝酸锌和 2500 容量的 1.026

硫化石灰生成 40 格令干燥的硫化锌,呈微黄色;溶液中保留有 13 或 14 格令硫,是用氧盐酸石灰将它转变为硫酸而测出的。硝酸盐含有 11.5 份锌和 2.8 份氧;因此像已经解释的那样,大约有 28 份硫和锌结合,有 14 份留在溶液中,即整个硫的 1/3 按照比例,11.5：28::29：70,即 1 原子锌(29)和 5 原子硫(70)结合。那些中间比例的化合物我还没有特别研究过,它们在外表上和刚才描述的相差不大,燃烧时呈蓝色火焰并被还原为一硫化物。它们与盐酸作用放出硫化氢。

27 和 28. 钾和钠的硫化物

根据戴维和盖-吕萨克的研究,钾、钠与硫在加热结合时会发生激烈的燃烧。生成的化合物好像是一硫化物,一硫化钾接近于 35 份钾对 14 份硫,一硫化钠接近于 21 份钠对 14 份硫。当钾、钠和硫化氢一起加热时,同样发生化合,二原子气体与一原子金属结合,此外还放出 1 原子氢,在数量上当然是相当于它们和水作用时所放出的。当用盐酸或硫酸处理这样生成的化合物时,几乎放出与原来结合进去相同数量的硫化氢。因此这个化合物可以看作是硫化氢和一硫化物的结合。这些硫化物的颜色可以从灰色变到黄色或淡红色。

29. 铋的硫化物

一硫化物. 铋和硫在加热时发生化合,与硫化锡情况一样。在进行过四次这样操作以后,我发现,100 份铋和 22 份硫化合,因此这是一硫化物或 1 原子铋(62)对 1 原子硫(14),也可以用氧化铋代替金属来做。它具有深褐色或黑色的金属外观,和锡的硫化物很相似。它在和盐酸共热时生成硫化氢。

硫氢化铋. 当把铋溶解到硝盐酸中形成的溶液滴到水合硫化石灰中去时,即有黑色粉末沉淀下来,在普通温度下干燥后,成为水合硫化物,或者 1 原子硫化氢和 1 原子氧化铋。用冷的盐酸处理后生成硫化氢。但是如果把沉淀在 200° 左右干燥,水的原子似乎被去除掉,只留下一硫化物。这样,我发现 69 份氧化铋和 15 份硫化氢结合,形成 84 份在空气中干燥过的硫氢化铋;但是把它加热一会,它就失去 8 份水,并还原为一硫化物,大体上仍保留与以前一样的外观。

二硫和三硫化铋与氧. 当把铋的硝盐酸盐倒入水中,氧化物就沉淀出来,如果把酸水轻轻倒去,把四硫化石灰放到潮湿的氧化物中,并适当地搅拌,氧化物就从石灰中吸取硫,假如硫的数量是足够的,每个氧化物可获得 2 或 3 个原子硫。在 6 盎司水中,我加入 100 格令容量 1.286 硝盐酸盐,后者从它的组成来看,知道其含有 20 格令氧化物;等沉淀停止后,我倒出 5 盎司酸水,并加入 300 格令 1.056 硫化石灰,同时搅拌 10 分钟。这样就得到 33 格令在 120° 温度下干燥过若干小时的棕黑色硫化铋。我将得到的硫化铋和 100 格令盐酸放入一个气瓶中煮沸,只获得 2 或 3 立方英寸的硫化氢,氧化物溶解掉,硫析出来;析出的硫经过收集和干燥后重 9 格令,氧化物通过在盐酸中加水再沉淀下来,干燥后除去损失,重 17 格令。这一情况表明,氧化物中的氧一定是主要保留在化合物中,并一定是和 2 原子,而且大部分和 3 原子的硫结合。因为 20 格令氧化物需要 12 格令硫形成三硫的氧化物,现在有证据表明,它即使不准确,也近乎是具有这个数量的。

30. 锑的硫化物

一硫化物. 这是一种天然产物,具有深灰色金属外观的矿石,比重 4.2,也可以人工地通过加热金属锑和硫使其结合而成,大多数作者都同意把它的百分含量定为 74 份锑和 26 份硫,即 1 原子锑(40)对 1 原子硫(14)。和盐酸一起加热,生成硫化氢,并得到金属氧化物的溶液。

硫氢化物. 当用硫化氢或一个水合硫化物把锑从溶液中沉淀下来,或用酸从硫化物的碱性溶液中沉淀下来时,呈橙黄色粉末状,称为金色的硫化物。它是由 1 原子硫化氢和 1 原子一氧化锑组成;用盐酸处理,很快即产生硫化氢,同时氧化物与酸结合。加热时,水被驱除出来,留下一硫化物。它含有 40 份锑、7 份氧、14 份硫和 1 份氢;或 54 份一硫化物和 8 份水。

二硫、三硫和四硫化氧化锑. 当结晶的盐酸锑和稀的四硫化石灰一起搅拌时,生成一种橙黄色的化合物,含有氧化物和硫。我把 22 格令湿的盐酸盐结晶加到 350 四硫化石灰中,用石灰水稀释,同时充分搅拌若干时间,得到 26 格令干燥的黄色硫化物。加热燃烧时呈蓝色火焰,留下 13 到 14 格令灰色的硫化物,相当于 10 格令左右锑;由于该化合物在盐酸中加热时得到一种溶液,同时硫析出时没有气体放出,故一定是一个四硫化物,或者,可以说,是硫化的氧化物。硫化石灰少用一些也会产生一个有同样颜色的硫化物,只是含硫较少,所以很明显可以有各种比例的化合物存在。新沉淀出来的几乎不含酸的氧化物可以用来代替结晶的盐酸盐来产生这些化合物。

31. 碲的化合物

根据戴维的研究,碲和近乎相等重量的硫在加热时能结合起来。它可能像一般情况一样生成一种一硫化物。这将会得出碲原子和硫原子重量相等的结论。但是它和用其他碲的化合物所得的结果不一致,因此上面的事实可能还没有充分确定。

32. 砷的硫化物

把金属砷和硫,或砷的白色氧化物和硫的混合物加热到接近红热,砷可以和硫化合。在后一种情况下需要较多的硫,因为氧要以亚硫酸形式被带走。如果希望有一个较大比例的硫被结合,那么可以用三份砷和二、三或更多份的硫,加热温度不要太高,由于这两种元素在中等加热程度下都是挥发性的,而且挥发程度不同,因此,以合成方法来确定元素化合的比例是相当困难的;如果加热不够,就只能得到一个任意的不同比例的机械混合物;如果加热过头,部分砷和硫就升华了,同时硫化物本身在不比它们结合时所需要的热大多少的情况下也要升华。因此,那些采用合成方法的所得结果大多数都不一致。分析方法是可取的，那些采用这种方法的人都最成功，但是即使这样，也比大多数其他硫化物遇到较大的困难。

人造的砷的硫化物主要组成有两种，它们也被发现存在于自然界中。

1. 一硫化物. 天然的硫化砷称为雌黄，在土耳其和其他一些地方发现有相当大的数量。断裂时呈现出叶状结构，稍带柔韧性，并具有明亮的金黄色。比重一般为 3.2 左右，至少我所采用的样品是这样。当加热到接近熔化时表面变红，可能是由于硫的损失。同样的硫化物可以用湿法获得，只要用硫化氢或一种硫氢化物处理氧化砷等在水中的溶液，然后再用酸处理，或者把一种砷的硫化物溶解于碱中，再用酸处理这个溶液都可得到。柯万在 1796 年时曾说过，该化合物一般被认为是由 100 份砷和 11 份硫组成，但是韦斯特拉姆（Westrumb）称，它含有 100 份砷和 400 份硫。柯万认为后者更为可能；但是这些都与实际相去甚远。西纳德 1806 年在《化学年鉴》第 59 卷中断言，它是由 100 份砷和 75 份硫组成，但是他没有说明这个结果的实验根据，同时它也不是与实际很接近。劳吉尔 1813 年在同一杂志第 85 卷的一篇极有价值的文章中，宣布天然的雌黄含有 38％硫，他的方法是将雌黄溶解于热的稀硝酸中，用硝酸重土沉淀出硫酸，并从硫酸重土算出硫的含量，剩下的他认为是砷，不知道他是如何从硝酸溶液中分离出砷酸并用实验方法来测定砷的。我采用的方法则兼有同时测定砷和硫的优点：将 10 格令细粉状雌黄溶解于 100 容量的 1.346 硝酸中，用大量水稀释，再加热 2 小时左右，保持中等程度的恒定的沸腾。得到的液体经稀释后成为 536 容量的 1.061 液体。在慢慢地小心滴入盐酸重土的过程中，我发现 150 容量的 1.162 溶液正好足够饱和硫酸，生成的干的硫酸重土重 28 格令，损失我估计为 1 格令。已知硫酸重土的 1/3 是硫酸，而酸的 2/5 是硫，于是我们有 29 的 2/15，等于 3.87 或 3.9 硫。留下的液体然后用石灰水处理，直到显示出过量，不再生成沉淀。砷酸石灰经收集和干燥后得出 16 格令。现在我用以后将要讲述的实验测得，4/7 的砷酸石灰是酸，酸的 2/3 是砷，因此砷是 16 的 8/21，等于 6.1. 把这个数值加到 3.9 硫上去，即凑成为 10 格令雌黄。

这个雌黄在用苛性碱处理时能完全溶解，我发现它照旧能被酸沉淀下来。若令 61 份砷和 39 份硫结合，则 100 份砷一定要 64 份左右的硫，它相当于每一种元素一个原子，或 21 份砷＋13 或 14 份硫。

2. 亚硫化物. 硫和砷在某些地方天然地结合成具有棕红色或橙色的玻璃状断面的块状物，这个化合物叫做雄黄，在萨克森（Saxony）也有大量的生产，主要是用于花布印染。它的组成和比重变化很大，我想这主要是由于它所经受温度不同以及第一次混合时元素的比例不同。我有比重为 3.3 和 3.7 的两种品种，它们可能还不是最重的，最重的颜色也最深。当然最重的含有最多的砷，我有理由相信，用比重检验元素的比例差不多和化学分析一样好。雄黄粉碎后呈橙色，它比同样重量的雌黄能较快地溶于稀硝酸，同时需要的酸也较少。在苛性碱中能溶解一部分，一硫化物被夺走而留下过量的砷，因而砷的量可以确定下来。10 格令雄黄加入 80 容量的 1.347 硝酸，用大量的水稀释，再在 150°左右硝化，在 1.5 小时内全部溶解，生成 536 容量比重为 1.05 的液体。把它像前面一样处理，得出 24 容量硫酸重土等于 3.2 硫，和 18 容量砷酸石灰等于 6.9 砷。对于天然雄黄中的硫，这个结果几乎和劳吉尔的一致。但他用砷和硫结合而制成的人造雄黄，我估计硫是 40％，而他自己却认为是 42％。他的人造雄黄的比重没有写出。韦斯特拉姆估计雄黄是 100 份砷和 25 份硫，西纳德估计是 100 份砷和 33 份硫。但是根据以上所述，它必须认为是含有 100 份砷和 45 到 50 份硫。100 份同样的雄黄在苛性草碱中加热后，分解为 78 份雌黄被溶解掉，22 份砷被沉淀下来。

我认为极其可能的是，最便于印染工人使用的是一种真的亚硫化物，或含有 100 份砷和 32 份硫，即 2 原子砷和 1 原子硫。这种物质是用来去掉靛青的氧，并使它在溶液中呈绿色，我们可以假想 1 原子砷从靛青中获得氧，然后生成砷酸石灰沉淀出来，另一个原子与氧联合在一起，得到绿色靛青，并使其与草碱结合，生成一个砷、硫、绿色靛青和草碱的四重化合物。这个观点如果是正确的，最重和颜色最深的商品雄黄一定对这种用途最有利，可是有些印染工人宁愿用一硫化物。

3. 二硫化物. 普劳斯特加热 100 份砷和 300 份硫，一次得到 222 份，另一次得到 234 份透明的深绿色的硫化物（《物理学杂志》第 59 卷，第 406 页，1804 年）。现在很明显，假如我们取硫的原子量为 13，砷的原子量为 21，则一原子砷和二原子硫将为 100 对 124，共 224；但是如果取硫的原子量为 14，则比值将为 100 对 133，共 233。这看来很可能是由于普劳斯特碰巧用了一个形成二硫化物所需要的化合温度，也可能是由于劳吉尔总是用较高的温度，不管原先比例怎样，他总是获得同样的（较低的）硫化物，任何一种过量都被热升华掉或分开。

4. 三硫化物、四硫化物等等. 当用四硫化石灰处理氧化砷的溶液时，只有很少沉淀出现，但是如果滴入盐酸，就形成很细的黄色沉淀。我有理由认为，该沉淀有时是一种三硫化物，有时是一种四硫化物或者更高的硫化物。但是研究这些化合物很困难。由于这种原因，我这样讲是把握不大的。

33. 钴的硫化物

硫化氢不能把钴从含有这个金属的溶液中沉淀出来，但是硫氢化物却能把它沉淀出来。

一硫化物. 任何时候只要用硫氢化石灰等处理中性的钴溶液，就能得到这种化合物。它也可以从任何一种酸性溶液得到，先用碱沉淀出蓝色的氧化物，然后把硫化氢导入混合物中。用这后一种方法，我发现，一个已知的含有 44 份（以重量计）一氧化物的溶液吸收了 15 份硫化氢，将沉淀过滤和干燥后，得到 51 份一硫化物。外表上它和许多其他黑色硫化物相似。它含有 100 份钴和 38 份硫。普劳斯特发现是 40 份硫，但是他认为这仅是一个近似值。

同样的硫化物可以由氧化钴和硫一起加热到红热形成；至少这时有化合作用发生，如普劳斯特所观察过的，但是我还没有研究过它的组分。硫和金属在这个方法中看来不会结合。

二硫化物…十二硫化物. 当用稀的四硫化石灰处理新沉淀下来的湿的氧化钴、中性的盐酸钴或酸性的盐酸钴以及其他钴盐时，根据成分不同，生成了各种比例的硫化钴，从二硫化物到十二硫化物，这些沉淀都是黑色的，不容易从外表上区别出来，但是有理由相信,它们都是化合物。

34. 锰的硫化物

虽然硫和锰不能直接结合,但是它们能通过中间物质使其化合,湿法和干法均可。

一硫化物. 这个化合物可以将氧化锰和硫,或白色的碳酸锰和硫的混合物加热到低度红热时形成,也可以用硫氢化物处理锰的溶液生成(硫化氢不生成任何沉淀),这后一种方法似乎是生成一种干的硫氢化锰,它在加热到近乎红热时放出水和少量硫,留下一硫化物。一硫化物呈鼻烟般棕色;但是新沉淀出来的硫氢化物呈浅的淡褐色,暴露在空气中颜色就逐渐变深;干燥后呈棕色,像一硫化物一样;加热时,颜色没有多大变化。硫氢化锰用冷盐酸处理时放出硫化氢,而一硫化物用热的酸处理时也放出硫化氢。

一硫化物中元素的比例可以从下面事实推断出来,即黑色氧化物能产生与它自己一样重的一硫化物,即由 100 格令金属与 56 格令氧组成的 156 格令氧化物生成 156 格令硫化物;所以 1 个原子金属(25)和 1 个原子硫(14)结合。我发现,溶液中 32 份一氧化物与 15 份硫化氢结合,形成 47 份在 100° 干燥过的硫氢化物。这时损失约为 8 份,温度升高可能损失还会大些。

二硫化物、三硫化物和四硫化物. 这些化合物可以用四硫化石灰处理中性的锰溶液或新沉淀出来的氧化物来生成。它们生成较慢,要和不同比例的硫化石灰进行充分搅拌才能形成。它们都呈淡褐色,能被热还原为一硫化物。

35. 铬的硫化物

我不能肯定铬或铬的氧化物能否和硫结合,虽然也曾作过几次尝试。

36. 铀的硫化物

从布肖尔茨的实验来看,铀可以和硫结合,但是比例不曾确定(《化学年鉴》,56—142)。

37. 钼的硫化物

从布肖尔茨和克拉普罗思对辉钼矿的分析来看,天然的硫化物含有 60 份金属和 40 份硫;但是这不能说明它是一硫化物,还是二硫化物。如果它是一硫化物,钼原子就重 21,而如果是二硫化物,金属原子就重 42;这样,硫化物或辉钼原子就必须重 35 或 70。

38. 钨的硫化物

根据贝采里乌斯的研究,在坩埚中加热 1 对 4 比例的钨酸和硫化汞混合物,可以得到硫化钨。在他的实验中,混合物是用木炭掩盖,同时把坩埚放在另一只盛有木炭的坩埚中;然后一起放在炉子中加热半小时。得到的硫化物是灰黑色粉末;它是由 100 份金属和 33.25 份硫组成,或者近乎 3 份金属对 1 份硫。因此如果我们认为钨的原子量是 84,该硫化物一定是二硫化物;但是考虑到它能经得起高温,又像是一硫化物;如果是这样.钨的原子一定只能认为是 42,或 84 的一半。

39. 硫 化 钛

钛和硫的化合物未曾形成过。

40. 硫 化 钶

这个化合物尚不知道。

41. 硫 化 铈

这个化合物也不知道。

第十五节 土类、碱类和金属的磷化物

磷像硫一样能和很多土类、金属及其他物质结合;但是这种结合并不容易发生,而且比起硫的化合物意义也较小。考虑到这些情况以及我们用磷做试验时还可能会碰到危险,费用也较大,我们对这类物质知道还不完全。

1740 年马格雷夫(Margraf)企图使磷和很多金属结合;但是他的实验大多数是不成功的。

1783 年金杰布(Gengembre)力图使磷和碱金属结合;这次他失败了,但是发现了氢的磷化物,即能够自发燃烧的气体,现在命名为磷化氢(《物理学杂志》,1785 年)。

1786 年柯万发表了一些关于磷化氢的试验(《哲学学报》);他证实由这种气体饱和了的水具有使很多金属从溶液中沉淀下来的性质。

在研究磷化物的工作中,机智而又孜孜不倦的佩尔蒂埃比别人有更多的功绩。他的一篇关于大量制造磷的重要论文发表在 1785 年《物理学杂志》上,他在这篇文章里说,6 磅煅烧过的骨头,一般需要 4 或 5 磅硫酸;并说,他用通常的方法从 18 磅煅烧过的骨头得到 12 盎司磷。1788 年他提出了一篇关于金、铂、银、铜、铁、铅和锡的磷化物的论文(《化学年鉴》,1—106)。1790 年他发表了一篇关于磷和硫的结合的论文(同上,4—1)。1792 年发表了一篇关于同样金属磷化物的补充论文,和另一篇关于汞、锌、铋、锑、钴、镍、镁、砷以及其他金属磷化物的论文。

1791 年雷蒙德(Raymond)先生在《化学年鉴》中,介绍用湿的石灰水合物代替碳酸草

碱和磷作用以便更容易制得磷化氢、并于1800年在同一刊物里宣称,水在吸收相当分量的磷化氢后能够从金属的酸溶液里把金属沉淀出来形成磷化物,与硫化氢相似。

1791年坦南特发现碳酸和土类及碱金属结合后在红热时能为磷所分解;皮尔逊博士(Dr. Pearson)在这个发现后又发现纯净的或苛性的石灰可以在加热时和磷结合,生成磷化石灰;还发现把这个干燥化合物放到水里,它就分解并产生磷化氢气体的泡泡,这种气体像往常一样在达到水面和空气接触时就自发爆炸。

1810年我发表了用伏打量气管分析磷化氢的方法;我曾发现该气体和氧气可以在一个狭窄的管子中混合在一起而不爆炸,后来通过一个火花,它就像其他类似的混合物一样爆炸了。

汤姆森博士1816年在《哲学年鉴》8月号中发表了一篇关于磷化氢的论文。他差不多完全同意我关于该气体的组成和性质的意见,但是他还查明了该气体另外一些性质,这些我将在后面谈到。

H. 戴维爵士和盖-吕萨克研究过许多磷的化合物,特别是和盐酸与氧盐酸,以及和新金属钾与钠的作用,这些化合物的独特地位我必须注意到。

除掉我已经提到过的这些,其他作者还写了另外一些有关磷化物的文章,但是这里不需要一一列举。现在我将更详细地对一些磷化物进行说明。

1. 氢的磷化物

从最近我在磷化氢气体的实验中,我发现已经作出的报道(第一卷,第151页)是有缺陷的,许多地方是不正确的;因此我用下面比较完整而正确的实验来代替它们。

近乎纯净的磷化氢可用汤姆森推荐的方法制得。把小心地和大气隔开的磷化石灰放入一个充满了水的小瓶中,用盐酸使之酸化;立即在水下用带有弯管的软木塞塞好,使小瓶和管子都充满水;气体很快地开始出现,并升到小瓶的上面,排出相当分量的水,同时到适当时候,气体就跑出来,并可以像平时一样地收集起来。如果把发生气体的小瓶加热到140°到150°,则气体更易逸出。一个半盎司的小瓶,加入20格令小块的磷化物,将产生3或4立方英寸的气体。如果把磷化石灰预先在大气中暴露若干小时,气体会更多,但主要由氢组成,混有少量磷化氢。

纯粹的磷化氢可用下面的性质来鉴别:1. 气泡一进入大气就爆炸,随即升起一个白色的烟圈;2. 它不适宜于呼吸,不支持燃烧;3. 以大气为1,它的比重是1.1左右;4. 水最多能吸收其体积0.125的磷化氢气体,煮沸或者用其他气体搅动,它会再次被赶出来,但是总有一些损失;5. 当把小部分这种气体通电一些时候以后,会析出很多磷,同时从1体积膨胀到4/3体积左右,并被发现为纯氢气;6. 液体的氧盐酸石灰能吸收磷化氢将其转变为磷酸和水,如果有任何游离氢存在,它就会留下来。因此在任何这种混合物中,我们能够确定游离氢的比例,这对该气体来说是很重要的一点;7. 一体积的纯磷化氢需要二体积的氧在伏打量气管中用电火花使其完全燃烧(气体必须预先在一个直径不大于3/10英寸的管子中混合,混合时要防止爆炸,混合后可以安全地将其转移到任何其他容器中);燃烧的结果是磷酸和水;8. 一体积磷化氢和二到六体积亚硝气混合后,可以在伏打量气管通电爆炸;或者不用通电而送入一个氧气泡使其爆炸;同样,磷化氢和氧的混合物可以通过送入一个亚硝气的气泡使其爆炸;9.一体积磷化氢和四体积左右的亚硝气混合,在通电时也具有爆炸性,但是不通电,这个混合物至少一天里不发生变化;10.磷化氢和亚硝气的混合物具有缓慢的化学作用,在 1 到 12 小时内磷化氢被燃烧掉,亚硝气则被分解为氧化亚氮和氮;11.根据 H.戴维爵士和汤姆森博士,磷化氢在一个干燥的管子中和硫一起加热后,气体被分解,形成一个新的气体硫化氢,同时磷和硫结合。戴维说,通过这个操作,气体的体积增大了一倍,但是汤姆森说,气体体积保持不变;因此在这个问题上还存在着一些疑问;12.把磷化氢气体通入氧盐酸气体,即发生迅速燃烧,有黄色火焰发生,其结果随气体比例不同而异;当一体积磷化氢放到三或四体积氧盐酸气体中,两种气体都消失了,产生出盐酸和磷酸。

由于这些性质在许多方面和人们迄今所说的还有所不同,所以还有必要详细讨论它们。这个气体的比重已经讨论过(第一卷),存在着很大差异,从 0.3 到 0.85;最近汤姆森博士发现是 0.9 左右。在所有这些例子中,我认为没有疑问多少混有氢气;至少在我自己的例子中是这样;因为我将它完全燃烧时所需要的氧先后都称过,本来我认为那是纯粹的气体,即 100 体积这种气体需要近乎 150 体积的氧,但是现在认识到,这种气体含有其体积 1/3 的游离氢;因此比重需要校正。戴维估计他所称为磷氢气的比重是 0.87 或氢的 12 倍;这个气体从各方面性质来看,多半是近乎纯粹的磷化氢气体。

用水吸收这个气体曾有过各种说法。1799 年雷蒙德发现水吸收略小于其自身体积1/4 的气体;1802 年亨利博士认为它的吸收只是 1/47;1810 年我发现是 1/27;1812 年戴维发现它(磷氢气)是 0.125;1816 年汤姆森博士发现它是 1/47;我现在估计它是 0.125,如上面所说的。这些重大的差异可能部分是由于气体的种类不同;部分是因为对吸收理论不清楚。但是这些都不是充分的理由。我发现我早期关于用水吸收磷化氢的试验都是在发现用电燃烧法分析气体之前;因此,有关该气体性质的这些实验是有缺陷的,不论是在把水搅动前,还是在搅动后;我所有过的最好的气体在燃烧时,每一百份需 150 份氧,不计算任何普通空气在内;而通常所需的氧要比这少得多。1810 年为了这个目的,我用瓶子装有 2700 格令水;首先把水充以氢气;再将 120 格令容量的磷化氢放入,并充分搅动,有 98 容量剩下;这证明该气体比氢容易被吸收;在同一水中,再多放入 98 容量磷化氢并加以搅动,有 80 容量跑出来;下面的试验进一步肯定这个证明:在同一水中放入97 容量氢并充分搅动,出来的是 105 容量,这表明氢再一次驱除出一部分气体,而且氢是两种气体中吸收较少的。这些现象就像用氧来代替磷化氢,氧是被认为与磷化氢有同样的吸收率的。

可是在下面这个例子中,我做得更加仔细;为了使水饱和氮气并把氧赶掉,我用纯氮气重复把水搅动,然后放入 110 格令容量由 100 容量纯磷化氢气体、5 容量氢气和 5 容量氮气(或大气)所组成的气体。在适当搅动后,除 35 容量外都被吸收了;把这 35 容量气体和一已知分量的氧混合爆炸,体积缩小为 19 容量,留下的氧用氢测定;从这个测定看来,似乎 10 容量可燃气与 9 容量氧作用。而 10 是 35 的 2/7,我们可以认为,水是 2/7 被磷化氢饱和,5/7 被氮气饱和;但是因为 105 容量可燃气只留下 10 容量,95 容量一定是进入水中,使水 2/7 被充气;所以我们可以推断 332 容量气体能够使 2700 容量的水完全充气;它差不多正好是水的 1/8。其他实验也给出相似的结果。在水中引入 51 容量氮气并充分搅动 4、5 分钟,跑出来的仍是 51 容量即原来的体积,用同样的方法发现其含有 43 容量氮气和 8 容量可燃气,后者需 10 容量氧。再一次用 51 容量在水中搅动,放出来 51 容量,其中 5+是可燃气,需 9 容量氧。然后把这瓶水放在加热到沸腾的水锅中,并在瓶上装好一个盛有水的弯管,一端浸入水中。通过这样操作把气体从水中驱逐出来,收集在瓶的颈部,当体积达到 22 格令容量时就把它移开,发现其含有 17 氮与 5+可燃气,后者需 10 容量氧。通过这些试验,我们看到通过鼓泡和通入其他气体都能把气体重新从水中驱出,质上几乎一样,但是量上减少很多,其原因还不很清楚。现在这个液体在其饱和以前需要 30 容量氧盐酸石灰,相当于 100 容量的氧,这就是说,在水中看来留有 50 容量磷化氢。加入少量石灰水可以察觉出有磷化石灰沉淀下来。

在磷化氢通电发生膨胀这一问题上,也同在吸收问题上一样存在许多不同意见。1779 年亨利博士发现它的膨胀"与碳酸化氢相等"(《哲学学报》)。1800 年,戴维说,磷化氢在通电时体积不变(《研究》,第 303 页)。1810 年,我根据自己的实验得出同样的结论。1811 年,盖-吕萨克发现(《研究》,第 214 页),在磷化氢中把钾加热,体积由 100 膨胀到 146;他推断真正膨胀应当是 150。1812 年,戴维观察到,当电火花通过这种气体时,"通常没有体积的变化"。(《化学哲学基础》,第 294 页)。但是他又说,当一种气体(比重 6,氢作为 1)和锌屑在汞上加热时,体积膨胀要超过 1/3。又钾在其中加热时,要使 2 体积变成 3 体积,或者是 3 体积变成 4 体积多(1810);在这些例子中,残留下来的气体都是纯氢气。水合磷气体(比重 12)在同钾加热时产生两体积氢气。1816 年汤姆森博士发现,电火花能使磷沉淀出来,留下的氢"正好等于原来磷化氢的体积。"最后,在 1817 年,我从两个实验中发现,30 格令容量磷化氢在水面上一根管子中通电 2 小时左右,体积膨胀 0.2,即气体变成 36 容量;原来的气体含有 2.5 容量普通空气,其余是可燃气,后者 100 容量需要 190 容量氧。用氧气把残留气体爆炸,我发现 1/15 或 1/20 的磷化氢仍留下来没有分解。把这些观察和 1 体积极纯气体燃烧需要 2 体积氧这个事实一起来考虑,我断定真正的膨胀应该是 1/3,即 3 体积应该变为 4 体积,于是我们将会发现,1/3 的氧与氢结合,2/3 与磷结合,这与我所认为唯一正确的磷酸的组成(2 原子氧对 1 原子磷)的观点是符合的。

氧盐酸,不论是游离的还是结合的,对磷化氢的作用都是稀奇而有趣的,在两种情况下,它都使磷和氢发生完全而自发的燃烧。当氧盐酸在气态时,它不只是燃烧磷化氢,也燃烧可能存在的任何游离的氢。但是这里有一个限度,即假使磷化氢大量用氢气稀释(90%),则氢气全部留下。理由似乎是磷化氢能在一个较低的温度下燃烧,所以很可能液体的氧盐酸石灰能燃烧磷化氢而不燃烧氢。

饱和一个已知体积的磷化氢所需氧气的量是很容易求出的。含有一已知百分数氮气的氧气当和适当比例的气体混合时,氧一定要过量些。混合物爆炸后,一定要观察它损失多少,留下的氧必须用氢气爆炸来测定。因此第一次爆炸所用的氧的真正体积和可燃气的体积都被测定了。由于氧的合适的比例非常接近于 2:1,以至于我不能决定真实情况是在哪一边,是小于 2:1 呢,还是大于 2:1?汤姆森博士说,当二体积磷化氢和一体积氧混合后,出现白烟,氧的体积逐渐消失,留下的氢的体积正好等于磷化氢的原来体积。可是我从未看到过这样现象。一个磷化氢和氧的混合物,放 24 小时后,并没有察觉出缩小,以后把它爆炸,对 1 体积的磷化氢正好失去 2 体积的氧,这和混合时就爆炸完全一样。可能温度有些影响,我的温度是在 55°左右。

我曾经试过消耗或驱除磷化氢气体最少的氧气量。用大约 1/4 磷化氢体积的氧就可以使它爆炸,和戴维观察过的磷氢气体的现象相同。这时磷被沉淀下来,并留下约比磷化氢原来体积大 10% 的可燃气。这气体几乎是纯氢。因此整个气体可以被略少于相等体积的氧在 2 次连续爆炸中消耗掉。如果磷化氢用等体积的氧爆炸,则生成亚磷酸,水和少量的磷酸,并留下一些氢气。

一个最显著的由汤姆森博士宣布的磷化氢的性质是,它和亚硝气在通电时的燃烧;而我在前面已经提过的该气体的缓慢燃烧则更是一个难于解释的事实。我在 1810 年试验过,用亚硝气通电燃烧磷化氢,但是没有成功。理由是气体不十分纯。我认为磷化氢纯度不到 70% 或 80% 是不能被亚硝气所爆炸的;即使是最纯的,按最理想的比例混合,有时通一个火花也不够,要通几个火花。我知道在有些情况下混合物要通电几分钟后才爆炸。像我们用氧来爆炸一样,亚硝气过量或不够,就会在残余气体中发现氧或氢。为了相互饱和,一体积磷化氢需要 3.5 体积亚硝气,这是我所能求出的最接近的数值。产生出来的氮气的量是 1.75 体积或稍微少些(在所有这些情况中,对已经存在于两种气体中的氮已作过适当的扣除)。

在不通电时,亚硝气和磷化氢的相互作用表现出一种化学中最奇怪的现象。亚硝气好像不断地在分解,一部分生成氧化亚氮,另一部分生成氮气,虽然在混合物中仍有过量的亚硝气留下未分解,而磷和氢却完全燃烧了;但是如果亚硝气不够,则在残余物中发现有氧化亚氮、氮气和一些磷化氢,而其余磷化氢则完全燃烧,转变成磷酸和水;在这种情况下,磷好像并不比氢优先,也没有发生部分燃烧。仔细考虑一些试验结果,我倾向于对这种奇怪的情况提出下面的解答:1 原子磷化氢在同一时候进攻 5 原子亚硝气,1 原子磷取得 2 原子氧,并把相应的 2 原子氮给予 2 原子亚硝气,生成 2 原子氧化亚氮,而氢气从第 5 个原子取得 1 个氧并放出氮;因此 2 容量氧化亚氮和 1 容量氮是一起生成的,它们在残留物中通常就是成这个比例。氮气好像不经过氧化亚氮这个中间状态,因为亚硝气一不存在,燃烧立即终止。

应该特别提到戴维的磷氢气。这个气体与我们已经描述的是同样的东西,几乎可以不用怀疑。它们在比重、水中吸收率、燃烧时所需的氧气量、用最低限度氧燃烧时体积的稍微膨胀和在氧盐酸中可以燃烧等方面都是很接近的,这些都足够证明它们的同一性。据说在这个气体中把钾加热,1 体积生成 2 体积氢;但是更精确的标准是通电,还不曾发现通电时生成 2 体积。此外,戴维和盖-吕萨克都发现在比较普通的磷化氢中把钾加热,使它从 1 体积扩大到 4/3,而通常用电是得不到这样结果的;因此钾被认为是以某种方式帮助产生一部分氢。我相信,自发燃烧或爆炸不是磷化氢气体的显著标志;这个气体在生成时,它通常由于它所带起来的未结合的磷而发生爆炸,但是把最好和最纯的磷化氢在水上停留一些时候后,就完全或部分地失去这种性质,虽然察觉不出它损失掉一点磷。

一般说,磷化氢长期放置会沉淀出磷。这看来是真实的,但是沉淀比我想象的要慢得多。七年前我将一瓶不纯的磷化氢放在一边,那时我标明,10 份可燃气需 14.6 份氧;这个瓶子并没有被特别小心保存使其和大气隔离;尽管这样,现在 10 份可燃气还需 6.7

份氧,因此仍含有一些真正的磷化氢。

2 和 3. 碳和硫的磷化物

见第一卷第 153 页。

4. 石灰的磷化物

在加热到暗红的放有新煅烧的石灰碎片的玻管中把磷升华,即生成这个化合物。当升华的磷和热的石灰接触,两者便产生明亮的光而结合起来,并在适当时间达到相互饱和。产物是一个干燥、坚硬的化合物,带深棕或微红色。如果不打算立即使用,冷却后必须放在瓶子中塞好,因为它受大气或潮气的影响会很快地起变化。但只要采取这样的预防措施,我有理由认为它可以保存许多年而不会变质。

就我所知,还没有发表过关于磷和石灰结合比例的实验。杜隆(Dulong)在一篇有价值的关于磷和氢化合的文章中(《阿格伊学会专题报告》,1817 年,第 3 卷)发表了一些关于他对碱土磷化物实验的记录;但是遗憾的是,他没有给出关于它们之间的比例。

为了确定磷,我把 10 格令保存得很好的磷化石灰放到 1000 格令液体氧盐酸石灰中,根据以前做过的试验,我知道会有 3.5 格令氧放出来;在这个混合物中放入足够的盐酸与石灰结合,被释放出来的磷化氢在一产生时就通过液体而被氧化掉,不再成为气体状态;把瓶子倾斜防止剩余气体逸出;该气体只有 45 格令容量,其中 30 是纯氢,其余是从水中离开的空气,而这 30 容量的氢是游离氢,是以通常的形式和磷化氢混合的。在适当时间内所有磷化石灰都溶解掉。液体呈强酸性,没有显示出氧盐酸的气味,这证明它是完全分解了。接着向溶液再加 70 氧盐酸石灰,直至产生氧盐酸的持久气味,然后把该液体用石灰水饱和,小心地收集磷酸石灰,并把它烘干,在加热到暗红时重 12 格令,根据我对这个化合物的估计,它含有 6－格令磷酸和 6＋格令石灰。6－格令酸含有 2.4 酸和 3.5 氧。一定要记住,10 格令磷化物产生约 500 容量的磷化氢,它们含有 650 容量氢,后者也被氧盐酸氧化掉,但是这时从水中得到相当分量的氧,所以这不影响对氧的计算。看来只有过量的 0.24 格令氧还没有说明(由外加的 70 容量氧盐酸石灰所引起),这是在这样一个实验中所料想到的微小的数量。如果磷等于 24％,我们可以合理地推论其余的(76％)大部分是石灰,虽然我还不曾测到过高于 60％。现在假如 1 原子磷重 28/3,1 原子石灰重 24,则一磷化石灰的适当比例将是磷 28 和石灰 72;但是当做成商品出售时,很可能是磷不足而不是过多。

根据杜隆,当碱土磷化物用水分解,就有磷化氢和次亚磷酸生成。我认为这个测定是对的;因为我发现在由 10 格令磷化石灰生成的磷化氢中最多只有 1/3 上面比例的磷;余下的 2/3 看来是和氧及石灰结合留在液体中;即 1 原子氢和 1 原子磷结合,1 原子氧和 2 原子磷结合。尽管如此,由氧盐酸石灰从残留物生成的磷酸,一般并不符合上面的数量。这个损失可能是由于磷在机械的悬浮物内被气体带走。

杜隆观察到,即使是碱土次亚磷酸盐也是极易溶解的;但是对于石灰,我看不是这种情况：10 格令曾在空气中暴露过 20 分钟的磷酸石灰，放在盛有 400 格令水的气瓶中；将它保持接近沸腾 1 小时，有 725 格令容量的气体发生，同时将一些磷带入到接受瓶和水盆中。气体经分析后，发现含有 62％ 的磷化氢，33％ 的氢和 5％ 的一般空气。在气瓶中 400 格令水用氧盐酸石灰处理，再用石灰水处理，很难看到有多少磷酸石灰生成。不溶解的残渣干燥后重 9 格令。溶于盐酸留下不到 1 格令的污垢的黄色粉末，表示有一些磷；盐酸石灰显示出约有 6 格令石灰。

5. 重土的磷化物

磷和重土的结合可以用上面所讲的同样方法进行，同时化合物也具有同样的外观。杜隆对于这个磷化物特别注意进行研究。根据杜隆，它和磷化石灰一样，加到水中，有磷化氢放出，并在停止放出时，留下一种完全不溶于水的粉末，有可变的颜色，黄色、灰色或棕色。它不被空气所改变；但是加热时，产生微小的磷的火焰。几乎能被稀硝酸或盐酸完全溶解，放出微量的磷化氢，只留下微量的黄绿色粉末，能溶于氧盐酸中。把被酸溶解的部分用氨沉淀，得到磷酸重土。从这些事实，他推断不溶于水的残留物含有一小部分带过量碱的磷化重土和磷酸重土。在磷化物分解的水内含有重土的大部分；碳酸可使它产生少量的沉淀，留下中性溶液，含有次磷酸重土，这种盐看来是一种很容易溶解的盐。硫酸能把重土沉淀下来，在液体中留下次亚磷酸。

关于磷和重土化合物的比例，从实验来看，还不能够确定；但是从类比来看，它们的化合物可能是 1 原子对 1 原子，即 68 份重土和 9 份磷；或 100 份化合物内含有 88 份重土和 12 份磷。

6. 锶土的磷化物

锶土的磷化物可按前面两种磷化物的制法得到。根据杜隆，它的各个方面均与重土的磷化物相似，它的性质没有必要再作详细介绍。

根据类比法，我想，它一定是由 46 锶土和 9 磷所组成，或者一原子锶土对一原子磷；这就是说，100 磷化物应含有 83 锶土和 17 磷。

———————

其他土类和磷的化合物还没有得到过。磷也没有发现和碱金属化合；当碱金属和土类的水合物与磷一起加热时，产生磷化氢和一个可能是碱的磷酸盐或次磷酸盐。据说罗马的西曼蒂尼先生（M. Sementini）已经利用酒精成功地使钾和磷化合。但是，依我看来，他的实验不够明确，因而是不能保证这个结论的（见《哲学年鉴》—7，第 280 页）。磷与钾和钠的化合物将在以后金属磷化物中讲述。

7. 金的磷化物

佩尔蒂埃先生在坩埚中把半盎司纯金、一盎司磷玻璃和 1/8 盎司碳粉一起加热，温度升高到足够使金熔融,发现有磷的烟雾升起,但是磷没有全部消耗掉,留下来的金的颜色比天然的白,用锤子敲很脆。在很高温度下,失去其重量的 1/24,并恢复一般金的性质。

这位化学家将 100 格令纯金屑加热到明亮的红热,然后连续地在金中投入小的碎磷片,直到投入后进入熔融状态。这时金仍保持其色泽,但是在锤子下变脆了,同时断面呈粒状;并增加了 4 单位的重量。

埃德蒙·戴维先生在一抽去空气的管子中加热分得很细的金和磷,实现了它们的结合。化合物呈灰色并有金属光泽。酒精灯的温度就足够使其分解。它含有约 14% 的磷。(戴维的《化学》,第 448 页,1812 年)。

奥伯卡姆帕夫(Oberkampf)和汤姆森成功地观察到,在金的盐酸盐溶液中加入含磷化氢的水即产生沉淀。奥伯卡姆帕夫对这现象有一些有趣的报道。把一股这种气体在金的盐酸盐稀溶液中通过一些时候,然后突然中断,溶液即成为棕色,并很快地变成深紫色。得到一种棕黄色的沉淀,这沉淀就是金属金,同时液体重新成为黄色,含有金的盐酸盐和磷酸。可以把实验继续做下去,其结果都是相似的。但是如果在任何沉淀下沉以前,用气体饱和液体,则得到黑色的粉末,看来不像含有任何游离状态的金,同时液体不再有任何颜色。这种黑色粉末是磷化金;把它加热,即着火燃烧,留下金属的金,但它的元素是不能用机械方法分离的(《化学年鉴》,第 80—146 页,1811 年)。

磷化氢气体饱和的水发现有和气体本身同样的作用。由此,奥伯卡姆帕夫推断说,只要有过量的金留在溶液中,磷化氢就只沉淀金属;但是当气体过量时,磷就离开氢并和沉淀的金结合。

我还设想过金的沉淀,至少一部分是由于游离氢,我们现在知道,它是大量地伴随着磷化氢的,同磷化氢先前制得时一样。尽管这样,我发现用最纯磷化氢饱和的水也具有从金的盐酸盐中沉淀出黑色磷化金的性质,并且是按照完全相互饱和的方式进行的。在液体中,除盐酸外什么也不留下。把一个含有一已知数量金的溶液慢慢地滴加到含有一已知数量磷化氢的水中,直到没有任何黑色沉淀析出为止,饱和点发现是在按重量计 60 份金和 9 份左右磷结合,或 1 原子金和 1 原子磷结合的时候。因此它可以被推断是 100 格令磷化金含有 13 或 14 格令磷,这和前面讲过的埃德蒙·戴维的结果很符合。

8. 铂的磷化物

佩尔蒂埃用和金一样的方法,成功地进行了铂和磷的结合。将磷投入到加热到强烈红热的铂粒上,后者重量增加 18%;但是这可能是过量的,因为有一些玻璃状的磷和该物质混在一起。

在《哲学杂志》第 40 卷中,E. 戴维先生叙述过一些旨在使铂和磷结合的一些实验;他是用铂和磷在一抽空的管子中加热来实现的,结合在不到红热程度时就开始,并发生活跃的燃烧和火焰。化合物呈蓝灰色,根据他的估计是由 82.5 份铂和 17.5 份磷组成。也可在水银上曲颈甑中加热氨盐酸铂及其 2/3 重量的磷,盐酸气被释放出来,氨和磷的盐酸盐升华掉,在甑的底部留在一块处于暗红状态的铁黑色或深灰色物质,比重 5.28。估计含有 70 份铂和 30 份磷,但是我怀疑它是否只含有两种元素。

磷化氢水很少对盐酸铂有任何作用。在过一些时候后,正像汤姆森博士观察到的,出现了一种很轻的絮状物质;但是我认为这只不过是细微的磷的沉淀;我认为该气体能和铂结合,但化合物仍留在溶液中,有些同铂和硫化氢一样。铂可以从澄清的液体中用盐酸锡沉淀出来,外表上就像没有磷化氢存在时一样。

9. 银的磷化物

根据佩尔蒂埃,当磷的小片落入到在坩埚中加热到红热的银中,两者就结合起来并进入熔融状态;当金属被磷饱和时,整体持续保持平静的熔融状态;但是在从火中取出凝固的时候,突然有一些磷挥发出来,燃烧得很活跃,同时金属表面变成凹凸不平。金属冷却后,发现重量增加了 12% 到 15%;他认为液态时它要多含 10%,加在一起就是 25 份磷对 100 份银。

磷化银是白色结晶,用锤子敲是脆的,但是能被刀切割。加强热磷就被分解出来,留下纯粹的银。

雷蒙德和汤姆森都观察到磷化氢水溶液将银从黑色的溶液中沉淀出来。我发现含有 1 格令金属的硫酸银溶液,需要含有 90 格令容量的磷化氢水溶液来饱和;全部银很快地沉淀出来,并不留下什么,水中只剩下酸。现在 90 容量这个气体的重量接近于 1/9 格令;因此,金属和磷的比例是 10 对 1,这表示它们是 1 原子对 1 原子结合,或 90 份银对 28/3 份磷。这比上面佩尔蒂埃测定的磷少了一些。

10. 汞的磷化物

佩尔蒂埃先生几次企图把磷和汞化合。在适当加热的情况下把分散极细的汞粒和水下面的磷放到一起,看来最成功。磷化汞为黑色的化合物,蒸馏时再次恢复到元素状态。

雷蒙德和汤姆森观察到,当硝酸汞用硫化氢水溶液处理时,立即形成大量棕褐色或黑色的沉淀。雷蒙德还说,这个黑色沉淀吸收氧气后,很快由磷化物变成白色结晶的磷酸盐。

我还发现,当黑色沉淀在适当加热干燥时产生了大量的发光的小球,具有原来汞的形态。尽管这样,我发现一定重量的汞盐需要一定分量的气体使其饱和把全部汞沉淀下来。1 格令的汞需要稍大于它的重量的 1/18 的气体或 50 格令容量气体来饱和。这就证明了这种结合是最简单的,即一个原子对一个原子,即 167 份汞对 28/3 份磷;即近似地 100 份汞对 5.5 份的磷。

11. 钯的磷化物

当硝酸钯滴入磷化氢水溶液中,立即形成黑色絮状沉淀,毫无疑问,其中有钯和磷。

在含有 20 格令容量气体的 800 格令磷化氢水溶液中,逐渐加入 22 格令容量的盐酸钯(比重 1.01,其中含有 0.12 份酸及 0.14 份氧化物,相当于 0.12＋金属),达到相互饱和,生成独特的黑色粉末状沉淀物,留下澄清无色的水,用石灰水检验,发现其中含有 0.12 格令的盐酸。收集黑色沉淀,并干燥之,重量与组分极接近。而 20 容量气体的重量为 0.025 格令,其中氢为 0.0025,磷为 0.0225;由此算出 0.12＋金属与 0.0225 份磷结合,或近似地为 50 对 9,说明每个都是一个原子。因此,100 份钯将与 18 或 19 份磷结合。

12. 铜的磷化物

佩尔蒂埃先生应用上述方法使铜与磷化合。100 格令的铜通过加热与 15 格令的磷结合,呈熔融状态,冷却后变为白色,很坚硬。鉴于在反应过程中部分铜被氧化,他与塞奇先生(M. Sage)认为铜可能获得 20％磷。

在《阿格伊学会专题报告》第 3 卷第 432 页中,杜隆先生把铜丝烧到刚好红热,在氢气中让磷的蒸气通过,使铜丝转化为磷化铜,结果他发现 10 克磷化铜含有 1.97 克磷;即铜与磷之比为 8.03：1.97 或者是 100：24.5。这个比值大大超过佩尔蒂埃的结果,我认为它太高了。因为佩尔蒂埃发现用硝酸把上述磷化物转化为磷酸铜时是 14.44 克。假设磷原子量为 $9\frac{1}{3}$,磷酸为 $23\frac{1}{3}$,黑色氧化铜为 70,则一个原子磷酸铜为 $93\frac{1}{3}$,按 $93\frac{1}{3}$：$9\frac{1}{3}$∷14.44：1.444,即 10 克磷酸铜中所含的磷为 1.444 克,于是铜为 8.556。这将使铜与磷之比接近于 100：17,与佩尔蒂埃的测定非常一致,而且非常接近于理论的结果(100 份对 50/3 份磷)。

雷蒙德与汤姆森二人说,磷化氢水溶液在硫酸铜中生成黑色或棕褐色沉淀,而我用任何铜盐按同样方法来做,却没有发现沉淀生成。但是若将蓝色的水合物先用石灰水沉淀,然后加入磷化氢水溶液,水合物立即转变为深橄榄色,这完全可能是磷化铜。通过一些实验,我倾向于相信这个化合物是二磷化物,即两个磷原子对一个铜原子;因此铜与磷之比为 100：100/3。

13. 铁的磷化物

佩尔蒂埃用前述制备磷化金的两种方法来制备磷化铁。他说,该磷化物非常坚硬,是白色的,带有条纹状,有磁性。他不大有把握地估计,100 份铁可与 20 份磷化合。

贝采里乌斯用磷酸的金属盐与炭共热使其还原生成磷化铁(《化学年鉴》,1816 年 7 月)。他说,磷化铁具有铁的颜色,性脆,略能被磁石作用。据他分析,该化合物由 100 份铁和 30 份磷组成。真实的比例可能是一个原子对一个原子,或 25 份铁对 28/3 份磷,也就是 100 份铁对 37 份磷。

雷蒙德和汤姆森二人发现硫酸铁和磷化氢水溶液不能产生沉淀,我还可以补充一句,沉淀氧化物或水合物也是和它不发生作用的。

14. 镍的磷化物

佩尔蒂埃将磷投入红热的镍中,使 20 份磷与 100 份镍结合。他注意到结合的磷在冷却时有一部分逸出,所以以上的比例或许太低,理论上一个原子的镍应与一个原子磷化合;即 26 对 28/3,或 100 对 36。

我发现无论硝酸镍或镍的水合物都不与磷化氢水溶液发生反应。

15. 锡的磷化物

马格雷夫(Margraff)首先把熔融的锡与由尿中取得的易熔盐类(磷酸铵)一起熔融,使磷与锡化合。佩尔蒂埃用这一方法也获得成功,他还直接把磷投入熔融的锡使它们结合。得到的化合物为白色,重量增加了 12%,但是由于一部分锡被氧化,以玻璃的形态与坩埚黏结在一起,他猜测锡可能获得 15% 到 20% 的磷。锡原子为 52,磷原子为 28/3,适当的比例应是 100 份锡对 18 份磷。

看来,磷化氢水不能从溶液中沉淀出锡,也不能与沉淀的氧化物起反应。

16. 铅的磷化物

铅通过同锡一样的方法和磷结合;但按照佩尔蒂埃,由于部分铅的氧化和玻璃化,要确定该化合物中的组分是很困难的。把盐酸铅同尿里易熔的盐一起蒸馏,也得到磷化铅。他推测由磷引起的重量的增加是 12% 或 15%,但按照理论只有 10% 或 11%。

雷蒙德报道,硝酸铅能被磷化氢水分解,但没有银和汞的硝酸盐容易,同时生成磷化铅。他除了说磷化铅最后变成磷酸盐外,没有再提到它的其他性质。汤姆森说,在该混合物中还生成白色粉末。这跟我观察到的情况一样。但是我猜想,这白色粉末只是少量的硫酸铅,由(雨)水中的杂质引起,事实上确是如此。因为用同样的但没有用磷化氢气体饱和过的水也发生同样乳状。此外,当磷化氢水溶液被硝酸铅饱和一直到不再产生什么变化时,水仍保持其特殊的气味,而用银或汞的硝酸盐,则会立即产生大量黑色沉淀。因此,看来磷化铅不能用这样的方法生成。磷化氢水溶液对新生的氧化铅沉淀似乎也没有任何作用。

17. 锌的磷化物

按照佩尔蒂埃的报道,锌和它的氧化物似乎都能和磷结合,但其组成没有被确定下来。按照理论,一份锌应能结合 0.32 份磷。

18. 钾的磷化物

关于钾和磷结合的一些情况,戴维在 1807—1810 年间,盖-吕萨克和西纳德在

1808—1811 年间的一些文章里都有报道。戴维报道,当钾和磷一起加热,它们以 8∶3 的一定比例结合,当 1 格令钾和 3/8 格令磷结合所得的化合物用盐酸处理时,放出 0.8—1 立方英寸磷化氢。他还说,半格令钾差不多分解 3 立方英寸磷化氢,放出 4 立方英寸多的氢气;生成的磷化物似乎跟前面所说一样,即和二元素直接化合生成的一样。

盖-吕萨克和西纳德通过加热使二元素化合,钾一熔化,磷化物就生成了。过剩的磷升华掉,生成的磷化物总是具有巧克力颜色,其组成没有确定。用热水处理通常放出一定量的磷化氢,比钾单独与水反应放出的氢气体积大约要多 40% 左右。但是如果不是用水而是用稀酸处理,则放出的气体就较少,而且酸愈强,所放出的气体愈少,以致有时产生的气体减少到钾单独和水反应时的体积。他们还发现,正像戴维做过的那样,钾在磷化氢中加热能使之分解,并同磷结合,得到的化合物与二元素直接反应得到的一样。

戴维的结果和法国化学家的结果看来是有矛盾的,但我认为是可以使之协调的。可能他们双方都认为,钾的磷化物一定是由每种元素各一个原子组成的化合物,或者是 35 份钾和 28/3 份磷结合,差不多是 100 份钾和 27 份磷结合。于是在戴维用酸处理该化合物的方法中,极可能是钾原子夺取一个氧原子形成草碱,磷原子夺取一个氢原子形成一个原子磷化氢。但是 3 体积的纯磷化氢含有 4 体积的氢(参阅第 246 页),而戴维得到的气体体积差不多正是钾单独反应所得气体体积的 3/4。于是这就说明了戴维所说的事实。

另一方面,法国化学家们在用热水处理磷化物时,大概是这样解释分解过程的:钾分解水成氧和氢,后者呈自由状态释出,产生相应体积;磷也分解水成氧和氢,一半磷夺取氧形成亚磷酸,另一半磷和氢结合形成磷化氢,这样必然产生相当于释放出氧的体积 3/8 的磷化氢,或者说差不多是 38%,这就使气体的体积,如他们所观察到的那样,达到 138,或者接近 140。水被亚磷酸进一步分解生成磷酸而增添出来 2%、3% 的氢,也不是不可能的。

19. 钠的磷化物

由于对该化合物没有特殊的实验给予详细报道,我们必须推测它与上节所述的相似。它的组成为一个原子的钠 21,与一个原子的磷 28/3;即近似 100 份钠对 44 份磷。

20. 铋的磷化物

由佩尔蒂埃的实验我们可以判断,铋对磷仅有微弱的亲和力。将一部分磷投入熔融的金属铋中,他成功地使一些磷与金属结合,他估计磷重量为 4%;而理论上应该为 15%,假如它们是一原子与一原子结合的。

我没有发现铋的盐类或氧化物受到磷化氢水的显著作用。

21. 锑的磷化物

根据佩尔蒂埃,磷可以与锑化合,方法与其他金属一样。磷化物白色,有金属光泽与片状断面。元素的比值未确定。根据理论假定,一原子与一原子结合,其比值将为 40 对 28/3,或近似地为 100 锑对 23 磷。

磷化氢水溶液似乎对锑的盐类或氧化物无作用。

22. 砷的磷化物

从马格雷夫及佩尔蒂埃的实验,磷与砷及其氧化物的结合看来是可能的。佩尔蒂埃把等量砷和磷在小心控制加热的情况下蒸馏,得到黑色发光的残留物质,其中含有适当比例的磷。它还可用湿法来制取,即把熔融的磷和砷保持在水下作用一段时间。含磷氧化物可以由磷和白色的氧化砷一起蒸馏制得,该化合物在升华时就和混在一起的磷和砷分开了,它呈红色。用这两种方法得到的化合物,比例都未确定。或许这些化合物属于最简单的类型,即一个子于对一个原子,如果是这样,磷化砷的组成为 21 份砷对 28/3 份磷,或 100 份砷对 44 份磷;对于含磷的氧化物则是 28 份氧化物对 28/3 份磷或 100 份氧化物对 33 份磷。

在砷的溶液中加磷化氢水不产生沉淀。

23. 钴的磷化物

钴和磷可以直接结合,也可以与磷玻璃一起加热使其结合。该化合物呈蓝白色,性脆,断面呈结晶状。金属获得 7% 的磷。如果钴原子为 37,这个数值是低于理论量(25%)的。

磷化氢水不能使钴溶液产生沉淀。

24. 锰的磷化物

这个化合物可用前面相似的方法来制备。它具有白色脆性的细粒结构。它与纯金属相似,在空气中不易变化。该化合物的比例佩尔蒂埃没有测定,根据理论推算,应为 25 份金属对 28/3 份磷,或 100 份金属对 37 份磷。

磷化氢水溶液与锰盐及锰的氧化物反应不显著。

其余金属与磷化合可以说还没有进行过研究。

第十六节 碳 化 物

假定金属能与碳化合,这类化合物的适当名称该是相应金属的碳化物,这类化合物如果存在的话,看来也是很少的。铁的这类化合物是唯一为大家所公认的。据我所知,士类、碱类与碳没有化合反应,而元素氧、氢、硫及磷的这类化合物已在前一卷叙述过。从该卷付印后,曾发表过伯齐里乌斯和马塞特博士(Dr. Marcet)的一篇富有创造性的实验论文"硫化碳或硫醇"。有关这个化合物的一些报道已在碳化硫的名下发表过(第一卷第152页),但需要注意的是在这里加进了十分重要的材料。纯粹的液体比重为1.272,66°时它的气体的弹性为10.76英寸。燃烧时呈蓝色火焰,有硫的气味,将冷的玻片放在火焰上,没有察觉到有水凝结下来。它具有刺激性味道和令人作呕的气味,这种气味不同于硫化氢。根据许多实验,发现硫和碳的组成接近于85对15,即2个原子硫对1个原子碳。从其他实验来看,似乎也不含有氢。

我于1818年6月做过硫化碳在氧气中燃烧的一些实验,这至少使我猜想它的组成是一个原子氢和两个原子硫及一个原子碳结合。但是后来没有机会继续做下去,我只不过为将来解决这个问题提出意见。

铁的碳化物

就我们现在通常知道的,有三种不同的物质由碳和铁所组成,其名称为石墨或黑铅、铸铁和钢。

石墨(plumbago)是天然产物,以产于坎伯兰(Cumberland)凯齐克(Keswick)附近的博罗戴尔(Borrowdale)的为最好。它主要用于制铅笔。根据所有对它研究过的人的经验,它似乎是由碳和铁构成;但是比例不一样,有的发现铁占10%,有的发现只占5%。从这种情况来看,铁是不是必不可少的元素似乎还是可疑的。由于已经知道碳呈现各种聚集状态,石墨可能就是其中的一种;显然,这不是一般的炭和铁,或其氧化物的简单混合物。

铸铁或粗铁是最先从矿里提炼出来的金属;通常含少量碳、氧、磷和硅石。有时或许还会有一些其他土类。不能认为这些元素是按一定的比例结合,因为它们变化很大,能产生几种不同成分的粗铁。铸铁大约含有其重量80%的铁,能溶解于稀硫酸中产生相应数量的氢气。我检验过一个样品的残渣,发现其几乎和铁一样具有磁性。当用沸腾的盐酸处理时,不溶部分减少至原来铁的重量的2.5%,并放出一些氢气。这时仍大致具有普通黑色氧化铁一样的磁性,加热时呈亮红色,失去约0.5格令;仍具有磁性,沸腾的盐酸能从中溶解出更多的铁。

根据我的经验,用稀硫酸和铸铁得到的氢气不含碳酸;当该气体和纯氧爆炸时也不产生任何碳酸。

伯格曼和其他一些人发现,在用酸处理铸铁后得到的少量残渣很像石墨,主要由碳和铁构成。

从以上所述来看,铸铁似乎主要由纯铁组成,加上很小比例的氧和碳;氧约1%,碳约2%。显然这些比例足够使铁的性质发生一定程度的变化,但是不能认为它们与铸铁构成一种均匀体。

钢. 铁的这种最重要变体引起了许多化学工作者和冶金工作者的注意。可以用不同方法生产钢,但纯度不同。一种方法是把铸铁在熔融状态和很高温度下维持相当长时间;为了阻止铁与大气接触,其表面用熔融的矿渣覆盖。这就给予足够时间让碳和氧化合形成碳酸逸出。这样得到的钢并不太纯。

渗碳钢的制法是将一层层纯铁条和炭粉放入陶制的大坩埚中,细心地用黏土覆盖好,在熔铁炉中用高温加热 8 到 10 天。由于这种钢表面上有气泡,故称为泡钢(bistered steel)。

铸钢是由泡钢制得的,将折断的铁棒放到含有碎玻璃和炭的大坩埚中。坩埚用同样材料的盖子盖好,放入空气熔铁炉中。在完全熔融后,将这金属铸成钢锭。这是最有用的,也可能是最纯的钢。

把钢加热到红热,然后扔进冷水中,便被硬化;这时它比铁和没有经过这样处理过的钢要硬得多。经过硬化的钢性脆,不能用铁锤把它敲薄或者用锉刀锉,除非把它加热然后慢慢冷却使其再度变软。

硬化钢最显著的性质之一是回火;用回火方法可以使钢适应制造者的不同要求。回火在于把硬化钢加热到淡黄色用以制造锐利工具,加热到蓝色用以制造表的弹簧以及一般具有弹性的制品;等等。

硬化钢容易获得并保留磁性,成为一种永久磁铁。这种能保持磁性的能力可用来区别钢和纯铁。

根据上面对钢的叙述,显然钢和纯铁之间存在着本质上的不同。按一般见解,这种不同在于钢是铁的碳化物或者是碳和铁结合在一起。我认为,在钢的形成中碳和铁结合的事实似乎没有满意地被证实。科利尔先生(Mr. Collier)断言,铁转变成钢时增加的重量约为铁的 1/180[①]。但是马什特先生(Mr. Mushet)发现,虽然铁埋在大量炭中形成的钢比铁重,可是如果炭只占铁的重量的 1/90 或 1/100,钢的重量反而减少[②]。这位富有独创能力的先生从综合的实验中似乎估计铸钢中的碳是它重量的 1/100。

可是,根据分析的实验并不能证实钢含有这么多的炭,虽然它含有一些。纯钢溶解于稀硫酸中放出的氢气并不含有碳酸或氧化物,一般也没有察觉到的残渣。

考虑到所有这些情况,我倾向于认为钢和铁性质的区别是由于特殊的结晶或铁原子的排列所引起,而不是它们和碳或任何其他物质的化合。在所有形成钢的情况下,总是使材料成为液态或近乎液态,这种情况可以让质点服从结晶规律。我们可以看到,单单用回火方法就可使钢发生很大变化,这不能归结于失去或得到任何物质,而只能是它质点内部排列的某些变化。为什么钢同铁的区别不能归之于同样原因呢?一般认为,钢反复加热和锤打可以变成铁;看来这就是形状的变化打乱质点的正常排列。为了证实这种观点,还可以看到,铸铁经过熔融,比起使它组分和钢接近,更加可能使它具有永久化磁性。最强的人工磁铁在用钢锻造后据说要重新经过钢化的操作,然后才把它们硬化以接受磁性。

第十七节　金属的合金

当两种或两种以上不同比重的金属共同熔融和紧密混合时,它们常进行化合,同时

① 《曼彻斯特学会纪要》第 V 卷,第 120 页。
② 《哲学杂志》第 VIII 卷。

形成一种新化合物叫金属的合金。这些合金通常具有它们各自组分所不具有的重要性质,因此在技术上很有用。这样化合的金属可以按任何比例在一起熔融;但是如果它们中间一种金属的比重大大超过另一种,它们直接结合有时就很困难,甚至不能实现,这部分是由于亲和力弱,部分是由于重力原理使比重最小的金属升到表面上。

虽然在表面上看,金属以不定比例结合,但是只有少数几种比例的合金具有特殊的优点,引起技术家们的注意。这些比例在许多情况下已为实验证实,仅须从理论上指出这些比例的理由,并提出其他有希望具有合适性质的比例,从而改进这些结合,减少失败。

这些形成合金的金属是构成真正的化合物,而不仅是机械的混合物,这可以从它们主要性质的变化中表示出来;例如:

1. 韧性,硬度等.有些合金在韧性和硬度方面比它们的组分要优越得多,而另一些则介于它们中间。延性和展性通常属于后面这种情况。

2. 可熔性.有些合金熔融温度介于它们组分熔融温度之间,但比平均值要低得多,另一些则比组分中最低熔融温度还要低,高于它们熔融温度平均值的,即使有也很少。

3. 颜色.在多数情况下合金的颜色像是由金属颜色的混合而产生,但是有些却显著地不同;例如铜和锌的合金形成各种黄铜。

4. 比重.不一定能够由两个组分的混合物推断,有时大一些,有时小一些;但这并不是化合的决定性特征,因为相同金属随着锤打,滚轧等手续以后比重也改变很大。此外,常常在有些情况下所谓观察到的差异,却是由于实验不准确。因为充分精确地测金属碎片的比重来进行这类比较是一种细致的工作。

许多纯金属在没有炭或一些类似元素的覆盖下熔融,并暴露于空气中一段时间后,就获得或多或少的氧,甚至在流动状态下也保留着,这点已由卢卡斯先生(Mr. Lucas)在《曼彻斯特学会纪要》(新系列)第 3 卷一篇有趣通讯中予以证实。因此,把同一金属多次熔融对其稀薄度(tenuity)和其他性质是有损失的。

对合金来说,这种情况要更加突出。例如,锌在黄铜熔融的温度下可以燃烧,同时一部分锌随着燃烧而逃逸。因此,在每次熔融时黄铜的配比都或多或少地改变,除非再加入新的锌。对铜和锡的合金同样观察到这种情况。铅、锡、铋和其他软而易熔金属的混合物在这方面还要更加显著。为了保持比例不变,应当把它们在油或动物脂肪覆盖下熔融,否则其中一些金属特别是锡容易大量氧化,经过一次熔融,合金就会改变一次。因此,冶金术在一定程度上使用熔剂覆盖金属表面,以防止在大气中氧化。

在制造一种合金时,很少发现首次熔融金属就会完善而紧密,它总是或多或少有些空隙,特别是当两种金属有显著不同的熔融温度的时候。再次熔融温度通常要比首次的低得多,经过再次熔融后,金属才变得紧密而无空隙。这时铜锡合金特别是这样,毫无疑问,对许多其他合金也是这样的。

金与其他金属的合金

金在加热时能和许多金属结合,形成各种合金,我们就这方面说几句也许是适当的。

1. 金与铂. 铂在比例很小时改变金的颜色为白色。1 份铂对 20 份金制成合金呈灰白色。1:11 得到暗银色的合金。1 份铂和 4 份金外表很像铂。直到金占合金的 8/9，金的色泽还不占优势。1 份铂和 11 份金和合金很容易延展，锤击时有弹性。刘易斯(Lewis)、克拉普罗思、沃奎林。

2. 金与银. 这两种金属在熔融和适当处理时几乎能够以任何比例化合。赫姆贝格(Homberg)发现，当等量的金和银在熔融状态下保持一刻钟，然后冷却，可得到两种物质，最上面的是纯银，最下面的是 5 份金和 1 份银的合金。1 份银对 20 份金的合金产生明显的白色。2 份金和 1 份银据说形成最硬的合金；这种合金由 3 个一原子金和 1 个原子银组成。

3. 金与汞. 见汞齐。

4. 金与铜. 金和铜一起熔融即形成合金。11 份金和 1 份铜形成的合金用于制造金币。铜增高金的色泽，使合金较硬且不易损耗。通用的金币通常都含有银和铜，但是它们重量之和不得过多地超过整个重量的 1/12。按照莫辛布罗克(Muschenbroeck)，当 7 份金和 1 份铜结合时硬度最大。这近似地符合 6 原子金和 1 原子铜，金原子量估计是 66，铜原子量是 56。

除了上面规格外，金的其他合金还用于做表壳，这种合金最少要含有 3/4 纯金。表链和装饰品通常是由叫宝石匠金(jewellers gold)的劣等合金制成，这种合金不受限制。它含有的纯金很少少于 30%。

5. 金与铁. 金和铁可以在各种配比下熔融结合。11 份金和 1 份铁形成可延性合金，可以滚压成硬币。它的比重是 16.885。色泽呈淡黄灰色近于白色，比金硬。当铁是金的重量的 3 或 4 倍时，合金具有银的色泽。这个化合物近乎由 1 原子金和 8 原子铁构成。刘易斯，哈特切特。

6. 金与镍. 哈特切特先生将 11 份金和 1 份镍一起熔融，得到一种具有鲜艳黄铜色泽而性脆的合金。

7. 金与锡. 金和锡化合形成一种脆性的合金。10 份金和 1 份锡形成一种灰白色合金，延性比金小。1/50 的锡并不显著地损害延性，加热到显著红色还不会损坏合金；但是超过这限度锡就熔融，合金就碎了。哈特切特。

8. 金与铅. 在金内即使结合有很少量的铅，其影响都是显著的。当合金含有 1/2000 份铅时，它就像玻璃一样脆。在密闭容器中熔融铅所产生的蒸气就足以损害金。同上。

9. 金与锌. 这两种金属几乎可以以任何比例化合。11 份金和 1 份锌制成的合金就像黄铜一样呈淡的黄绿色，性极脆。等量的这两种金属形成一种很硬的带美丽光泽的白色合金，可磨光。同上和赫洛特(Hellot)。

10. 金与铋. 金和铋能结合，但色泽被损坏，很少量的铋就足够破坏合金的延性，这种情况与铅同。同上。

11. 金与锑. 这两种金属化合产生一种脆的合金，大多与铋、铅相同。同上。

12. 金与砷. 金和砷之间似乎有显著的亲和力，但是在金的熔融温度下由于砷的挥发性，它们很难接触。很小比例的砷就能使合金变脆，这种现象随着砷的增多而增加。哈特切特。

13. 金与钴. 这两种金属化合形成一种脆的合金,即使钴只占组成的 1/60。同上。

14. 金与镁. 金和镁可以结合,这合金很硬且比金难熔。有一种合金是由 7 或 8 份金和 1 份镁组成。同上。

铂与其他金属的合金

1. 铂和银. 这两种金属是否能通过熔融化合还不很清楚;至少,如果它们能化合,它们比重的差别也足以胜过它们的亲和力。

2. 铂和汞. 见汞齐。

3. 铂和铜. 这两种金属通常要强热才能勉强地化合,形成一种具有展性的合金。这种合金由于硬,能够磨光且不易丧失光泽,曾被选择做望远镜的反射镜。刘易斯。

4. 铂和铁. 由于铁的难熔性,铂和软铁或纯铁在加热时似乎不容易化合。但是它与铸铁和钢加热时能化合。这合金很硬,当铁构成合金的 3/4 时具有一些展性。同上。

5. 铂与锡. 等量的铂和锡熔融结合,形成一种色暗而性脆的合金。但是当铂降至不到合金的 7/9 时,延性和白色都按比例地增加。同上。

6. 铂和铅. 这两种金属在加热时可以各种比例化合;但是这些化合物不稳定,合金熔融时部分铂会析出。同上。

7. 铂和锌. 把铂放在矿石中还原出来的锌的烟雾中,铂就可以和锌化合。三份铂成为四份合金。它是一种硬而脆,带有青白色的易熔合金。同上。

8. 铂和铋. 铂和铋在高温下几乎很容易以任何比例化合。这种合金是脆的。同上。

9. 铂和锑. 在加热情况下铂容易和锑化合。这种合金是脆的。同上。

10. 铂和砷. 当白色砷的氧化物投到强热的铂上时,随着物质的部分熔融而发生不完全的结合;性脆,呈灰色散粒状结构。刘易斯。

银与其他金属的合金

1. 银和汞. 见汞齐。

2. 银和铜. 用任何配比的银和铜熔融都容易成为合金。这种化合物比较硬,当铜的量在合金中占一半或更多一些时,它仍呈白色。银币是含有 37/3 份银和 1 份铜的化合物,近乎是 8 个原子的银对 1 个原子的铜。5 份银和 1 份铜结合,即 3 个原子银对 1 个原子铜,据说是这类合金中最硬的。

3. 银和铁. 对银和铁的合金未曾作过详尽的研究。据说这两种金属可以在熔融时结合,但是铁仍保持其磁性。这种合金呈白色,性硬并具有延性。保持在熔融状态一段时间后,这两种金属就分开,但不完全。这种情况表明银和铁的亲和力是弱的。

4. 银和锡. 银和锡形成一种硬而脆的合金,用途不大。对于用不同的配比来改进它的性能未曾作过详细的研究。

5. 银和铅. 银和铅可以按任何比例结合,同时形成一种脆的具有铅的色泽的合金。这种结合不是非常紧密的,因为像吹灰法一样,用强热就可以从银中分出铅。

6. 银和锌. 这二种金属结合后形成一种脆的具有蓝白色的合金。对它们的比例未曾作过详细的介绍。

7. 银和铋. 这两种金属在加热情况下很容易结合。这种合金很脆,它的色泽接近于铋。

8. 银和锑. 这两种金属在熔融状况下结合,形成一种脆的合金,它似乎并不具有任何显著的特性。

9. 银和砷. 这两种金属结合时,按照伯格曼的方法,熔融的银获得其重量 1/14 的砷;这种合金接近相当于 3 个原子的银和 1 个原子的砷。它很脆并具有黄色。

汞与其他金属的合金:汞齐

汞和不同金属的合金通常称为汞齐。

1. 汞和金. 金很容易和汞结合形成合金,这种合金大量应用在金属的镀金术上。为了这个目的,用六份汞加热到接近于液体的沸腾状态,渐渐加入一份纯金的薄片。在很短时间内,整体成为一种具有黄白色的液态物质。它是由一个原子金和两个原子汞所组成。把一半几乎纯粹的汞通过皮革挤出去,剩下的汞则是和金结合在一起,形成一种柔软的白色物质,近乎由 1 份金和 2.5 份汞所组成,它是一个原子对一个原子的合金,接着就可用来镀金。我发现制备这种合金的一种简便方法是将 3 份由绿色硫酸铁沉淀出来的金加到 8.5 或 9 份汞中,捣碎几分钟,整个形成一种好看的结晶状汞齐。把这种汞齐加热到恰好低于红热的温度,汞就升华,留下了金;因此它用在镀金上。

2. 汞和铂. 这两种金属可以结合,但很不容易,它们之间的亲和力似乎很微弱。这从下面情况就可以证明,即将铂丝长期浸在汞中,没有发现有任何影响。将很薄的铂箔浸入沸腾的汞中,经过一段时间后可以产生结合;同样也可将铵盐酸铂和汞一起捣碎,在恰当的加热情况下产生结合。它们的比例还不曾测定过。

3. 汞和银. 银和汞有相当大的亲和力,将银的薄片放到加热的汞中,同时搅拌混合物,就很容易结合起来。当 1 份银和 2 份汞混合如上,即得到一种液态物质,把它加热到汞的沸腾温度,有少量汞挥发,余下的结晶为一块软而白的物质,后来变得硬而脆。加热到汞的沸腾温度以上汞就被赶出。因此这种合金像金和汞的合金一样,可以在其他金属表面上镀上一薄层银。这种化合物很明显是由一个原子银(90)和一个原子汞(167)所组成。

4. 汞和铜. 我曾做过一些实验企图使汞和铜结合,但未成功。

当铜片浸入汞中一段时间后,有少量汞吸附在铜的表面上,不易擦去;汞能使铜片变脆,同时其断口显出光亮的汞的外观;但是在低度红热的情况下汞就被逐出,铜仍恢复它的色泽和坚硬性,重量的损失很小,在两次到三次试验中,只不过大约 5.5%。

新鲜沉淀的铜粉,干燥后和汞一起捣碎,不发生结合。荷兰箔(它是由铜和非常少量的锌组成)和汞一起捣碎时,也不发生结合。铜片在二硝酸汞中能析出纯净的液态的汞。铜片看起来就像在汞中浸过一样,很脆并具有发光的断口,但经过加热即恢复它的色泽和结构,几乎没有失去什么重量。

曾试验过波义耳（Boyle）介绍的方法：2.5 份结晶铜绿、2 份汞和 1 份食盐放在一起捣碎，直到汞消失为止，把这种粉末在加热情况下用醋浸渍一些时候，经常搅动，然后把得到的物体过滤和干燥，其中含有少量的液态汞，但主要由醋酸铜和汞的氧化物或盐酸盐组成。液体内含有醋酸铜和苏打的盐酸盐。

从上面可以明显看到汞对铜具有一些化学作用；但是我认为还未曾发现这两种金属能够结合形成一种固定的汞齐。

5. 汞和铁. 这两种金属即使相互间有亲和力也是很弱的。我未发现它们之间曾经发生过什么化学结合。

6. 汞和锡. 这两种金属很容易结合，特别是在加热情况下。我把 52 份锡和 167 份汞，即各一个原子，放在一起加热，直到它们结合成为一种液态的物质。这种汞齐在 180°时结晶。冷却后在手中用力挤压，有近 50 份液态汞从汞齐中分离出来，外表上像只含极少量的锡。在这以后，再用 104 份锡和 167 份汞（二原子锡对一原子汞）形成一种汞齐；约在 230°凝结成为干而硬的结晶物质，外表和粘附在镜上的物质相似。可是在镜上镀银所用的汞，比上面所说的比例要大得多；把玻璃在预先涂过汞的锡箔上滑动，施加很大压力，就驱逐出多余的近乎纯粹的汞。

7. 汞和铅. 在 90 份铅中加入 167 份汞（每种一个原子）一起加热时，它们结合形成一种汞齐，约在 200°时结晶。冷却时有少量汞可以挤出。再加入 29 份锌（二个原子对一个原子），我们又得到一种汞齐，它在比 200°高得多的温度下熔融，冷却后变为一种持久的坚硬结晶物质。

8. 汞和锌. 当 29 份锌与 167 份汞（一个原子对一个原子）在一起加热时，它们化合形成约在 200°结晶的一种汞齐。冷却时挤出少量汞。再加 29 份锌（2 原子对 1 原子），我们得到的一种汞齐，在 200°以上大量熔化，而冷却时则成为十分坚硬的晶块。

9. 汞和铋. 把 62 份铋和 167 份汞（一个原子对一个原子）一起熔融，在常温下这种混合物保持液态，但在静置时有部分结晶析出；约有 1/3 重量可以像液态汞一样倾倒出来。假如我们再加入 62 份铋到全部混合物中（使成为二个原子对一个原子），则液态汞齐约在 150°或 180°时结晶，可是这种物质很柔软，用力可以挤出 20% 的液态汞齐。如果再加入 62 份铋（使成为三个原子对一个原子），则这种化合物在 200°到 300°间结晶成为暗色粒状的柔软物质，并不再发生任何变化。我没有用过更高比例的铋进行过试验。

10. 汞和锑. 锑和汞的结合据说很弱，不久即松散。我做过几次试验，想把这两种金属结合皆未成功，这似乎没有必要详述，因为形成这种化合物并不会引人注意。

11. 汞和砷. 在刘易斯的著作中，制备汞和砷的汞齐是将它们加热一些时间，并时常加以搅动。它是灰色的，由 5 份汞和 1 份砷组成。

至今为止，已经知道大多数其他金属是不能和汞结合的，被认为是金属的钾和钠除外，它们可以和汞结合；但是这些合金没有什么意义，所以它们的比例没有详细研究过。

三元、四元等汞齐

除了汞和一种金属形成的汞齐外，还有由汞和两种或多种金属合金组成的汞齐，这种汞齐在某些物场合下和单纯的混合具有显著不同的性质。

1. 汞和铋及铅. 把两个原子的铋和一个原子的汞组成的汞齐与一个原子的铅和一个原子的汞组成的汞齐按比例混合,使汞在二者中的量相等,这两种粉末虽然在开始时都是干燥结晶状态,但捣碎后不久即成为持久的液态汞齐。这种液体在向前流动时常在后面拖了一条尾巴,并容易分成流动性不同的部分。但是,最易流动的部分在流动性上和纯汞比起来也差得多。这种汞齐的比重是 11。

2. 汞和由 7 份铋、5 份铅及 3 份锡组成的易熔金属. 我发现用最少量的汞,即 5 份汞和 4 份易熔金属的混合物可以组成最易熔融的汞齐。它们是由两个原子铋、一个原子铅、一个原子锡和两个原子汞所组成。它们的比重是 12。

3. 汞和锌及锡. 这种合金发现对电机的励磁非常有效。卡思伯森先生(Mr. Cuthbertson)介绍了 1 份锌、1 份锡和 2 份汞组成的汞齐可以用在印刷机平板上。但是我所制备过用于印刷滚筒的最好汞齐,其中所含的汞要比上面的多两倍多。我还制备过由 58 份锌和 52 份锡(二个原子对一个原子)组成的合金。在这种合金中加入 250 份汞,把这个混合物熔化;液态物质约在 220°时结晶成为一种白色的中等硬度的汞齐。把这种汞齐在研钵中研成粉,和其重量的 1/12 的猪油混合,然后将少量涂在一块皮革上,用在转动的印刷机上。可是一种比较硬的和含油较少的汞齐对印刷平板更加合用。我制备的这种汞齐由四个原子锌、两个原子锡和三个原子汞组成。

我曾分别试验过锌汞齐和锡汞齐,发现它们对电机的励磁作用同它们二者结合起来时一样好。它们应当由两个原子锌和一个原子汞(58 份对 167 份),同两个原子锡和一个原子汞(10 份对 167 份)组成。如果我们愿意把它们结合起来,我们只要采用 2 份锌汞齐对 1 份锡汞齐,把它们在一起捣碎。

铋汞齐对电机的励磁是不够好的;铅汞齐较好;但它们和那些由锡和锌组成的汞齐比起来则差得多。

铜与其他金属的合金

1. 铜和铁. 这两种金属加热时也很难结合;但是这种化合物不具备有用的性质。

2. 铜和镍. 这两种金属结合时据说得到一种白色的硬而脆的合金。这种合金还不大清楚。

3. 铜和锡. 通过熟练的操作可以把铜和锡在一起熔化,并几乎能以任何比例结合,但是发现,只有按很少一些配比组成的合金在技术上具有可贵的性质。

铜和锡的合金通常称为钟铜;但是按照用途则有更多的专有名称,像青铜、镜铜、炮铜等,它们中间那些具有黄色的合金,常常和普通称为黄铜的合金混淆,像黄铜炮等。的确,古希腊和罗马似乎已有这两种合金,它们的名称是相同的。希腊文的 $\chi\alpha\lambda\chi os$,是指切屑工具的,一定就是指钟铜,或铜和锡的合金及黄铜,这点确实已从它们的分析中得到证明。罗马的 æs 似乎也含有同样化合物。古铜币中也常常发现含有锡。

锡和铜在某些配比下结合时,得到一种具有惊人的硬度和坚韧的合金,在这些性质方面它远比它们中任一组分优越。在其他配比中,能得到发音响亮的化合物,例如钟铜,这样叫是很合适的。锡的比例增加时,可增加化合物的易熔性,锡本身在较低的温度华氏 440°就可熔化。

铜和锡合金的主要种类列举如下,从铜含量最多的开始。柯万将铜的原子重量作 56,锡的作 52,并指定这些金属的硬度分别为 7.5 和 6。

（a）炮铜. 作为枪、炮的铜锡合金,由 100 份铜和 11 或 12 份锡制得。少量的铁可以改善这种合金;最好是以锡板的形式加入,因为它较易熔融并和金属结合[①]。这种化合物硬而坚韧,并在这方面超过任何其他由这二种金属组成的合金。增加或减少 1 或 2 份锡就显著地损害了这种合金的坚韧性。它是由 8 个原子铜和 1 个原子锡所组成的。

（b）用作利刃、印刷机滚筒等的合金. 这种化合物的最好配比似乎为 100 份铜和 15 或 16 份锡。经过适当的锤打和淬硬,就适宜于制作利刃,它的性能不比某些钢材差。虽然它含有较多的锡,它的比重却比炮铜的大;这种金属表面没有起泡,纹理很细,适宜在车床上加工。看来它是制作印刷机滚筒的一种最好合金;但是后来我分析这种滚筒的一些碎屑,发现锡的含量远比上面的配比少。这种合金（b）是由 6 个原子的铜和 1 个原子的锡组成。

（c）用来制作中国锣、铁等的合金. 从迪斯索艾的实验中看到,由 100 份铜和 23 份锡组成的合金是这类化合物中密度最小的。它用来制作铜钹,与中国铜锣的组成相近。它是由 4 个原子铜和 1 个原子锡所组成。克拉普罗思分析了中国铜锣,得出组成为 100 份铜与 28.2 份锡,汤姆森博士得出 100 份铜和 23.4 份锡。

（d）铸钟用的普通钟铜. 这种合金通常由 3 份铜和 1 份锡制得;但是为使配比正好是三原子铜和一原子锡,该合金应该是由 100 份铜和 31 份锡所组成。它很硬,颜色是白的,展性比前面几种合金小,而声音更加响亮。我分析过的一个品种是由 100 份铜和 36 份锡所组成。没有必要用 100 份铜和 31 份锡的精确配比来做响亮的合金。

（e）镜铜. 光学器具商曾仔细地研究了这个化合物。按照马奇先生的方法,最好配比是 32 份铜对 14.5 锡,但是爱德华兹先生（Mr. Edwards）发现是 15 份锡、1 份黄铜、1 份银和 1 份砷。铜和锡在配比上极微细的变化就会损坏这种合金的性质。这种合金是白色的,很硬,并具有紧密的纹理,它具有美丽的光泽。应用少量的锌、银和砷或许是为了校正这种合金的色泽。在有些合金中虽然加少量看来无关的金属却改进了金属的密度和结构。值得注意的是,这种合金究竟要和 2 原子铜与 1 原子锡的比率符合到怎样的精度。通过计算,32 份铜将需要 14.8 份锡。马奇先生发现为 32 份铜对 14.5 份锡,同时表示,如果再多加入 0.5 份锡,这种合金就太硬了。爱德华兹先生确实说过 32 份铜对 15 份锡;但是后来又加了 1 份黄铜,其中含有 2/3 铜,这就改变了配比为 32 份铜对 14.7 锡,几乎正好和理论要求符合。当 32 份铜和 13.5 份锡结合时,马奇先生认为它太软[②]。

（f）等量的铜和锡. 这种合金呈蓝白色,没有什么特殊用途。它由一个原子铜和一个原子锡组成。

---

① 参阅《化学和物理学年鉴》(5—113)迪斯索艾(Dussaussoy)论铜与锡合金的一篇优秀论文。
② 这位作者由于他的"关于望远镜的反射镜的组分"这篇论文获得了皇家学会的金质奖章。见《哲学学报》,1787 年。

其他含锡更高的铜锡合金似乎没有什么意义,不必专门去讨论它们了。

由于自己没有机会去合成这些合金,我只好对其中一些进行分析。

我对铜锡合金所采用的分析方法是简便的。将合金用硝酸处理,把铜溶解,在用水稀释后,锡就以二氧化物的状态沉淀下来。将沉淀过滤干燥后,加热到暗红状态;估计锡占 26/33(其他 7 份是氧),合金的其余部分可以认为是铜。但如果认适当的话,铜也可以用一块铅浸入溶液中把它沉淀出来,它比用一块铁浸入铜的硝酸溶液中好。

4. 铜和铅. 铜可以和沸腾的铅结合,形成一种灰色性脆并具有细粒结构的合金。这种合金当加热超过铅的熔点时,就能使所有的铅流出来,剩下来的几乎是纯净的铜。这种合金还未发现有什么用途。

5. 铜和锌. 铜和锌结合成为黄铜,它是所有合金中最有用的一种。虽然这种组成统称为黄铜,然而由某些配比形成的化合物还有特殊的名称,其中有一些将在下面涉及。

应当注意到,铜的硬度由柯万先生测定为 7.5,而锌的为 6.5。铜具有高度韧性和展性;锌却很脆,展性很差。根据刘易斯,在铜内加入很少量的锌能使铜的颜色变淡,成为苍白色;当在铜内加入其重量 1/12 时,其颜色倾向于黄色。该黄色随着锌的增加而加深,直至锌在合金中的重量与铜的重量相等。超过这点如果锌再增加,则颜色愈变愈淡,最后变成白色,像锌一样。

根据莫辛布罗克,黄铜的韧性比铜、锌都要大。他从实验得出,黄铜的强度差不多是铜的两倍,是锌的 18 倍。依我看来,似乎黄铜的韧性最可能是先随着合金内锌的增加而加大,当锌达到一定比例时韧性最大,以后再继续加锌,韧性就减小,但是这还缺乏实验证明。我认为,一定要确定两种金属按照什么比例才形成最大韧性的合金。对最大硬度也可以作同样观察。这两个最大值有可能在不同种类黄铜中发现。

铜据说是在韦奇伍德温度计 27°熔化,而锌的熔点要低得多,是华氏 680°。普通黄铜据说是在韦奇伍德温度计 21°熔化。很可能所有黄铜都在铜与锌熔点之间温度下熔化;锌愈多,则熔化温度愈低;但是据我所知,还没有直接实验来确定这些度数。

现在我列举我所注意到的一些不同成分的合金,先举含铜最多的,然后过渡到含锌最多的。

(a) 用于制造上镀物品的黄铜. 根据我分析过的一个样品来判断,这个合金是由 12 个原子铜和 1 个原子锌,或近似地由 23 份重量的铜和 1 份重量的锌所组成。这里铜的原子估计为 56,锌的原子估计为 29,很接近铜原子的 0.5。

(b) 荷兰金,金色金属. 这种合金可以仿效金叶一样锤打成薄片。我在书本上没有能够找到这种合金的成分,可能是制造商保守秘密。可是通过分析我发现它为 6 原子铜和 1 原子锌,或近似地由 12 份重量铜和 1 份重量锌所组成。这个合金多半是所有黄铜中最富于展性的。一个 12 平方英寸的金属叶重约 7/10 格令。其颜色,如大家所熟知,很接近金的颜色。这种成分的合金用于制造镀金的物件,如纽扣等。

(c) 用于制造印戳等物品的黄铜. 这是一种大家熟知的伯明翰(Birmingham)制造的商品。这种合金韧性和展性都很好,可以从商品的质量表现出来。它具有一种美丽的金色。有一个样品,根据我分析,是由 4 原子铜和 1 原子锌,或 8 磅铜和 1 磅锌所组成;但这种成分随所需颜色而变化。

(d) 柔软、美丽颜色的黄铜. 根据塞奇,把铜的氧化物、菱锌矿、黑色助熔剂和炭粉混合在一起,在坩埚内熔融,直至蓝色火焰消失,可以制得一种优质的黄铜。该黄铜发现比氧化物中铜的重量重 1/6。他说,如果铜保留 1/5 锌,颜色就没有这样好;多余的锌就要通过加热烧掉,但是通过燃烧是不能够把锌减到 1/6 以下的,这个数值看来是一个天然的界线。因此,这个由 6 份铜和一份锌所形成的化合物一定是由 3 原子铜和 1 原子锌所组成。

(e) 适于制造钟表装置的柔软黄铜. 有一种黄铜,由于很适宜与钢一起用,为钟表制造者所乐用。我没有得到过样品,但是汤姆森博士对一个样品进行过分析,发现它为 2 原子铜和 1 原子锌[1],或近似地由 4 份重量铜和 1 份重量锌所组成。

(f) 普通硬黄铜. 大多数黄铜属于这一种,它是大规模制造的,制造方法是把颗粒状铜、菱锌矿(一种天然的锌的氧化物)与炭的混合物加热到红热数小时,然后升高温度,使铜与锌的化合物熔化,菱锌矿里的氧由炭带走。然后根据需要,把金属铸成锭或板。这种合金叫做黏结黄铜以区别于其他种类黄铜,它们通常是根据要求把这种黄铜与铜或锌一起熔融制得的。

业已知道,40 磅铜与 60 磅菱锌矿得到 60 磅黄铜;因此大部分锌在这个过程中烧掉。这样制得的黄铜为 2 份铜与 1 份锌所组成,显然它是由两种金属各 1 个原子所组成的。

普通黄铜与前面所讲的类似,在冷时是有展性的,但是程度上可能没有那样高。比起任何其他种类黄铜,它似乎更适宜于在镟床上加工。这种黄铜在受锤击或碾压以前的比重,根据我的经验,一般为 8.1 或 8.2 左右。在碾压后密度增加很大,根据迪斯索艾[2],可增加 0.5,所以在浇铸时是 8.2,在碾压后变为 8.7;或者说,通过碾压,它的体积差不多缩小 49/16。这位作者还发现,黄铜通过碾压,硬度极其显著地增加,但韧性减小;可是在碾压以后再通过加热,使其软化,它会变得比以前更强,其比重差不多介于浇铸黄铜与碾压黄铜之间。

(g) 皇子金属(Prince's metal),假金等. 这个化合物,据我所知,通常是由等重量的铜和锌化合,或 3 份普通黄铜和 1 份锌在一起融熔而成。根据刘易斯,按照这个比例的黄铜,其黄色达到最高点。该合金很脆,或者至少比普通黄铜要难延展得多。我发现一种叫做锌焊料的合金,即既用于焊黄铜又用于焊铜的焊料,差不多含有相等份量的铜与锌。因此,它看来是由 1 原子铜与 2 原子锌化合而成的合金。

铜和锌的其他合金,其中锌逐渐地超过了铜,颜色就逐渐地变淡而且变得更脆。它们在工艺上用处不大,因此,冶金工作者不曾详细地研究过。

除掉铜和锌以及铜和锡二元化合物以外,还有这些金属的三元化合物,即铜、锌和锡的合金。举例说,普通白色纽扣就是这种金属制成的。我曾分析过这种金属的样品,发现它由 4 份铜、1 份锌和 1 份锡,或 4 原子铜、2 原子锌和 1 原子锡组成。

补充一下我所采用的有关黄铜的分析方法。把 20 格令左右某些商品溶于硝酸中,

---

① 《哲学年鉴》第 12 卷。

② 《化学和物理学年鉴》,5—233 页。

用硫氢化石灰把金属变为硫化物沉淀下来。铜以黑色粉末状态析出,而锌则由白色粉末状态转变为灰色。要特别当心逐渐地加入沉淀剂,务使铜能够和锌分开地得到,全部铜在锌沉淀出现以前析出。把沉淀收集起来并在不超过150°的温度下干燥,然后称重。在以上两种情况下都得出,重量1/3为硫,剩下的2/3为金属,这同这些硫化物的已知组成是一致的。另一种方法我有时也使用,效果也很好;即把全部或者绝大部分的铜用铅板析出,然后用硫酸把铅析出;再用硫氢化石灰来检验液体,把剩下的铜沉淀下来,如果有一些的话;最后用硫氢化石灰把锌析出。

6. 铜与铋. 这种合金很脆,呈苍白色。关于这种合金知道不多。

7. 铜与锑. 铜与锑在熔融时化合成为一种紫色,脆性的合金。

8. 铜与砷. 这两种金属在一个盖紧的坩埚中熔融化合,要在混合物表面盖以食盐以避免砷的氧化。该化合物白而脆,叫做白铜和白顿巴铜(white tombac)。

9. 铜与锰. 根据伯格曼,它们可以通过熔融而化合,形成一种红色、有延展性的合金。

10. 铜与钼. 这些金属可以按不同比例形成合金,但是这些化合物没有什么特别的地方。

铁与其他金属的合金

1. 铁与锡. 把这两种金属在密闭坩埚内熔融是不大容易形成合金的,这种困难似乎是由于这些金属各自熔化的温度相差太远。伯格曼发现,当金属一起熔融时,有两种合金形成;一种是2份锡和1份铁,即10个锡原子对1个铁原子,另一种组成是2份铁和1份锡,即4原子铁和1原子锡。第一种有很大的延展性,比锡硬,但没有锡那样光亮,而第二种只有一般的延展性,很硬,刀割不动。

普通马口铁的形成是锡与铁亲和力的证明。把完全洗净的铁的薄片浸入熔融的锡中,锡就附着在铁的表面与锡形成真正的化学结合。

2. 铁与铅等. 铁与铅、锌、铋、锑、砷、钴、镁等金属熔融,能或多或少地化合。但其比例只有很少几个例子被查明。这些化合物通常是不重要的。

镍与其他金属的合金

镍和砷. 由于镍和砷在自然界的化合状态被发现,虽然大多数是与少量其他物体在一起,我们还是可以认为它们之间存在着一种亲和力。不过我不知道它们化合的比例和这种合金的性质。

锡与其他金属的合金

1. 锡和铅. 锡与铅可以按任何比例熔融化合,据莫辛布罗克说,这种合金比铅或锡硬,并且更坚韧,特别是当它们的组成是3份锡和1份铅时。

为了寻找某些有显著特征的合金,我按下表的各种百分比把锡和铅熔融,锡的比重是 7.2,铅的比重是 11.23;所取的比例是按 1、2 或更多的锡原子和一个铅原子化合,把这几种金属熔融,并在几滴油脂保护下形成化合物,否则就很快发生氧化,以至于比例受到破坏,使纯合金的量不等于其组分的重量。如果不采取这种预防,在实验里 4 份金属常常只能得到 3 份可熔的合金。

原子		重量		比重 根据计算	比重 根据实验	熔点
锡	铅	锡	铅			
1+1		0.58+1		9.32	9.17	430°
2+1		1.16+1		8.64	8.79	350°
3+1		1.73+1		8.25	8.49	340°
4+1		2.3+1		8.00	8.10	345°
5+1		2.9+1		7.93	8.00	350°
6+1		3.47+1		8.81	7.90	360°

上表说明,当 1 原子锡和 1 原子铅化合时体积发生膨胀,但当比 1 更多的锡与 1 份铅化合时体积发生减小,即密度比计算的要高。当 3 原子锡和 1 原子铅化合时密度增加最大;韧性也可能是个最高点;虽然莫辛布罗克发现当 3 份锡和 1 份铅化合时韧性较大,这个成分近似地相当于 4 原子锡与 1 原子铅;这种意见是为下面事实所支持的,即当两种金属单独存在时锡的韧性要大得多。

值得注意,这些合金的熔点比锡或铅任何一种都低,当 3 原子锡和 1 原子铅形成合金时,其熔点是所有合金中最低的(340°)。

我发现,普通的白镴(一种锡与铅的合金),是一种接近 4 原子锡与 1 原子铅的合金,其熔点约为 345°或 350°。这或许是最好的比例;它既硬,又牢固,颜色又好。铅多了将损害它的颜色。锡多了虽然可以改进它的颜色,但却损害它的牢固性并且增加费用。

某些家用东西当中,如茶壶、汤匙等等,一般地是用名叫中国白铜的白色金属制成的,但上面这种叫法我认为是不合适的。这种金属的颜色比白镴更接近于银。我发现有一个这样叫的汤匙却是纯锡的。

2. **锡和锌**. 这种合金很容易用熔融方法制得,这些金属似乎可以按任何比例化合,我用 29 份锌和 52 份锡(各一原子)在一起熔融得到一种白色坚硬比重约为 6.8 的合金。当 2 原子锡和 1 原子锌化合时,比重是 6.77,在平均值以下。该合金很硬而且牢固,或许有些用处。

3. **锡和铋**. 这两种金属按任何比例熔融都很容易化合,当 52 份锡和 62 份铋熔融(原子比为 1∶1),得到一种细致、光滑、硬而脆的比重为 8.42 的合金,260°熔化。2 原子锡和 1 原子铋得到比重为 8 的合金,熔点约为 320°。1 原子锡和 2 原子铋的合金比重是 7.73,熔点为 350°。1 原子锡和 3 原子铋得到合金的比重是 9.14,熔点为 330°。

4. **锡和锑**. 当这化合物由等量的金属形成时,据说是白而脆的。但小规模熔融这两种金属时,我没有能够使它们化合。

5. **锡和砷**. 根据贝延(Bayen),当 15 份锡和 1 份砷一起熔融时,合金像铋一样成大片状结晶,性脆,不像锡那样易熔。该合金一定是由 5 原子锡和 1 原子砷所组成,也就是 312 份锡和 21 份砷。

铅与其他金属的合金

1. 铅和锌. 这两种金属似乎只有微弱的亲和力。在少量油脂存在下熔融时,它们容易按任何比例化合或更正确地说是混合。可是,它们虽然可以混合,却仍有很大的趋势再分开,这无疑一部分是由于它们比重相差很大而引起的。

我用各种比例熔融铅和锌,从 6 份铅和 1 份锌到 1 份铅和 2 份锌。这种化合物的比重通常比平均值大;但是破碎时,其断面有一部分像锌而另一部分则不像。对断片的分析证明,它们的组成存在着很大的差别,随后再把它熔化有时会增进其化合,但有时则相反,6 份铅和 1 份锡得到的化合物其均匀程度几乎同任何均匀化合物一样,它们的比重是 17,比铅硬,颜色比铅白,外表像白镴,也就是说,很像锡和铅的合金。

2. 铅和铋. 这两种金属很容易形成合金,3 份铅和 2 份铋熔融时化合成为很牢固的、熔点约为 340° 的合金。莫辛布罗克发现它比铅要坚硬十倍,它在保存时很快变黑,它的比重根据我的观测为 10.85,比平均值大,它是由两种金属各一个原子或是 62 份铋与 90 份铅构成。

3 份铅和 4 份铋(1 原子铅对 2 原子铋)形成的合金在 250° 熔化,这是该两种金属所形成的合金中熔点最低的。它与少量锡制成三元合金,其熔点比不含汞的任何其他金属化合物都要低,这将在后面指出。这种铅与铋的合金的比重是 10.7,比平均值大。

1 份铅和 2 份铋的合金(1 原子铅对 3 原子铋)熔点为 280°,比重是 10.1,比平均值小。

3 份铅和 1 份铋的合金(2 原子铅和 1 原子铋)熔点为 450°,比重是 11,比平均值大。

3. 铅和锑. 这两种金属能按任何比例熔融化合,该合金纹理很细,而当锑或铅占优势时变得又脆又软,我认为这种合金的主要用途是做印刷的铅字,小的铅字需要较硬的合金,即合锑较多的合金,大号铅字则含铅较多以降低价格;在检验各种不同的铅字中,我发现主要的是三种配比的合金,最小的铅字是由十分接近 40 份锑和 90 份铅(或 1 原子对 1 原子)的混合物铸成的。它很硬,其断片像钢一样,比重接近 9.4 或 9.5,约在 480° 或 500° 熔化。这个配比是通过分析或参照金属的比重而确定的。

中等铅字是用 1 原子锑和 2 原子铅或 40 份锑与 180 份铅组成的。这合金约在 450° 熔化,其比重约为 10。

2 或 3 英寸直径的最大铅字是由 1 原子锑与 3 原子铅,或 40 份锑对 270 份铅的合金做成的。这种合金也大约在 450° 或 460° 熔化,这是一个值得注意的事实。该合金的比重通常为 10.22。经过几次试验,我还不能确定是这个合金还是前面的合金熔点更低些。当等量的这两种合金融合在一起时也在 450° 或 460° 的相同温度下液化。

所有中等大小铅字看来都是由前面三种比例中任何一种或其他混合物做成,铅字愈小就需要愈多的锑以提供必要的硬度。最大的铅字,我认为,含铅的比例比一般的要大得多。

40 份锑与 360 份铅(1 原子对 4 原子)一起熔化时,其熔点约为 470°。比重发现为 10.4,但这个数据可能由于砂眼或空气泡的存在而过低了。这合金比前面的容易弯曲,折断时断面纹理很细。

40 份锑与 450 份铅(1 原子对 5 原子)形成的合金在 490°熔化,比重为 11。这种合金弯曲折断时纹理很细。

40 份锑与 540 份铅(1 原子对 6 原子)形成的合金在 510°熔化,比重为 10.8,很可能这是由于存在空气泡。这种合金很软,有延展性。

4. 铅和砷. 当把铅熔化并和白色氧化砷接触,上面加一层牛脂,并经常把它们搅动,两种金属即发生结合,多余的白色氧化物一部分转变为砷,一部分被赶出去,看来还带走一部分铅。有相当一部分固体呈黑色海绵状,加热不容易熔化。它含有一部分铅,可能是金属与氧的化合物。熔化的合金具有铅的外表,但很脆,不等弯曲就折断了,断面与铅相似。这种合金如果不被铅饱和,其比重为 10.6,或更大些。用过量硝酸处理时,合金完全溶解,铅能被硫酸析出,而砷酸或氧化物则能被石灰析出。这样,我们求出该合金约含有 9 份铅与 2 份砷,或每种金属各一个原子。海绵状固体用硝酸处理时生成同样的溶液,并伴随有氧化砷的沉淀。

5. 铅和钴. 这两种金属可能由于熔化的温度相差很大,它们的合金不容易得到。格梅林(Gmelin)把 1 份钴分别与 1、2、4 和 8 份铅熔化,分别地得到比重为 8.12、12.28 (8.28?)、——、9.65 与 9.78 的合金。从这些比重可以明显地看出,铅是大部分被热赶跑了。因为最后的或者最大的比重只是近似地相当 2 份铅与 1 份钴(《化学年鉴》,19—357)。

三元合金、焊料;易熔金属等

本章是声称限于二元素化合物的,虽然在本章中,研究三元化合物似嫌过早,但由于三元化合金很少,紧接着就在这里介绍它们,似乎没有什么不可以。

柔软的焊锡. 白铁工人和焊锡工人的焊料,要求容易熔化,可是熔点不能太低,应该能够经得起比沸水高的热度。软焊条的熔点通常在 300—400°。白铁工人的焊条我认为一般是由等量的锡和铅混合组成。我曾获得一个比重 8.9 的样品,它的熔点是 380°。大概更理想的化合物将由 104 份锡与 90 份铅(2 原子对 1 原子)混合而成,其比重为 8.8,熔点为 350°。

焊锡工所采用的焊条比白铁工的要容易熔化一些。我从工人那里得到的样品比重是 8.87,在 345°熔化。3 份锡与 2 份铅的混合物将组成同样易熔的合金,但其比重只有 8.6 或 8.7,可能在这样品里锡的比例略少些,有少量铋进入。

易熔金属. 锡、铋和铅是在较低温度下熔化的金属。它们中任何两种的合金熔化温度通常比它们平均的熔化温度低,甚至比低的还要低。用类比法可以推得,锡与铅的合金同锡与铋的合金一起熔化,其熔点将低于二个组成中任何一个。业已查明,最易熔化的铅同铋的合金是 2 原子铋同 1 原子铅。这种合金在 250°熔化。2 原子铋同 1 原子锡的合金在 260°熔化,1 原子铋同 1 原子锡的合金也是这样。这类合金比这些金属按任何其他比例组成的都容易熔化得多,我们还希望从它们的组合中把熔点进一步降低。事实上,任何一种锡与铋的合金,在同铅与铋的合金结合时,熔化温度的降低都几乎完全相同。

因此,假如 4 原子铋、1 原子锡同 1 原子铅一起熔化,这化合物在沸水中即在低于212°时熔化,而 3 原子铋、1 原子锡与 1 原子铅一起熔化,情况也是一样。

紧接上面所提到的二元易熔合金就是 2 原子锡和 1 原子铋所组成的合金,它在 320°熔化。这种合金同 2 原子铋及 1 原子铅结合,产生了一个 3 原子铋、2 原子锡及 1 原子铅的化合物,它熔化的温度非常接近于上面的三元合金。

按照重量,对于上面最易熔化的金属,其比例将近似地为:

铋 14 份　　铅 5 份　　锡 3 份

铋 10 份　　铅 5 份　　锡 3 份

铋 5 份　　铅 2.5 份　　锡 3 份

大多数基础书籍所给出的比例是,8 份铋、5 份铅和 3 份锡,或 5 份铋、2 份铅和 3 份锡,它们都几乎同上面一些合金一致,在低于 212°时熔化。

从前面事实显然看到,只有两种比例的锡和铅同铋结合,才产生所需的结果,就是说,不是 1 原子锡同 1 原子铅,就是 2 原子锡同 1 原子铅。为了更充分地研究这个问题,我按下面步骤进行:

把 1 原子锡(52)＋1 原子铅(90)＋1 原子铋(62),在一起熔化,熔点是 270°。这合金相当柔韧,其断面颗粒很小。在该合金中连续地加入 31 格令铋,直到此合金明显地变得不易熔化,其结果如下:

1 原子锡＋1 原子铅＋1 原子铋;在 270°熔化

1 原子锡＋1 原子铅＋1.5 原子铋;在 235°熔化

1 原子锡＋1 原子铅＋2 原子铋;在 205°熔化

1 原子锡＋1 原子铅＋2.5 原子铋;在 200°熔化

1 原子锡＋1 原子铅＋3 原子铋;在 197°熔化

1 原子锡＋1 原子铅＋3.5 原子铋;在 200°熔化

1 原子锡＋1 原子铅＋4 原子铋;在 220°熔化

1 原子锡＋1 原子铅＋4.5 原子铋;在 205°熔化半流动

1 原子锡＋1 原子铅＋5 原子铋;在 240°熔化半流动

但这种合金降到接近 200°时还保持一些流动性

从这里我们得出,按重量 3 份锡、5 份铅同 7 到 14 份中任何比例的铋都得到一个熔点低于 212°的合金,但在这些中最好的是 10 或 11 份铋。

还有,2 原子锡同 1 原子铅和 3 原子铋结合,逐渐地加入一半锡。这几种合金都相差不大地在 200°或 200°以下熔化。进一步增加锡,就像上面加铋一样,会损害这种性质。我认为,把 2 原子锡和 1 原子铅同 3 原子以外任何比例的铋混合都是不重要的。

附　录

　　自从第一卷第二部分发表以来（1810 年），在有关热这个课题方面，已经发表过一些重要的文章。这些文章与这本书内反复讲的有关这个课题的学说的某些论点有着直接的关系。因此说明一下在这些文章里所出现的结果或许是适当的。

　　在 1813 年 1 月《化学年鉴》以及《哲学年鉴》第 2 卷中，我们发现一篇关于各种气体的比热的研究报告，是由德·拉·罗奇（Dela Roche）和贝拉尔（Berard）写的，这个报告在这最困难的课题上作了一系列最艰巨和最精密的实验，无论在创造性和具体做法方面，他们都有巨大的功绩。

　　没有必要描述这些实验装置及其做法的细节，因为这些描述在以上所列的刊物中都可以找到。值得注意的是，所用的量热器是一个 3 英寸直径、6 英寸长的铜圆筒，用水充满，还有一个长 5 英尺的螺旋管穿过其中，两头在容器外边敞开着。把一定温度（212°）的任何气体的均匀气流通过管子，让过多的热传给水。水的量及容器的热容量都预先测定过。通过量热器的加热气体的量以及水的温度可以经过巧妙的安排在任何时间测量出来。

　　显而易见，当使用这类装置时，气体将根据它的热容或多或少地把热量传递给水，而量热器的温度将逐渐升高，直到它达到一个最大值为止。这就是说，直到量热器周围的大气的冷却效果等于气流的加热效果。

　　实验的结果载入下表。

	相同体积的比热	相同重量的比热
空　　气	1.0000	1.0000
氢　　气	0.9033	12.3401
碳　　酸	1.2583	0.8280
氧　　气	0.7965	0.8848
氮　　气	1.0000	1.0318
一氧化二氮	1.3503	0.8878
油　生　气	1.5530	1.5763
一　氧　化　碳	1.0340	1.0805
水　蒸　气	1.9600	3.1360[①]

---

　　①　最后一项的结果比前面任何一项都更不可靠，该实验是比较复杂的。

他们发现,压力为 29.2 及 41.7 英寸汞柱的等体积空气的比热接近于 1:1.2396,不同于压力或密度之比,后者为 1:1.358。

上面这些永久气体(水蒸气除外)比热的表已为另外一系列实验的结果所证实,在这些实验中,原则略有些变动,即求出在给定温度下需要多少立方英寸各种气体才能把量热器升高至某一温度,并指明热容量与所用气体的量成反比。在这些结果中误差只不过从 1% 到 10%。这些误差对这样棘手的实验来说可以认为是很小的。

由于几种气体比热的比率已经求得,所以求水的比热同某种气体(例如空气)比热的比率是非常方便的,把小流量的热水通过量热器,然后把这种流量的效果同较大流量的空气的效果相比较即可得到,但必须仔细查明在给定时间中通过的水量以及在入口处水的温度。这个实验的结果是,水的比热跟普通空气的比热之比接近于 1:0.25。改用另外两个实验,所得结果差别并不大,水对空气之比,三个结果的平均值为 1:0.2669。

把气体的比热进行换算,以水为标准作为 1,我们就得到各种物质的比热表:

水	空 气	氢	碳 酸	氧
1.0000	0.2669	3.2926	0.2210	0.2361
氮	氧化亚氮	油生气	氧化碳	水蒸气
0.2754	0.2369	0.4207	0.2884	0.8474

在我们评论这些结果以前,最好把杜隆和珀替(Petit)关于比热的同样有趣的实验摘要介绍一下。这些实验发表在《化学和物理学年鉴》第 7 卷和第 10 卷中。

这些先生们一开始是研究空气的热膨胀。空气从水的凝固到沸腾这段温度范围内的绝对膨胀已由盖-吕萨克和我自己在以前测定过,约为 8 到 11。可是他们还把上面的研究推广到高于和低于这些温度的各点,即扩大到汞的凝固和沸腾的温度。从汞的凝固温度或其附近到水的沸腾温度,他们发现空气的膨胀与汞的膨胀一样快,就像普通温度计指出的那样。但是从水的沸点到汞的沸点,汞膨胀稍多一些,并按比例逐渐地增加,如下表所示:

表 I

用汞温度计的温度		一定重量空气的相应体积	用空气温度计测的温度,对玻璃的膨胀作过校正
华氏	摄氏		摄 氏
−33°	−36°	0.8650	−368
32	0	1.0000	0
212	100	1.3750	100
302	150	1.5576	148.70
392	200	1.7389	197.05
482	250	1.9189	245.05
572	300	2.0976	292.70
680	汞沸 360	2.3125	350.00

汞的绝对膨胀引起他们的注意。对于汞从水的冰点温度到沸点温度的膨胀,他们引

证了九个数据,这九个中的两个极端是卡斯博伊斯(Casbois)的原体积 1/67,和我的原体积 1/50。他们把它定为 1/55.5。他们把温度提高到双倍和三倍来进行观察,并从这些观察推得下表的结果。这些膨胀本来只是对应于摄氏温度计每一度的,我把它加上相应于华氏每一度的膨胀。

表 Ⅱ

空气温度计测的温度		汞的平均绝对膨胀		用汞的膨胀所指示的温度,假定膨胀是均匀的[①]	
华氏	摄氏	华氏	摄氏	华氏	摄氏
32°	0°	0	0	32°	0°
212	100	$\dfrac{1}{9990}$	$\dfrac{1}{5550}$	212	100
392	200	$\dfrac{1}{9945}$	$\dfrac{1}{5525}$	400.3	204.61
572	300	$\dfrac{1}{9540}$	$\dfrac{1}{5300}$	597.5	314.15

通过玻璃容器中汞的表观膨胀的一系列观察,与上表的结果相比较,他们推断出温度计上每一度的玻璃的绝对膨胀,以及假定用于测量温度的玻棒作均匀膨胀时所指出的温度:

表 Ⅲ

空气温度计的温度		在玻璃中汞的平均表现膨胀		玻璃体积的绝对膨胀		玻璃温度计的温度	
华 氏	摄 氏	华 氏	摄 氏	华 氏	摄 氏	华 氏	摄 氏
212°	100°	$\dfrac{1}{11664}$	$\dfrac{1}{6430}$	$\dfrac{1}{69660}$	$\dfrac{1}{38700}$	212	100
392	200	$\dfrac{1}{11480}$	$\dfrac{1}{6378}$	$\dfrac{1}{65340}$	$\dfrac{1}{36300}$	415.8	213.2
572	300	$\dfrac{1}{11372}$	$\dfrac{1}{6318}$	$\dfrac{1}{59220}$	$\dfrac{1}{3200}$	667.2	352.9

铁、铜和铂从摄氏 0°到 100°以及从 0°到 300°的绝对膨胀已经很巧妙地研究过。对摄氏温度计每一度的膨胀如下表所示。

表 Ⅳ

空气温度计的温度	铁的平均体积膨胀	铁棒温度计的温度	铜的平均体积膨胀	铜棒温度计的温度	铂的平均体积膨胀	铂棒温度计的温度
摄氏						
100°	$\dfrac{1}{28200}$	100°	$\dfrac{1}{19400}$	100°	$\dfrac{1}{37700}$	100°
300	$\dfrac{1}{22700}$	372.6	$\dfrac{1}{17700}$	328.8	$\dfrac{1}{36300}$	311.6

① 即通过密闭于一个受热而不膨胀的容器中的汞来指示温度,要不,就是密闭于和汞一样膨胀比率的容器中。

与这课题相联系的是另一个重要问题,即在不同温度下,物体的热容量是保持不变呢,还是在温度升高时减小或增加。这就是说,把物体从摄氏 0°升到 100°需要某一定的热量,把它从 100°升到 200°,以及从 200°升到 300°等等是需要同样的热量呢,还是当我们继续升高温度时它需要多一点或少一点? 这个课题的探讨包括对温度测定的研究。他们采用了空气的平均膨胀,即空气温度计,作为恰当的标准,并找出铁的热容量:

从 0°到 100°＝0.1098

0 到 200＝0.1150

0 到 300＝0.1218

0 到 350＝0.1255

相等重量水的热容量是 1。

下表是根据他们的结果所得出的七种其他物质的热容量。

表 V

	0°到 100°之间的平均热容	0°到 300°之间的平均热容
汞	0.0330	0.0350
锌	0.0927	0.1015
锑	0.0507	0.0549
银	0.0557	0.0611
铜	0.0949	0.1013
铂	0.0335	0.0355
玻璃	0.1770	0.1900

按照这个表,物质的热容量随温度升高而作少量的增加。假用普通的汞温度计来测量温度,这种增加虽然仍旧存在,但将更加小些。

再设想用这些物质制成的温度计是通过浸到冰水及沸水中刻成 100°的;假如这些温度计全部浸入空气温度计读数为 300°的一种流体内,又假如用获得的热的绝对量来测定,则几种温度计相应的温度如下:

铁	银	锌	锑
322.2°	329.3	328.5	324.8

玻璃	铜	汞	铂
322.1	320.0	318.2	317.9

从这些观察中,他们推断出,业已公布的关于物质冷却的定律不可能是绝对准确的。这就是说,当它们的温度超过周围空间温度时,物体就按比例放出热量给周围介质。

接着就是对有关热现象一般定律的一些批评意见,发表在我的《化学哲学》原理中(第 15 页),在一起发表的,还有一张表,是用来指示空气温度计与水银温度计之间不一致的地方。两者都是按照我在《化学哲学》中建议的方法标上刻度的。关于这些论点,我以后还要讲。

文章的第一部分结束时讲到,为什么要选择空气温度计,或者更严格地说,为什么要假定水银或任何其他物质的温度计的刻度与空气温度计一致。

论文的第二部分是冷冻定律

采用空气温度计作为最合适的测量温度的方法,杜隆和珀替两位在多种不同的情况下,在真空中、在空气中或在不同类型的气体以及在不同密度条件下,研究物体的冷冻定律。研究中使用了大量仪器和资料,显示出高度技巧和敏锐的观察力。但我们的意图并不是对这些加以评述。我们只要介绍他们通过实验所推出的定律的一般概要就足够了,与此同时,我们介绍所有那些对这课题充分有兴趣的人去详细读这论文,它显示出具有深远哲理的一系列实验,并借助于数学概括来说明其结果。

"定律 1. 如果有人能看到一个物体放在真空中且围绕以绝对没有热量,或者完全被夺去辐射热量的容器中冷却,他将发现,当温度按算术级数下降时,冷却速度将按几何级数减少。"

"定律 2. 如果一个含有真空装置的容器的温度是常数,一物体置入其中冷却,则成算术级数的高出的温度的冷却速度,就像一个几何级数各项减去一个常数那样地减少着,该级数的比率适用于所有类型物体的冷却,等于 1.0077。"

"定律 3. 在真空中对相同的高出温度的冷却速度以几何级数增加,真空周围容器的温度按算术级数增加,级数的比率和上述相同,即对所有类型的物体都是 1.0077。"

"定律 4. 由一种气体单纯的接触而引起的冷却的速度与冷却物体表面性质完全无关。"

"定律 5. 由一种气态流体单纯的接触而引起的冷却速度,在高出的温度本身按几何级数变化时,亦按几何级数变化。如果第一个级数比率是 2,则第二个是 2.35,不管气体的性质和它的弹力怎样。"

"此定律也可说成是在任何情况下,气体带走的热量和热物体高出的温度的 1.233 次幂成正比。"

"定律 6. 当气态流体本身的张力按几何级数降低时,其冷却能力也是按几何级数下降,如果第二个级数比率是 2,则第一个级数的比率对空气来说是 1.366,对氢是 1.301,对碳酸是 1.431,而对油生气是 1.415。"

"此定律也可表示如下:在所有其他条件相同的情况下,气体的冷却能力和压力的一定的乘幂成正比,乘幂的指数取决于气体的性质,空气的指数是 0.45,氢是 0.315,碳酸是 0.517,油生气是 0.501。"

"定律 7. 假如气体能够膨胀以保持始终不变的张力,气体的冷却能力将按以下方式随着它的温度而变化,即在气体变稀薄时,冷却能力降低多少,它在温度增加时就增大多少,所以气体的冷却能力确实是仅仅取决于它的张力的。"

————————

另一篇有创造性的论文由杜隆和珀两先生发表在《化学和物理学年鉴》第 10 卷中,题目为《某些热理论要点的研究》。它的一个目的是以高度精密的方法去测定物体的比热。用他们的方法得到的某些金属的比热和这些金属的原子量以及比热和原子量的乘积列表如下：

比热 水的比热作为 1	原子量 氧的原子量作为 1	原子量与各自 热容的乘积
铋　0.0288	13.300	0.3830
铅　0.0293	12.950	0.3794
金　0.0298	12.430	0.3704
铂　0.0314	11.160	0.3740
锡　0.0514	7.350	0.3779
银　0.0557	6.750	0.3759
锌　0.0927	4.030	0.3736
碲　0.0912	4.030	0.3675
铜　0.0949	3.957	0.3755
镍　0.1035	3.690	0.3819
铁　0.1100	3.392	0.3731
钴　0.1498	2.460	0.3685
硫　0.1880	2.011	0.3780

　　作者打算从这个表引出的结论是相当明显的，即上述物体的原子，即终极质点，含有或携带相同的热量，亦即具有相同的热容。作者认为，这个原理适用于所有物体的简单的原子，不论是固体的，液体的还是弹性的。但他们认为，它不适用于复合原子，所以它实质上和我十八年前提出的意见不同（见第一卷第 28 页）。那时我的意见是，属于所有弹性流体的终极质点的热量在同样压力和温度下一定是相同的。他们似乎从经验中理会到，在复合原子热容和简单原子热容之间存在一个很简单的比率。他们从他们的研究中推出另一个结论，即物体化合时所放出的热和元素的热容无关。他们提出，热的损失通常没有伴随着化合物热容的减少。他们似乎认为在化合过程中热是由电产生的，但他们不否认有时可能有热容变化，并由此产生了热。

对上述论文的评论

　　克莱门特和德索默斯差不多与德·拉·罗奇和贝拉尔同时得到关于某些弹性流体的热容的近乎一致的结果（见《物理学杂志》第 89 卷，1819 年）。这些结果抨击了一些似乎是最合理的关于热的学说，因此，除非有十分充分的根据，它们是不会被承认的。我则在我自己的经验使我确信以前，保留着某种程度的怀疑。我得到一只德·拉·罗奇结构的量热器，为了使实验容易做，我不是强迫一定体积的热空气进入量热器把热传给水，而是用空气泵把一定体积的常温的大气（或其他大气）引进充满热水的量热器，目的在于求出这个方法能加速冷却多少。通过几次这类实验，我相信普通空气的热容非常接近于上述富有创见的法国化学家们所作的测定，即它大约仅是克劳福德博士从他的实验所得出的数值的 1/7 份，并且几乎和我从我的弹性流体比热的理论观点推出的相同（见第一卷第 25 和 31 页）。

　　的确，德·拉·罗奇和贝拉尔看来在引用他们自己的结果时，反而被难住了，氧气和氢气的热合在一起给出水的比热仅为 0.6335，而通过实验，水的比热为 1，尽管当这些气体化合时还放出极大量的热[①]。

　　他们说："因此，必须放弃把化合时放出的热归之于化合物体中比热降低的假设，并且与布莱克、拉瓦锡、拉普拉斯和其他许多哲学家一样，必须承认热素是以化合状态存在于物体中。"我不知道有哪位作者否认这点。克劳福德博士被认为最可能在这方面会犯错误，他主张"元素火保留在物体中，部分是由于它对那些物体的吸引，部分是由于周围热的作用。"而且"它与物体的结合与那种特殊种类的化学结合相似，其中元素是通过压力和吸力的联合作用而化合的。"（《论动物热》第二版第 436 页）从他的碳酸和水化合的例子来看，他可能是有些欠妥之处，而盐酸或氨和水的化合则比较适当些。

　　事实是，这些重要实验表明，在和处于液体及固体状态下物体的温度及总热量的同样增加量相比时，弹性流体中温度的增加量与总热量是不成比例的。

　　大家知道，物体的比热是由升高那些物体一定度数的温度所需的相应热量来确定的。它们可以用这些数量比来表示。假如同样物体的热容在所有的温度下是不变的，那么这些比例应该也表示各物体中总热量之比。事实上，大多数作者主张，比热既作为表明各物体中总热量之比，又作为表明升高物体至给定温度所需相对的热量之比，但他们详细讲述的仅仅是后者，对前者则仅是假想的。

　　就固体和液体形式的物体而论，所有经验表明，它们的热容在普通温度范围内，如果不是精确的，也是近似地不变的，因此推测每一个物体的总热量与它们温度的增加量成比例似乎是没有什么不合理的。但是当一固态物体在温度增加时呈流体状态，并且吸收热而没有增加温度，这时，它的总热量就增加了，于是一些热容量的作者们就主张，热的增加量后来是和总量按同样比例增加的。这看来已足够了。但是在它能够可靠地被作为一般原理采用以前，应该用几个直接的实验的例子来说明，特别是因为现在就液体变为弹性流体这种类似情况来说，这一点已经发现是失败了。作为一个不确定的例子，冰和水的热容的比有一个人发现是 9∶10，而其他人发现是 7.2∶10，这些结果存在着这样大的差异表明测定冰的比热的困难，而且甚至可怀疑，冰和水的比热哪一个更大。

　　从以前叙述的弹性流体的实验来看，当热容被认为是表示与流体相联系的总热量时，这种流体显然是表示处于具有最大可能热容形式下的一种物质；但是如果热容或比热意味着表示把物体升高给定数目的度数所需的热量，那么物质的弹性流体形态所具有的热容将小于同样物质在任何已知形态下所具有的。所以当我们用术语比热，比如，在用于弹性流体时，今后我们应该注意区别我们是以什么意义来用它们的。但是在某些更加具有决定性的实验表示有必要加以区别以前，此术语在应用于液体和固体时将仍然可以不加区别地按任一个意义来用。在冷却零点或热的完全丧失点（point of total privation of heat）研究中所发生的反常现象，部分是由于物体中总热量的比率和产生相等温度增量的热量的比率之间缺乏一致。

　　一定重量弹性流体所能含有的最大可能的热量是在流体膨胀达到最大限度的时候。

---

　　① 按最近的实验，我发现氧和氢结合时放出的热会把同样重量的水升高 6500°。

因为凝聚作用,不管是由于机械压力,还是由于物质原子间增加的吸引力,都倾向于通过增加其弹性而放出热。因此,温度的增加一方面增加弹性流体中的绝对热量,而另一方面,如果不让流体膨胀,则通过增加压力降低了绝对热量。这一点大家从凝聚使弹性流体温度增高的事实是都知道的。

考虑到所有弹性流体在增加相同的温度时,膨胀的量相同,可以想象所有的流体具有相同的热容,或者在产生这种膨胀时需要相同的热量。虽然相等体积弹性流体的热容的差别不太大,但德·拉·罗奇和贝拉尔的结果似乎并没有采纳这种假定。在关于氢气方面,他们的结果与克莱门特和德索默斯的也有明显的不同,即这些结果分别是 0.9033 和 0.6640;另外,在碳酸气中,分别是 1.2583 和 1.5。这个问题值得进一步研究。

关于杜隆和珀替空气和汞加热时相对膨胀的实验,我相信他们的结果是非常接近于真实情况的。我以前的实验主要是在 32°到 212°之间做的,我发现,和汞相比,空气的膨胀在这个间隔内是下面的一半比上面的一半大,和罗伊将军所做的相同。经过把实验再重复一次,我认为相差比我所断定的小,并且我发现空气的标度和汞的标度一直继续到汞几乎凝固都同样保持一致,至少差别不会像我的新温度表(第 8 页)所给出的那样大。我做了一些在 212°以上的空气膨胀实验,这些实验引导我采用杜隆的结果。在按照我提出的定律,即空气温度计对等间隔的温度按几何级数膨胀,而水银温度计在从其冰点算起按温度的平方膨胀,把这两种温度计进行比较时,发现从水的结冰到汞的沸腾这样大的 600°范围内,两种温度计的偏差不超过 22°。可是在水结冰和汞凝固的温度之间的标度有相当大的偏差,如杜隆和珀替已经观察到的那样,充分表明它们的一致性仅仅是部分的。像空气和汞的标度一样,从−40°到 212°是如此的一致,以至于简直察觉不出有什么差别,虽然这些差别的存在是没有人怀疑的,但是这些差别后来则变得十分明显,并且越是后面,这些差别也就越大。

汞膨胀. 见第一卷第 15 页。我曾经过高地估计了玻璃球的膨胀(不久就会见到),因此也过高地估计了汞的膨胀。我的汞的膨胀在对玻璃作过校正以后,大约是 1/53,仍然比杜隆的大。杜隆的第二个表是有价值的,因为它根据给定的或标准的温度计给我们提供高温下膨胀率的资料。

铁、铜和铂

玻璃的膨胀. 从杜隆和珀替的第三个表看到,这些有才能的化学家们发现在 180°范围内,即从 32°—212°范围内的玻璃膨胀几乎完全和以前斯米顿及其他人所测定的相同。随着温度增加,它也加快地膨胀,不管是用空气还是用汞做标准来计算。这已经由德鲁克(Deluc)观察过,但进行更广泛观察的则是这些作者们。铜和铂从 32°到 212°的膨胀,如在第四表中所详述的,几乎和其他人的结果一致;但在标度较高部分的膨胀却显示出以前不知道的一些值得注意的事实。铂不仅是上述物体中膨胀最小的,而且它的膨胀差不多是均匀的。铁膨胀比玻璃大,比铜小,但是最不均匀,随着温度的提高膨胀迅速增大。这些事实解释了我观察过的一些其他事实。以前我在发现玻璃和铁的膨胀几乎相同时曾感到吃惊(见第一卷第 14 页),但是现在发现,铁在凝固点附近按比例来说比玻璃增大得慢。最近我获得一个装水的铂制小测温器,如在第一卷第 14 页描述的那样。在把它装满,并像其他金属容器一样处理后,我再一次吃惊地发现,在此容器中,水的表观最大密度是在 43°,而我原来却指望它低于 42°,这是用玻璃容器时的度数。这个观察和杜隆的观察结合起来,说明在低温时铂的膨胀超过铁,虽然在 300°范围内,铂的全膨胀同铁的相比为 2∶3。因此在玻璃球膨胀方面我被引进错误(我现在认为是这样的)(见第一卷第 15 页),接着又被引进上面提到的汞的膨胀的错误。铁和玻璃两种物体在第 14 页表中如此接近地一致,其原因不是由于玻璃的膨胀接近于铁的膨胀,而正是相反。这种想法还会影响到水在最大密度时的温度,因为铁和玻璃的膨胀愈小,装在这些金属容器中水的真实的和表观的最大密度就愈靠近。在棕色陶器中我的观测是不可靠的,因为使这样的容器不漏水是困难的。但自从该表公布以来,我已在普通的白色器皿中反复检验过,并满意地认为,在这样的容器中表观最大密度的温度是或接近 40°,因此水的真实最大密度一定在 40°以下,我倾向于采用 38°作为最接近的温度。

物体的热容. 在杜隆第五表中,我们得到玻璃和六个金属的比热,是在水的冰点和沸点之间测定的。铁的比热前面已给出过。到现在为止,问题还未涉及温度的测量。它们的结果和以前所测定的没有明显的差异,但是希望在这方面在哲学家们之间寻求更大的一致。在摄氏 0°和 300°之间测定比热的实验是具有独创性而且是有趣的。这些结果表明,随着温度的增加,物体的比热有少许增加。但是即使假定这些结果可以相信是精确的(这很难为前面的任何结果所证实),它们的特性仍然可以随采用不同的温度测量方法而改变。

发表在《化学年鉴》第 10 卷上(见《哲学年鉴》第 14 卷,1819 年)的杜隆和珀替的文章显示出很大的独创性,可是,在理论或实验上,它不像以前文章那样令人信服。因为无论凭推理,或是凭经验,很难令任何人相信,在 -40°温度下,不管是在固体、液体还是在弹性状态下,汞的许多质点都具有完全相同的热容。确实,德·拉·罗奇和贝拉尔的实验(如果他们是可以相信的话)指出浓缩空气的热容比稀薄空气的小,如果同一物体在弹性状态下改变其热容,那么就可以得出三种形态具有不同热容的结论。杜隆和珀替他们自己在以前的文章中曾经指出,固态物质的热容是变化着的,很少有任何两种物体变化相同。因此,原子重量和物体的比热的积不可能是个常数。他们所得到的某些金属的比热,和另一些人求出的值大大不同。例如,他们提出铅的比热 0.0293,我看到最低的数据是克劳福德的 0.0352,最高的是柯万的 0.050。我后来通过重复实验获得的平均值是 0.032。在他们表中,某些原子的重量,和通常确认的值显著不同,比如,铋是 13.3 而不是 9,还有铜、银和钴,仅是一些作者重量的一半。气体也是一些不利的例子,氧气得到的积是 0.236 而不是 0.375,氮气的积,如果氧对氮是 7∶5 的话,则是 0.1967,但如果氧对氮是 7∶10 的话,则积为 0.393。按照汤姆森博士氧对氮的比,4∶7,则乘积就是 0.482,同 0.375 相差很大。氢得出的积是 0.47 或 0.41 而不是 0.375。可以说,所有这些差异都是由气体比热中错误引起的,但是如果尽量当心,仍然存在这样大的错误,那我们就难相信这实验的原理了。

如果杜隆假设他的所有简单元素都处在弹性状态和均匀压力下,那么这假说就变为我的一部分,这就有充分的理由相信,它或者是确实分毫不差的,或者是十分近似的。但是假定一些物体处在固体状态,它们具有由不同程度吸引力结合着的质点,另一些处在流体状态,还有一些处于弹性状态,而它们却没有由于情况改变而引起热的重大变化,这种假设,在我看来,似乎是与一些物理学上公认的现象相违背的。

他们在复杂元素的比热方面,以及在化合时产生的热在和化合前后元素的热进行比较等方面的资料,都不曾被实验的详细内容所证实,他们假定化学变化放出的热不是预先就与元素结合在一起的,他们提出,木炭由电池电流保持在灼热状态下放出的热作为一个论证。确实,这种情况最容易这样解释,电流在这种情况下转变为热。但是木炭在这里并不发生任何化学变化,因而这不是一个合适的例子。

所有现代的经验都一致认为燃烧热首先与化合着的氧的数量有关,磷和氢燃烧放出的热量如果不是精确地,也是十分近似地与消耗的氧成比例,木炭燃烧时放出的热的比率并不太小,假定结合的氧是相同的,我发现氧化碳、碳化氢和油田气的燃烧热都与氢气的燃烧热相同。

一个困难,杜隆和珀替两先生似乎已想到过。他们始终设想,物体的比热,也就是,产生相同温度增量的热,必定正比于它们的总热量。这在被实验证实以前还纯粹是一个假说。比热方面大多数作者都认为它差不多已被实验所证实了。德·拉·罗奇和贝拉尔的结果说明,在弹性状态下,热的增量不是正比于总的热量,而是在弹性状态时相反地比液体时小。确实,有些作者认为应该是这样,因为一个物体当其几乎为另一物体所饱和时,它对这一物体的亲和力就比较小了[①]。于是很清楚,氧气或任何其他弹性流体,在上面这个规定的含义上,可以有较小的比热,然而却几乎含有无限的热量。我还不知道有什么确定的事实不容许对该假说作这样的解释,即热量是以确定的数量存在于所有物体中,并且不会有任何变化,除非变为其他同样没有重量的物体,光或电。

在不同温度下与生成液体相接触的蒸气力新表

由普通温度计测得的温度	乙醚蒸气比率 2 比重 0.72 英寸汞柱	二硫化碳蒸气比率 1.978 英寸汞柱	醇蒸气比率 2.7 比重 0.82 英寸汞柱	醋酸蒸气比率 2.57 英寸汞柱	水,比率 2.062 英寸汞柱
7°	3.75	3.134	0.193		0.11
35	7.5	6.20	0.560	0.27	0.29
65+	15.0	12.26	1.51	0.69	0.75
97	30	24.26	4.07	1.77	1.95
133	60	48	11.00	4.54	5.07
173	120		29.70	11.7	13.18
220	240		80.2	30.0	34.2
272					88.9
340					231

同第一卷第 8 页上的表相似,这是一张蒸气力的修正和扩大的表,它指出在一定温度范围内,和大多数或所有液体一样,不同蒸气的力按几何级数增加。这些温度范围在前面表中被假定为实际上彼此相等,但是后面这个观点的精确性曾受到怀疑。

---

① 见亨利博士的注记,《曼彻斯特学会纪要》第 5 卷,第 679 页。

不同温度下空气的膨胀及水和乙醚蒸气弹性力表

温度	空气的体积	最大的力		100 立方英寸的水蒸气的重量（格令）
		水蒸气,英寸汞柱	醚蒸气,英寸汞柱	
−28°	420			
−20	428			
−10	438			
0	448	0.08		
10	458	0.12		
20	468	0.17		
30	478	0.24		
—	—	—		
32°	480	0.26	7.00	0.178
33	481	0.27	7.18	0.184
34	482	0.28	7.36	0.191
35	483	0.29	7.54	0.197
36	484	0.30	7.73	0.203
37	485	0.31	7.29	0.209
38	486	0.32	8.11	0.216
39	487	0.33	8.30	0.222
40	488	0.34	8.50	0.229
41	489	0.35	8.70	0.235
42	490	0.37	8.90	0.245
43	491	0.38	9.10	0.255
44	492	0.40	9.31	0.267
45	493	0.41	9.52	0.275
46	494	0.43	9.74	0.284
47	495	0.44	9.96	0.293
48	496	0.46	10.18	0.303
49	497	0.47	10.41	0.313
50	498	0.49	10.64	0.323
51	499	0.50	10.87	0.329
52	500	0.52	11.10	0.341
53	501	0.54	11.34	0.354
54	502	0.56	11.59	0.366
55	503	0.58	11.85	0.378
56	504	0.59	12.12	0.384
57	505	0.61	12.39	0.396
58	506	0.62	12.66	0.402
59	507	0.64	12.94	0.414
60	508	0.65	13.22	0.420
61	509	0.67	13.51	0.432
62	510	0.69	13.80	0.444

温度	空气的体积	最大的力		100 立方英寸的水蒸气的重量（格令）
		水蒸气,英寸汞柱	醚蒸气,英寸汞柱	
63	511	0.71	14.10	0.456
64	512	0.73	14.41	0.468
65	513	0.75	14.72	0.480
66	514	0.77	15.04	0.492
67	515	0.80	15.36	0.509
68	516	0.82	15.68	0.521
69	517	0.85	15.09	0.539
70	518	0.87	16.23	0.551
71	519	0.90	16.56	0.569
72	520	0.92	17.00	0.580
73	521	0.95	17.35	0.598
74	522	0.97	17.71	0.610
75	523	1.00	18.08	0.627
76	524	1.03	18.45	0.645
77	525	1.06	18.83	0.662
78	526	1.09	19.21	0.680
79	527	1.12	19.60	0.700
80	528	1.16	20.00	0.721

上表的应用

这些表在把空气体积从某一温度或压力改变到任何另一指定温度或压力时有着广泛的应用。此外,在那些饱和或包含指定数量的水蒸气或其他蒸气的实验中,测定干燥气体的比重也有很大用处。

由于几位作者,还有一些是很有名气的,对这些问题给出错误的或有缺陷的式子,特别是关于水蒸气对修改气体的重量和体积的影响,我们认为,增加下面一些规则和例子供那些对这类计算不熟练的人们使用,还是合适的。

上表的第五栏,即水蒸气的重量是新加进去的,因此需要解释一下。盖-吕萨克被认为是在蒸汽比热方面的最大权威,他的结果如果被证实或改正,那将是件好事,因为这些结果很重要。按照他的经验,在相同的温度与压力下,普通空气和水蒸气的比重是 8：5,或 1：0.6250。现在我假设在 60°温度和 30 英寸汞柱压力下,100 立方英寸的普通空气,除去水气后,重量接近 31 格令。令人感到意外的事是,在一定体积空气的绝对重量上,科学家们是不一致的,大多数作者现在都假定 100 立方英寸的重量等于 30.5 格令,按照我的经验,它应该是大于 31 格令。如果普通空气假定是 31 格令,那么在相同温度和压力下,100 立方英寸的水蒸气,如果能够存在的话,将是 19⅜ 格令;但是因为在 60°温度下,它不能保持这个压力,所以我们必须按减少的压力扣除掉,60°时最大的蒸气的力是 0.65 英寸汞柱,于是,我们有 30 英寸：19⅜格令∷0.65：0.420 格令等于 60° 和 0.65 英寸汞柱压力下 100 立方英寸水蒸气的重量,这就是表上列出的数值。对于任一其他压力下,都需要进行类似的计算。但除此以外,还要从第二栏对温度作出校正。例如,要求 32°下 100 立方英寸蒸气的重量,我们就有 30 英寸：19⅜格令∷0.26 英寸：0.1679 格令；这就是 60°时 100 立方英寸水蒸气之重,然后按 480：508∷0.1679：0.178 格令等于表上列出的 32 和 0.26 英寸汞柱压力下,100 立方英寸水蒸气之重。

例

1. 多少立方英寸 60°温度时的空气重量相当于 45°时 100 立方英寸的空气重量？

根据空气的体积一栏,我们有下列比例,493：508∷100 英寸：103.04 英寸,即所求的体积。

2. 多少立方英寸 30 英寸汞柱压力下的空气重量相当于 28.9 英寸汞柱压力下 100 立方英寸的空气重量？

法则. 空气的体积与压力成反比,我们有 30：28.9∷100 英寸：96⅓英寸,这就是所求的答案。

3. 50°温度和 30 英寸汞柱压力下,为水蒸气所饱和的 100 立方英寸的空气中,有多少立方英寸的干燥空气？

这里应用 $\dfrac{p-f}{p}$ 式子,式中 p 指这时的大气压力,f 指在这温度下和水接触的最大蒸汽压,因此,由表,$p=30$,$f=0.49$,我们就有 $\dfrac{p-f}{p}=\dfrac{30-0.49}{30}=\dfrac{29.51}{30}=98\dfrac{11}{30}$,即：

$$\frac{\text{百分之 } 98\dfrac{11}{30}\text{的干燥空气}}{100}$$
$$\text{和百分之 } 1\dfrac{19}{30}\text{的水蒸气}$$

如果假设是乙醚蒸气,那么 $f=10.64$,我们就有 $\dfrac{p-f}{p}=\dfrac{30-10.64}{30}=\dfrac{19.36}{30}=0.645$,即

$$\frac{\text{百分之 } 64\dfrac{1}{2}\text{干燥空气}[1]}{100}$$
$$\text{和百分之 } 35\dfrac{1}{2}\text{乙醚蒸气}$$

4. 假设我们通过试验求出 60°和 30 英寸汞柱压力下为水蒸气所饱和的 100 立方英寸的普通空气重量是 30.5 格令,相同条件下,氢气的重量是 2.118 格令,如果仍是上面

---

[1] 在这种情况下,水蒸气可认为是无足轻重的。

的温度和压力,问 100 立方英寸已除去水蒸气的各种气体的重量以及它们的比重是多少?

　　按 30.5：2.118∷1：0.694 等于含水蒸气的氢气的比重,而含水的空气比重是 1,由 30.5 格令减去 0.42 格令(表上水蒸气的重),余下 30.08 格令;由 30 英寸减去 0.65 英寸,还余下 29.35 英寸。因此在 29.35 英寸压力下,100 立方英寸的干燥空气的重量是 30.08 格令。这样,我们就有 29.35：30∷30.08：30.746 格令等于 100 立方英寸干燥空气的重量。再由 2.118 减去 0.42 格令,余下 1.698 格令等于在 60°和 29.35 英寸汞柱压力下,100 立方英寸氢气的重量。因此 29.35：30∷1.698：1.736 格令等于 100 立方英寸干燥空气的重量,而 30.746：1.736∷1：0.05645 等于干燥氢气的比重,干燥空气的比重是 1。这些结果可以表示如下:

100 立方英寸的重量		比重	
含水蒸气的空气 ⋯⋯⋯⋯⋯ 30.5 格令	1	⋯⋯⋯⋯⋯⋯⋯⋯⋯⋯	14.4
含水蒸气的氢 ⋯⋯⋯⋯ 2.118 格令	0.0694		1
干空气 ⋯⋯⋯⋯⋯⋯⋯⋯ 30.746 格令	1		17.7
干氢 ⋯⋯⋯⋯⋯⋯⋯⋯⋯ 1.736 格令	0.05646	⋯⋯⋯⋯⋯⋯⋯⋯⋯⋯	1

确定混合物中易燃气体比率的公式

　　物质分解,特别是植物性物质在加热分解时,所得产物常常是由各种易燃气体的混合物组成,我们需要测定这些混合物中各组成的比率。下面的式子对此将是有用的。

　　1. 氧化碳和氢

　　设 $x=$ 氧化碳的体积,$y=$ 氢的体积,$w=$ 混合物的体积,$a=$ 混合气体和氧在汞上爆炸产生的碳酸的体积。

　　于是,氧化碳,即 $x=a$,

　　而氢,即 $y=w-a$.

　　2. 硫化氢和氢

　　设 $x=$ 硫化氢的体积,$y=$ 氢的体积,$w=$ 混合物的体积 $g=w$ 烧燃时消耗的氧的体积。

　　那么,因为 $x+y=w,1\frac{1}{2}x+\frac{1}{2}y=g$,

　　我们就有 $x+y-\frac{1}{2}w,y=1\frac{1}{2}w-g$。

　　3. 磷化氢和氢,还有碳化氢和氢,碳化氢和氧化碳

　　如上所述,我们有 $x+y=w,2x+\frac{1}{2}y=g$。于是得 $x=\frac{2g-w}{3},y=\frac{4w-2g}{3}$。

　　4. 油生气和碳化氢

　　如上所述,我们有 $x+y=w,3x+2y=g$. 因此 $x=g-2w,y=3w-g$。

　　5. 碳化氢,氧化碳和氢

设 $x=$ 碳化氢体积，$y=$ 氧化碳体积，$z=$ 氢体积，$g=w$ 体积的混合气体燃烧时所消耗的氧，$a=$ 产生的碳酸的体积。

则　　$x+y+z=w$，

$$x+\frac{1}{2}y+\frac{1}{2}z=g，$$

$$2x+y=a。$$

这样，我们就有 $x=\dfrac{2g-w}{3}$，$y=\dfrac{3a-2g-w}{3}$ 和 $z=w-a$。

6．油生气，碳化氢和氧化碳

设 $x=$ 油生气的体积，$y=$ 碳化氢的体积，$z=$ 氧化碳的体积，$g=$ 参加化合的氧的体积，$a=$ 产生的碳酸的体积，$w=$ 像上面一样表示混合气体的总体积。

于是　　$x+y+z=w$，

$$3x+2y+\frac{1}{2}z=g，$$

$$2x+y+z=a。$$

由此　　$x=a-w$，

$$y=\frac{4w-5a+2g}{3}，$$

$$z=\frac{2}{3}(w+a-g)。$$

7．过油生气[①]，碳化氢和氧化碳

设 $x=$ 过油生气的体积，$y=$ 甲烷的体积，$z=$ 氧化碳的体积，$g=$ 混合的氧的体积。

于是　　$x+y+z=w$，

$$4\frac{1}{2}x+2y+\frac{1}{2}z=g，$$

$$3x+y+z=a。$$

由此　　$x=\dfrac{a-w}{2}$，

$$y=\frac{3w-4a+2g}{3}，$$

$$z=\frac{3w-4g+5a}{6}.$$

8．过油生气，碳化氢，氧化碳和氢

这种气体混合物是用煤和石油通过红热，并用通常的方法除去碳酸等以后获得的。

由于气体的比重进入到计算中，这种混合物需要一极其复杂的式子，但由于很重要，麻烦一些也就算不了什么了。

设 $x=$ 过油生气的体积，S 是它的比重，

$y=$ 碳化氢的体积，$\big\lceil$ 是它的比重，

_____

① 一种在油和煤气中发现的气体，参阅《曼彻斯特学会纪要》第 4 卷（新系列）第 73 页。

z＝氧化碳的体积，c 是它的比重，

u＝氢的体积，s 是它的比重，

C＝混合物的比重，g＝氧的体积，a＝碳酸的体积，w＝混合物的总体积，如上面一样。

于是
$$x+y+z+u=w$$

$$4\frac{1}{2}x+2y+\frac{1}{2}z+\frac{1}{2}u=g,$$

$$3x+y+z=a,$$

$$Sx+\int y+cz+su+Cw.$$

因此
$$u=\frac{(3S+5c-8\int)a-(4c-4\int)g-(3S+6C-6\int-3c)w}{8\int+c-3S-6s}.$$

在氢的数值得到以后，把它从 w 中减去，剩下的最好是按照上面的公式分为三部分。

气体燃烧产生的热量

继第一卷第 30 页所述之后的实验，已经对纯粹气体燃烧所产生的热给出了下列更正确的结果：

氢，燃烧时把等体积的水升高 ·· 5°

氧化碳 ·· 4.5

碳化氢或池沼气 ··· 18

油生气 ·· 27

煤气（随气体的变化可从 10°到） ·· 16

油气（随气体的变化可从 12°到） ·· 20

一般说来，可燃气体所产生的热近似地与它们所消耗的氧成比例。见《曼彻斯特学会纪要》新系列第 4 卷末尾的注释。

水等对气体的吸收

这个有趣的题目远不曾引起应有的注意。自从亨利博士的文章和我的文章发表以来，至今已过去了 20 多年，但很少有与这题目有关的文章发表。我所记得的唯一的作者是日内瓦的索热尔先生（Mr. Saussure），他大约在 12 年以后发表了一篇相似的文章，见汤姆森的《哲学年鉴》第 6 卷。他研究了气体被各种固体物质吸收的量。但有些我并不完全理解。他接着讨论了气体被液体吸收，同时还提到亨利博士和我的实验。我的研究主要局限于水这一种液体，虽然我也用其他液体作过几次试验，如盐的稀水溶液、酒精等，但没有发现有值得注意的差别。于是我就比较匆忙地作了结论："大多数没有黏性的

液体,如酸、酒精等,它们吸收气体的量和纯水吸收的一样多。"(《曼彻斯特学会纪要》新系列第 1 卷)。可是索热尔断言,各种液体在这方面是有相当大的差异的。他发现硫化氢在水中吸收的量比亨利和我所做的实验要多,对这一点,我发现他是正确的。水可以吸收大约它本身体积 2.5 倍的这种纯气体;而在亨利和我所做的吸收实验中,很少得到不和氢混合的纯硫化氢气体。至于碳酸、氧化亚氮和油生气,索热尔和我们则近乎一致。可是他的氧气、氧化碳、碳化氢、氢和氮的结果却证明了水吸收这些气体的量是我们所提出的两倍。我相信对这些不容易吸收的气体,他是错误的。关于混合气体的吸收,索热尔给出了四个例子。在这些例子中,他发现其结果是和我在第一卷第 66 页上所述的理论观点相违背的,这个观点就是,水吸收混合状态下每一种气体的量是和假定它们在相同条件下单独存在时的吸收量相同的。但我已在 1816 年《哲学年鉴》第 7 卷中指出,他的结果正像任何人所能预料的那样,接近于我对这问题一贯采取的观点。

在第 421 页可以看到,另外一种气体,即磷化氢的可吸收量是和油生气一致的。

氟酸——氢的二氧化物

在氟酸的讨论中(第一卷第 101 页),我们得出过结论,这种酸可能由两个氧原子和一个氢原子所组成,还用图表示过(图版 5,图 38)。然而后来经验已经表明,氢的二氧化物虽然能够合成出来,但和氟酸并不是相同的东西。我们感谢西纳德发现氢的二氧化物或与氧化合的水这个有趣化合物。他在 1818 年发表了一篇关于这个问题的论文,在文章中详细叙述了这种化合物的制备方法和性质。1822 年西纳德在巴黎热情地告诉我这种特别液体的制备过程及其与众不同的性质,使我感到很满意。

氟酸的本质仍然不清楚。我的经验使我采用这样的组成,即石灰的氟化物是由 40% 的酸和 60% 的石灰组成的。我在那时没有看到过谢勒关于这问题的令人信服的文章。从 1771 年他关于萤石矿的第二篇文章第五节可以得出,石灰的氟化物是由 72.5% 石灰和 27.5% 酸组成的。克拉普罗思在 1809 年,汤姆森博士差不多在同时,发现在萤石中,大约有 67.5% 石灰和 32.5% 酸。无疑,他们俩和我一样,都是由于没有用足够的硫酸重复处理矿石而发生了差错。此后,大多数作者,如戴维、贝采里乌斯、汤姆森等都与谢勒一样,认为 100 份石灰氟化物约含有 27.5 份酸和 72.5 份石灰。我在 1820 年的实验比谢勒的分析结果少 1% 石灰,而现在汤姆森博士则发现比谢勒的分析结果多 1% 石灰。

假如我们估计石灰的原子量是 24,那么按前述的比例,氟酸的原子量就一定大约是 9,这大大地小于一个原子氢的二氧化物的量 15。

如果戴维爵士关于石灰的氟化物的观点被认为是正确的,则其原子组成就应该是一原子的钙和一原子的氟,钙是一种金属物质,石灰是它的低价氧化物。氟是他给予一种新元素的名称,它和氢被认为结合成氟酸。因此,萤石的原子是由一原子钙(17)和一原子氟(16)结合而成的。

盐酸——氧盐酸等

由于载有盐酸和氧盐酸文章的前一卷书发表在 16 年以前,以及由于该卷附录中对这些酸持有的动摇不定的见解所受到的各种批评,这里我们对它们进一步加以说明,读者将不会感到奇怪。

关于盐酸的性质,在过去 20 年中已提出了三种观点。第一种,认为用硫酸作用于食盐时所得到的气体是纯粹状态的酸,并且是由某一种基或根与氧结合而构成。这就是上面提到的文章里所强调的观点。第二种,据报道把等体积的氧盐酸和氢气通过电火花化合,产生了等于两个体积之和的盐酸气。这气体与用硫酸作用于食盐所得的气体完全一样。这就提出了一种想法,认为盐酸气是一原子叫做真正的或干燥的盐酸与一原子水的化合物。第三种是说,这个被叫做氧盐酸气的元素也许是一种单纯的物质,因而,盐酸气是一种真正的酸,其组成和上面所述一样,是一原子氢和一原子氧盐酸(现在叫做氯)。这里不想讨论那些支持各种不同结论的种种论证和事实,因为在消除所有疑难以前还必须做更多的实验。但是用一个例子来说明这些不同的观点却是合适的。例如,食盐,苏打的盐酸盐或钠的氯化物,按第一种观点,50 份干燥的食盐是由一原子盐酸气 22 和一原子苛性钠 28 所组成。按第二种观点,同样盐将由 30 份盐酸气和 28 份苛性钠组成,但当盐干燥时,有 8 份水逸出。按第三种观点,食盐是由氧盐酸和钠所组成,氧盐酸就是氯,钠是一种金属,苛性钠则是其一氧化物。50 份盐由 29 份氯和 21 份钠,或各一个原子所组成。

硝酸——氮和氧的化合物

从硝酸报道发表以来(第一卷第 119 页),在确定硝酸原子的重量、硝酸中氮和氧的比例上普遍地发生了改变。其所以造成这种情况,主要是由于对硝石的分析比那时更精确了。现在发现,硝石是由大约 52% 酸和 48% 草碱构成。因此,假如草碱的原子是 42,那么硝酸的原子必定是 45。因为 48:52 近似地等于 42:45,即硝酸原子按重量是由 10 份氮和 35 份氧所组成,或者是由二原子氮(按我的计算)和五原子氧所构成。现在出现了两种亚硝酸。其一,我曾用这名字叫过它,现在可以叫做次亚硝酸,或者根据盖-吕萨克,称为高亚硝酸。另一种,在第一卷中我把它看作硝酸,是由一原子氮和二原子氧所组成。

真正的硝酸是由氧和最少量亚硝气,或者一容量氧和 1.3 容量亚硝气结合而生成的化合物。氧硝酸,这是我从硝酸推断出来的(1 个氮对 3 个氧),看来并不存在。硝酸的表(第一卷第 122 页)需要作一些校正。我认为,与几种比重相对应的酸的分量应增大约百分之四。

自从我前一卷《化学》出版以来,已经发表过几篇关于氮和氧的化合物的文章,并附有一些新的附加实验,其中主要的可从 H. 戴维爵士的《化学哲学原理》、《化学和物理学年鉴》第 1 卷、《哲学年鉴》第 9 和 10 卷以及《曼彻斯特学会纪要》第 2 系列第 4 卷中看到,也可从汤姆森博士的《化学基本原理》中看到。虽然所有这些文章都写到了这个问题,然而对这两种元素生成化合物的数目,它们的相对重量,以及在一些化合物中它们原子的数目看来仍然不能确定。

我最近做的草碱硝酸盐的热分解实验结果似乎值得记载下来,因为做过这实验的人,我还没有听说过他们的结果达到同样的程度。我用一个容积为 6 立方英寸的铁曲颈瓶,尽量把原来含有的含碳物质洗干净。先把硝石放在曲颈瓶里,加热到发红,持续一个小时或更多时间,然后用水重复洗涤,直到洗出的液体没有味道,仅混有一点铁锈。然后,我放进 480 格令纯硝石。用一根铜管塞进曲颈瓶,使它不漏气。把曲颈瓶放进火中,逐渐升高温度到红热,用风箱不时地给火焰鼓风,以保持曲颈瓶约两小时在红热状态。把释放出来的气体通过水收集在一个瓶子中。去掉开始的 4 或 5 英寸,把其余的保存下来,并转移到一个有刻度的瓶中。把产物分成几部分相继检验如下:

第一份,85 立方英寸,83%纯=70.5 立方英寸
第二份,5 立方英寸,77%纯=3.85 立方英寸
第三份,25 立方英寸,50%纯=12.5 立方英寸
第四份,6 立方英寸,30%纯=1.80 立方英寸

总 121 立方英寸　　　氧　　　88.65 立方英寸

氧　88.65＝30 格令

残渣　32.35＝10 格令

在全部气体中约有 1%是碳酸气,其余是氧和氮,它们的重量约与上述相近。

在接近末尾时,气体出来很慢,而且质量较差,操作就到此停止。

用水把铁曲颈瓶中剩余物冲淡,并仔细洗涤,直到水不呈碱性为止。然后把液体浓缩,得到 1600 水格令容量的液体,比重为 1.153。从铁曲颈瓶的洗涤中还得到 64 格令的红色氧化铁,它含有 19 格令的氧。

把液体分成几个部分进行检验。最初的硝石是由 250 格令硝酸和 230 格令草碱结合成的,一共 480 格令。在经过上述过程后出现:

10 格令碳酸与　　　21 格令草碱结合
62 格令次亚硝酸与　84 格令草碱结合
134 格令硝酸与　　　125 格令草碱结合

230

碳酸的量是用石灰水测定的。没有和硝酸结合的草碱的量是用酒石酸把它沉淀出来求得的,它表明在重酒石酸盐内 105 格令钾碱等于和碳酸及次亚硝酸化合的草碱的量。从这个量减去 21,可以推断出剩下的 84 必定是和次亚硝酸结合,或者是和亚硝酸结合。其余的不和酒石酸作用的草碱可以认为是与硝酸化合。

上面所列出的次亚硝酸的量看来还带有一些推测,直到用已知浓度的石灰氧盐酸盐溶液来处理一部分液体时才得到证明。为了使次亚硝酸恢复硝酸的状态,发现需要用 32 格令的氧来和它化合。也就是要把含有这些氧的石灰氧盐酸盐加到液体中去,然后再加入硫酸使呈酸性,这时亚硝酸蒸气和氧盐酸气体都察觉不出。但是如果氧盐酸盐用多了,或是用少了,溶液呈酸性时,其中一种气体就会明显地表现出来。

现在剩下的是说明氧。最初,认为硝石中有 250 格令的硝酸,其中大约 200 格令是氧,50 格令是氮。氧的 1/5 是 40 格令,相当于一原子氧。现在在实验中从硝石得到的全

部的氧似乎是 30 格令呈气态,7 格令在碳酸中,还有 19 格令在氧化铁中,加在一起是 56 格令。这样,在收集到的气体中,氮和氧是很接近于硝酸中这些元素的比例的。因此,可以认为酸的一部分(约 1/6)是全部分解了,而其余部分则仅仅失去了氧的一小部分,而这是值得注意的:我认为,这表明碳酸(由曲颈瓶的碳或由附着的碳生成)和草碱结合,把亚硝酸赶出来,后者立即分解为元素氮和氧。然而这还不可能说明全部的氮,因为 40 格令的硝酸可以和 37 格令的草碱结合,而我们发现只有 21 格令的草碱与碳酸结合,我不相信在硝酸草碱的估计中会存在这样大的误差。可是事实是,在释放出的气体中发现了与 40 格令硝酸相应的元素,因而我们必须说明剩下来的 210 格令。从这里已经发现有 26 格令的氧被赶出来,差不多就是上面所讲的 19 和 7,其中 19 格令却不能正确地估计出来,原因是在这过程中生成氧化物的真正的量不能确定,可能有一些剩下来黏附在瓶壁上,另一方面也可能比应得的数值大,因为有些可都是从以前的实验得来的。假定 26 格令的氧是从硝酸得到的,则余下的酸将需要加入同量的氧才能重新生成硝酸。但是从它与石灰的氧盐酸盐作用的实验来看,却似乎需要 32 格令的氧。对这个差数还需要作出解释。我认为 26 格令这个数值一定有较大的错误,把两者都假定为 30 格令倒可能最接近于真实情况。

用任何一种酸处理硝石分解后的液体,就立即释放出一种气体。它在空气中产生一种红色的烟雾,这是纯的亚硝气,当其与大气中的氧结合时,就产生亚硝酸蒸汽。同时,次亚硝酸无疑是从草碱中释放出来,但其中真正的亚硝酸(一原子氮对二原子氧)这一部分则保留在水中,而另一部分(一原子氮对一原子氧)则呈气态。为了确证这一点,我用这液体在水银面上做过几个实验。取一定量的液体,把它送到充有水银的、有刻度的管子的顶部,放入足够与草碱作用的盐酸,马上就有亚硝酸气和碳酸气释放出来,其后,还有气体慢慢放出,显然这是由于液体和水银的作用。为了确定其数量,我送入 25 格令容量的液体,再送入差不多这个体积一半的盐酸,在两、三分钟内,就有 1.1 立方英寸气体,随着时间增多,气体体积如下:

	小时	分
1.4 立方英寸气体	0	45
1.5 立方英寸气体	1	5
1.7 立方英寸气体	2	45
1.75 立方英寸气体	7	45
1,78 立方英寸气体	9	45

气体用石灰水洗涤后,失去 0.33 立方英寸的碳酸,剩余的 1.45 立方英寸是亚硝气。很明显,亚硝气的 1/2 是和碳酸一起立即放出来的,其余亚硝气则是由于亚硝酸慢慢作用于水银而得到。在这个过程结束时,有少量黑色氧化物浮在水银面上。根据以上这些数据进行计算,亚硝气的总量是 31 或 32 格令,可是它本来是应该有 48 格令来组成 62 格令的次亚硝酸的,很可能,当一部分次亚硝酸氧化水银时,另一部分生成硝酸并把氧化物溶解。

从一些试验看来,我有理由认为,即使是碳酸,也会从液态的草碱的次亚硝酸盐果把亚硝气赶出来。

在已经提到过的亨利博士发表在《曼彻斯特学会纪要》第 4 卷的文章中有一个新的有趣的发现,即亚硝气和油生气的混合物虽然不会由一个电火花引起爆炸,但仍可由电瓶的有力电击引起爆炸。亨利博士曾经引用这种方法所得结果作为说明亚硝气是由一体积氮和一体积氧结合而形成亚硝气的确证(见《纪要》第 507 页)。

不久前,在重复亨利博士这些实验时,我发现一些不寻常的情况。在确定了 1 体积油生气可以与 6 到 10 体积亚硝气燃烧之后,我发现电瓶的电击有时不能使混合物燃烧,但在重复两三次时却能成功。这并不奇怪,因为油生气同其他气体和蒸气一样,当存在最小量氧气时,常常是需要通几个火花才发生爆炸。但是这种情况在亚硝气与油生气按最适合于爆炸的比例混合时也有时发生,当一个玻璃瓶用这两种气体按 1 体积油生气和 6 或 7 体积亚硝气的比例的混合物充满时(不计入少量的氮),亚硝气的分解和油生气的燃烧总是不完全的。而更令人困惑不解的是,从同样混合物中获得的结果总是不一致。在做了大约 30 个实验之后,我倾向于采用这个结论,即这种不一致是由于长方形的量气管所引起的。在我的量气管内,我把电火花或电击由空气柱的一端引入,空气柱的长度是其直径的 10 倍;在大多数情况下发现,一次爆炸混合物的量越大,则燃烧越不完全。我认为,或许是由于量气管侧面的冷却作用,热的强度不足以使燃烧通过整个空气柱。我想这就是,有一两次我只用少量气体,像亨利博士所报道的一样,我得到了近乎完全燃烧的结果。我想就是这个道理。但是,多数情况下,在爆炸以后的残余物中两种气体都还剩下。

在继续研究用可燃性气体分解亚硝气的过程中,我发现,这种爆炸可能受到任一可燃性气体或蒸气的影响:至少在我做的全部试验中是成功的。我采用的方法是受到磷化氢的已知的性质的启发的,这方法是这样:如果磷化氢与亚硝气比例调节好,则这混合气体在通过电火花爆炸时,磷化氢就完全燃烧掉。现在,我想,由于上面可燃性气体通常是纯的磷化氢和氢的混合物,而后一种气体也像前一种气体一样容易燃烧,所以,通过前者的燃烧所引起的热量一定会产生影响。我有一些老早制好的磷化氢,当时检验下来发现,有 91% 的可燃性气体和 9% 的氮,而 91 份可燃性气体发现可与 156 份氧化合,因而该磷化氢含有 74 份纯磷化氢和 17 份氢,我用亚硝气试验这个混合物,像平常一样,在通过电火花时它就爆炸了。但是当用过量的或不足的亚硝气来试验它时,电火花却是无效的,而电击却立即使这混合物燃烧。由于在这些实验中没有一点未燃烧的纯氢保留下来,我就继续把这种磷化氢与氢混合起来,然后再把这新的混合物与亚硝气混合起来。第一个实验是用 4 份这种磷化氢+16 份氢+36 份亚硝气=56 份总量来做的。当然,电火花对这个混合物不起作用,但用电瓶一试就爆炸了,并剩下 20 容量,其中 2 容量是氧,其余是氮。由于这个实验如此出色地完成,于是第二次我先后试验用磷化氢跟氧化碳、碳化氢和醚蒸气的混合物同亚硝气混在一起,发现通过电火花,所有这些混合物都不燃烧,而电击却使它们立即爆炸,就像在氧气中燃烧一样,产生了碳酸和水。在有些情况下,燃烧是完全的,可燃性气体和亚硝气都没有留下来。但是,在一般情况下,总是有一种或两种气体都剩下来。

从这些实验可以得出结论:由磷化氢和亚硝气或氧气燃烧所产生的热能使其他偶

然存在于混合物中的气体发生化学变化。遵照这个观点,我按相互饱和比例,把磷化氢与氧混合起来,并取少量这种混合物和正好足够使形成的磷酸饱和的氨气。我发现,在水银上面引起爆炸后,磷酸与氨化合,几乎全部气体都消失了。在这种情况下,热量不足以使氨分解。但在另一个实验中,用一部分同样的爆炸混合物和较少的氨,在点火后,发现有氮和氢剩下来,近似地等于氨分解所得的量。这里产生的热显然已经使氨分解了。

论　氨

氨的组成还未确定。最新有关这方面的实验是亨利博士的文章"关于氮化物的分析"中所发表的那些实验(《曼彻斯特学会纪要》,第 4 卷,1824 年)。通过极其仔细的设计,在水银上给氨气通电,亨利博士求出结果如下:

第一次实验　　44 容积变为 88+
第二次实验　　157 容积变为 320
第三次实验　　60 容积变为 122
第四次实验　　120 容积变为 240

生成气体用氧气燃烧的办法仔细分析后发现,这些气体是由 3 体积氢和 1 体积氮组成的。小心地用氧化亚氮同氨爆炸也是分析氨的有效方法。这个实验的结果进一步证实了前面用电分解氨的实验,即氨的体积加倍,氢与氮体积之比为 3∶1。这些实验就氨的问题而论是很有趣的,因为它们显示出他的最新研究,在这种分析中他以前就曾显示过非凡的技巧和毅力(见《哲学学报》1809 年)。

亨利博士在 1809 年的氨的分析在第一卷第 143 页我的文章里曾提到过。这篇文章的结果是以图表的形式表示出来的;六次实验的平均值与我们已经讲过的很接近,即氨是由 27.25 容量的氮和 72.75 容量的氢组成的。对于这一点还可以加一句,两个极限值是 26.1 份氮和 73.9 份氢以及 28.2 份氮和 71.8 份氢,还有,在表中还存在小的误差,当这些误差被校正后,平均结果就很接近于 27 和 73。其次,亨利博士和 H. 戴维爵士二人一致同意指定 26 和 74 为最近似的数值(见《尼科尔森杂志》,第 153 页)。用电分解氨气所获气体真正的量,这二位权威都作出结论说,如果我们在实验时足够细心,每 100 份氨将变为 180 份,正像我们在第一卷中所说的那样。

从以上所述来看,显然这个课题需要特别的技巧和细致。从我自己的实验就可以证明这一点,虽然实验经过多次重复和改正,但结果还未能充分一致,使我自己满意。

大约 10 年前,我作了几个关于氨分解方面的实验,虽然它们还不够有说服力,但其结果或许值得记录下来。某些新近的实验也和它们收编在一起。

用氧化亚氮分解氨

我用在水银上爆炸氧化亚氮和氨气混合物的方法作了许多实验。过量气体多半是氨,但在不同的实验中,比例是从 10 体积氧化亚氮对 11 体积到 5 体积的氨变化着,这些大约是能够被电火花燃烧的极限。

当 10 份氧化亚氮和 5 份氨在水银上面爆炸时,剩余气体含有一些游离氧和亚硝酸,它们是从使用的过量的氧化亚氮气体分解得来的,用 6 份氨就几乎没有游离氧。当用 10 份氧化亚氮和 7 份氨燃烧时,我从未发现过任何游离氧或氢;但当氨是 8 份或接近 8 份时,在剩余气体中,我发现有 1/20 到 1/10 的氢从氨得来。这两种气体似乎完全分解了,正像亨利博士首先观察到的那样,氧化亚氮中的氧与氨中的氢尽可能地结合起来,没有形成一点亚硝酸或游离氧,而剩余物则含有两种气体中的氮和氨中未燃烧的氢。这种现象一直继续到氨变为 11 份为止,这时氢达到由氨产生的氢的总量的 1/3 左右。

由以上所述来看,似乎相互饱和比例必须是 10 份氧化亚氮与 7 到 8 份的氨,这是与亨利博士在第一篇论文中的推论是一致的,即 13 份氧化亚氮需要 10 份氨,或 10 份氧化亚氮需要 7.7 份氨;但是根据体积理论,10 份氧化亚氮将需要 20/3 份的氨;而亨利博士在他后来的论文中,建议用 10 份氧化亚氮对 7.7 或 25/3 份氨,以保证有稍许过量的氨,在爆炸后剩下一些游离氢。假定气体原来是纯的,则按前面的比例将有近乎 1/7 剩余的氢,按后面的则将有近乎 1/5 左右的剩余氢。这比我以前所发现的都要多,但在我的经验中,氨是近似地符合倍体积学说(the doctrine of multiple volumes)的。

用亚硝气分解氨

认真地做了大约 30 个亚硝气和氨气混合物的实验,得到的结果很不一致。有一次,10 份亚硝气与 14 份氨得到 1/3 过量的氢,而另一次,10 份亚硝气与 12 份氨得到的过量氢等于 9/20;通常,10 份亚硝气与 6 份或更少的氨,在剩余物里得到氧,而 10 份亚硝气与 8 份或更多的氨,则在剩余物里得到氢。

用氧分解氨

我所点燃过的氧和氨的极限比例是以 10 份氧对 4 份氨为最小值,而以 10 份氧对 22 份氨为最大值。在用 4 份氨来点燃 10 份氧时,就有 25/37 的氧剩下来,而氮却比从氨中所预料的少掉 1/12,这无疑是由于爆炸后产生了亚硝酸的缘故。当使用 10 份氧与 1.8 份氨或从 1.8 份到 2.2 份氨时,则有 1/4 或 1/3 过量的氢和氨在一起留在剩余的气体里。当氨在 13 和 14 之间时,由于它接近于这些极限中任一个,往往有微量的氧或氢存在。根据体积理论,10 份氧应饱和 40/3 份氨气。在用 14 份氨时,虽然氢应该有总量的 1.05 剩下来,但我从未有过氢剩下来的例子;比用通常熟悉的方法所能看到的量要少得多。从氨分解形成的氮往往很近于氨体积的一半。

总之,燃烧氨和氧的结果,在我看来,似乎比从氧化亚氮和亚硝气获得的结果更令人满意,因为它们比较简单,而且理论观点也比较清楚。

应该提醒读者:我们在上面讲到一种气体 10 份与另一种气体 8 份、10 份或更多份,在以上或其他情况下结合时,需要认为这些气体是绝对纯的;虽然这种状态下气体我们还不曾获得过,但是我们要尽可能地接近这种状态,我们把可以获得的已知分量的这些气体混合起来,然后在我们的计算结果中减去杂质。

在燃烧氨混合物这些实验里,造成差错的原因之一是:真正起作用的氨气的量不知道。如果一定体积的氨在转移中通过极其干燥的水银,其中一部分就会被水银吸附住,100 份体积或许变为 95 份。现在有个问题,在爆炸中,这被吸附的 5 份体积会不会有一些被分解。我非常注意这个问题,并且相信,一般来说,即使有些被分解,也只是少量的,但在以后的剩余物中多半有微量的氨，这时氨由于气体自身的压力而被释放出来，因此很容易进入气体混合物中去。然而如果在转移中气体的损失达到 10% 或 20%，我有理由相信，其中有一部分是偶然地被烧掉了。

氨分解产生的气体体积

已经讲过（第一卷，氨），用电把 100 容量氨分解，获得气体体积的最大值是 180 容量。这时操作是在极其小心的情况下进行的。亨利博士在同样情况下，得到 181，而我得到 187 份容量；后来，像已经讲过的那样，亨利博士又发现了 200 份容量。要说明这些差别是不容易的；我倾向于认为，气体体积很接近于 2 倍，但可能是只少不多。我发现，氨在迅速燃烧时的实验与这个观点最一致。

用红热分解氨

在一个短时期内，我重复地把氨通过一根红热的铜管使其分解。在适当扣除了微量大气以后，根据多次实验的平均值，氮与氢的比例是 26 份氮比 74 份氢。

用氧盐酸分解氨

自从结果在第一卷第 144—145 页发表以来，我曾做过几个有关这种方式分解的实验。众所周知，氧盐酸石灰的溶液能使氨盐分解；产生了水和盐酸，游离出氮，并放出原先与氨化合的酸。但是这还不是全部，还产生一种非常刺激性的气体或蒸气，能使人打喷嚏，并引起黏膜炎；这种蒸气的组成还不大了解；就我所知，如果没有氧盐酸和盐酸同时存在，就决不会形成这种刺激性气体。当然，这样的混合物的结果是复杂的，而且多半不能令人满意；尽管如此，对它们作一些介绍可能还是有用的。

当把少许过量的氧盐酸石灰清澈溶液和氨盐混合在一起，大部分氨就被分解，氧盐酸盐则被氨中的氢转变为盐酸石灰，同时放出氮，而原先与氨化合的酸也被游离出来；因此，氧盐酸气和氮一道被释放出来；必须先把它除去才能测定氮。这种情况可以通过预先加入所需分量的纯草碱或苏打把酸束缚住，或者在氧盐酸溶液中留下少量不溶的石灰而避免掉。虽然普遍认为，如果全部氮被放出来，氮的体积不小于氨体积的一半，但我从未能获得氨体积一半的氮（假定氨处于气态），仅有一次我得到这个量的 14/15。残余液体有非常刺激性气味，但氮气在通过纯水后就没有气味了。当这个实验是在水银上面做时，氧盐酸对水银起作用，因此，需要用过量的氧盐酸盐以保证在实验结束时剩下一部分未分解。

如果目的在于确定氨中的氢，就把一部分含有一定量氨的盐用氧盐酸石灰溶液来处理，其强度用绿色的硫酸铁或者用其他方法精确地测定。然后把溶液中的氨盐与适当过量的氧盐酸盐混合，加几滴苛性草碱，混合物一定要反复搅拌一段时间。最后，液体一定要用绿色的硫酸铁检验，于是花费在氨上酸的量就被测出来。我发现，用这样方法求出的氢通常小于一般的估量，如果认为氨盐的测定是正确的。

碳的硫化物

从第一卷第 152 页那篇文章写好以来，贝采里乌斯教授和马塞特博士（Dr. Marcet）在《哲学学报》（1813 年）上发表了一篇极好的关于碳的硫化物的文章。在一系列广泛的实验之后,他们推断,硫化物的原子是由 2 个硫原子和 1 个碳原子组成的。这一研究似乎不认为在原子里含有氢。我做了几个在氧气中用电来燃烧硫化物蒸气的实验。我的方法,总的来说,是在水银上使硫化物在一已知部分的大气中汽化,并让蒸气低于这个温度下的最大值。这是很容易实现的,即把液体一滴一滴地加到小瓶空气里去,并把小瓶倒置在水银上面直至液体蒸发光为止。我发现这种汽化空气通过水银,仅有很少的损失,甚至几次通过水,蒸气也没有全部冷凝。醚蒸气通过水,比碳的硫化物要容易冷凝得多,在伏打量气管中,把已知部分的汽化的空气与氧气混合起来,然后在水银上面用电火花使之爆炸。1 体积蒸气与接近 3.5 体积的氧化合。所以,为了能使燃烧完全,在燃烧前需要 4 倍或 5 倍容积的氧气。燃烧结果是碳酸和亚硫酸,虽然贝采里乌斯教授和马塞特博士一点没有检验出水,但我却猜想有一小部分。

在 60° 温度下,在已知体积的大气里蒸发已知重量的碳的硫化物,我发现蒸气比重接近于 2.75,假定空气的比重是 1。现在,如果我们假定该蒸气原子与氢原子,有几乎同样的体积,并且是由 1 个氢原子,2 个硫原子和 1 个碳原子组成,那么,形成水、亚硫酸和碳酸将需要 7 个氧原子,这和我的实验很符合。当把蒸气在氢气中通电一些时候,虽然看起来有些分解,体积并没有变化。可能硫化物中的氢被释放出来。很难想象,像这样容易挥发的液体竟是由硫和碳所组成而不含有氢。

钾,钠等

关于这些物质性质的两种观点已在第一卷里讲过了,前一种观点是把它们看作简单的金属,后一种观点则认为是从草碱和苏打的水化物中除去氧而形成的化合物,或者是由一个原子氢分别与一个原子纯草碱或纯苏打结合而成的。对这些元素实验做得最多的戴维爵士、盖-吕萨克和西纳德先生现在似乎都同意前一种观点,同时,这种观点已经被大多数化学家所接受。我们对这种观点的一部分异议似乎通过证实氧化盐酸与氢气化合而形成盐酸这一事实而被排除了。不过在这种观点被认为完全满意之前,还要排除许多困难。但这些困难可能并不比对这问题作任何其他解释时所遇的困难更大。除了钾和钠之外,实验和类比法好像都提出钡、锶和钙作为金属存在的可能性,如果还没有确定的话,重晶石、锶土和石灰则都是一氧化物,正如草碱和苏打是其他两种金属的一氧化物一样(钾和钠其他氧化物阅第 210—211 页);钡有一个二氧化物,钙也可能是这样。剩下的土类,如苦土、矾土、硅土等大多数化学家用类比法也认为是金属的氧化物,但它们的元素比例还没有确定下来。

明　矾

在第一卷第 174 页上,我们已经给出了这个重要的盐的结构。从那以后,菲利普先生(Mr. R. Phillips)曾发表过不同看法。汤姆森博士又发表了和以上两者都不同的另一种看法。这些看法如下:

道尔顿：　　　1 个原子的硫酸草碱,

　　　　　　　　　　4 个原子的硫酸矾土，

　　　　　　　　　　30 个原子的水。

菲利普：　　　　　1 个原子的酸式硫酸草碱，

　　　　　　　　　　2 个原子的硫酸矾土，

　　　　　　　　　　22 个原子的水。

汤姆森：　　　　　1 个原子的硫酸草碱，

　　　　　　　　　　3 个原子的硫酸矾土，

　　　　　　　　　　125 个原子的水。

　　尽管有这些差别，但盐里面酸、矾土、草碱以及水的数量，在以上三种看法里却都很接近。这些差别的存在，部分地被解释为由于不同的分析者对原子的相对重量作出不同的估计，主要是对矾土原子的相对重量。

　　我想起了大约在 10 年前分析矾土时某些奇怪的结果，这些结果当时对我来讲是新的，但是后来我发觉这些结果已经较早地被谢勒所发现（参阅有关石英、黏土和矾土的论文，1776 年）。由于他的这些观察资料在我所看过的那些基础书籍中都没有找到，所以我将在这里详细介绍一下我自己的实验。

　　取 24 格令矾土将它溶于水中，其中 8 格令可认为是硫酸，其 1/5 等于 1.6 格令，等于 1.1 格令石灰，等于 800 格令石灰水，如我通常所用的。我放 880 格令石灰水到该矾土溶液中，发现有少量沉淀，但几乎又立即完全溶解了。这时溶液对颜色试验呈酸性。

　　在这溶液中再加入 800 格令石灰水，并加以摇动；这时出现有大量沉淀并继续生成。沉降后所得澄清液对颜色试验仍显酸性。

　　再加 800 格令石灰水，充分摇动溶液，当沉淀部分沉降后再反复摇动两到三次，使沉淀再一次均匀地分散在液体中，最后，按颜色试验发现澄清液呈中性，且不含矾土，因为把石灰水注入不再产生沉淀了。

　　再加入 800 格令石灰水，充分搅动混合物，在沉淀沉降后，澄清液按颜色试验仍然是中性的。

　　再加入第五份 800 格令石灰水，充分搅动混合物，有相当多沉淀明显地消失了，混合物变为半透明，过了一会，上层澄清液呈强碱性。少量这种液体在与酸接触时变成乳状，加更多的酸则又变清了。该液体比重为 1.0025，略重于石灰水。

　　现在加入第六份 800 格令石灰水，并搅动整个混合物，沉淀有些减少，而液体的比重则有所增加，其值为 1.003。

　　在混合物中加入第七份即最后一份 800 格令石灰水，搅动持续一段时间，即形成浓厚的大量沉淀，这些沉淀下降很快，带走了最大部分的酸、矾土和石灰，留下比重为 1.0012 的液体。正像我们将要指出的那样，该沉淀是由酸、草碱、石灰、矾土等组成的碱式硫酸盐。

　　这些现象，我看最好是对矾采用这样一个结构来解释，即矾是由一个原子重硫酸草碱，三个原子硫酸矾土组成。这样就可采用以下的解释。

　　第一份石灰水饱和了过量的酸。

　　第二份石灰水沉淀出相应分量的矾土，澄清液是酸性的，因为它含有硫酸矾土，对颜色试验实质上显酸性,因为矾土不是一个碱性元素。

第三份石灰水把另一部分矾土沉淀下来,但是通过继续搅动,有两个矾土原子释放出来,结合到留下的硫酸矾土原子上,然后整个化合物沉下来,这就是通常的次硫酸矾土。因此,液体只含硫酸石灰和硫酸草碱,对颜色试验显中性。加石灰时不产生矾土。

第四份石灰水放进去并充分搅拌,硫酸原子从次硫酸盐中释放出来与石灰结合,于是浮起来的次硫酸矾土成为纯矾土,澄清液仍然是中性的。

第五份石灰水试图用来分解硫酸草碱,可是它自身做不到,而是由浮起的矾土帮助它。由于双重亲和力,草碱离开了酸而与矾土结合,而石灰得到了酸。因此当1/3矾土和草碱一起进入到溶液中,沉淀没那么多,液体呈碱性。少量的酸放入到澄清液中束缚住草碱而释放出矾土,但是更多的酸又使矾土溶解。

第六份石灰水的作用,似乎是使第五份石灰水所起的效果更完全,因而液体的比重增加,同时沉淀量多少减少了一些。

第七份石灰水,同第六份一起,经过搅拌并放置一段时间后,1个原子石灰和1个原子矾土结合,并形成沉淀,如果没有其他化合物存在,这沉淀就会像我和在我以前谢勒所发现的那样沉降下来。但是如果有硫酸石灰存在,则每一个石灰和矾土的复合原子就会同1个硫酸石灰原子结合,而是整个一起下降,形成一个与矾类似的次硫酸盐,只是两个石灰原子代替了两个矾土原子。这个次盐在水中极难溶解。

按照这个观点,如果有2个矾原子分解,就应有4个原子次硫酸盐生成,每个含有1原子酸、2原子石灰和1原子矾土,还有2个草碱、矾土和复合原子,以及6个硫酸石灰原子。但是在最后的排布中,好像2个硫酸石灰原子又分解掉,形成硫酸草碱,而2个石灰原子与2个矾土原子结合又形成2个次硫酸盐原子,最终的排布是:6个次硫酸盐沉淀下来,而2个硫酸草碱以及2个硫酸石灰原子则留在溶液中。

在我看来,以上所述事实是按我所见过的一个最明确的观点定出来的矾的结构。从我们已经在第一卷中所说过的来看,它们在100格令盐中各种元素的重量上没有什么差异,只是在这里所取的矾土原子的重量是20而不是15,以及我们在一个矾原子中有3个原子矾土而不是像以前所说的4个。

论化学的原子体系的原理

一般认为原子体系的主要目的首先是决定简单元素的相对重量,其次是决定在结合而形成复合元素中简单元素的数目及其重量。现在最迫切需要的是元素氢的正确的相对重量。而100立方英寸氢气的微小的重量,和在氢气内即使存在极微量普通空气和水蒸气也足够使这重量发生重大变化,以及在确定氢气中空气和水蒸气比例的困难,这三者足以使人对一个最熟练和最精确的操作者所得的结果都会产生怀疑。氢气的比重以前估计为空气的1/10,在第一卷末表中,我们所采用的比率已降为1/12.5。目前通常取为1/14.5,到最后会不会再发现为1/16.5,我想,根据目前任何人所有的数据来看还不能确定。在近20年中,其他一些人造气体的比重数据多半经受一些重大的变更,其中有几个,我毫不怀疑是一种改进,但是当我们看到这些比重延伸到小数第三、第四、第五位时,我认为,我们当中任何人似乎都远没有能耐做得这样精确。在这期间,可以认为是一个幸运的事情是,空气的重量在近 30 年到 40 年没有变化 100 立方英寸的空气在温度为 60℃压力为 30 英寸汞柱时为 30.5 格令(是否除去水气,我想不起来了)。还有一个幸运的事情是,这个重量几乎可以不用小数(假定它是正确的)。让我再说一句,根据我的经验,100 立方英寸的空气重量是更接近于 31 格令,而不是 30.5 格令。我认为,这些资料充分地显示出,在我们得到一个相当正确的气体比重表之前,还有许多事情要做。对这个问题的重要性不管怎样估计都不算太高。

气体以等体积或整倍数体积相结合很自然地与这个问题联系在一起的。这一类情况,或至少是接近于这类情况,是经常发生的,但是还没有提出一个原理来说明这些现象。在还没有做到这一点以前,我认为我们应该十分小心地去研究这些事实,并且在没有找到理由之前,不要让我们把自己引到采用这些推论上去。

原子理论的第二个目的是研究在各个化合物中的原子数目,据我看来,甚至对这个理论的原理作出详细说明的人,对这个目的恐怕还是很不理解。

当两个物体 A 和 B 以整倍数的比例相化合。例如,10 份 A 和 7 份 B 化合成一个化合物,和 14 份 B 化合成另一个化合物,我们按照有些作者们的意见,把一个物体的最小化合比例作为这个物体的基本质点或原子的代表。然而这样一个规则可能经常是错误的而不是正确的,这一点对任何具有一般见解的人都是显而易见的。因为按照上述规则,我们必须认为第一种化合为 1 个 B 原子,第二种化合为 2 个 B 原子与一个或更多的 A 原子化合;然而按照这同一规律,这些化合物同样可能是分别为 2 个 A 原子与 1 个 B 原子,以及 1 个 A 原子与 1 个 B 原子化合。因为这二个比例是 10A 比 7B(或者是相同的比率,20A 比 14B)和 10A 比 14B。按这规则,很清楚,当这些数目被这样确定时,我们必须认为前一个化合物由 2 个 A 原子,而后 1 个化合物由 1 个 A 原子与一个或更多的 B 原子化合。这样,正确与错误的机会将是相等的。但是 10A 和 7B 还可能相应于 1 个 A 原子和 2 个 B 原子,于是 10A 和 14B 就一定代表着 1 个 A 原子和 4 个 B 原子。所以很明显,这个规则经常是错误的而不是正确的。

在我们能够有充分的理由对各种化合物中原子数目的确定感到满意以前,不仅要考虑到 A 和 B 化合,还要考虑到 A 和 C、D、E 等以及 B 和 C、D 等的化合。氮和氧所形成的那些元素的所含的氧已发现连续地为 1,2,3,4,5,因而除这两种方式以外,其他任何结合方式都是极其不可能实现的。在决定采用这两种中哪一种时,我们不仅必须去测定这二个元素的各种化合物的化合和分解,同时还必须测定它们之中任一元素与其他物质所形成的化合物。我花了很多时间和精力在这些化合物以及另一些在我看来在原子体系中极为重要的基本元素碳、氢、氧、氮上。但是我们将看到,无论我自己还是其他人在这方面的工作都还不能使人满意,主要是由于缺乏化合比例的正确的知识。

相对原子量新表

在上一卷末,曾给出了各种基本的化学元素或原子的重量;但是由于从后来的经验所引起的各种增添和变更,提出一个校正的重量表是被认为有利的。

简单元素

氢	1		砷	21	
氮	5± 或 10?		钼	21 或 42?	
碳	5.4		铈	22?	
氧	7		铁	25	
磷	9		锰	25	
硫	13 或 14		镍	26	
钙	17?		锌	29	
钠	21		碲	29 或 58?	
铬	32		钛	59?	
钾	35		金	60±	
钴	37		钡	61	
锶	39		铋	62	
锑	40		铂	73	
铱	42		钨	84 或 42?	
钯	50		银	90	
铀	50 或 100?		铅	90	
锡	52		锡	107? 121?	
铜	56 或 28?		汞	167 或 84?	
铑	56				

简单的还是复合的？

氟酸	10? 15?	氧盐酸（氯）	29 或 30
苦土	17	盐酸气	30 或 31
铝土	20	锆石	45
甜土	23? 34?	硅石	45?
石灰	24	钇土	53? 36? 18?

复合元素

氨	6? 12? 13?	硫化氢	15
油生气	6.4? 12.8?	二氧化氢	15
矿坑气		氧化亚氮	17
氢气	7.4	亚硝酸	19 或 38?
或池沼气		碳酸	19.4

补　遗

钢

自从在第 441 页写了这个题目之后，我有了一个分析晶体钢样的机会，这个样品是由麦辛托许先生（Mr. Macintosh）用煤气渗碳方法制成的。我在硫酸中溶解了 21 格令的钢，酸仅仅过量一点点。除 1/10 格令像银一样的颗粒外全部都溶解了，得到了 29.6 立方英寸的气体。一点碳酸的痕迹也没有。当与氧燃烧时，得到占氢气体积 3％的碳酸，正像我所确定的那样，这是由于氢气里含有 3％的碳酸，正像我所确定的那样，这是由于氢气里含有 3％的碳化氢气体，并不含氧化碳。假定碳已经与铁化合，其总量在 100 格令铁中也仅 5/8 格令左右，这样一个数量究竟是钢中必不可少的成分，还是一个偶然引入的成分，说不定是一个重要的课题。

由于印刷者的错误，下列几段在第 491 页被遗漏了[①]。

例子

按照下列不同的比重的数值（它们中某些数值的正确性是有疑问的）并参考我有关油气的论文《曼彻斯特学会纪要》第 4 卷，新系列，第 79 页），在把油气中不能燃烧的部分减去时，我们可采用油气比重为 0.812 左右。每 100 份纯气体给出 152 份碳酸，需 248 份氧。

这里 $w=100, a=152, g=248, S=1.458, \int=0.555, c=0.972, s=0.0694, C=0.812$。

数值 u 可化为下式：

$$u=\frac{4.7916a-\frac{5}{3}g+1.875w-6Cw}{0.625}=24.5$$

这就是可燃气体的氢的百分数。

因此剩下其他 3 个成分的体积为 75.5 等于公式中的 w；并由于氢的关系在氧中减去 $12+, g=236-, a=152$，同上面一样。

从而 $x=$ 过油生气 $=38.25$

$y=$ 碳氢化物 $=30.2$

及 $z=$ 碳氧化物 $=\dfrac{7+}{75.5}$

这些结果与上述论文中的推断相差很大，可能部分地是由于在一种或某几种气体比重数据估计上的错误。

液体由于加热而发生的膨胀

我还没有发现近来做过什么特殊工作去研究纯液体与我发表的定律符合到什么程度，该定律是我从水和汞的实验中推导出来，并被几种液体所证实的。参阅第一卷第 16 页温度表，亦见第 27 页及后面。

所有液体，凡是一方面在某些确定温度下发生均匀的冻结，另一方面，在加热蒸馏时不发生结构上的变化的，多半都被认为是纯的。水和汞属第一种情况，比重为 0.82 的酒精、比重为 0.72 的乙醚、浓硫酸、比重为 1.42 的硝酸、石脑油、松节油等，可能被认为属于第二种情况。所需要的是这些液体的冻结温度应该予以确定，还要确定在操作时是否

① 此处所讲"印刷者"系指英文原版的印刷者。——译者注。

会发生任何分解。如果这些液体在给定的相等间隔或不等间隔的温度内按标度的平方数成比例地膨胀,那么就可以指出一些与液体中终极质点排列有关的一些情况。这种液体中的膨胀率,与水蒸气及各种蒸气的几何级数的力的明显一致,引起了我们更多的兴趣。可能是大部分或者所有这些假定的关系都是偶然的,仅仅是很接近,如在温度－40°到212°之间,空气和水银的膨胀率一样。但是我不认为是这样。即使它们只是接近,也有足够的实用价值值得注意。

本书作者出版的书籍和论文等

《气象观察和论文》(1793)。
《英语文法基础或供中学和专科院校使用的新文法体系指南》(1801)。

————————

《化学哲学新体系》
　　第一卷第一部分(1808)。
　　第一卷第二部分(1810)。

————————

《曼彻斯特文哲学会纪要》中本作者的论文。
　第五卷. 第一部分. 关于颜色视觉的奇异事实。
　　　　第一部分. 关于雨和露水的量是否等于河流带走和蒸发掉的量的实验和观察,包括对泉水来源的探讨。
　　　　对流体导热能力的实验和观察资料,参考伦福德公爵同一题目第 7 篇论文。
　　　　通过空气机械的浓缩和变稀时所产生的热和冷的实验和观察。
　　　　关于混合气体的组成;在真空和空气中不同温度下水和其他液体蒸气的压力、蒸发过程以及气体受热膨胀的实验论文。
　　　　1793 年至 1801 年在曼彻斯特的气象观察。
　第一卷. 第 2 系列. 对组成大气的不同气体或弹性流体的比例的实验研究。
　　　　论弹性流体彼此相互扩散的趋势。
　　　　论水和其他液体对气体的吸收。
　　　　对高夫先生关于混合气体的两篇论文以及施密特教授关于干燥和潮湿空气受热膨胀的实验的评论。
　第二卷. 　论呼吸和动物热。
　第三卷. 　关于磷酸和称为磷酸盐盐类的实验和观察。
　　　　关于碳酸和氨化合的实验和观察。
　　　　对加速泉水和矿泉水分析的几点意见。
　　　　关于硫酸醚的研究报告。

从 1794 年到 1818 年年底在曼彻斯特关于压力、温度和雨量的观察。

第四卷. 论油及其加热后得到的气体。

在英国北部山上关于气象,特别是露点,或大气中蒸汽含量的观察。

论 1822 年 12 月 5 日暴风雨中降雨所含的盐分。

论靛蓝的性质和组成,及其各种样品的分析方法。

————————

《皇家学会哲学学报》,关于大气的组成(1826)。

尼科尔森先生的《哲学杂志》中

第五卷. 论混合弹性流体和大气的组成(1801)。

第三卷. 论混合气体理论。

第五卷. 论温度的零点。

第六卷. 对柯万博士关于大气中蒸汽状态这篇论文中一个错误的纠正。

第八卷. 论化学亲和力对大气的应用。

第九卷. 对高夫先生对混合气体理论的批评。

第十卷. 确定水密度最大的温度的有关事实。

第十二卷. 对伦福德公爵测定水最大密度的实验的意见。

第十三和十四卷.论关于水的最大密度,涉及霍普博士的实验。

第二十八卷. 论"质点"这个词对化学家的重要性。

第二十九卷. 论对博斯托克博士关于化学的原子原理评论的意见。

————————

在汤姆森博士《哲学年鉴》中

第一卷和二卷.论石灰的氧盐酸盐(1813)。

第三卷. 对贝采里乌斯博士关于化学比例原因的论文的意见。

第七卷. 维护气体被水吸收的理论,不同意德·索热尔先生的结论。

第九和第十卷.论氮、氧和氨的化合物。

第十一卷. 论磷化氢。

第十二卷. 论用无焰灯燃烧酒精。

论活动力。

————————

在菲利普《哲学年鉴》中

第十卷(新系列).论用氢分析大气。

❦ 第二卷第一部分完 ❧

译 后 记

• *Postscript to Translation* •

　　我们力图使译文尽量保持原著风貌。如原书三部分的编号没有出现过"第一卷",而只有第一部分、第二部分、第二卷第一部分,我们均照原文译出,不在译稿中加进译者理解的成分。

　　《化学哲学新体系》是英国化学家、物理学家约翰·道尔顿（John Dalton 1766—1844）的代表作；该书的出版标志着科学原子理论体系的建立，它是近代化学史上的一部经典学术专著。

　　《化学哲学新体系》全书共三部分。第一部分于 1808 年问世，着重论述物体的构造，阐明了科学原子论观点及其由来；第二部分出版于 1810 年，结合丰富的化学实验事实，运用原子理论阐述基本元素、二元素化合物的组成和性质。第二卷第一部分则是在 1827 年出版的，重点论述金属的氧化物、硫化物、磷化物以及合金等性质的规律性，对原子论思想作了进一步阐发。在系统论述以上内容的过程中，道尔顿除介绍自己的实验和理论成果外，还引证同时代许多化学大师的大量实验资料，进行分析比较，并对他们的见解作出评述。这对人们了解当时化学进展的状况以及化学家们科学研究方法的特点及其演变，都有重要的参考价值。

　　依照道尔顿原来的计划，在出版第二卷第一部分后，还准备增添这一卷的第二部分，从而完成这部著作。该部分拟包含较为复杂的化合物，诸如盐类、酸类、植物领域里的其他产物等主要内容。尽管当时道尔顿在这些问题上已取得了不少实验积累，但他认为在这个领域尚没有取得新颖的探究之前，是不能认为满意的。治学一贯严谨的道尔顿也许正是出于这个原因，最终使得他在有生之年放弃了这个计划，而把它留给后人在条件成熟时予以完成。

　　英国皇家学会会长、著名化学家戴维（H·Davy，1778—1829）曾指出："原子论是当代最伟大的科学成就，道尔顿在这方面的功绩可与开普勒（J·Kepler，1571—1630）在天文学方面的功绩相媲美……可以预料，我们的后代一定会根据他的许多发现而肯定这一点，人们将把他作为榜样去追求有用的知识和真正的荣誉。"我们认为，《化学哲学新体系》一书，正是这一伟大科学成就的忠实记录，它为人们研究道尔顿所开辟的化学新时代提供了极其珍贵的史料。同时，该书还具体而又全面地反映了道尔顿的研究方法和思维方式的特点；若对其加以深刻的反思，将给予人们以许多颇有价值的方法论启示。

　　道尔顿在科学研究方法上既重视观察实验，又擅长理论思维，具有把观察与思想、实验的积累和丰富的想象、新颖的理论构思相结合的特点。他正是凭借这一特点，从观测气象开始，进而研究空气的组成、性质和混合气体的扩散与压力，总结出气体分压定律，推论出空气是由不同种类、不同重量的微粒混合构成，基本确认了原子的客观存在。再由此出发，通过化学实验测出了原子的相对重量，从气象学、物理学转入化学领域，将原子概念与理论从定性阶段发展到定量阶段，并经过严格的逻辑推导逐步建立起了科学的原子论体系。总之，《化学哲学新体系》一书不仅有着重要的历史地位，而且有着重要的科学意义和哲学意义。正因为如此，我们感到将该书译出介绍给读者是一项颇有意义的工作。

　　在本书刚开始翻译时，复旦大学顾翼东教授以及华东师范大学潘道皑教授等曾参加过部分工作。全部译稿最后由华东师范大学化学系教授夏炎先生校订。华东师范大学

◀　本书译者之一华东师范大学盛根玉教授。

自然辩证法暨自然科学史研究所对于译著的定稿和出版工作，始终给予了热情的关怀和支持。对此，一并致以谢意。

鉴于《化学哲学新体系》一书是一个历史时代的产物，写作时间距今已近两个世纪；故翻译它，无论在学术内容上，还是在文字表述上都存在着相当大的难度。我们力图使译文尽量保持原著风貌。如原书三部分的编号没有出现过"第一卷"，而只有第一部分、第二部分、第二卷第一部分。我们均照原文译出，不在译稿中加进译者理解的成分。原书第一、二部分的页码连续编号，第二卷第一部分的页码单独编号。我们将这三部分汇为一册出版，全书的页码做了统一处理。此外，原书目录中的标题与正文中标题不尽一致，但意思一样。此次出版我们进行了统一，特此说明。译者尽管做了许多努力，但限于水平，错误或不当之处在所难免，敬请各位专家和广大读者予以斧正。

本书译稿自初版（1992年）发行，历经十余载，期间收到不少反馈信息，译者感到若有机会再版的话，确有加以修订之必要，其中不乏需要勘误之处。获悉北京大学出版社有意将《化学哲学新体系》纳入《科学元典》丛书，十分欣慰。乘此机会，译者重新对全书进行了修订。由于李家玉教授年事已高，修订工作则由盛根玉教授负责完成。不足之处，请专家与读者继续予以指正。

李家玉　盛根玉
2005 年 10 月

科学元典丛书